新工科建设之路·计算机类创新教材

C#实用教程

（第4版）

郑阿奇　梁敬东　主编

吴刚祥　编著

電子工業出版社

Publishing House of Electronics Industry

北京·BEIJING

内 容 简 介

本书以 Visual Studio 为平台，系统地介绍了 C# 程序设计及其 Windows 应用开发。全书由 4 部分组成。第 1 部分“C#实用教程”介绍 Visual C#开发环境，C#基础，C#面向对象编程，Windows 应用程序开发基础，C#高级特性，C#线程技术，C#图形、图像编程，文件操作，数据库应用基础，类与 DLL 开发等；第 2 部分“C#习题”包括选择题、简答题、填空题、程序分析题、编程题等；第 3 部分“C#实训”是各章的典型实例训练，读者先跟着做，然后自己练习；第 4 部分“C#综合应用实训”由“实习 1 C#桌面应用开发：学生成绩管理系统”和“实习 2 WebService（基于 C#网络文档）——课程均分和人数统计”组成。

本书配有教学课件、实例和综合应用实训源文件及数据库文件，以方便教师教学和学生模仿练习，读者可在华信教育资源网（http://www.hxedu.com.cn）免费注册下载。

本书既可作为大学本科、高职高专相关专业 C# 课程教材，又可供广大 C# 开发用户学习参考。

图书在版编目（CIP）数据

C#实用教程 / 郑阿奇，梁敬东主编. —4 版. —北京：电子工业出版社，2024.3

ISBN 978-7-121-47416-3

Ⅰ. ①C… Ⅱ. ①郑… ②梁… Ⅲ. ①C 语言－程序设计－高等学校－教材 Ⅳ. ①TP312.8

中国国家版本馆 CIP 数据核字（2024）第 040164 号

责任编辑：戴晨辰　　特约编辑：张燕虹
印　　刷：三河市华成印务有限公司
装　　订：三河市华成印务有限公司
出版发行：电子工业出版社
　　　　　北京市海淀区万寿路 173 信箱　　邮编：100036
开　　本：787×1 092　1/16　印张：23.75　字数：722 千字
版　　次：2008 年 1 月第 1 版
　　　　　2024 年 3 月第 4 版
印　　次：2024 年 3 月第 1 次印刷
定　　价：79.00 元

凡所购买电子工业出版社图书有缺损问题，请向购买书店调换。若书店售缺，请与本社发行部联系，联系及邮购电话：（010）88254888，88258888。

质量投诉请发邮件至 zlts@phei.com.cn，盗版侵权举报请发邮件至 dbqq@phei.com.cn。

本书咨询联系方式：dcc@phei.com.cn。

前　言

党的二十大报告指出："教育、科技、人才是全面建设社会主义现代化国家的基础性、战略性支撑。必须坚持科技是第一生产力、人才是第一资源、创新是第一动力，深入实施科教兴国战略、人才强国战略、创新驱动发展战略，开辟发展新领域新赛道，不断塑造发展新动能新优势。"

C#是以 Microsoft.NET 为平台、全新设计的现代编程语言，由于其简单易用、高效快捷、功能强大，深受用户的欢迎，是 Windows 应用系统和 Web 应用系统的开发工具。

2008 年，我们结合 C#应用开发和教学的实践经验，编写了《C#实用教程》一书，受到了读者的广泛欢迎；2013 年、2018 年根据 Visual Studio 平台升级和教学需要，编写了《C#实用教程》（第 2 版）和《C#实用教程》（第 3 版）。

本书以 Visual Studio 为平台，在保持原来结构的基础上做了进一步的修改和完善，系统地介绍了 C# 程序设计及其 Windows 应用开发。

全书由 4 个部分组成。第 1 部分"C#实用教程"介绍 Visual C#开发环境，C#基础，C#面向对象编程，Windows 应用程序开发基础，C#高级特性，C#线程技术，C#图形、图像编程，文件操作，数据库应用基础，类与 DLL 开发等；第 2 部分"C#习题"包括选择题、简答题、填空题、程序分析题、编程题等；第 3 部分"C#实训"是各章的典型实例训练，读者先跟着做，然后自己练习；第 4 部分"C#综合应用实训"由"实习 1 C#桌面应用开发：学生成绩管理系统"和"实习 2 WebService（基于 C#网络文档）——课程均分和人数统计"组成。

本书采用 Visual Studio 自带的 SQL Server 和外装 MySQL 作为 C#操作的数据库。

本书配有教学课件、实例和综合应用实训源文件及数据库文件，以方便教师教学和学生模仿练习，读者可在华信教育资源网（http://www.hxedu.com.cn）免费注册下载。

本书由郑阿奇（南京师范大学）和梁敬东（南京农业大学）担任主编；由苏州大学吴刚祥编著。其他同志对本书的编写提供了许多帮助，在此一并表示感谢！

由于作者水平有限，不当之处在所难免，恳请读者批评指正。

作者邮箱：easybooks@163.com。

编著者

目　录

第 1 部分　C#实用教程

第 1 章　Visual C#开发环境 ·························· 1
1.1　Visual C#及其开发环境 ······················ 1
1.1.1　.NET Framework 和 Visual C# ··· 1
1.1.2　Visual Studio 项目管理 ············ 3
1.1.3　Visual Studio IDE 界面元素 ······ 4
1.2　最简单的 C#程序 ························ 12
1.2.1　C#项目的创建与分类 ·········· 12
1.2.2　第一个控制台应用程序 ········· 12
1.2.3　第一个 Windows 窗体程序 ····· 14
第 2 章　C#基础 ································ 16
2.1　数据类型 ································ 16
2.1.1　值类型 ···························· 16
2.1.2　引用类型 ························· 17
2.1.3　值类型与引用类型的关系 ······ 18
2.2　常量与变量 ····························· 20
2.2.1　常量 ······························· 20
2.2.2　变量 ······························· 22
2.2.3　使用举例 ························· 22
2.3　运算符与表达式 ························ 23
2.3.1　算术运算符 ······················ 23
2.3.2　关系运算符 ······················ 24
2.3.3　逻辑运算符 ······················ 25
2.3.4　位运算符 ························· 26
2.3.5　赋值运算符 ······················ 28
2.3.6　条件运算符 ······················ 28
2.3.7　运算符的优先级与结合性 ······ 29
2.3.8　表达式中的类型转换 ··········· 29
2.4　C#语句的结构 ·························· 30
2.4.1　三种基本结构 ··················· 30
2.4.2　分支语句 ························· 31
2.4.3　循环语句 ························· 34
2.4.4　跳转语句 ························· 36
2.5　数组 ····································· 40
2.5.1　一维数组 ························· 41
2.5.2　多维数组 ························· 42
2.5.3　不规则数组 ······················ 44
2.5.4　数组的遍历 ······················ 46
2.5.5　数组应用举例 ··················· 47
2.6　类 ·· 49
2.6.1　类的声明 ························· 49
2.6.2　类的成员 ························· 50
2.6.3　构造函数 ························· 52
2.6.4　析构函数 ························· 54
2.7　方法 ····································· 55
2.7.1　方法的声明 ······················ 55
2.7.2　方法的参数 ······················ 57
2.7.3　静态方法与实例方法 ··········· 63
2.8　接口 ····································· 65
2.8.1　接口的概念 ······················ 65
2.8.2　接口的实现 ······················ 66
第 3 章　C#面向对象编程 ························ 69
3.1　什么是面向对象编程 ··················· 69
3.1.1　面向对象编程的基本概念 ······ 69
3.1.2　面向对象编程的特点 ··········· 70
3.2　类的封装与继承 ························ 72
3.2.1　属性封装 ························· 72
3.2.2　类的继承 ························· 75
3.2.3　派生类的构造函数 ·············· 79
3.3　多态的实现 ····························· 81
3.3.1　方法重载 ························· 81
3.3.2　运算符重载 ······················ 82
3.3.3　虚方法覆盖 ······················ 84
3.3.4　抽象类与抽象方法 ·············· 88
3.4　C#系统的类型转换 ····················· 90
3.4.1　复合数据类型 ··················· 90
3.4.2　数值转换 ························· 94
3.4.3　枚举转换 ························· 96
3.4.4　引用转换 ························· 98

3.4.5 使用 Convert 转换…………………99
3.5 编程常用算法…………………………100
3.5.1 C#对排序查找的支持…………100
3.5.2 最常用的三种排序算法………102
3.5.3 迭代与递归算法…………………105
3.6 异常……………………………………107
3.6.1 异常与异常类……………………108
3.6.2 异常处理…………………………108
3.7 综合应用实例…………………………113
第 4 章 Windows 应用程序开发基础…………119
4.1 开发步骤演示…………………………119
4.1.1 建立项目…………………………119
4.1.2 设计界面…………………………120
4.1.3 设计属性…………………………120
4.1.4 设计代码…………………………120
4.1.5 运行调试…………………………120
4.2 窗体……………………………………121
4.2.1 窗体的外观样式…………………121
4.2.2 窗体可见性控制…………………122
4.2.3 窗体的定位………………………124
4.3 常用控件………………………………126
4.3.1 认识控件大家族…………………126
4.3.2 标签控件…………………………128
4.3.3 按钮与文本框……………………130
4.3.4 图片框……………………………132
4.3.5 选择控件及分组…………………134
4.3.6 列表类控件………………………136
4.3.7 状态显示控件……………………139
4.4 对话框…………………………………141
4.4.1 消息框……………………………141
4.4.2 模式对话框………………………142
4.4.3 通用对话框………………………142
4.4.4 应用举例…………………………146
4.5 文档……………………………………147
4.5.1 菜单设计…………………………147
4.5.2 单文档界面（SDI）………………149
4.5.3 多文档界面（MDI）………………152
4.5.4 文档的打印………………………156
第 5 章 C#高级特性…………………………159
5.1 集合与索引器…………………………159
5.1.1 自定义集合………………………159
5.1.2 集合类……………………………161
5.1.3 索引器……………………………162
5.2 委托与事件……………………………164
5.2.1 初识委托…………………………164
5.2.2 为什么要使用委托………………166
5.2.3 多播委托…………………………171
5.2.4 事件………………………………173
5.3 预处理命令……………………………175
5.3.1 符号定义与条件编译指令………175
5.3.2 警告错误指令……………………177
5.3.3 代码块标识指令…………………177
5.4 组件与程序集…………………………177
5.4.1 组件………………………………177
5.4.2 程序集……………………………178
5.5 泛型……………………………………183
第 6 章 C#线程技术…………………………186
6.1 引入线程的动机………………………186
6.1.1 进程的主线程……………………186
6.1.2 主线程的局限性…………………187
6.1.3 多线程的编程思路………………187
6.2 线程的创建及状态控制………………188
6.2.1 Thread 类…………………………188
6.2.2 线程的创建、启动和终止………190
6.2.3 线程的挂起与恢复………………193
6.2.4 线程的状态和优先级……………195
6.3 线程同步和通信………………………197
6.3.1 lock 关键字………………………197
6.3.2 线程监视器………………………199
6.3.3 线程间的通信……………………203
6.3.4 子线程访问主线程的控件………205
6.4 线程的管理和维护……………………207
6.4.1 线程池……………………………207
6.4.2 定时器……………………………207
6.4.3 同步基元 Mutex 类………………208
6.5 线程的应用……………………………209
6.5.1 实时 GUI…………………………209
6.5.2 并发任务…………………………210
第 7 章 C#图形、图像编程…………………213
7.1 图形设计基础…………………………213
7.1.1 GDI+简介…………………………213
7.1.2 绘图坐标系………………………213

7.1.3 屏幕像素……214
7.2 画图工具及其使用……214
7.2.1 笔……214
7.2.2 画刷类……216
7.2.3 Graphics 类……217
7.3 绘制图形……219
7.3.1 线条定位与选型……219
7.3.2 画空心形状……222
7.3.3 图形的填充……226
7.4 字体和图像处理……229
7.4.1 定义字体……229
7.4.2 文本输出……229
7.4.3 绘制图像……230
7.4.4 图像刷新……230
7.5 综合应用实例……231
第 8 章 文件操作……237
8.1 .NET 的文件 I/O 模型……237
8.2 管理文件夹和目录……238
8.2.1 操作文件夹……238
8.2.2 处理路径字符串……240
8.2.3 读取驱动器信息……241
8.3 文件的基本操作……243
8.3.1 文件的种类……243
8.3.2 创建文件……243
8.3.3 读/写文件……246
8.4 综合应用实例……251
第 9 章 数据库应用基础……258
9.1 数据库基础……258
9.1.1 关系模型……258
9.1.2 SQL（结构化查询语言）……260
9.1.3 创建 SQL Server 数据库……261
9.2 ADO.NET 原理……266
9.2.1 ADO.NET 概述……266
9.2.2 ADO.NET 对象模型……266
9.2.3 数据集与离线访问……267
9.3 创建和测试连接……269
9.3.1 连接字符串……269
9.3.2 连接对象……270
9.3.3 连接数据库测试……271
9.4 在线操作数据库……272
9.4.1 SQL 命令的封装……272
9.4.2 信息的即时呈现……274
9.4.3 数据库在线访问实例……274
9.5 数据库的离线访问……277
9.5.1 数据适配……277
9.5.2 数据集机制……278
9.5.3 数据库离线访问实例……281
9.6 访问 MySQL 数据库……284
9.6.1 C#引用 MySQL 数据库……284
9.6.2 DataGridView 设置……286
9.6.3 MySQL 数据库访问实例……287
第 10 章 类与 DLL 开发……290
10.1 类对象操作功能……290
10.1.1 对象类设计……290
10.1.2 界面主程序设计……294
10.1.3 测试运行程序……297
10.2 DLL 的开发与应用……298
10.2.1 DLL 的优点……298
10.2.2 开发数据库表操作 DLL……299
10.2.3 开发加载数据的 DLL……302
10.2.4 程序界面设计……303
10.2.5 主程序使用 DLL……305

第 2 部分 C#习题

第 1 章 Visual C#开发环境……307
第 2 章 C#基础……307
第 3 章 C#面向对象编程……313
第 4 章 Windows 应用程序开发基础……316
第 5 章 C#高级特性……318
第 6 章 C#线程技术……318
第 7 章 C#图形、图像编程……319
第 8 章 文件操作……319
第 9 章 数据库应用基础……320
第 10 章 类与 DLL 开发……322

第3部分　C#实训

实训 1　Visual C#开发环境 …… 323
实训 2　C#基础 …… 324
实训 3　C#面向对象编程 …… 330
实训 4　Windows 应用程序开发基础 …… 338
实训 5　C#高级特性 …… 343
实训 6　C#线程技术 …… 345
实训 7　C#图形、图像编程 …… 348
实训 8　文件操作 …… 351
实训 9　数据库应用基础 …… 352
实训 10　类与 DLL 开发 …… 352

第4部分　C#综合应用实习

实习 1　C#桌面应用开发：学生成绩管理系统 …… 354
P1.1　主界面及功能导航 …… 354
P1.2　学生信息查询 …… 357
P1.3　学生信息修改 …… 360
P1.4　学生成绩录入 …… 364
P1.5　自己动手扩展系统功能 …… 371
实习 2　WebService（基于 C#网络文档）——课程均分和人数统计 …… 372

第 1 部分　C#实用教程

第 1 章　Visual C#开发环境

C#（读作 C sharp）是 Microsoft（微软）公司发布的一种由 C 和 C++衍生出来的安全的、稳定的、简单的、优雅的面向对象编程语言，运行于.NET Framework 和.NET Core（完全开源，跨平台）之上，在继承 C 和 C++强大功能的同时去掉了一些复杂特性，综合了 VB（Visual Basic）简单的可视化操作和 C++的高运行效率，使程序员可以快速地编写各种基于.NET 平台的应用程序。

1.1　Visual C#及其开发环境

1.1.1　.NET Framework 和 Visual C#

1．.NET Framework

.NET Framework（.NET 框架）可以建立.NET 应用程序，使用.NET 开发的程序只能在.NET Framework 下运行。.NET Framework 类库是以命名空间（Namespace）方式组织的，命名空间与类库的关系就像文件系统中的目录与文件的关系一样，如用于处理文件的类属于 System.IO 命名空间。

在.NET Framework 基础上的应用程序主要包括 ASP.NET 应用程序和 Windows Forms 应用程序。ASP.NET 应用程序包含 Web Forms 和 WebService，它们组成了全新的 Internet 应用程序；Windows Forms 应用程序是传统的窗口应用程序。

在.NET Framework 之上，无论是采用哪种语言编写的程序，都先被编译成中间语言 IL，IL 经过再次编译后才生成机器码，完成从 IL 到机器码编译任务的是 JIT（Just In Time，即时）编译器。.NET 应用程序的编译过程如图 1.1 所示。

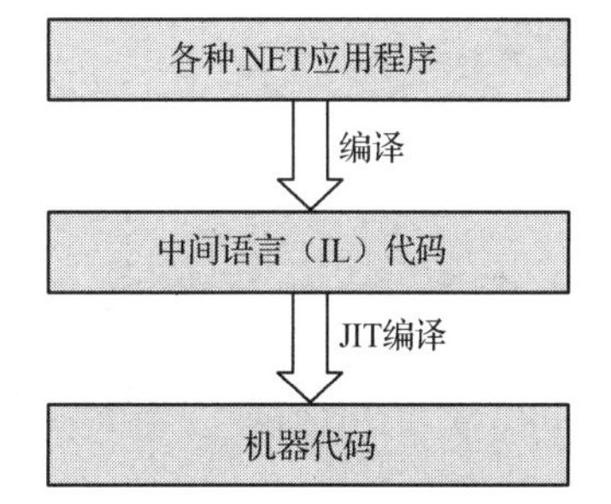

图 1.1　.NET 应用程序的编译过程

随着.NET 技术的不断发展，.NET Framework 的版本不断升级，其功能越来越强。

VS 是.NET 平台的集成开发环境（Integrated Development Environment，IDE），其功能强大，整合了多种开发语言（包括 Visual Basic、Visual C++、Visual C#、Visual F#），集代码编辑、调试、测试、打包、部署等功能于一体，大大提高了开发效率。其最新版本为 Visual Studio 2022。

2．Visual C#

Visual C#是 C#编程集成开发环境，它是为生成在 .NET Framework 上运行的多种应用程序而设计的。C#是简单的、功能强大的、类型安全的，而且是面向对象的。C#凭借其许多创新，在保持C样式语言的表示形式和优美的同时，可实现应用程序的快速开发。

Visual Studio包含Visual C#，这是通过功能齐全的代码编辑器、项目模板、设计器、代码向导、功能强大且易于使用的调试器及其他工具实现的。通过.NET Framework类库，可以访问多种操作系统服务和其他有用的精心设计的类，这些类可显著缩短开发周期。

3．Visual C#开发环境设置

因在Visual Studio环境下可以选择多种语言进行开发，故在这里介绍**Visual C#开发**环境设置。

（1）选择菜单“工具”→“导入和导出设置”选项，在“导入和导出设置向导”对话框中勾选“重置所有设置”单选按钮，单击“下一步”按钮，如图1.2所示。

（2）在“保存当前设置”页中勾选“否，仅重置设置，从而覆盖我的当前设置”单选按钮，单击“下一步”按钮，如图1.3所示。

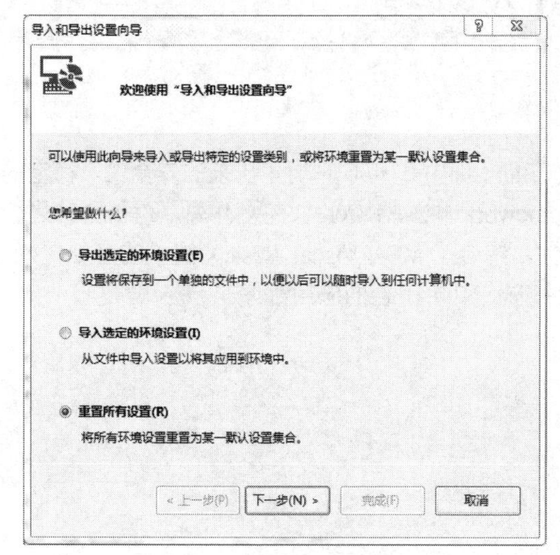

图1.2　重置VS开发环境

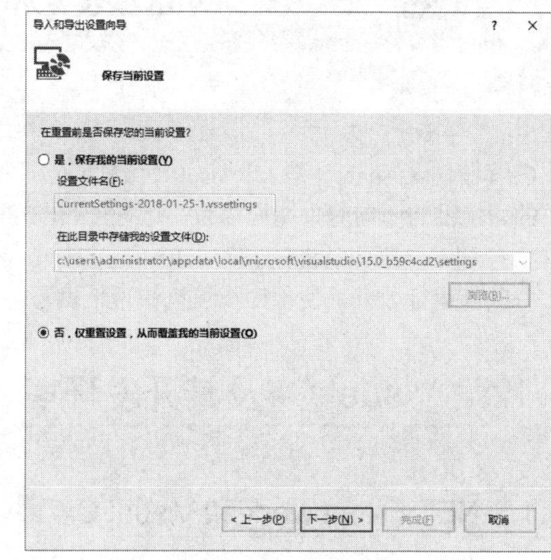

图1.3　覆盖当前设置

（3）在“选择一个默认设置集合”页的“要重置为哪个设置集合？”列表中选择“Visual C#”选项，单击“完成”按钮，设置成C#的编程环境，如图1.4所示。

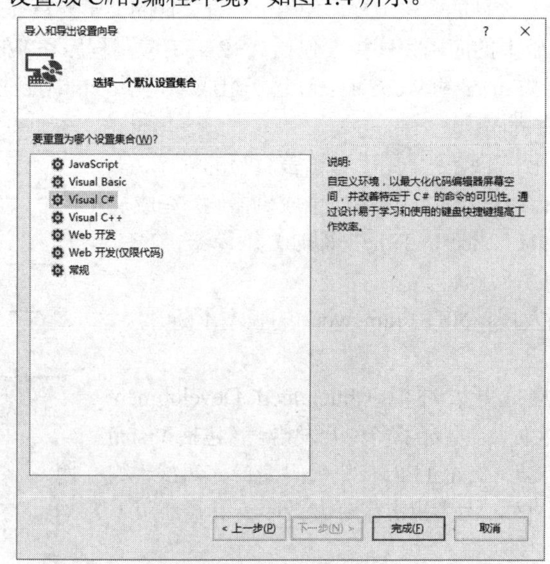

图1.4　设置成C#的编程环境

（4）完成配置后，打开 VS（Visual Studio 的简称）2015 窗口，显示“起始页”界面，如图 1.5 所示。除了可在安装完成后，于初次启动时指定初始开发环境，用户还可在任何时候重置开发环境。

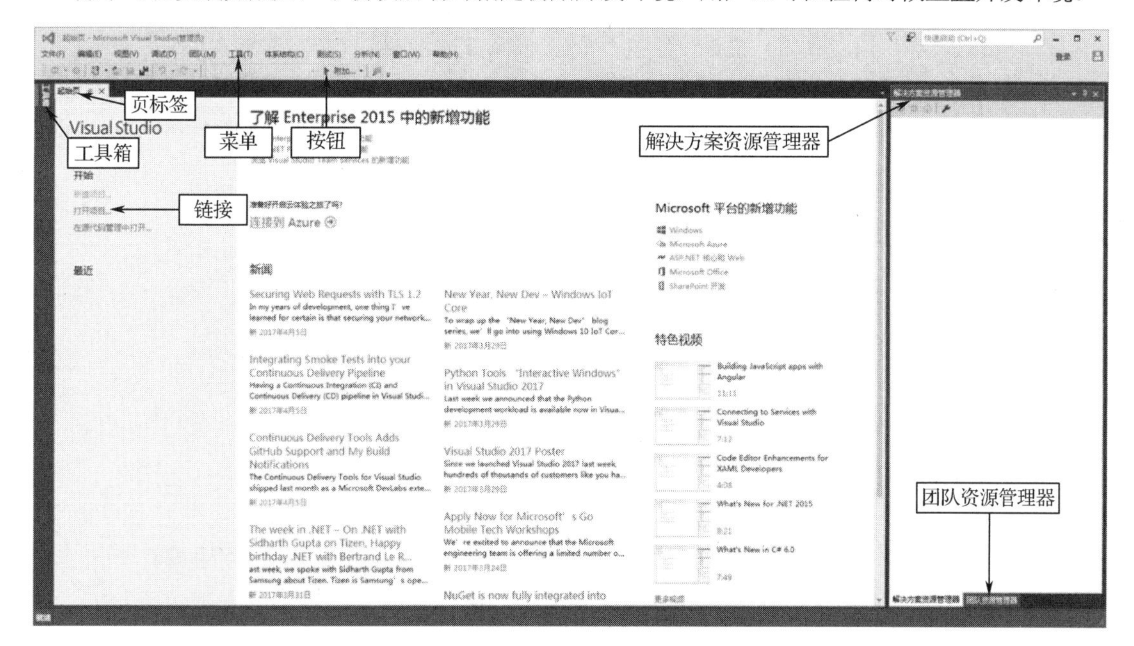

图 1.5　“起始页”界面

在“起始页”界面中，允许用户新建或打开项目。若要打开已有项目，可单击最近的项目列表中的某个项目名称；也可以选择菜单“文件”→“打开”→“项目/解决方案”选项，在弹出的“打开项目”对话框中选择要打开的项目。

1.1.2　Visual Studio 项目管理

为了能有效地管理各类应用程序的开发，VS 2015 提供了两类“容器”：一是项目，二是解决方案。那么，它们是什么？又是如何管理的呢？

1．项目与解决方案

VS 2015 开发的程序可以表现为多种应用类型，如控制台应用程序、Windows 窗体应用程序、WPF 应用程序、ASP.NET Web 应用程序、类库等。而 VS 2015 的“项目”以逻辑方式管理、生成和调试构成应用程序的诸多项，包括创建应用程序所需的引用、数据链接、文件夹和文件等。“项目”的输出通常是可执行程序（.exe）、动态链接库（.dll）文件或模块等。

解决方案是一类相关项目的集合，一个解决方案可包含多个项目。VS 2015 还为解决方案提供了指定的文件夹，用于管理和组织该解决方案下的各种项目和项目组。同时，在该文件夹下还有一个扩展名为.sln 的解决方案文件。

2．解决方案资源管理器

作为查看和管理解决方案、项目及其关联项的界面，解决方案资源管理器是 VS 2015 开发环境的一部分。它将解决方案中所有关联的项以项目树（也称树视图或项目树视图）的形式分类显示。针对 Visual C#，这些项包括 Properties（程序集属性）、引用（名字空间）、App.config（应用配置）和.cs 文件（源文件）等，单击节点名称图标前的“▷”或“◢”符号，或双击图标，将显示或隐藏节点下的相关内容，如图 1.6 中的左图所示。

“解决方案资源管理器”窗口的顶部有几个工具图标。其中，用来显示项目树中所选项的相应“属性页”对话框；用来显示所有的文件，包括那些已经被排除的项和在正常情况下隐藏的项；用来查看代码图，帮助理解复杂的代码。

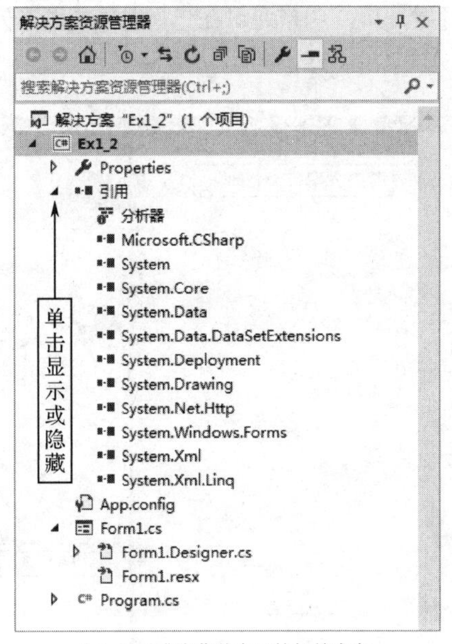

（a）显示或隐藏节点下的相关内容

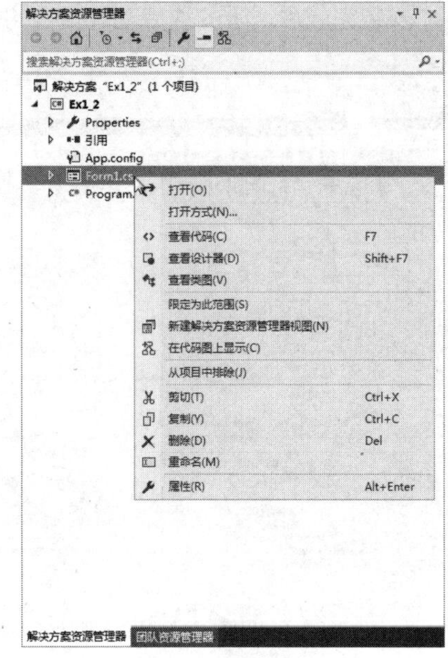

（b）快捷菜单

图 1.6 “解决方案资源管理器”窗口

需要说明的是，选择的节点项不同，在“解决方案资源管理器”窗口顶部出现的工具图标也不同。同时，用鼠标右键（简称右键）单击节点后弹出的快捷菜单也各不相同。例如，右键单击 Form1.cs 节点后，弹出如图 1.6 中的右图所示的快捷菜单，从中可选择相应的命令和操作。

1.1.3 Visual Studio IDE 界面元素

1. 标题栏

标题栏是 VS 2015 窗口顶部的水平条，它显示的是应用程序的名字。在默认情况下，用户建立一个新项目后，标题栏显示如下信息：

```
WindowsFormsApplication1 – Microsoft Visual Studio（管理员）
```

其中，“WindowsFormsApplication1”代表解决方案名称。随着工作状态的变化，标题栏中的信息也随之改变。当处于调试状态时，标题栏显示：

```
WindowsFormsApplication1（正在调试） – Microsoft Visual Studio（管理员）
```

在上面的标题栏信息中，第一个括号中的“正在调试”表明当前的工作状态处于“调试阶段”。当处于运行状态时，该括号中的信息为“正在运行”，表明当前的工作状态处于“运行阶段”。

2. 菜单栏

标题栏的下面是菜单栏。菜单是 Visual C#编程环境的重要组成部分，开发者要完成的主要功能都可以通过菜单或与菜单对应的工具栏按钮及快捷键来实现。在不同的状态下，菜单栏中菜单项的个数是不一样的。

启动 VS 2015 后，在建立项目前（“起始页”状态下），菜单栏有 11 个菜单：文件、编辑、视图、调试、团队、工具、体系结构、测试、分析、窗口和帮助。当建立或打开项目后，如果当前活动的窗口是窗体设计器，则菜单栏中有与之相关的 14 个菜单；如果当前活动的是代码窗口，则菜单栏中有与之相关的 13 个菜单。

每个菜单包含若干个子菜单（项），灰色的菜单项是不可用的；菜单名后面“(　)”中的字母为键盘访问键（快捷键），某些菜单项后显示组合菜单键。例如，“新建项目”的操作是先按 Alt+F 组合键打开“文件”菜单，然后按 N 键；也可以直接按 Ctrl+Shift+N 组合键，如图 1.7 所示。

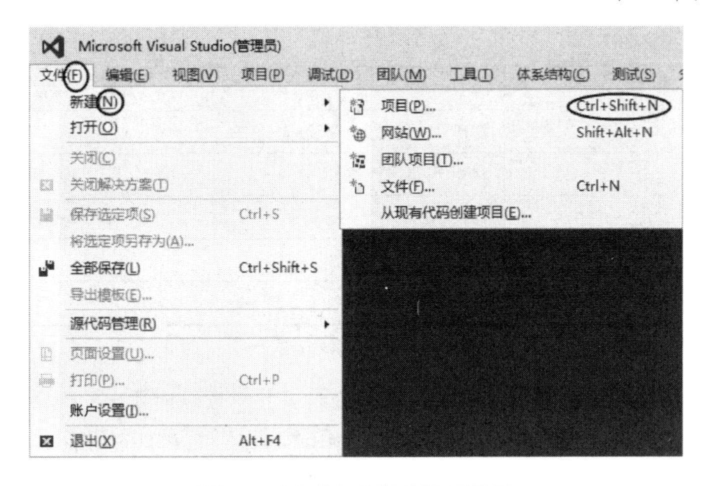

图 1.7 “文件”菜单的快捷访问

1）“文件”菜单

“文件”（File）菜单用于对文件进行操作，如新建、打开、保存和退出项目等。“文件”菜单如图 1.7 所示，其主要功能如表 1.1 所示。

表 1.1 “文件”菜单的主要功能

菜 单 项	主 要 功 能
新建	新建项目、网站和文件等
打开	打开项目/解决方案、网站和文件等
关闭	关闭当前项
关闭解决方案	关闭打开的解决方案
保存选定项	保存对选定项的修改，文件名不变
将选定项另存为	将选定项另存为其他文件名
全部保存	保存当前打开的所有项目
导出模板	将项目或项导出作为将来项目的基础模板
源代码管理	查找/应用标签、从服务器打开、工作区等
账户设置	登录到 Microsoft Visual Studio 官网，在线管理和发布程序代码
退出	退出 VS 2015 开发环境

2）“视图”菜单

“视图”（View）菜单用于显示或隐藏各功能窗口或对话框。若不小心关闭了某个窗口，则可通过选择“视图”菜单的选项恢复显示。“视图”菜单还控制工具栏的显示，若要显示或关闭某个工具栏，则选择“视图”→“工具栏”选项，找到相应的工具栏，在其前面打钩（也称勾选）或去掉钩（也称取消勾选）。“视图”菜单如图 1.8 所示，其主要功能如表 1.2 所示。

表 1.2 “视图”菜单的主要功能

菜 单 项	主 要 功 能
解决方案资源管理器	打开“解决方案资源管理器”窗口
服务器资源管理器	打开“服务器资源管理器”窗口
类视图	打开“类视图”窗口

续表

菜 单 项	主 要 功 能
对象浏览器	打开“对象浏览器”窗口
工具箱	打开“工具箱”窗口
其他窗口	打开“命令”、“Web 浏览器”、“属性管理器”等其他窗口
工具栏	打开或关闭各种快捷工具栏
属性窗口	打开用户控件的属性页

3）“项目”菜单

“项目”（Project）菜单（如图 1.9 所示）只有在打开某个项目后才会显现，主要用于向程序中添加或移除各种元素，如窗体、控件、组件和类等。使用“项目”菜单中的功能比较简单，“项目”菜单中的两个重要的菜单项及其功能如表 1.3 所示。

图 1.8 “视图”菜单

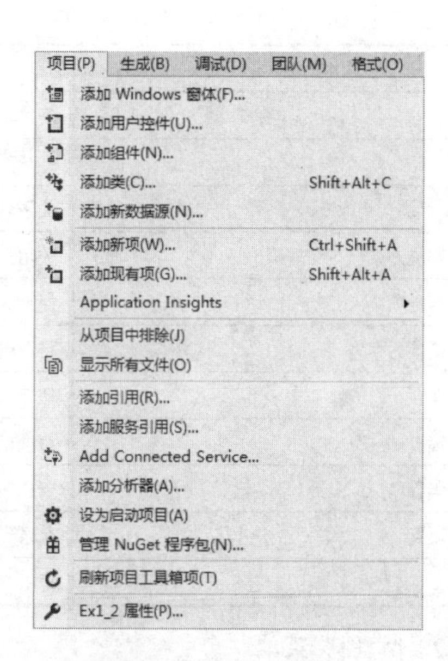

图 1.9 “项目”菜单

表 1.3 “项目”菜单中的两个重要的菜单项及其功能

菜 单 项	功 能
添加 Windows 窗体	向项目中添加新窗体
添加服务引用	添加一个 Web 服务引用或添加 WCF 服务引用

4）“格式”菜单

“格式”（Format）菜单用于在设计阶段对窗体中各个控件进行布局。使用它，可以对所选定的对象进行格式调整；在设计多个对象时使界面整齐划一。“格式”菜单如图 1.10 所示，其主要功能如表 1.4 所示。

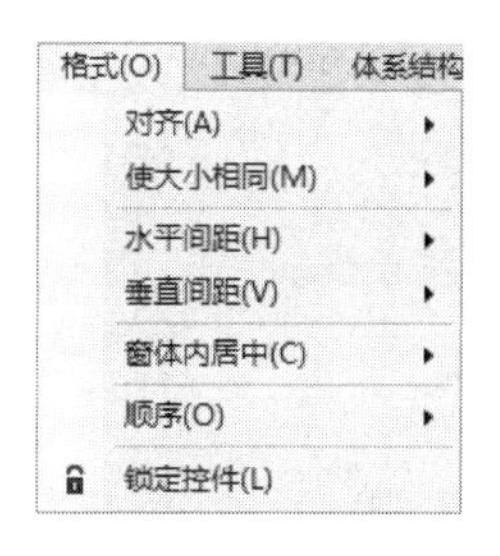

图 1.10 “格式”菜单

表 1.4 “格式”菜单的主要功能

菜 单 项	主 要 功 能
对齐	将所有选中的对象对齐
使大小相同	将所有选中的对象按宽度或高度统一尺寸
水平间距	统一调整所有选中的对象水平间距
垂直间距	统一调整所有选中的对象垂直间距
窗体内居中	将对象在窗体中居中对齐
顺序	将对象按前、后顺序放置
锁定控件	将所选中的控件锁定，但不能调整其位置

5）“调试”菜单

“调试”（Debug）菜单用于选择不同调试程序的方法，如逐语句、逐过程、新建断点等。“调试”菜单如图 1.11 所示，其主要功能如表 1.5 所示。

图 1.11 “调试”菜单

表 1.5 “调试”菜单的主要功能

菜 单 项	主 要 功 能
开始调试	以调试模式运行
开始执行（不调试）	不调试，直接运行
逐语句	一句一句地运行
逐过程	一个过程一个过程地运行
新建断点	建立新断点
删除所有断点	清除所有已设置的断点

6）“工具”菜单

“工具”（Tools）菜单用于选择设计程序时使用的一些工具，例如，可用于添加/删除工具箱项、连接数据库、连接服务器等。“工具”菜单如图 1.12 所示。

7）“生成”菜单

“生成”（Build）菜单主要用于生成能运行的可执行程序文件，生成之后的程序可以脱离开发环境独立运行；也可以用于发布程序。

8）“帮助”菜单

学会使用“帮助”（Help）菜单是学习和掌握 Visual C#的捷径。可以通过内容、索引和搜索的方法寻求帮助，“帮助”菜单如图 1.13 所示。

9）其他菜单

在菜单栏中还有“编辑”和“窗口”等菜单，它们的功能与标准 Windows 程序的基本相同，在此不再详细介绍。

另外，除菜单栏中的菜单外，若在不同的窗口中单击鼠标右键，还可以弹出相应的快捷菜单（也称为上下文菜单或右键快捷菜单）。

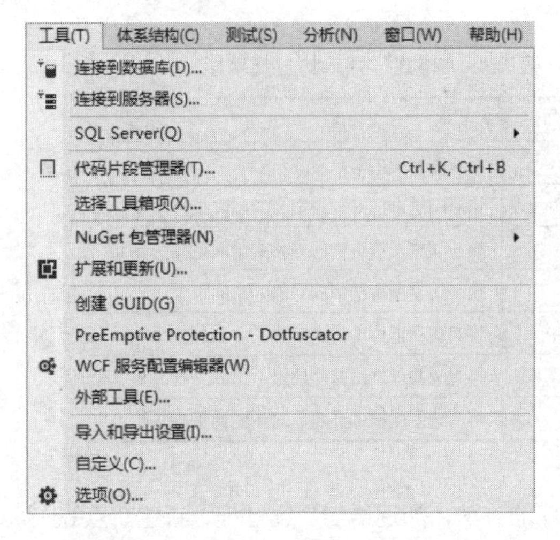

图 1.12 “工具”菜单

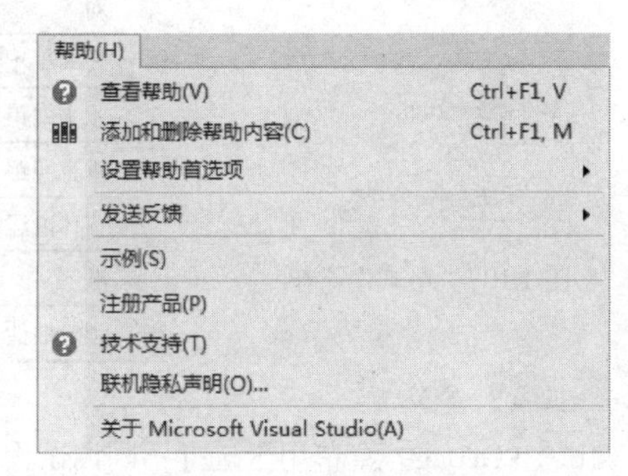

图 1.13 “帮助”菜单

3. 工具栏

单击工具栏上的按钮，则执行该按钮所代表的操作。Visual C#提供了多种工具栏，用户可根据需要定义自己的工具栏。在默认情况下，Visual C#中只显示标准工具栏和布局工具栏，其他工具栏可以通过选择“视图”→“工具栏”选项打开（或关闭）。每种工具栏都有固定和浮动两种形式，把鼠标指针移到固定的工具栏中没有图标的地方，按住左键向下拖动鼠标，即可把工具栏变为浮动的，而如果双击浮动的工具栏的标题，则又还原为固定的工具栏。

默认工具栏如图 1.14 所示，这是启动 Visual C#之后显示的默认工具栏，当鼠标指针停留在工具栏按钮上时会显示出该按钮的功能提示。

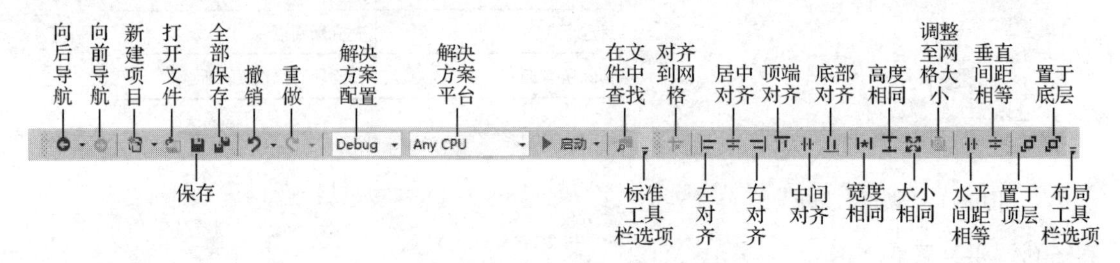

图 1.14 默认工具栏

工具栏中常用按钮的功能如表 1.6 所示。

表 1.6 工具栏中常用按钮的功能

名 称	功 能
新建项目	相当于“文件”菜单中的“新建”→“项目”选项
打开文件	相当于“文件”菜单中的“打开”→“文件”选项
保存	相当于“文件”菜单中的“保存”选项
全部保存	相当于“文件”菜单中的“全部保存”选项
撤销、重做	对应“编辑”菜单中的“撤销”和“重做”选项
启动	相当于“调试”菜单中的“开始调试”选项
在文件中查找	相当于“编辑”菜单中的“查找和替换”→“在文件中查找” 选项

续表

名　称	功　能
对齐到网格、左对齐、居中对齐、右对齐、顶端对齐、中间对齐、底部对齐	对应“格式”菜单中的“对齐”子菜单下的各同名选项
宽度相同、高度相同、大小相同、调整至网格大小	分别对应“格式”菜单中的“大小相同”→“宽度”、“高度”、“两者”和“调整至网格大小”等选项
水平间距相等、垂直间距相等	分别对应“格式”菜单中的“水平间距”→“相同间隔”选项和“垂直间距”→“相同间隔”选项
置于顶层、置于底层	分别对应“格式”菜单中的“顺序”→“置于顶层”选项和“置于底层”选项

4．工具箱

工具箱（Toolbox）提供一组控件，用户在设计界面时可以选择所需要的控件放入窗体中。工具箱位于屏幕的左侧，如图 1.15 所示，在默认情况下是自动隐藏的，当在接近工具箱“敏感”区域中单击鼠标时，工具箱会弹出；鼠标离开后，工具箱会自动隐藏。

从图 1.15 可以看出，工具箱是由众多控件组成的，为便于管理，常用的控件被分门别类地放在“所有 Windows 窗体”、“公共控件”、“容器”、“菜单和工具栏”、“数据”、“组件”、“打印”、“对话框”、“WPF 互操作性”和“常规”共 10 个选项卡中，如图 1.16 所示。比如，在“所有 Windows 窗体”选项卡中，存放了常用的命令按钮、标签、文本框等控件。工具箱 10 个选项卡中存放的控件如表 1.7 所示。

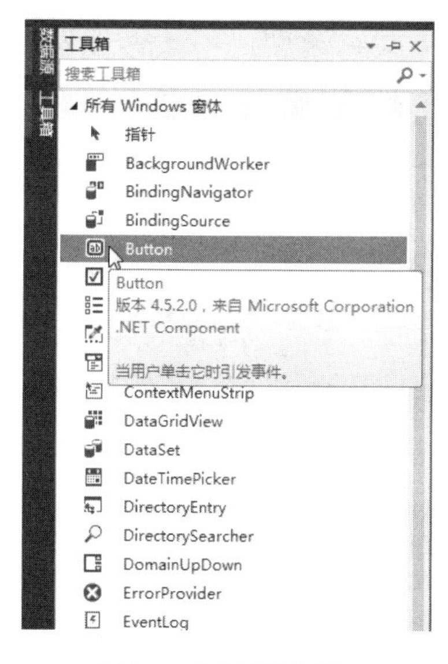

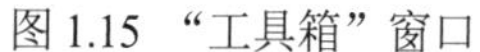
图 1.15　“工具箱”窗口

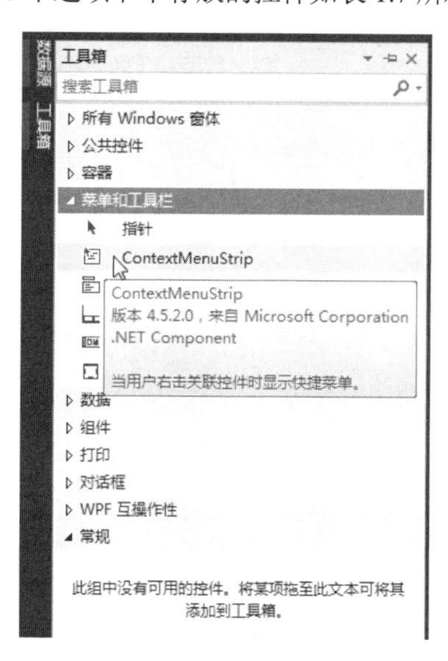

图 1.16　工具箱 10 个选项卡

表 1.7　工具箱 10 个选项卡中存放的控件

选项卡名称	内 容 说 明
所有 Windows 窗体	存放 Windows 程序界面设计所有的控件
公共控件	存放常用的控件
容器	存放容器类控件
菜单和工具栏	存放菜单和工具栏类控件
数据	存放操作数据库的控件

续表

选项卡名称	内 容 说 明
组件	存放系统提供的组件
打印	存放打印相关的控件
对话框	存放各种对话框控件
WPF 互操作性	存放 WPF 相关的控件
常规	保存用户常用的控件（包括自定义控件）

选项卡中的控件不是一成不变的，用户可以根据需要进行增加或删除。在“工具箱”窗口中单击鼠标右键，在弹出的菜单中选择“选择项”选项，会弹出一个包含所有可选控件的“选择工具箱项”对话框，如图 1.17 所示，通过勾选或取消勾选其中的各类控件，可添加或删除选项卡中的控件。

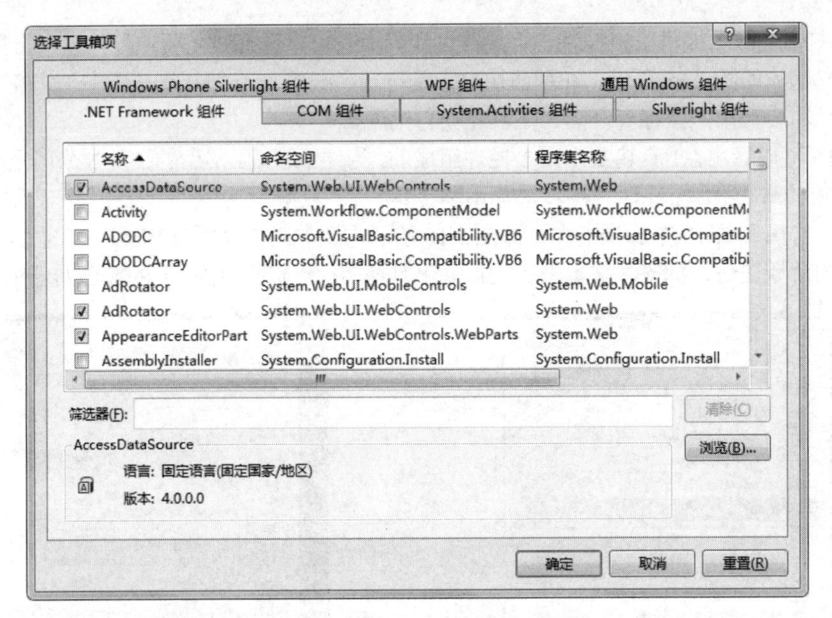

图 1.17 “选择工具箱项”对话框

5. 窗口

除前面提到过的“解决方案资源管理器”窗口外，VS 2015 还有“窗体设计器”窗口和“属性”窗口等诸多功能窗口，它们都可由用户通过“视图”菜单来设置显现或隐藏。

1）“窗体设计器”窗口

“窗体设计器”窗口简称为窗体（Form），是用户自定义窗口，用来设计应用程序的图形界面，它对应的是程序运行的最终结果。各种图形、图像、数据等都是通过窗体或其中的控件显示的。

2）“属性”窗口

“属性”窗口位于“解决方案资源管理器”窗口的下方，用于列出当前选定窗体或控件的属性设置，属性即对象的特征。在图 1.18 中，列出了名称为 Form1 的窗体对象的属性。

属性的显示方式有两种：在图 1.18 中，是按分类顺序排列各个属性的；在图 1.19 中，是按字母顺序排列各个属性的。在“属性”窗口的上部有一个工具栏，用户可以通过单击其中相应的工具按钮来改变属性的排列方式。

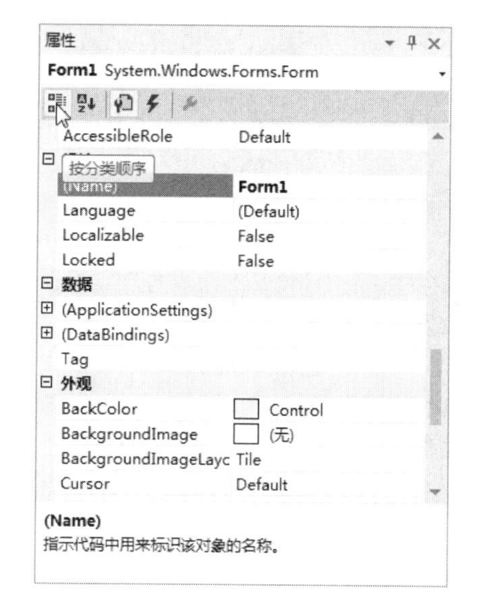

图 1.18 “属性”窗口（按分类排序）

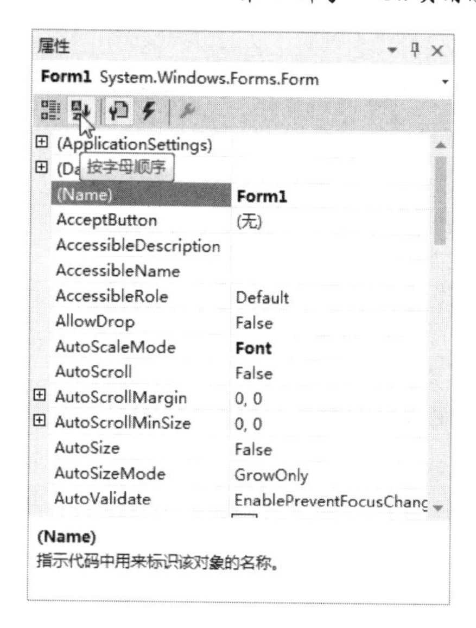

图 1.19 “属性”窗口（按字母排序）

类和名称空间位于“属性”窗口的顶部，其下拉列表中的内容是应用程序中每个类的名字及类所在的名称空间。随着窗体中控件的增加，这些对象的有关信息将添加到命名空间框的下拉列表中。

3）“代码”窗口

“代码”窗口与“窗体设计器”窗口在同一位置，但被放在不同的标签页中，如图 1.20 所示，其中 Form1 窗体的“代码”窗口的标题是 Form1.cs。“代码”窗口用于输入应用程序代码，又称为代码编辑器，包含项目列表框、对象列表框、成员列表框和代码编辑区。项目列表框显示此源文件所属的项目，对象列表框显示和该窗体有关的对象清单，成员列表框显示对象列表框中所选中对象的全部事件，代码编辑区用于编辑对应事件的程序代码。

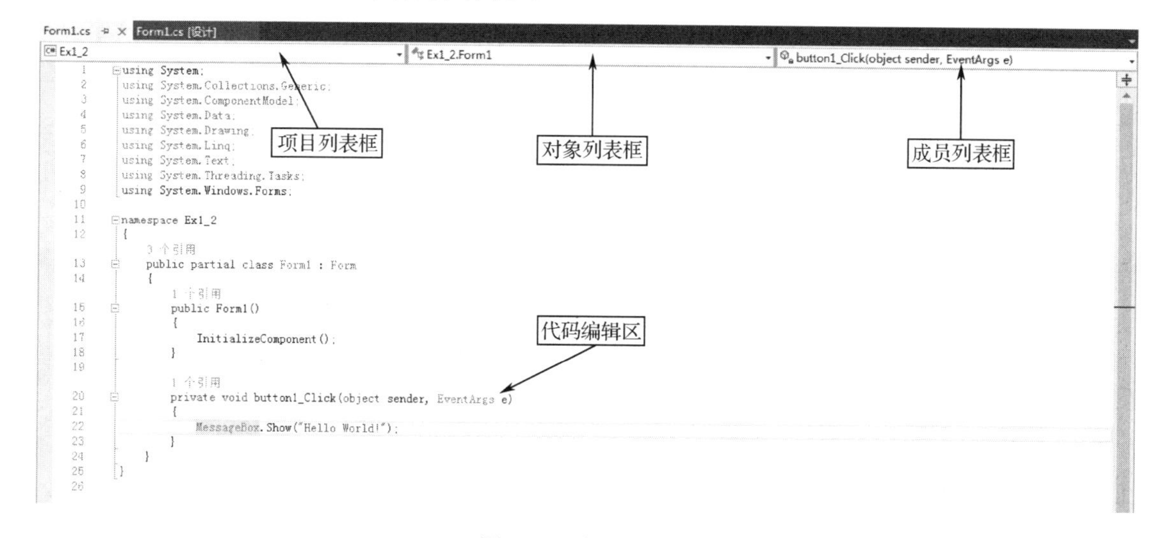

图 1.20 “代码”窗口

除上述几种窗口外，在集成环境中还有其他一些窗口，包括输出窗口、命令窗口、任务列表窗口等，将在本书后续章节中介绍。

1.2 最简单的 C#程序

1.2.1 C#项目的创建与分类

VS 2015 可用于多种类型的程序，如基于 Web 的应用程序、基于 WPF 的应用程序、基于 Windows 的应用程序、控制台应用程序和移动应用程序等的快速开发。

选择菜单“文件”→“新建”→“项目”选项，系统弹出“新建项目”对话框，如图 1.21 所示。

在“模板”栏中选择模板类型后，在“名称”栏中输入项目的名称，在“位置”栏中输入（选择）保存项目的路径，在“解决方案名称”栏中输入解决方案的名称，单击“确定”按钮即可进入项目开发工作区。新建立的项目都保存在设定的解决方案中，一个解决方案中可以包含一个或多个项目。在默认情况下，解决方案的名称与项目名称相同，而且保存项目和解决方案的文件夹名就是项目名称。

最常见的 C#项目有两大类：**控制台应用程序**和 **Windows 窗体应用程序**。对于每类，VS 2015 都提供了默认模板。

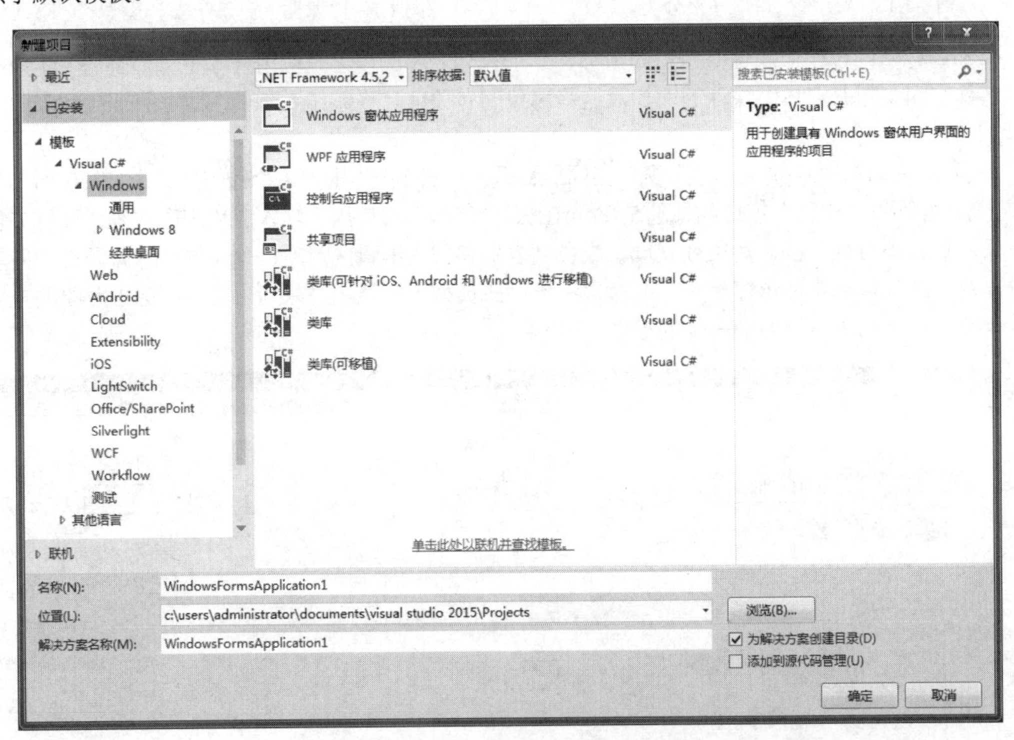

图 1.21 “新建项目”对话框

1.2.2 第一个控制台应用程序

【例 1.1】 在“控制台”窗口中输出“Hello World!”字样。

在.NET 开发环境中新建一个控制台应用程序项目后，在源代码文件中输入如下语句：

```
using System;
using System.Collections.Generic;
using System.Linq;
using System.Text;
```

```
namespace Ex1_1
{
    class Program
    {
        static void Main(string[] args)
        {
            Console.WriteLine("Hello World!");
        }
    }
}
```

将此项目命名为 Ex1_1，然后打开“命令提示符”程序，进入目录“C:\Users\Administrator\Documents\Visual Studio 2015\Projects\Ex1_1\Ex1_1\bin\Debug”，输入 Ex1_1.exe 后回车（也称按 Enter 键），可以看到程序运行结果出现在“控制台”窗口中，显示“Hello World!”字样，如图 1.22 所示。

1．命名空间

在上面代码中，以 using 关键词开始的是命名空间导入语句。命名空间是为了防止相同名字的不同标识符发生冲突而设计的隔离机制。比如，一个用户开发了一个二维的图形组件并将该组件命名为 Point，而另一个用户将开发的一个三维图形组件也命名为 Point。这时，如果在应用程序中同时使用这两个组件，那么编译器在编译时将无法判断引用哪一个组件。将组件的命名放在不同的命名空间中就可以加以区别，要使用哪一个组件，通过 using 关键字打开其所在的命名空间即可。在 C#中（确切地说是在.NET 框架类库中）使用了一种树状的类似于“中国→江苏→南京”这样的地址编码方式来对命名空间进行管理，通过引入命名空间，就可以用 MyClass.Point 和 YourClass.Point 这样的方式对相同名称的标识符进行识别，即使同时使用这两个组件，编译器也不会迷惑。

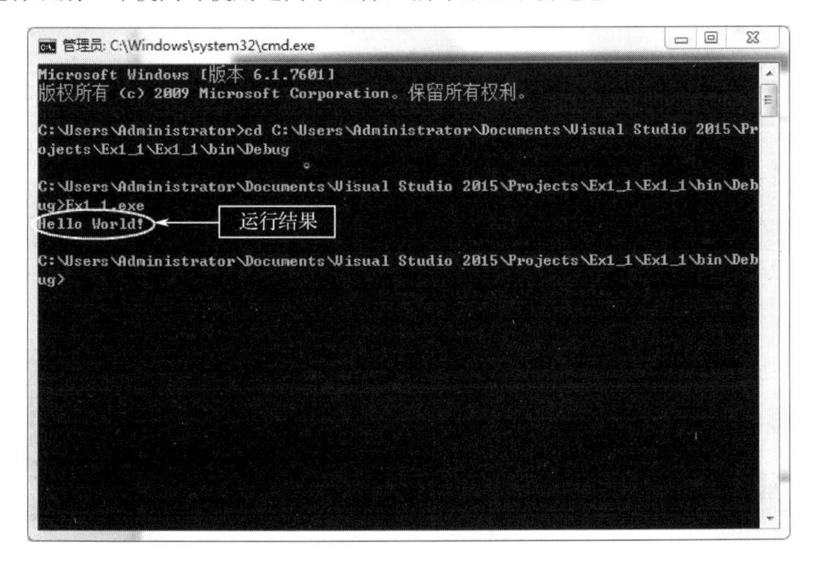

图 1.22 “控制台”窗口中的程序运行结果

因为在.NET 框架类库中提供的不同组件都被包含在一定的命名空间中，所以要想使用这些组件就必须通过 using 关键字打开相应的命名空间使相应的标识符对编译器可见。如果没有使用 using 关键字，则相应的标识符就应包含完整的命名空间路径。

2．完全面向对象

因为 C#是一种面向对象语言，所以不会有独立于类的代码出现，应用程序的入口也必须是类的方法。C#规定以命名为 Main 的方法作为程序的入口。方法的代码使用“{}”符号作为起始标识符，static 关键字是对方法的修饰，使这个方法在类的实例被建立之前就可被调用，因为在程序入口的时候还不会有任何类的实例生成。Main 前面的 void 关键字代表该方法没有返回值，这与 C/C++和 Java 是一样的。

方法中的代码“Console.WriteLine("Hello World!");”调用了.NET 框架类库中对象的方法来向控制台输出信息。可以看出，本程序的核心代码所实现的功能全部来自.NET 框架类库，而 C#只是提供了一个语法框架，C#开发实际上就是用 C#将.NET 框架类库中的组件加以组织，实现应用程序的业务逻辑。

1.2.3 第一个 Windows 窗体程序

【例 1.2】 显示含有“Hello World!”字样的对话框。

在“新建项目”对话框中，选择“Windows 窗体应用程序”模板，将此项目命名为 Ex1_2，单击“确定”按钮后，将进入 C#的 Windows 窗体设计工作区，如图 1.23 所示。

该工作区的左上方是“窗体设计器”窗口，其标题是 Form1.cs [设计]。

在建立一个新的项目后，系统将自动建立一个窗体，其默认名称和标题为 Form1。

在设计应用程序时，可根据用户需要从工具箱中选择所需要的控件，然后在窗体设计工作区中布局相应的控件对象，这样就完成了窗体的界面设计。

将窗体 Form1 调整为合适的大小，从工具箱中选择 Button 按钮控件并将其拖到 Form1 窗体中，双击此按钮，在“代码”窗口中添加代码，代码如下：

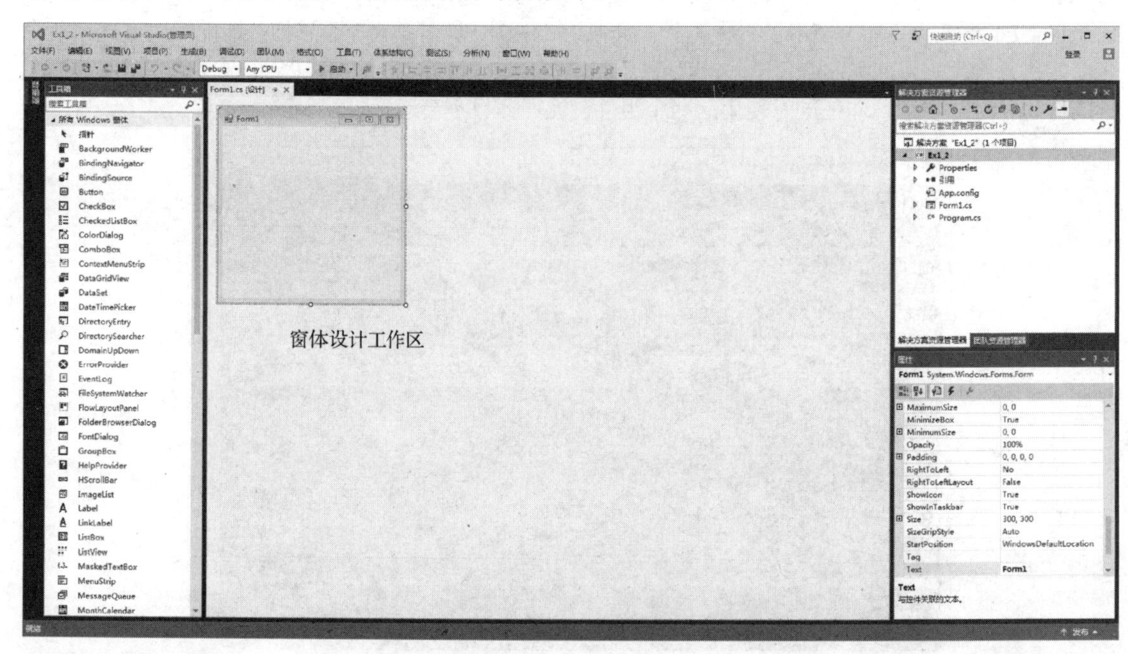

图 1.23 C#的 Windows 窗体设计工作区

```
using System;
using System.Collections.Generic;
using System.ComponentModel;
using System.Data;
using System.Drawing;
using System.Linq;
using System.Text;
using System.Threading.Tasks;
using System.Windows.Forms;
namespace Ex1_2
```

```
{
    public partial class Form1 : Form
    {
        public Form1()
        {
            InitializeComponent();
        }
        private void button1_Click(object sender, EventArgs e)
        {
            MessageBox.Show("Hello World!");
        }
    }
}
```

按 F5 键运行此程序，结果如图 1.24 所示。

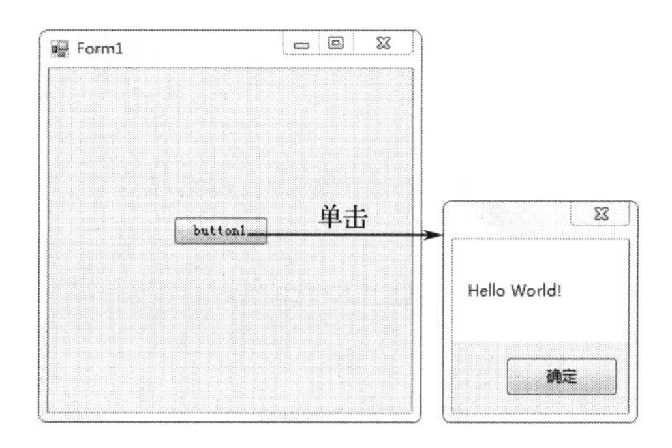

图 1.24 Windows 窗体程序运行结果

第2章 C#基础

C#中的数据类型、变量、常量、运算符、表达式、程序流程控制语句及数组等概念是 C#程序设计的基础，掌握这些基本知识是编写正确程序的前提。类、方法、接口则是面向对象编程的基本概念，只有先理解它们，才能在编程中充分发挥 C#面向对象编程的优势。

2.1 数据类型

C#是一种强类型语言，在程序中用到的变量、表达式和数值等都必须有类型，编译器将检查所有数据类型操作的合法性。这个特点保证了变量中存储的数据的安全性。C#的数据类型分成两大类：一类是值类型（Value Types），另一类是引用类型（Reference Types）。每一大类又可分成几个小类，如图 2.1 所示。

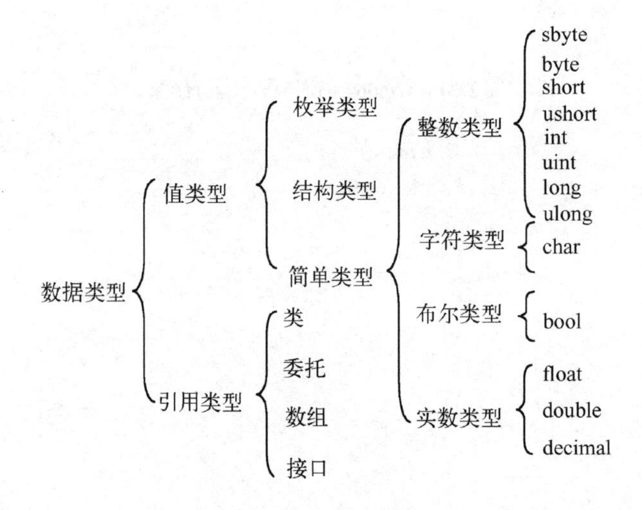

图 2.1 C#的数据类型

2.1.1 值类型

所谓值类型就是一个包含实际数据的变量。当定义一个值类型变量时，C#会根据所声明的类型，以堆栈方式给这个变量分配一块大小相适应的存储区域，在这块存储区域中直接进行对这个变量的读/写操作。

例如：

```
int   iNum=10;                //给变量 iNum 分配一个 32 位内存区域，并将 10 放入该内存区域中
iNum=iNum+10;                 //从变量 iNum 中取出值，加上 10，再将计算结果赋给 iNum
```

C#中的值类型包括简单类型、枚举类型和结构类型。

简单类型是系统预置的，一共有 13 个，如表 2.1 所示。

表 2.1　简单类型

关键字	.NET CTS 类型名	说明	范围和精度
sbyte	System.SByte	8 位有符号整数类型	−128～127
byte	System.Byte	8 位无符号整数类型	0～255
short	System.Int16	16 位有符号整数类型	−32 768～32 767
ushort	System.UInt16	16 位无符号整数类型	0～65 535
int	System.Int32	32 位有符号整数类型	−2 147 483 648～2 147 483 647
uint	System.UInt32	32 位无符号整数类型	0～4 294 967 295
long	System.Int64	64 位有符号整数类型	−9 223 372 036 854 775 808～9 223 372 036 854 775 807
ulong	System.UInt64	64 位无符号整数类型	0～18 446 744 073 709 551 615
char	System.Char	16 位字符类型	所有的 Unicode 编码字符
float	System.Single	32 位单精度浮点类型	$\pm1.5\times10^{-45}$～$\pm3.4\times10^{38}$（大约 7 个有效十进制数位）
double	System.Double	64 位双精度浮点类型	$\pm5.0\times10^{-324}$～$\pm3.4\times10^{308}$（大约 15～16 个有效十进制数位）
decimal	System.Decimal	128 位高精度十进制数类型	$\pm1.0\times10^{-28}$～$\pm7.9\times10^{28}$（大约 28～29 个有效十进制数位）
bool	System.Boolean	逻辑值（真或假）	true, false

在表 2.1 中，“关键字”是指在 C#中声明变量时可使用的类型说明符。

例如：

```
int myNum                //声明 myNum 为 32 位整数类型
```

.NET 平台包含所有简单类型，它们位于.NET 框架的 System 名字空间。C#的类型关键字就是.NET 平台中所定义类型的别名。从表 2.1 可见，C#的简单类型可分为整数类型（包括字符类型）、实数类型和布尔类型。

● 整数类型

该类型共有 9 种，它们的区别在于所占存储空间的大小，有无符号位及所能表示的数的范围，这些是在程序设计时定义数据类型的重要参数。char 类型归属于整数类型，但它与整数类型又有所不同，不支持从其他类型到 char 类型的隐式转换。即使 sbyte、byte、ushort 这些类型的值在 char 表示的范围之内，也不存在其隐式转换。

● 实数类型

该类型有三种，其中浮点类型 float、double 关键字采用 IEEE 754 格式来表示，因此浮点运算一般不会产生异常。类型 decimal 主要用于财务和货币计算，它可以精确地表示十进制小数（如 0.001）。虽然它具有较高的精度，但取值范围较小，因此从浮点类型到 decimal 的转换可能会产生内存溢出异常；而从 decimal 到浮点类型的转换则可能导致精度的损失，所以浮点类型与 decimal 之间也不存在隐式转换。

● 布尔类型

该类型表示布尔逻辑量，它与其他类型之间不存在标准转换，即不能用一个整数类型表示 true 或 false，反之亦然，这一点与 C/C++不同。

2.1.2　引用类型

引用类型包括 class（类）、interface（接口）、数组、delegate（委托），以及 object 和 string。其中，

object 和 string 是两个比较特殊的类型。object 是 C#中所有类型（包括所有的值类型和引用类型）的根类。string 是一个从 object 类直接继承的密封类型（不能再被继承），其实例表示 Unicode 字符串。

一个引用类型变量不存储它们所代表的实际数据，而是存储实际数据的引用。引用类型分 3 步创建：首先在栈内存上创建一个引用类型变量，然后在堆内存上创建对象本身，最后把这个对象所在内存的句柄（首地址）赋给引用类型变量。

例如：

```
string s1, s2;
s1="ABCD";
s2 = s1;
```

其中，s1、s2 都是指向字符串“ABCD”的引用类型变量，s1 的值是“ABCD”存放在内存中的**地址**（引用），两个引用类型变量之间的赋值，使得 s2、s1 都成为对“ABCD”的引用，如图 2.2 所示。

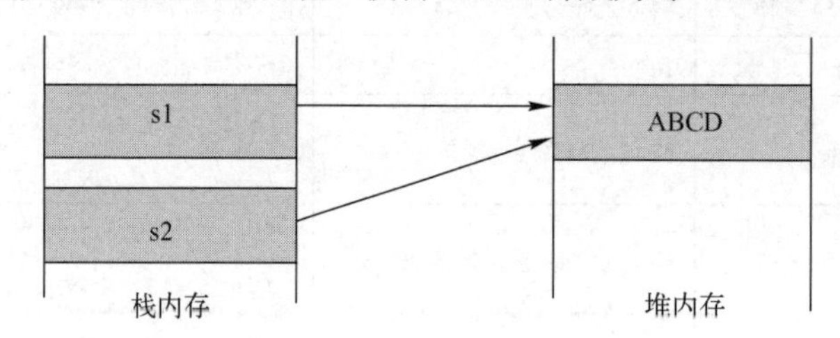

图 2.2　引用类型变量赋值示意图

引用类型的值是对引用类型实例的引用，特殊值 null 适用于所有引用类型，它表明没有任何引用的对象。当然，也可能存在若干引用变量同时引用同一个对象的实例，对任何一个变量的修改都会导致该对象值的修改。

> **注意：**
> 栈（stack）是按先进后出（FILO）的原则存储数据项的一种数据结构；堆（heap）是用于动态内存分配的一块区域，可以按任意顺序和大小进行分配和释放。在 C#中，值类型就分配在栈中，栈内存保存着值类型的值，可以通过变量名来存取。引用类型分配在堆中，当对象分配在堆中时，返回的是地址，而这个地址被赋值给引用类型变量。

2.1.3　值类型与引用类型的关系

可以把值类型与引用类型的值赋给 object 类型变量，C#用“装箱”和“拆箱”来实现这两者之间的转换。

1．装箱

所谓“装箱”就是将值类型包装成引用类型的过程。当一个值类型被要求转换成一个 object 对象时，“装箱”操作自动进行：首先创建一个对象实例，然后把值类型的值复制到其中，最后由 object 引用这个对象实例。

例如：

```
int x = 123;
object obj1=x;                              //装箱操作
x = x+100;                                  //改变 x 的值时，obj1 的值并不会随之改变
Console.WriteLine (" x= {0}" , x );         // x=223
Console.WriteLine (" obj1= {0}" , obj1 );   // obj1=123
```

上段代码的装箱操作机制如图 2.3 所示。

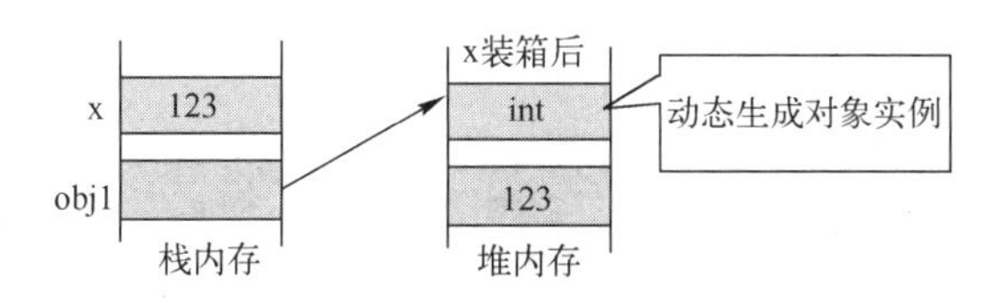

图 2.3 装箱操作机制

2. 拆箱

“拆箱”操作与“装箱”操作相反，是将一个 object 转换成值类型：首先检查由 object 引用的对象实例值类型的包装值，然后把实例中的值复制到值类型变量中。

例如：

```
int x = 123, y;
object obj1=x;                              //装箱操作
y = (int) obj1;                             //拆箱操作，必须进行强制类型转换
Console.WriteLine (" y= {0}" , y );         // y=123
```

> **注意：**
> 当一个“装箱”操作把值类型转换为一个引用类型时，不需要强制类型转换；而“拆箱”操作把引用类型转换到值类型时，则必须显式地强制类型转换。

【例 2.1】 编写程序，以探索 C#两大类数据类型的性质及其相互转换机制。

```
using System;
using System.Collections.Generic;
using System.Linq;
using System.Text;
namespace Ex2_1
{
    class Program
    {
        static void Main(string[] args)
        {
            double d1 = 3.14;
            double d2 = d1;
            Console.WriteLine("d1 与 d2 内存地址是否相同：" + ((object)d1 == (object)d2));
            object o1 = d1;                   //装箱操作
            object o2 = o1;
            Console.WriteLine("o1 与 o2 是否指向同一个内存地址：" + ((object)o1 == (object)o2));
            d1 = 3.1416;
            Console.WriteLine((double)o1);  //d1 改变不影响 o1 的值，说明 o1 不指向 d1 的内存地址
            string s1 = "Visual C#";
            string s2 = s1;
            Console.WriteLine("s1 与 s2 是否指向同一个内存地址：" + ((object)s1 == (object)s2));
            s1 = "C#";      //修改字符串，创建了新的 s1 实例，在内存中存放的位置与原来不同
            Console.WriteLine("改变 s1 后，s1 与 s2 是否指向同一个地址："+
                                        ((object)s1 == (object)s2));
            s2 = "C#";      //修改字符串，在内存中创建新的内存位置，与 s1 内存位置不同
            Console.WriteLine("改变 s2 使之与 s1 的值相同后，它们地址是否一样呢："+
                                        ((object)s1 == (object)s2));
            Console.WriteLine("s1 与 s2 是否相等呢："+(s1 == s2));
        }
    }
}
```

程序运行结果如图2.4所示。

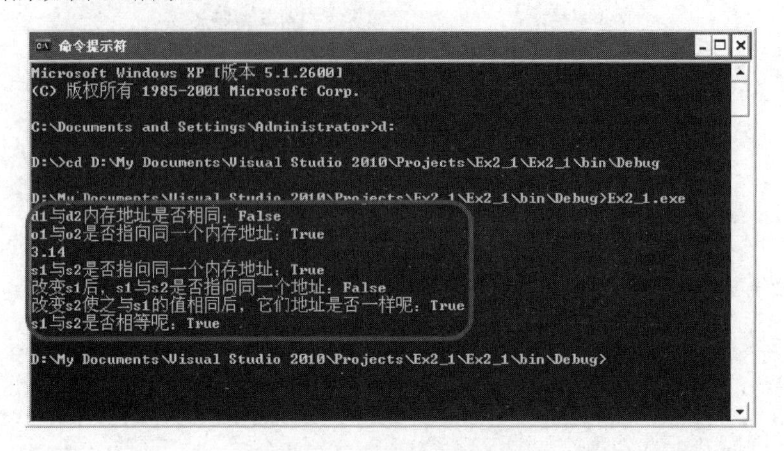

图2.4 程序运行结果

> **注意：**
> （1）代码"(object)d1"是把double类型的d1强制转换为object类型，以获得d1的内存地址。
> （2）string也是引用类型，当一个string类型变量的值被修改时，实际上是创建了另外一个内存，并由该变量指向新的内存。这也是由字符串长度不确定、必须重新分配内存的特点决定的。

2.2 常量与变量

无论使用何种语言编写程序，常量和变量都是构成一个程序的最基本元素，可以从定义、命名、类型和初始化等几个方面来认识它们。

2.2.1 常量

顾名思义，常量就是其值在程序运行期间不会改变的量，通常可以分为**整数常量**、**浮点常量**、**字符常量**、**字符串常量**、**布尔常量**和**符号常量**。常量的使用非常直观，以能读懂的固定格式表示固定的数值，每种值类型都有自己的常量表示形式。

1．整数常量

对于一个整数值，默认的类型就是能保存它的最小整数类型，其类型分为int、uint、long、ulong。如果默认类型不是需要的类型，可以在常量后面加上后缀（U或L）来明确指定其类型。

在常量后面加L或l（不区分大小写）表示长整型。例如：

```
32                              //这是一个int类型
32L                             //这是一个long类型
```

在常量后面加U或u（不区分大小写）表示无符号整数。例如：

```
128U                            //这是一个uint类型
128UL                           //这是一个ulong类型
```

整型常量既可以采用十进制数也可以采用十六进制数（默认为十进制数）表示，在数值前面加0x（或0X）则表示十六进制数，基数用0～9、A～F（或a～f），例如：

```
0x20                            //十六进制数20，相当于十进制数32
0x1F                            //十六进制数1F，相当于十进制数31
```

2．浮点常量

一般带小数点的数或用科学计数法表示的数都被认为是浮点数，它的数据类型默认为double类型，但也可以加上后缀符表明以下三种不同的浮点格式数。

（1）在数字后面加上 F（f）表示是 float 类型。

（2）在数字后面加上 D（d）表示是 double 类型。

（3）在数字后面加上 M（m）表示是 decimal 类型。

例如：

```
3.14,  3.14e2,  0.618E–2        //这些都是 double 类型常量，其中 3.14e2 相当于 3.14×10²
                                //0.618E–2 相当于 0.618×10⁻²
3.14F,  0.618f                  //这些都是 float 类型常量
3.14D,  0.618d                  //这些都是 double 类型常量
3.14M,  0.618m                  //这些都是 decimal 类型常量
```

3．字符常量

字符常量，简单地说就是用单引号引起来的单个字符（如'A'），它占 16 位，以无符号整型数的形式存储这个字符所对应的 Unicode 代码。这对于大多数图形字符是可行的，但对一些非图形的控制字符（如回车符）则行不通，所以字符常量的表达有以下形式。

- 用单引号引起的一个字符，如'A'。
- 十六进制的换码系列，以“\x”或“\X”开始，后面跟 4 位十六进制数，如' \X0041'。
- Unicode 码表示形式，以“\U”或“\u”开始，后面跟 4 位十六进制数，如' \U0041'。
- 显式转换整数字符代码，如(char)65。
- 转义字符系列，如表 2.2 所示。

表 2.2　转义字符系列

转义字符	含　义	Unicode 码	转义字符	含　义	Unicode 码
\'	单引号	\u0027	\b	退格符	\u0008
\"	双引号	\u0022	\f	走纸换页符	\u000C
\\	反斜线字符	\u005C	\n	换行符	\u000A
\0	空字符	\u0000	\r	回车符	\u000D
\a	警铃符	\u0007	\t	水平制表符	\u0009
\v	垂直制表符	\u000B			

4．字符串常量

字符串常量是用双引号引起来的零个或多个字符序列。C#支持两种形式的字符串常量：**常规字符串**和**逐字字符串**。

1）常规字符串

用双引号引起来的一串字符，可以包括转义字符。

例如：

```
"Hello, World\n"
"C:\\windows\\Microsoft"                //表示字符串 C:\windows\Microsoft
```

2）逐字字符串

在常规字符串前加上一个@，就形成了逐字字符串。它的意思是，字符串中的每个字符均表示本意，不使用转义。如果在字符串中需用到双引号，则可连写两个双引号来表示一个双引号。

例如：

```
@"C:\windows\Microsoft"                //与 "C:\\windows\\Microsoft" 含义相同
@"He said""Hello"" to me"              //与"He said\"Hello\" to me" 含义相同
```

5．布尔常量

布尔常量只有两个值：true 和 false。

6．符号常量

在声明语句中，可以声明一个标识符常量，但必须在定义标识符时就进行初始化，并且在定义后就不能再改变该常量的值。

具体的格式为：

```
const  类型  标识符=初值
```

例如：

```
const  double  PI=3.1416
```

2.2.2 变量

变量是其值在程序运行过程中可以改变的量，它是一个已命名的存储单元，通常用来记录运算的中间结果或保存数据。在C#中，每个变量都具有一个类型，以确定哪些值可以存储在该变量中。创建一个变量就是创建该变量类型的一个实例，变量的特性由它的类型来决定。

C#中的变量必须先声明后使用，包括声明变量的名称、数据类型，必要时指定变量的初值。

声明变量的形式：

```
类型  标识符[=初值] [ ,...];
```

标识符必须以字母或者_（下画线）开头，后面跟字母、数字和下画线的组合。例如，name、_Int、Name、x_1 等都是合法的标识符，但C#是对大小写敏感的语言，name 和 Name 分别代表不同的标识符，在定义和使用时要特别注意。另外，变量名不能与C#中的关键字相同，除非标识符是以@作为前缀的。

例如：

```
int      x;                          //合法
float    y1=0.0, y2 =1.0, y3;        //合法，在声明变量的同时可以指定初值
string   char                        //不合法，因为 char 是关键字
string   @char                       //合法
```

C#允许在任何模块内部声明变量，模块开始于“{”，结束于“}”。在每次进入声明变量所在的模块时，都要创建变量并分配存储空间；在离开这个模块时，需要销毁变量并收回分配的空间。因此，变量只在这个模块内有效（局部变量），而该模块区域也就是变量的作用域。

2.2.3 使用举例

【例 2.2】 编写程序，测试C#各种常量与变量的用法。

```
using System;
…
namespace Ex2_2
{
    class Program
    {
        static void Main(string[] args)
        {
            Console.WriteLine("int 类型常量 22 输出结果： " + 22);
            Console.WriteLine("long 类型常量 22L 输出结果： " + 22L);
            Console.WriteLine("uint 类型常量 228U 输出结果： " + 228U);
            Console.WriteLine("ulong 类型常量 228UL 输出结果： " + 228UL);

            Console.WriteLine("十六进制常量 0x20 输出结果： " + 0x20);
            Console.WriteLine("double 类型常量 3.14e2 输出结果： " + 3.14e2);
            Console.WriteLine("decimal 类型常量 3.14e-2M 输出结果： " + 3.14e-2M);
            Console.WriteLine(@"字符串类型常量 C:\\windows\\Microsoft 输出结果： " +
                                                    "C:\\windows\\Microsoft");
            const double PI = 3.1416;                //声明标识符常量
```

```
            Console.WriteLine("符号常量 PI 输出结果：" + PI);
            string Name;                              //定义 string 类型变量 Name
            Name = "王小明";
            Console.WriteLine("string 类型变量 Name 赋值后的值：" + Name);
            Name = "王大明";
            Console.WriteLine("string 类型变量 Name 重新赋值后的值：" + Name);
        }
    }
}
```

程序运行结果如图 2.5 所示。

```
int类型常量22输出结果：22
long类型常量22L输出结果：22
uint类型常量228U输出结果：228
ulong类型常量228UL输出结果：228
十六进制常量0x20输出结果：32
double类型常量3.14e2输出结果：314
decimal类型常量3.14e-2M输出结果：0.0314
字符串类型常量C:\\windows\\Microsoft输出结果：C:\windows\Microsoft
符号常量PI输出结果：3.1416
string类型变量Name赋值后的值：王小明
string类型变量Name重新赋值后的值：王大明
```

图 2.5　程序运行结果

2.3　运算符与表达式

表达式是由操作数和运算符构成的。操作数可以是常量、变量、属性等，运算符指示对操作数进行什么样的运算。因此，也可以说表达式就是利用运算符来执行某些计算且产生计算结果的语句。

C#提供了大量的运算符，按需要操作数的数目来分，有一元运算符（如++）、二元运算符（如+和*）、三元运算符（如?: ）。按运算功能来分，基本的运算符可以分为以下几类。

- 算术运算符。
- 关系运算符。
- 逻辑运算符。
- 位运算符。
- 赋值运算符。
- 条件运算符。
- 其他（如分量运算符.，下标运算符[ ]等）。

2.3.1　算术运算符

算术运算符如表 2.3 所示，在该表中假设 x，y 是某一数值类型的变量，既可以是整型也可以是浮点型。

表 2.3　算术运算符

运 算 符	含　义	示　例	运 算 符	含　义	示　例
+	加	x + y;　x+3;	%	取模	x %y; 11%3; 11.0 % 3;
–	减	x – y;　y–1;	++	递增	++x;　x++;
*	乘	x * y;　3*4;	– –	递减	– – x;　x– –;
/	除	x / y; 5/2; 5.0/2.0;			

其中：

（1）“+、–、*、/ ”运算与一般代数意义上及其他语言的相同，需要注意的是，当“/”作用的两个操作数都是整型时，其计算结果也是整型。

例如：

```
4/2           //结果等于 2
5/2           //结果等于 2
5/2.0         //结果等于 2.5
```

（2）“%”取模运算，即获得整数除法运算的余数，也称取余。

例如：

```
11%3          //结果等于 2
12%3          //结果等于 0
11.0%3        //结果等于 2，这与 C/C++不同，在 C#中，“%”也可作用于浮点类型的操作数
```

（3）“++”和“– –”是一元运算符，作用的操作数必须是变量，而不能是常量或表达式。它们既可出现在操作数之前（前缀运算），也可出现在操作数之后（后缀运算）。

前缀和后缀有共同之处，也有很大区别，下面举例说明：

```
++x   先将 x 加 1 个单位，然后再将计算结果作为表达式的值
x++   先将 x 的值作为表达式的值，然后再将 x 加 1 个单位
```

不管是前缀还是后缀，它们操作的结果对操作数而言，都是一样的（加了 1 个单位），但它们出现在表达式运算中是有区别的。

例如：

```
int   x, y;
x=5;   y=++x;          //x 和 y 的值都等于 6
x=5;   y=x++;          //x 的值是 6，y 的值是 5
```

2.3.2 关系运算符

关系运算符用来比较两个操作数的值，如表 2.4 所示，假设 x，y 是某相应类型的操作数，运算结果为布尔类型（true 或 false）。

表 2.4 关系运算符

运 算 符	操 作	结 果
>	x>y	如果 x 大于 y，则为 true，否则为 false
>=	x>=y	如果 x 大于或等于 y，则为 true，否则为 false
<	x<y	如果 x 小于 y，则为 true，否则为 false
<=	x<=y	如果 x 小于或等于 y，则为 true，否则为 false
= =	x= =y	如果 x 等于 y，则为 true，否则为 false
!=	x!=y	如果 x 不等于 y，则为 true，否则为 false

在 C#中，简单类型和引用类型都可以通过“= =”或“!=”来比较它们的数据内容是否相等。对于简单类型，比较的是它们的数据值；而对引用类型来说，由于它的内容是对对象实例的引用，因此，若相等，则说明这两个引用指向同一个对象实例；如果要测试两个引用对象所代表的内容是否相等，则通常会使用对象本身所提供的方法，如 equals( )。

如果操作数是 string 类型的，则在下列两种情况下被视为两个 string 值相等：

（1）两个值均为 null。

（2）两个值都是对字符串实例的非空引用，这两个字符串不仅长度相同，并且每个对应的字符位置上的字符也相同。

例如：

```
int  x=1,  y=1;
object  b1, b2, b3;
string  s1="ABCD",  s2="1234",  s3 = "ABCD";
b1 = x;  b2 = b1;  b3 = y;
x = = y;                    //结果为 true
b1 = =b2;                   //结果为 true
b1!=b3;                     //结果为 true
s1 = =s2;                   //结果为 false
s1 = =s3;                   //结果为 true
```

因为关系比较运算“>、>=、<、<=”以大小顺序作为比较的标准，所以它要求操作数的数据类型只能是数值型，即整型、浮点、字符及枚举等类型。

布尔类型的值只能比较是否相等，不能比较大小。因为 true 和 false 没有大小之分，所以表达式 true > false 在 C#中是没有意义的。

2.3.3　逻辑运算符

逻辑运算符是用来对两个布尔类型的操作数进行逻辑运算的，运算结果也是布尔类型，如表 2.5 所示。

表 2.5　逻辑运算符

<table>
<tr><th>运 算 符</th><th>含　义</th><th>运 算 符</th><th>含　义</th></tr>
<tr><td>&</td><td>逻辑与</td><td>&&</td><td>短路与</td></tr>
<tr><td>|</td><td>逻辑或</td><td>||</td><td>短路或</td></tr>
<tr><td>^</td><td>逻辑异或</td><td>!</td><td>逻辑非</td></tr>
</table>

假设 p、q 是两个布尔操作数，表 2.6 给出了其逻辑运算真值。

表 2.6　逻辑运算真值

<table>
<tr><th>p</th><th>q</th><th>p & q</th><th>p | q</th><th>p ^ q</th><th>! p</th></tr>
<tr><td>true</td><td>true</td><td>true</td><td>true</td><td>false</td><td>false</td></tr>
<tr><td>true</td><td>false</td><td>false</td><td>true</td><td>true</td><td>false</td></tr>
<tr><td>false</td><td>true</td><td>false</td><td>true</td><td>true</td><td>true</td></tr>
<tr><td>false</td><td>false</td><td>false</td><td>false</td><td>false</td><td>true</td></tr>
</table>

运算符“&&”和“||”的操作结果与“&”和“|”的一样，但它们的短路特征使代码的效率更高。短路是指在运算过程中，如果在计算第一个操作数时就能得知运算结果，则不会再计算第二个操作数，如图 2.6 所示。

例如：

```
int  x, y;
bool  z;
x = 1;  y = 0;
z = ( x >1) & (++ y >0 )            //z 的值为 false，y 的值为 1
z = ( x >1) && (++ y >0 )           //z 的值为 false，y 的值为 0
```

逻辑非运算符“!”是一元运算符，对操作数执行“非”运算，即真/假值互为非（反）。

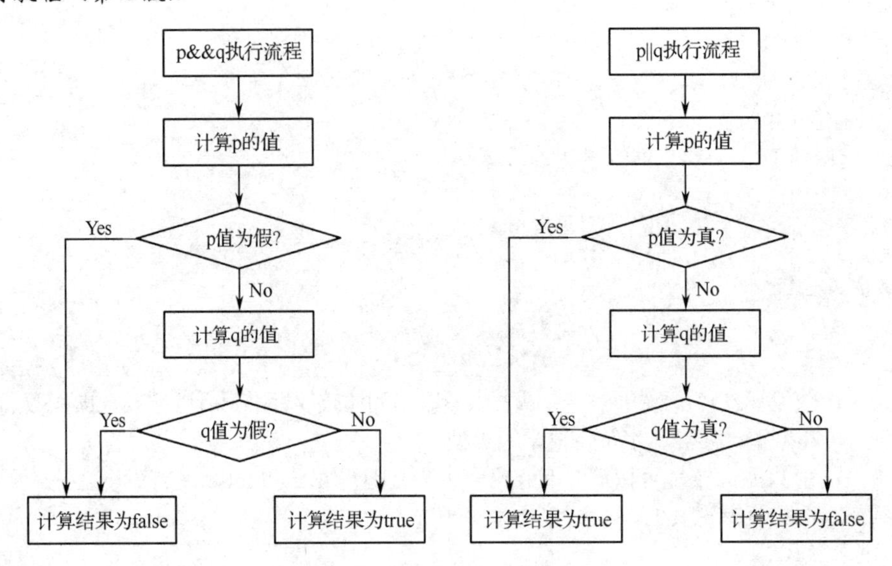

图 2.6　短路运算的执行流程

2.3.4　位运算符

位运算符主要分为逻辑运算和移位运算，它的运算操作直接作用于操作数的每个二进制位，所以操作数必须为整数类型，而不能是布尔类型、float 或 double 类型等。

位运算符如表 2.7 所示，借助它们可以完成对整型数的某一位的测试、设置，以及对一个数的位置进行移动等操作，这对于许多系统级程序设计非常重要。

表 2.7　位运算符

运 算 符	含　义
&	按位与
|	按位或
^	按位异或
~	按位取反
>>	右移
<<	左移

按位与、按位或、按位异或、按位取反运算与前面逻辑运算符的与、或、异或、非的操作含义相同，只不过位运算进一步把这种操作作用到每个二进制位上，逻辑运算的真值或假值对应位运算的位的 1 或 0。

例如：

```
  1101001010100110        1101001010100110
& 0110110011011110      | 0110110011011110
  ----------------        ----------------
  0100000010000110        1111111011111110

  1101001010100110
^ 0110110011011110      ~ 1101001010100110
  ----------------        ----------------
  1011111001111000        0010110101011001
```

按位取反与逻辑非都是一元运算符，对操作数的每位取反，1 取反变为 0，0 取反变为 1。

在实际使用中，按位与运算通常用于将某位置 0 或测试某位是 0 还是 1；按位或运算通常用于将某位置 1。

例如：

```
ushort  n;
n=0x17ff;
if ( n & 0x8000 == 0 )
    Console.WriteLine ("最高位第十五位为 0" ) ;
```

```
    else
        Console.WriteLine ("最高位第十五位为 1") ;
    n = n & 0x7ffff ;                          //n 的最高位（第十五位）置 0，其他位不变
    n = n | 0x8000 ;                           //n 的最高位（第十五位）置 1，其他位不变
```

按位异或运算有一个特别的属性，假设有两个整型数 x 和 y，则表达式 (x ^ y) ^ y 值还原为 x，利用这个属性可以创建简单的加密程序。例如：

```
    char ch1 = 'O' , ch2 = 'K' ;
    int key = 0x1f ;
    Console.WriteLine ("明文：" + ch1 + ch2 ) ;
    ch1 = (char) (ch1 ^ key ) ;
    ch2 = (char) (ch2 ^ key ) ;
    Console.WriteLine ("密文：" + ch1 + ch2 ) ;
    ch1 = (char) (ch1 ^ key ) ;
    ch2 = (char) (ch2 ^ key ) ;
    Console.WriteLine ("解码：" + ch1 + ch2 ) ;
```

移位运算符有两个：一个左移（<<），另一个右移（>>）。

语法形式：

```
    value << num_bits
    value >> num_bits
```

左操作数 value 是要被移位的数，右操作数 num_bits 是要移的位数。

（1）左移。将给定的 value 向左移动 num_bits 位，左边移出的位丢掉，右边空出的位填 0。

例如：0x1A << 2，左移过程 1 如图 2.7（a）所示。

0x1A（十进制数 26）经过左移 2 位运算，结果值是 0x68（十进制数 104），相当于对 0x1A 的值乘以 2^2。但如果左移丢掉的位含有 1，那么左移之后的值可能反而会变小。

例如：0x4A << 2，左移过程 2 如图 2.7（b）所示。

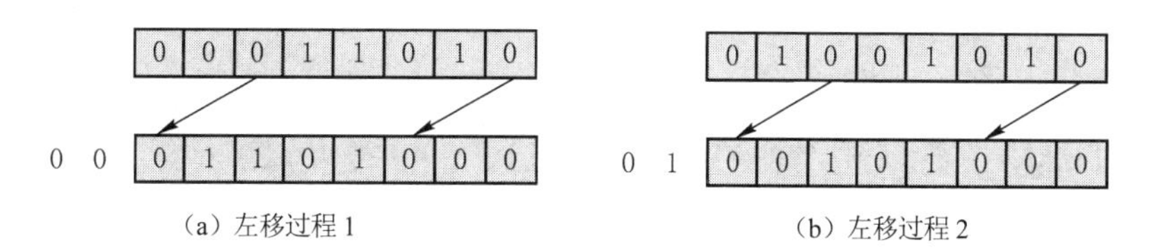

（a）左移过程 1　　（b）左移过程 2

图 2.7　左移 2 位

0x4A（十进制数 74）经过左移 2 位运算，结果值是 0x28（十进制数 40）。

（2）右移。将给定的 value 向右移动 num_bits 位，右边移出的位丢掉，左边空出的位要根据 value 的情况填 0 或 1。

若 value 是一个带符号数，则按符号（正数为 0，负数为 1）补位。

例如：0x77 >> 2，右移过程 1 如图 2.8（a）所示。0x8A >> 2，右移过程 2 如图 2.8（b）所示。

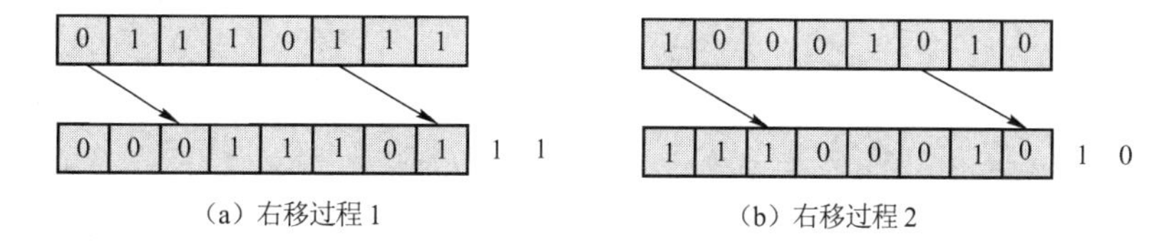

（a）右移过程 1　　（b）右移过程 2

图 2.8　有符号数右移 2 位

若 value 是一个无符号数，左边空出的位补 0。右移运算符的作用相当于将 value 的值整除以 2^{num_bits}。

例如：0x8AU >> 2，右移过程如图2.9所示。

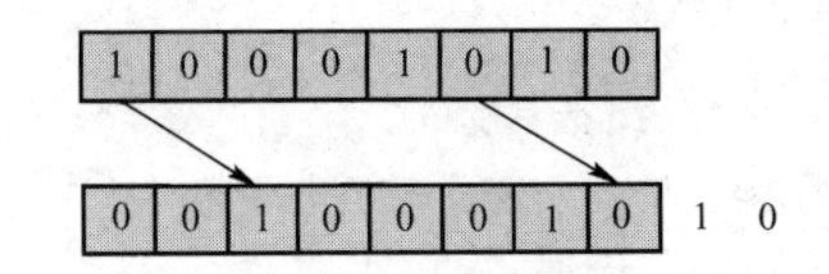

图2.9 无符号数右移2位

2.3.5 赋值运算符

赋值运算符有两种形式：一种是简单赋值运算符，另一种是复合赋值运算符。

1. 简单赋值运算符

语法形式：

```
var = exp
```

运算符左边的称为左值，右边的称为右值。右值是一个与左值类型兼容的表达式（exp），它可以是常量、变量或一般表达式。左值必须是一个已定义的变量或对象（obj），因为赋值运算就是将表达式的值存放到左值，因此左值必须是内存中已分配的实际物理空间。

如果左值和右值的类型不一致，在兼容的情况下，则进行自动转换（隐式转换）或强制类型转换（显式转换）。一般原则是，当从占用内存较少的短数据类型向占用内存较多的长数据类型赋值时，可以不做显式的类型转换，C#会进行自动类型转换；反之，当从占用内存较多的长数据类型向占用内存较少的短数据类型赋值时，则必须做强制类型转换。

2. 复合赋值运算符

在进行如x=x+3运算时，C#提供了一种简化方式：x+=3，这就是复合赋值运算。

语法形式：

```
var    op= exp                              //op 表示某一运算符
```

等价的意义是：

```
var = var op exp
```

除了关系运算符，一般二元运算符都可以和赋值运算符在一起构成复合赋值运算，如表2.8所示。

表2.8 复合赋值运算

运 算 符	用 法 示 例	等价表达式	运 算 符	用 法 示 例	等价表达式
+=	x += y	x = x + y	&=	x &= y	x = x & y
–=	x–= y	x = x–y	|=	x |= y	x = x | y
*=	x *= y	x = x * y	^=	x ^= y	x = x ^ y
/=	x /= y	x = x / y	>>=	x >>= y	x = x >> y
%=	x %= y	x = x % y	<<=	x <<= y	x = x << y

2.3.6 条件运算符

语法形式：

```
exp1 ? exp2 : exp3
```

其中，表达式exp1的运算结果必须是一个布尔类型值，表达式exp2和exp3可以是任意数据类型，但它们返回的数据类型必须一致。

首先计算exp1的值，如果其值为true，则计算exp2值，这个值就是整个表达式的结果；否则，取exp3的值作为整个表达式的结果。

例如：

```
z=x>y?x:y;                    //z的值就是x、y中较大的一个
z=x>=0?x:-x;                  //z的值就是x的绝对值
```

条件运算符“?:”是C#中唯一一个三元运算符。

2.3.7　运算符的优先级与结合性

当一个表达式含有多个运算符时，C#编译器需要知道先做哪个运算，这就是所谓的运算符的优先级，它控制各个运算符的运算顺序。例如，表达式x+5*2是按x+(5*2)计算的，因为“*”运算符比“+”运算符的优先级高。

当操作数出现在具有相同优先级的运算符之间时，如表达式“10–6–2”按从左到右计算的结果是2，如果按从右到左计算，结果是6。“–”运算符是按从左到右的次序计算的，也就是左结合；再如表达式“x=y=2”，它在执行时是按从右到左运算的，即先将数值2赋给变量y，再将y的值赋给x，所以“=”运算符是右结合的。

在表达式中，运算符的优先级和结合性控制着运算的执行顺序，也可以用圆括号“()”显式地标明运算顺序，如表达式(x+y)* 2。

表2.9按照优先级从高到低的顺序列出了C#运算符的优先级与结合性。

表 2.9　C#运算符的优先级与结合性

类　别	运 算 符	结 合 性
初等项	.　()　[]　new　typeof　checked　unchecked	从左到右
一元后缀	++　--	从右到左
一元前缀	++　--　+　-　!　~　(T)(表达式)	从右到左
乘法	*　/　%	从左到右
加法	+　-	从左到右
移位	<<　>>	从左到右
关系和类型检测	<　>　<=　>=　is　as	从左到右
相等	==　!=	从左到右
逻辑与	&	从左到右
逻辑异或	^	从左到右
逻辑或	|	从左到右
条件与	&&	从左到右
条件或	||	从左到右
条件	?:	从右到左
赋值	=　*=　/=　%=　+=　-=　<<=　>>=　&=　^=　|=	从右到左

2.3.8　表达式中的类型转换

在表达式中，操作数的数据类型可以不同，只要相互兼容即可。当表达式中混合了几种不同的数据类型时，C#会基于运算的顺序将它们自动转换成同一类型。

自动转换是通过使用C#的“类型提升规则”来完成的，下面是C#的类型提升规则。

（1）一个操作数是decimal类型，另一个操作数提升为decimal，但float或double类型不能自动提升为decimal类型。

（2）一个操作数是double类型，另一个操作数提升为double类型。

（3）一个操作数是float类型，另一个操作数提升为float类型。

（4）一个操作数是ulong类型，另一个操作数提升为ulong类型，但带符号数，如sbyte、short、int类型或long类型不能自动提升。

（5）一个操作数是long类型，另一个操作数提升为long类型。

（6）一个操作数是uint类型，另一个操作数若是sbyte、short或int类型，那么这两个操作数都提升为long类型。

（7）一个操作数是uint类型，另一个操作数提升为uint类型。

（8）除以上情况外，两个数值类型的操作数都提升为int类型。

从上述的自动转换规则可以看出，并不是所有数据类型都能在同一个表达式中混合使用。例如，float类型就不能自动转换为decimal类型。但是，如果使用强制类型转换仍可能获得不兼容数据类型之间的转换。

强制类型的转换形式：

```
(类型) 表达式
```

例如：

```
decimal   d1, d2;
float   f1;
d1 = 99.999;
f1 = 0.98;
d2 = d1 + f1;                    //出错，因为float类型的f1不能自动转换成decimal类型
d2 = d1 + (decimal) f1;          //使用强制类型转换后，不再报错
```

> **注意：**
>
> （1）当从占用内存较多的数据类型向占用内存较少的数据类型做强制转换时，可能会发生数据丢失。例如，当从long数据类型强制转换成int类型时，如果long类型的值超过int所能表示的范围，则会丢失高位数据。
>
> （2）虽然char类型属于整数类型的一种，但却不允许直接将一个整型数赋给一个char类型的变量，解决的方法就是使用强制类型转换。
>
> （3）布尔类型不能进行数据类型转换。

2.4　C#语句的结构

2.4.1　三种基本结构

20世纪60年代后期，为应对“软件危机”，提出了结构化程序设计思想。按照该思想，任何程序都**可以且只能**由三种基本结构构成，即**顺序结构**、**分支结构**和**循环结构**。

顺序结构是三种基本结构中最简单的一种，即语句按照书写的顺序一条一条地依次执行；分支结构又称为选择结构，它将根据计算所得的表达式的值来判断应选择哪一个流程分支去执行；循环结构则是在一定条件下反复执行某一段语句的流程结构。这三种基本结构如图2.10所示。

C#虽然是面向对象的语言，但是在局部语句块内部，仍然需要借助于结构化程序设计的基本流程来组织语句，完成相应的逻辑功能。C#中有专门负责实现分支结构的条件语句和负责实现循环结构的循环语句。为了增强语言的灵活性，C#对其他各类非结构化的跳转编程机制，也同样提供了完善的支持。

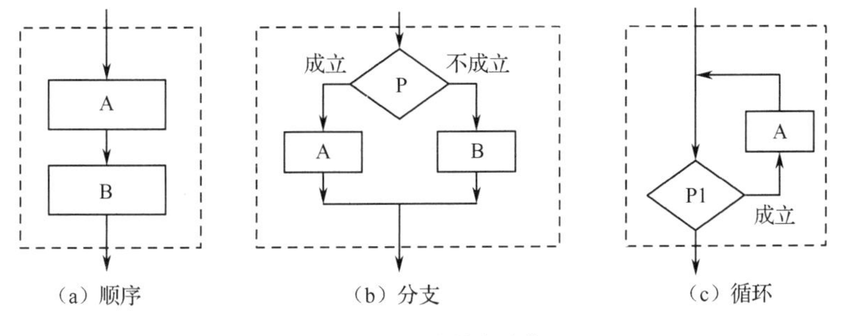

图 2.10　三种基本结构

2.4.2　分支语句

分支语句就是条件判断语句，它能让程序在执行时根据特定条件是否成立而选择执行不同的语句块。C#提供两种分支语句：if 语句和 switch 语句。

1. if 语句

if 语句有几种典型的形式：if 框架、if_else 框架、if_else if 框架及嵌套的 if 语句。

1）if 框架

语法形式：

```
if  (条件表达式)  语句;
```

如果条件为真，则执行语句。在语法上，这里的语句是指单个语句，若想执行一组语句，则可将这一组语句用“{”和“}”括起来构成一个语句块。在语法上，语句块就是一条语句，下面涉及的语句都是这个概念。

例如：

```
if  ( x<0 )   x = –x ;                                 //取 x 的绝对值
if  (a+b>c && b+c>a && a+c>b)                          //判断数据合法性
{
    p = (a+b+c) / 2 ;
    s = Math.Sqrt (p * (p–a) * (p–b) * (p–c) ) ;       //求三角形面积
}
```

2）if_else 框架

语法格式：

```
if  (条件表达式)
    语句 1;
else
    语句 2;
```

如果条件表达式为真，则执行语句 1；否则，执行语句 2。

例如：

```
if  (a+b>c && b+c>a && a+c>b)                          //判断数据合法性
{
    p = (a+b+c) / 2 ;
    s = Math.Sqrt (p * (p–a) * (p–b) * (p–c) ) ;       //求三角形面积
}
else
    Console.WriteLine (" 三角形的三条边数据有错！") ;
```

3）if_else if 框架

语法形式：

```
if (条件表达式 1)
        语句 1 ;
else if (条件表达式 2)
        语句 2 ;
else if (条件表达式 3)
        语句 3 ;
        …
[ else
        语句 n ;]
```

执行这种语句时，从上往下地计算相应的条件表达式，如果结果为真，则执行相应语句，跳过 if_else if 框架的剩余部分，直接执行框架后的下一条语句；如果结果为假，则继续往下计算相应的条件表达式，直到所有的条件表达式都不成立，执行这个语句的最后部分 else 所对应的语句，如果没有 else 语句，则程序终止。

例如：

```
if (studentGrade>=90)
      Console.WriteLine ("成绩优秀");
else if (studentGrade>=80)
      Console.WriteLine ("成绩良好");
else if (studentGrade>=60)
      Console.WriteLine ("成绩及格");
else
      Console.WriteLine ("成绩不及格");
```

4）嵌套的 if 语句

在 if 语句框架中，无论条件表达式为真或为假，将要执行的语句都有可能又是一个 if 语句，这种 if 语句包含 if 语句的结构就称为嵌套的 if 语句。为了避免二义性，C#规定：**else 语句与和它处于同一模块且离它最近的 if 相匹配**。例如：

假设有一函数

$$y=\begin{cases}1 & (x>0)\\ 0 & (x=0)\\ -1 & (x<0)\end{cases}$$

下面是用嵌套的 if 语句编写的程序片段。

```
y=0;
if   (x>=0)
        if   (x>0)
                y=1;
        else   y=-1;
```

这个 else 与最近的 if 匹配，那么 else 的含义就是 x=0 的情况，所以这个程序在逻辑上是错误的，应修正为：

```
y=0;
if   (x>=0)
{
        if   (x>0)
                y=1;
}
else   y=-1;
```

通过对嵌套的 if 语句加“{ }”符号，把离 else 最近的 if 语句屏蔽，这样 else 就与 if(x>=0)匹配，从而正确地完成了这个函数的功能。

2．switch 语句

switch 语句是一个多分支结构的语句，它所实现的功能与 if_else if 框架相似，但在大多数情况下，switch 语句表达方式更直观、简单、有效。

语法形式：

```
switch （表达式）
{
    case 常量 1:
        语句序列 1;            //由零个或多个语句组成
        break ;
    case 常量 2:
        语句序列 2;
        break ;
    ...
    [ default:                //default 是任选项，可以不出现
        语句序列 n;
        break ;]
}
```

switch 语句的执行流程是：首先计算 switch 后的表达式，然后将结果值与 case 后的常量值一一比较，如果找到相匹配的常量值，则程序执行相应的语句序列，直到遇到跳转语句 break，switch 语句执行结束；如果找不到匹配的常量值，则归结到 default 处，执行它的语句序列，直到遇到 break 语句；如果没有 default，则不执行任何操作。

使用 switch 语句需要注意以下几点。

（1）switch 语句表达式必须是整数类型，如 char、sbyte、byte、ushort、short、uint、int、ulong、long 或 string、枚举类型，case 常量必须与表达式类型兼容，case 常量的值必须互异，不能重复。

（2）将与某个 case 相关联的语句序列接在另一个 case 语句序列之后是错误的，这称为“不穿透”规则，所以需要跳转语句结束这个语句序列，通常选用 break 语句作为跳转，也可以用 goto 转向语句等。

“不穿透”规则是 C#对 C、C++、Java 这类语言中的 switch 语句的一个修正，这样做的好处是：① 在允许编译器对 switch 语句做优化处理时可自由地调整 case 的顺序；② 防止程序员不经意地漏掉 break 语句而引起错误。

（3）虽然不能让一个 case 的语句序列穿透到另一个 case 中，但是允许有两个或多个 case 前缀指向同一个语句序列。

【例 2.3】 编写程序，从键盘输入学生百分制成绩，换算成等级制成绩。

```
using System;
…
namespace Ex2_3
{
    class StudentGrade
    {
        static void Main(string[] args)
        {
            Console.Write("输入学生百分制的成绩：");
            int Grade = Convert.ToInt32(Console.ReadLine());
            switch (Grade/10)
            {
                case 9:
                case 10: Console.WriteLine("你的成绩为：A");
                    break;
                case 8: Console.WriteLine("你的成绩为：B");
```

```
                    break;
                case 7: Console.WriteLine("你的成绩为：C");
                    break;
                case 6: Console.WriteLine("你的成绩为：D");
                    break;
                default: Console.WriteLine("你的成绩为：E");
                    break;
            }
        }
    }
}
```

程序运行结果如图 2.11 所示。

```
输入学生百分制的成绩：67
你的成绩为：D
```

图 2.11　程序运行结果

2.4.3　循环语句

循环语句是指在一定条件下，重复执行一组语句，它是程序设计中的一个非常重要、非常基本的方法。C#提供 4 种循环语句：while 语句、do_while 语句、for 语句和 foreach 语句。foreach 语句主要用于遍历集合中的元素，例如，对于数组对象，可以用 foreach 语句遍历数组的每个元素，详见 2.5.4 节。

1．while 语句

语法形式：

```
while (条件表达式)
    循环体语句;
```

如果条件表达式为真（true），则执行循环体语句。while 语句执行流程如图 2.12 所示。

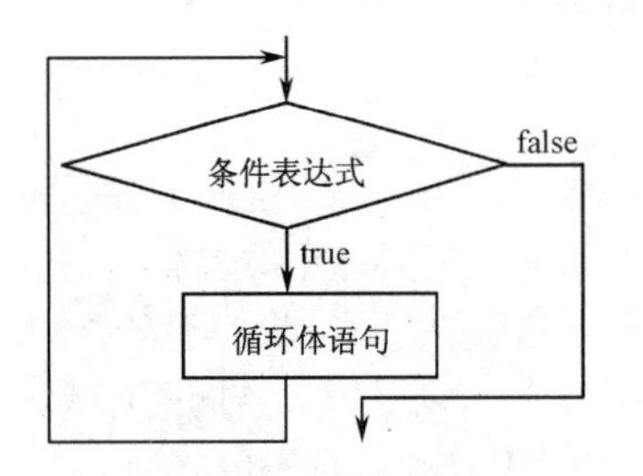

图 2.12　while 语句执行流程

【例 2.4】 用 while 语句求 $\sum_{i=1}^{100} i$ 。

```
using System;
…
namespace Ex2_4
{
    class Sum100
    {
        static void Main(string[] args)
        {
            int Sum, i;
            Sum = 0; i = 1;
            while (i <= 100)
            {
                Sum += i;
                i++;
            }
            Console.WriteLine("Sum is " + Sum);
        }
    }
}
```

程序运行结果如图 2.13 所示。

2．do_while 语句

语法形式：

```
do
      循环体语句;
while(条件表达式)
```

该循环首先执行循环体语句，然后判断条件表达式。如果条件表达式为真（true），则继续执行循环体语句。do_while 语句执行流程如图 2.14 所示。

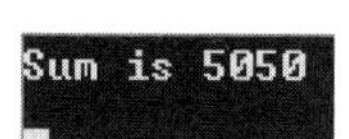

图 2.13　程序运行结果

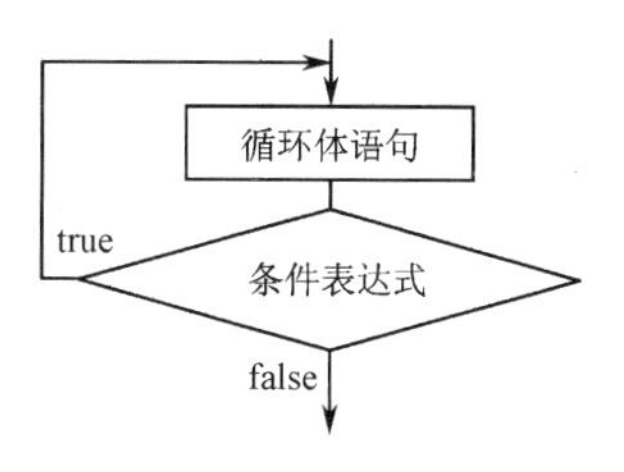

图 2.14　do_while 语句执行流程

【例 2.5】 用 do_while 语句求 $\sum_{i=1}^{100} i$ 。

```
using System;
…
namespace Ex2_5
{
    class Sum100
    {
        static void Main(string[] args)
        {
            int Sum,i;
            Sum=0;    i=1;
            do
            {
                Sum += i;
                i++;
            }
            while (i <= 100);
            Console.WriteLine ("Sum is " + Sum);
        }
    }
}
```

程序运行结果与【例 2.4】一样。

do_while 语句与 while 语句很相似，区别仅在于 while 语句的循环体有可能一次也不执行，而 do_while 语句的循环体则至少执行一次。

3．for 语句

for 语句是循环语句中最具特色的，其功能强大、灵活多变、使用广泛。

语法形式：

```
for(表达式 1;   表达式 2;   表达式 3)
      循环体语句;
```

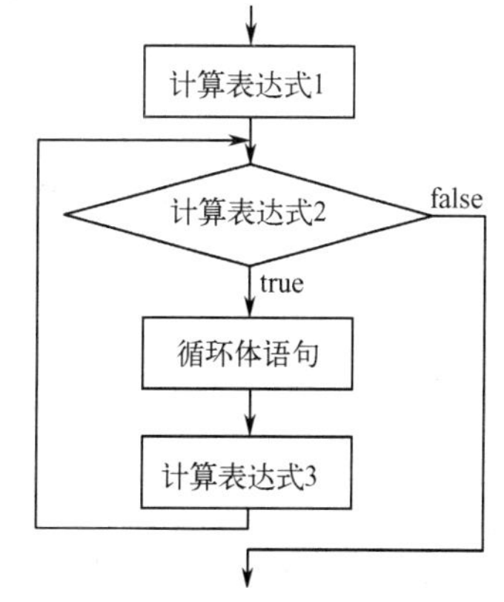

图 2.15　for 语句执行流程

for 语句执行流程如图 2.15 所示。一般情况下，表达式 1 用于设置循环控制变量的初值；表达式2是布尔类型的表达式，作为循环控制条件；表达式3用于设置循环控制变量的增值/减值。

【例2.6】 用for语句求$\sum_{i=1}^{100} i$。

```
using System;
…
namespace Ex2_6
{
    class Sum100
    {
        static void Main(string[] args)
        {
            int Sum,i;
            Sum=0;
            for (i=1; i<=100; i++)
                Sum+=i;
            Console.WriteLine ("Sum is " + Sum);
            Sum=0;
            for (i=100; i>0; i--)              //i 也可以每次减 1
                Sum+=i;
            Console.WriteLine ("Sum is " + Sum);
        }
    }
}
```

```
Sum is 5050
Sum is 5050
```

图2.16 变量i增/减控制循环的结果相同

变量i增/减控制循环的结果相同，如图2.16所示。

for语句的特点如下。

（1）for循环语句，表达式1和表达式3可引入逗号运算符“,”，这样可以对若干变量赋初值或增值。例如：

```
for (Sum=0, i=1; i<=100; i++)
```

（2）对for循环的三个表达式可以省略其中的一个或两个，也可以全部省略，如果省略表达式2，则约定它的值是true。但不管省略哪个表达式，表达式之间的分号“;”不能省略。例如：

```
for ( ; ; )
```

（3）可在for循环内部声明循环控制变量。

如果循环控制变量只在这个循环中用到，那么为了更有效地使用变量，也可在for循环的初始化部分（表达式1）中声明该变量，当然这个变量的作用域仅限在此循环内。例如：

```
for (int i=1; i<=100; i++)
```

2.4.4 跳转语句

跳转语句用于改变程序的执行流程，转移到指定之处。C#中有4种跳转语句：continue语句、break语句、return语句、goto语句。它们具有不同的含义，用于特定的上下文环境中。

1. continue语句

语法形式：

```
continue;
```

continue语句只能用于循环语句中，它的作用是结束本轮循环，不再执行余下的循环体语句。对于while和do_while结构的循环语句，在执行continue语句之后，就立刻测试循环条件，以决定是否继续循环下去；对for循环语句，执行continue语句时需要先计算表达式3（循环增量部分），然后再测试循环条件。通常，它会和一个条件语句结合起来使用，既不会是独立的一条语句，也不会是循环体的最后一条语句。

如果 continue 语句存在于多重循环结构中，则它只对包含它的最内层循环有效。

【例 2.7】 输出 1～100 之间含有因子 3 的数。

```
using System;
…
namespace Ex2_7
{
    class Factor3
    {
        static void Main(string[] args)
        {
            for (int n = 1; n <= 100; n++)
            {
                if (n % 3 != 0)
                    continue;                  //如果 n 不能被 3 整除，则直接进入下一轮循环
                Console.Write(n);              //只有能被 3 整除的数，才会执行到此
                Console.Write(",");
            }
        }
    }
}
```

程序运行结果如图 2.17 所示。

```
3,6,9,12,15,18,21,24,27,30,33,36,39,42,45,48,51,54,57,60,63,66,69,72,75,78,81,84
,87,90,93,96,99,_
```

图 2.17　程序运行结果

2．break 语句

语法形式：

```
break;
```

break 语句只能用于循环语句或 switch 语句中。其在 switch 语句中的用法已在前面介绍过，如果在循环语句中执行 break 语句，则会导致循环立刻结束，跳转到循环之后的下一条语句。无论循环有多少层，break 语句只能从包含它的最内层循环跳出至下一层。

【例 2.8】 求 1～100 之间的所有素数。

```
using System;
…
namespace Ex2_8
{
    class Prime
    {
        static void Main(string[] args)
        {
            int m, k, n = 0;
            for (m = 2; m < 100; m ++)
            {
                for (k = 2; k < m; k++)
                {
                    if (m % k == 0)
                        break;             //它从内循环语句中跳出，进入外循环的下一轮
                }
```

```
                    if (k >= m)
                    {
                        Console.Write("{0,-4}",m);
                        if (++n % 10 == 0)
                            Console.WriteLine("\n");
                    }
                }
            }
        }
    }
```

程序运行结果如图2.18所示。

```
2   3   5   7   11  13  17  19  23  29

31  37  41  43  47  53  59  61  67  71

73  79  83  89  97
```

图2.18 程序运行结果

3．return语句

语法形式：

```
return  [表达式];
```

return语句出现在一个方法内。当在方法中执行到return语句时，程序流程转到调用这个方法处。如果方法没有返回值（返回类型修饰为void），则使用“return”格式返回；如果方法有返回值，则使用“return 表达式”格式，表达式的值就是方法的返回值。

【例2.9】 求1～100之间的所有素数。要求采用“方法调用，return返回值”的格式实现素数的判定。

```
using System;
…
namespace Ex2_9
{
    class Prime100
    {
        static void Main(string[] args)
        {
            int m, k, n = 1;
            Console.Write("{0,-4}", 2);
            for (m = 3; m < 100; m += 2)
            {
                if (prime(m))                              //调用方法 prime
                {
                    Console.Write("{0,-4}", m);
                    if (++n % 10 == 0)
                        Console.WriteLine("\n");
                }
            }
            Console.Read();
        }
        public static bool prime(int m)
        {
            for (int i = 2; i < m; i++)
            {
                if (m % i == 0)
```

```
                return false;                    //返回给调用者
            }
            return true;
        }
    }
}
```

程序运行结果同【例 2.8】。

4．goto 语句

goto 语句可以将程序的执行流程从一个地方转移到另一个地方，非常灵活，但容易造成程序结构混乱的局面，应该有节制地、合理地使用 goto 语句。

语法形式：

```
goto   标号;
    …
标号: 语句;
```

其中，“标号”就是定位在某一语句之前的一个标识符，称为标号语句，它给出了 goto 语句转向的目标。值得注意的是，goto 语句不能使控制转移到另一个语句块内部，更不能转移到另一个函数内部。

【例 2.10】 用 goto 语句编写“百钱百鸡问题”程序。公鸡 5 元 1 只，母鸡 3 元 1 只，小鸡 1 元 3 只，问：100 元可买公鸡、母鸡、小鸡各多少只？

```
using System;
…
namespace Ex2_10
{
    class Chook100
    {
        static void Main(string[] args)
        {
            int   x, y, z;
            x=y=z=0;
            for ( x=1;x<=100/5;x++)
                for ( y=1; y<=100/3; y++)
                {
                    z = 100-x-y;
                    if (z%3==0 && 5*x+3*y+z/3==100)
                        goto end;           //直接从内循环跳出，跳了两层循环，这是 break 语句做不到的
                }
            end:   Console.WriteLine("Cock={0}   Hen={1}   Chick={2}",x,y,z);
            Console.Read ();
        }
    }
}
```

程序运行结果如图 2.19 所示。

```
Cock=4  Hen=18  Chick=78
```

图 2.19　程序运行结果

另外，goto 语句如果用在 switch 语句中，语法形式如下：

```
goto   case  常量;
goto   default;
```

它只能在本 switch 语句中从一种情况转向另一种情况。

【例 2.11】 编写课程表查询程序。

```
using System;
…
namespace Ex2_11
{
    class Schedule
    {
        static void Main(string[] args)
        {
            Console.Write("输入一个 0～6 之间的数字代表星期日至星期六");
            int week;
            string sline;
            RepIn: sline = Console.ReadLine();
            week = int.Parse(sline);
            switch (week)
            {
                case 0:
                case 6: Console.WriteLine("今天是周末，自行安排！");
                    break;
                case 1: Console.WriteLine("今天的课程是：哲学、英语、C#");
                    break;
                case 2: Console.WriteLine("今天的课程是：数学、英语、体育");
                    break;
                case 3: Console.WriteLine("今天下午政治学习");
                    goto case 1;
                case 4: Console.WriteLine("今天的课程是：数学、英语、C#");
                    break;
                case 5: Console.WriteLine("今天下午打扫卫生");
                    goto case 2;
                default: Console.WriteLine("输入数据有错，请重新输入！");
                    goto RepIn;
            }
            Console.Read();
        }
    }
}
```

程序运行结果如图 2.20 所示。

```
输入一个0~6之间的数字代表星期日至星期六3
今天下午政治学习
今天的课程是：哲学、英语、C#
```

图 2.20 程序运行结果

2.5 数组

数组是一种包含若干变量的数据结构，这些变量都具有相同的数据类型且排列有序，因此可以用一个统一的数组名和下标唯一地确定数组中的元素。C#中的数组主要有三种形式：一维数组、多维数组和不规则数组。

2.5.1　一维数组

下面先以最简单的一维数组为例，介绍数组的声明、初始化和引用等基本操作。

1．一维数组的声明

1）声明

语法形式：

```
type   [ ]   arrayName;
```

其中：

- type——可以是 C#中任意的数据类型。
- [ ]——表明后面的变量是一个数组类型，必须放在数组名之前。
- arrayName——数组名，遵循标识符的命名规则。

例如：

```
int [ ] a1;                          //a1 是一个含有 int 类型数据的数组
double [ ] d1;                       //d1 是一个含有 double 类型数据的数组
string [ ] s1;                       //s1 是一个含有 string 类型数据的数组
```

一般而言，数组都必须先声明后使用。在C/C++这类语言中，在声明数组时，就要明确数组的元素个数，由编译器分配存储空间。但在C#中，数组是一个引用类型，在声明数组时，只是预留一个存储位置以引用将来的数组实例，因此不需要给出数组的元素个数。

2）创建数组对象

实际的数组对象是通过new运算符在运行时动态产生的。用new运算符创建数组实例，有以下两种基本形式。

（1）语法形式 1：声明数组和创建数组实例分别进行。

```
type [ ] arrayName;                  //声明数组
arrayName = new type [size];         //创建数组实例
```

其中：

- size——表明数组元素的个数。

（2）语法形式 2：声明数组和创建数组实例同时进行。

```
type [ ] arrayName = new type [size];
```

例如：

```
int [ ] a1;
a1 = new int [10];                   //a1 是含有 10 个 int 类型元素的数组
string [ ] s1 = new string [5];      //s1 是含有 5 个 string 类型元素的数组
```

2．一维数组的初始化

在用new运算符生成数组实例时，若没有初始化数组元素，则取它们的默认值。数值型变量的默认值为0，引用型变量的默认值为null。当然，也可以在创建数组时按照自己的需要对其进行初始化。需要注意的是，初始化时不论数组的维数是多少，都必须显式地初始化所有数组元素，不能只初始化部分数组元素。

一维数组初始化有以下 4 种语法形式。

（1）语法形式 1：

```
type [ ] arrayName = new type [size] { val1, val2, ... ,valn};
```

当声明数组与初始化同时进行时，size就是数组元素的个数，它必须是常量，而且应该与“{}”内的数据个数一致。

（2）语法形式 2：

```
type [ ] arrayName = new type [ ] { val1, val2, ... ,valn };
```

省略 size，由编译系统根据初始化表中的数据个数，自动计算数组的大小。

（3）语法形式 3：

```
type [ ] arrayName = { val1, val2, ... ,valn };
```

当声明数组与初始化同时进行，还可以省略 new 运算符。

（4）语法形式 4：

```
type [ ] arrayName ;
arrayName = new type [size] { val1, val2, ... ,valn };
```

当把声明数组与初始化分开在不同的语句中进行时，同样可以省略 size，它也可以是一个常量。

例如，以下数组初始化实例都是等同的：

```
int [ ] nums = new int [10] {0, 1, 2, 3, 4, 5, 6, 7, 8, 9};
int [ ] nums = new int [ ] {0, 1, 2, 3, 4, 5, 6, 7, 8, 9};
int [ ] nums = {0, 1, 2, 3, 4, 5, 6, 7, 8, 9};
int [ ] nums;
nums = new int [10] {0, 1, 2, 3, 4, 5, 6, 7, 8, 9};
```

3. 一维数组的引用

一个数组具有初值时，就可以像其他变量一样被引用，既可以取数组元素的值，也可以修改数组元素的值。在 C#中是通过数组名和数组元素的下标来引用数组元素的。

语法形式：

```
数组名[下标]
```

- 下标——数组元素的索引值，即被引用的元素在内存中的相对位移，注意，相对位移是从 0 开始的，所以下标的值从 0 到数组元素的个数 1 为止。

【例 2.12】 定义一个数组，存放一组数据，找出其中的最大数和最小数。

```
using System;
…
namespace Ex2_12
{
    class MaxMin
    {
        static void Main(string[] args)
        {
            int max, min;
            int[] queue = new int[10] { 89, 78, 65, 52, 90, 92, 73, 85, 91, 95 };
            max = min = queue[0];
            for (int i = 1; i < 10; i++)
            {
                if (queue[i] > max) max = queue[i];
                if (queue[i] < min) min = queue[i];
            }
            Console.WriteLine("最大数是{0}，最小数是{1}", max, min);
        }
    }
}
```

程序运行结果如图 2.21 所示。

```
最大数是95，最小数是52
```

图 2.21 程序运行结果

2.5.2 多维数组

1. 声明

1）多维数组的声明

语法形式：

```
type [, , , ] arrayName;
```

多维数组是指能用多个下标访问的数组。在声明时，“[ ]”内加“,”就表明是多维数组，有 n 个逗号，就是 n+1 维数组。

例如：

```
int [ , ] score;                    //score 是一个 int 类型的二维数组
float [ , , ] table;                //table 是一个 float 类型的三维数组
```

2）创建数组对象

与一维数组一样，有以下两种基本形式。

（1）语法形式 1：声明数组和创建数组实例分别进行。

```
type [ ,  ,  , ] arrayName;                            //数组声明
arrayName = new type [size1, size2, size3];         //创建数组实例
```

- size1, size2, size3——分别表明多维数组每一维的元素个数。

（2）语法形式 2：声明数组和创建数组实例同时进行。

```
type [,  ,  , ] arrayName = new type [size1, size2, size3];
```

例如：

```
int [, ] score;
score = new int [3, 4];                 //score 是一个 3 行 4 列的二维数组
float [ , , ] table=new float [2, 3, 4]    //table 是一个三维数组，每一维的维数分别是 2、3、4
```

2．初始化

多维数组的初始化是将每维数组元素设置的初值放在各自的“{}”内，下面以最常用的二维数组为例进行讨论。

（1）语法形式 1：

```
type [ , ] arrayName = new type [size1, size2 ] {{ val11, val12, ... ,val1n }, { val21, val22,... ,val2n },... ,
                                                          { valm1, valm2,...,valmn }};
```

声明数组与初始化同时进行，数组元素的个数是 size1×size2，数组的每一行分别用一个“{}”括起来，每个“{}”内的数据就是这一行的每一列元素的值，初始化时的赋值顺序视矩阵的“行”存储原则而定。

（2）语法形式 2：

```
type [ , ] arrayName = new type [ , ] {{ val11, val12,...,val1n }, { val21, val22,...,val2n },...,
                                                   { valm1, valm2,...,valmn }};
```

省略 size，由编译系统根据初始化表中花括号“{　}”的个数确定行数，再根据“{　}”内的数据确定列数，从而得出数组的大小。

（3）语法形式 3：

```
type [ , ] arrayName ={{ val11, val12,...,val1n }, { val21, val22,...,val2n },...,
                                     { valm1, valm2,...,valmn }};
```

声明数组与初始化同时进行，还可以省略 new 运算符。

（4）语法形式 4：

```
type [ , ] arrayName ;
arrayName = new type [size1, size2] {{ val11, val12,...,val1n },{ val21, val22,...,val2n },...,
                                                          { valm1, valm2,...,valmn }};
```

把声明数组与初始化分开在不同的语句中时，size1、size2 同样可以省略，但也可以是变量。

例如，以下数组初始化实例都是等同的：

```
int [, ] a = new int [3,4] {{0, 1, 2, 3}, {4, 5, 6, 7}, {8, 9, 10, 11} };
int [, ] a = new int [, ] {{0, 1, 2, 3}, {4, 5, 6, 7}, {8, 9, 10, 11} };
int [, ] a = {{0, 1, 2, 3}, {4, 5, 6, 7}, {8, 9, 10, 11} };
int [ ] a;
a = new int [3, 4] {{0, 1, 2, 3}, {4, 5, 6, 7}, {8, 9, 10, 11} };
```

3．多值数组的引用

语法形式：

```
数组名[下标 1, 下标 2, ..., 下标 n]
```

【例 2.13】 求两个矩阵的乘积。假定一个矩阵 ***A*** 为 3 行 4 列，另一个矩阵 ***B*** 为 4 行 3 列，根据矩阵乘法的规则，其乘积 ***C*** 为一个 3 行 3 列的矩阵。

```
using System;
…
namespace Ex2_13
{
    class matrix
    {
        static void Main(string[] args)
        {
            int i, j, k;
            int[,] a = new int[3, 4] { { 1, 2, 3, 4 }, { 5, 6, 7, 8 }, { 9, 10, 11, 12 } };
            int[,] b = new int[4, 3] { { 12, 11, 10 }, { 9, 8, 7 }, { 6, 5, 4 }, { 3, 2, 1 } };
            int[,] c = new int[3, 3];
            for (i = 0; i < c.GetLength(0); i++)             //c.GetLength(0)是 c 数组第一维的长度
                for (j = 0; j < c.GetLength(1); j++)         //c.GetLength(1)是 c 数组第二维的长度
                    for (k = 0; k < 4; ++k)
                        c[i, j] += a[i, k] * b[k, j];
            for (i = 0; i < 3; ++i)
            {
                for (j = 0; j < 3; ++j)
                    Console.Write("{0, 4:d}", c[i, j]);
                Console.WriteLine();
            }
            Console.WriteLine("c 数组一共有{0}个元素", c.Length);
            //c.Length 是 c 数组的总体长度，即元素总个数（9 个），与它的维数无关
            Console.Read();
        }
    }
}
```

上段代码中的“c.GetLength(n)”“c.Length”等使用的都是 C#内置的 System.Array 类的方法。System.Array 类是所有数组类型的抽象基类，一切数组类型均由它派生。这样设计的好处是，任何数组都可以使用 System.Array 类具有的属性及方法。比如，在上面的程序中就用到了 System.Array 类的 Length 属性，通过它获取数组的长度；而用 GetLength(n)方法则可以得到第 *n* 维的数组长度（*n* 从 0 开始），这样做最大的好处是：可以有效地防止数组下标越界。

程序运行结果如图 2.22 所示。

```
 60  50  40
180 154 128
300 258 216
c数组一共有9个元素
```

图 2.22　程序运行结果

2.5.3　不规则数组

1．声明

一维数组和多维数组都属于矩形数组，而 C#所特有的不规则数组是**数组的数组**，在它的内部，每个数组的长度可以不同，呈现锯齿形状。

1）不规则数组的声明

语法形式：

```
type [ ] [ ] [ ] arrayName;
```

“[ ]”的个数与数组的维数相关。

例如：

```
int [ ] [ ] jagged;                    //jagged 是一个 int 类型的二维不规则数组
```

2）创建数组对象

以二维不规则数组为例：

```
int [ ] [ ] jagged;
jagged = new int [3][ ];
jagged[0] = new int [4];
jagged[1] = new int [2];
jagged[2] = new int [6];
```

2．初始化

不规则数组的初始化通常是分步骤进行的，下面以二维不规则数组为例加以讨论。

语法形式：

```
type [ ] [ ] arrayName = new type [ size] [ ];
```

size 可以是常量或变量，最后面的“[ ]”是空的，表示数组的元素还是数组，并且其中的每个数组的长度是不一样的，需要单独使用 new 运算符生成，语法如下：

```
arrayName[0] = new type [size0] { val1, val2, ... , valn1};
arrayName[1] = new type [size1] { val1, val2, ... , valn2};
…
```

例如：

```
char [ ] [ ] st1 = new char [3][ ];              //st1 是由三个数组组成的不规则数组
st1[0] = new char [ ] {'S', 'e', 'p', 't', 'e', 'm', 'b', 'e', 'r' }
st1[1] = new char [ ] {'O', 'c', 't', 'o', 'b', 'e', 'r'}
st1[2] = new char [ ] {'N', 'o', 'v', 'e', 'm', 'b', 'e', 'r' };
```

3．不规则数组的引用

语法形式：

```
数组名[下标 1][下标 2]…[下标 n]
```

【例 2.14】 打印杨辉三角形。

```
using System;
…
namespace Ex2_14
{
    class YH_tri
    {
        static void Main(string[] args)
        {
            int i, j, k, m;
            k = 7;
            int[][] Y = new int[k][];                        //定义二维锯齿形状数组 Y
            for (i = 0; i < Y.Length; i++)                   //Y.Length 返回的是 Y 数组的长度(7)
            {
                Y[i] = new int[i + 1];
                Y[i][0] = 1;
                Y[i][i] = 1;
            }
            for (i = 2; i < Y.Length; i++)
                for (j = 1; j < Y[i].Length-1; j++)          //Y[i].Length 是 Y[i]这个数组的长度
                    Y[i][j] = Y[i-1][j-1] + Y[i-1][j];
            for (i = 0; i < Y.Length; i++)
            {
```

```
                for (j = 0; j < Y[i].Length; j++)
                    Console.Write("{0,5:d}", Y[i][j]);
                Console.WriteLine();
            }
            Console.Read();
        }
    }
}
```

程序运行结果如图 2.23 所示。

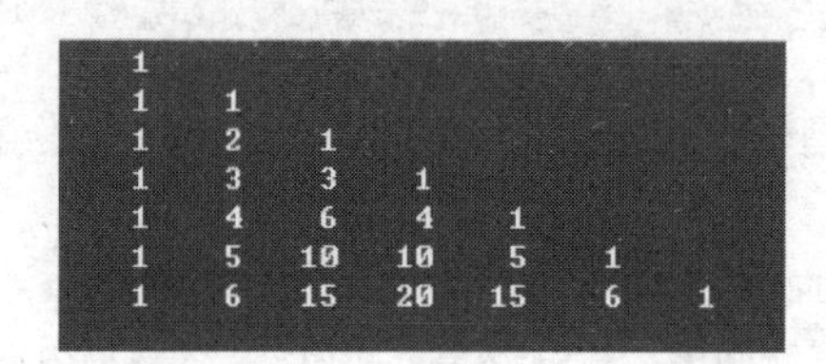

图 2.23 程序运行结果

2.5.4 数组的遍历

C#的 foreach 循环主要用于遍历集合中的每个元素，数组也属于集合类型，因此 foreach 语句允许用于数组元素的遍历。

语法形式：

```
foreach(类型  标识符  in  集合表达式)语句;
```

其中：

- 标识符——foreach 循环的迭代变量，只在 foreach 语句中有效，并且是一个只读局部变量，即在 foreach 语句中不能改写这个变量。它的类型应与集合的基本类型一致。
- 集合表达式——被遍历的集合，如数组。

在 foreach 语句执行期间，迭代变量按集合元素的顺序依次将其内容读入。对数组而言，foreach 语句可用于对数组中的每个元素执行一遍循环体语句。

【例 2.15】 统计一组考试成绩中及格的人数，打印及格者分数并计算及格率。

```
using System;
…
namespace Ex2_15
{
    class ForExam
    {
        static void Main(string[] args)
        {
            int passed;
            int[] score = new int[] { 98, 76, 87, 65, 55, 68, 57, 84, 91, 100, 58, 76 };
            passed = 0;
            foreach (int x in score)
                if (x >= 60)
                {
                    passed++;
                    Console.Write("{0,4:d}", x);
                }
            Console.WriteLine("\n 及格率：{0:P}", (double)passed / score.Length);
            Console.Read();
```

```
            }
        }
    }
```

程序运行结果如图 2.24 所示。

```
  98  76  87  65  68  84  91 100  76
及格率：75.00%
```

图 2.24　程序运行结果

2.5.5　数组应用举例

【例 2.16】 扑克牌游戏。用计算机模拟洗牌，分发给 4 个玩家并将 4 个玩家的牌显示出来。

基本思路：用一维数组 Card 存放 52 张牌（不包括大王、小王），用二维数组 Player 存放 4 个玩家的牌。用 3 位整数表示 1 张扑克牌，最高位表示牌的花色，后 2 位表示牌号。例如：

101，102，…，113 分别表示红桃 A，红桃 2，…，红桃 K。

201，202，…，213 分别表示方块 A，方块 2，…，方块 K。

301，302，…，313 分别表示梅花 A，梅花 2，…，梅花 K。

401，402，…，413 分别表示黑桃 A，黑桃 2，…，黑桃 K。

程序：

```
using System;
…
namespace Ex2_16
{
    class TestCard
    {
        static void Main(string[] args)
        {
            int i, j, temp;
            Random Rnd = new Random();
            int k;
            int [] Card = new int [52];
            int [,] Player=new int [4,13];
            for (i=0; i<4; i++)                                  //52 张牌初始化
                for (j=0; j<13; j++)
                    Card[i*13+j]=(i+1)*100+j+1;
            Console.Write ("How many times for card: ");
            string s=Console.ReadLine ();
            int times=Convert.ToInt32 (s);
            for (j=1;j<=times; j++)
                for (i=0;i<52;i++)
                {
                    k=Rnd.Next(51-i+1)+i;                        //产生 i～52 之间的随机数
                    temp=Card[i];
                    Card[i]=Card[k];
                    Card[k]=temp;
                }
            k=0;
            for (j=0;j<13;j++)                                   //52 张牌分发给 4 个玩家
                for (i=0;i<4;i++)
                    Player[i,j]=Card[k++];
```

```
            for (i=0;i<4;i++)                                    //显示 4 个玩家的牌
            {
                Console.WriteLine("玩家{0}的牌：",i+1);
                for (j=0;j<13;j++)
                {
                    k=(int)Player[i,j]/100;                      //分离出牌的花色
                    switch (k)
                    {
                        case 1:                                  //红桃
                            s=Convert.ToString ('\x0003');
                            break;
                        case 2:                                  //方块
                            s=Convert.ToString ('\x0004');
                            break;
                        case 3:                                  //梅花
                            s=Convert.ToString ('\x0005');
                            break;
                        case 4:                                  //黑桃
                            s=Convert.ToString ('\x0006');
                            break;
                    }
                    k=Player[i,j]%100;                           //分离出牌号
                    switch (k)
                    {
                        case 1:
                            s=s+"A";
                            break;
                        case 11:
                            s=s+"J";
                            break;
                        case 12:
                            s=s+"Q";
                            break;
                        case 13:
                            s=s+"K";
                            break;
                        default:
                            s=s+Convert.ToString (k);
                            break;
                    }
                    Console.Write (s);
                    if (j<12)
                        Console.Write (", ");
                    else
                        Console.WriteLine (" ");
                }
            }
            Console.Read ();
        }
    }
}
```

程序运行结果如图 2.25 所示。

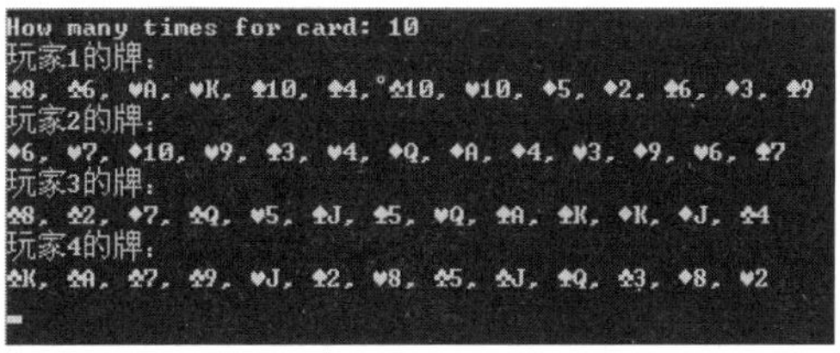

```
How many times for card: 10
玩家1的牌:
♠8, ♣6, ♥A, ♥K, ♠10, ♠4, ♣10, ♥10, ♦5, ♦2, ♣6, ♦3, ♠9
玩家2的牌:
♦6, ♥7, ♦10, ♥9, ♠3, ♥4, ♦Q, ♦A, ♦4, ♥3, ♦9, ♥6, ♠7
玩家3的牌:
♣8, ♣2, ♦7, ♣Q, ♥5, ♠J, ♣5, ♥Q, ♠A, ♠K, ♦K, ♦J, ♣4
玩家4的牌:
♣K, ♣A, ♣7, ♣9, ♥J, ♠2, ♥8, ♣5, ♣J, ♠Q, ♣3, ♦8, ♥2
```

图 2.25　程序运行结果

2.6　类

C#是面向对象（Object Oriented，OO）的程序设计语言，它的整个语言结构都是基于对象模型设计的，所以为了更好、更有效地使用 C#，首先应该了解类、对象、方法、接口这些基本的面向对象语言要素，以便为在下一章进阶学习 C#面向对象编程打下基础。

2.6.1　类的声明

类是一种较为高级的数据结构，它定义了数据和操作这些数据的代码。定义一个类，与定义变量和数组类似，首先要进行声明。

语法形式：

```
[属性集信息]  [类修饰符]  class 类名 [: 类基]
{
    [ 类主体 ]
}
```

其中：

- 属性集信息——是 C#提供给程序员的，可以为程序中定义的各种实体附加一些说明信息，这是 C#的一个重要特征。
- 类修饰符——可以是表 2.10 所列的几种之一或是它们的有效组合，但在类声明中，同一修饰符不允许出现多次。

表 2.10　类修饰符

修　饰　符	作 用 说 明
public	表示不限制对类的访问。类的访问权限省略时默认为 public
protected	表示该类只能被这个类的成员或派生类成员访问
private	表示该类只能被这个类的成员访问
internal	表示该类能够由程序集中的所有文件使用，而不能由程序集之外的对象使用
new	只允许用在嵌套类中，它表示所修饰的类会隐藏继承下来的同名成员
abstract	表示这是一个抽象类，该类含有抽象成员，因此不能被实例化，只能作为基类
sealed	表示这是一个密封类，不能从这个类再派生出其他类。显然密封类不能同时为抽象类

- 类基——定义该类的直接基类和由该类实现的接口。当多于一项时，用逗号“,”分隔。如果没有显式地指定直接基类，那么它的基类隐含为 object。

最简单的类声明形如：

```
class 类名
{
```

```
    类成员
}
```

例如：

```
class Point        //Point类的访问权限默认为public
{
    int x, y;
}
```

上面声明中的x 和y都是类成员，这里类Point的成员只有两个，都为整型。其实，类成员的种类是极其丰富多样的，可以是任何常量、变量、方法、属性、事件、索引器、运算符、构造函数、析构函数等。

2.6.2 类的成员

类的定义包括类头和类体两部分，其中类体用“{ }”括起来，类体用于定义该类的成员。

类成员的来源有两个：一是类体中以声明形式引入的成员，二是直接从它的基类继承而来的成员。当成员声明中含有static修饰符时，表明它是静态成员，否则就是实例成员。

类成员声明中可以使用public、private、protected、internal、protected internal这5种访问修饰符中的一种。默认约定的访问修饰符为private。

1．常数声明

语法形式：

```
[属性集信息]  [常数修饰符]  const 类型 标识符 = 常数表达式 [, …]
```

其中：

- 常数修饰符——new、public、protected、internal、private。
- 类型——sbyte、byte、short、ushort、int、uint、long、ulong、char、float、double、decimal、bool、string、枚举类型或引用类型。

常数表达式的值类型应与目标类型一致，或者通过隐式转换规则转换成目标类型。

例如：

```
class A_const
{
    public const int X=10;
    const double PI=3.1416;              //默认访问修饰符，即约定为private
    const double Y= 0.618+3.14;
}
```

常数表达式的值应该是一个可以在编译时计算的值，常数声明不允许使用static修饰符，但它和静态成员一样能通过类访问。

例如：

```
class Test
{
    public static void Main( )
    {
        A_const m = new A_const ( );
        Console.WriteLine ("X={0}, PI={1},Y={2}", A_const.X , A_const.PI , A_const.Y);
    }
}
```

2．字段声明

语法形式：

```
[属性集信息]  [字段修饰符]  类型  变量声明列表;
```

其中：

● 变量声明列表——标识符或用逗号“,”分隔的多个标识符。

变量标识符还可用赋值号“=”设定初值。

例如：

```
class A
{
    int   x=100 ,   y = 200;
    float   sum = 1.0f;
}
```

● 字段修饰符——new、public、protected、internal、private、static、readonly、volatile。

其中，new、public、protected、internal、private 在前面已介绍过，加 static 修饰的字段是静态字段，不加 static 修饰的字段是实例字段。静态字段不属于某个实例对象，实例字段则属于实例对象，即一个类可以创建若干实例对象，每个实例对象都有自己的实例字段映像，而若干实例对象只能共有一个静态字段。因此，对静态字段的访问只与类关联，对实例字段的访问则要与实例对象关联。

加 readonly 修饰符的字段是只读字段，对它的赋值只能在声明的同时进行，或者通过类的实例构造函数或静态构造函数实现。在其他情况下，对只读字段只能读不能写，这与常量有共同之处，但 const 成员的值要求在编译时能计算。如果想让这个值到程序运行时才能给出，但又希望它一旦赋值不能改变，则可以定义成只读字段。

【例 2.17】 通过构造函数给只读字段赋值。

```
using System;
…
namespace Ex2_17
{
    class Test
    {
        static void Main(string[] args)
        {
            Area s1 = new Area();
            Console.WriteLine("Radius={0}, Size={1},Sum={2}", s1.Radius, s1.Size, Area.Sum);
            //静态字段通过类访问 Area.Sum，实例字段通过对象访问 s1.Size
            Console.Read();
        }
    }
    public class Area
    {
        public readonly double Radius;                    //Radius 是只读字段
        public double Size;
        public static double Sum = 0.0;
        public Area()
        {
            Radius = 1.0;                                 //通过构造函数对 Radius 赋值
        }
    }
}
```

程序运行结果如图 2.26 所示。

```
Radius=1, Size=0,Sum=0
_
```

图 2.26　程序运行结果

无论是静态字段还是实例字段，它们的初值都被设置成字段类型的默认值。如果字段声明中包含变量初值设定，则在初始化执行期间相当于执行一个赋值语句。对静态字段的初始化发生在第一次使用该类静态字段之前，执行的顺序按静态字段在类声明中出现的文本顺序进行。而实例字段的初始化发生在创建一个类的实例时，同样是按实例字段在类声明中的文本顺序执行的。

2.6.3 构造函数

当定义了一个类后，就可以通过 new 运算符将其实例化，产生一个对象。为了能规范、安全地使用这个对象，C#提供了实现对象初始化的方法，即构造函数。

在 C#中，类的成员字段可以分为实例字段和静态字段，与此相对应，构造函数也分为实例构造函数和静态构造函数。

1．实例构造函数

声明格式：

```
[属性集信息] [构造函数修饰符] 标识符 ( [参数列表] )
[: base ( [参数列表] ) ]    [: this ( [参数列表] ) ]
{
    语句块
}
```

其中：

- 构造函数修饰符——public、protected、internal、private、extern。

一般地，构造函数总是 public 类型的。如果是 private 类型的，则表明该类不能被外部类实例化。

- 标识符（[参数列表]）——构造函数名，必须与其所在类同名。

构造函数不声明返回类型，并且没有任何返回值。它与返回值类型为 void 的函数不同。构造函数既可以没有参数，也可以有一个或多个参数。这表明构造函数在类的声明中可以有函数名相同但参数个数或类型不同的多种形式，即所谓的构造函数重载。

在用 new 运算符创建一个类的对象时，类名后的一对“( )”提供初始化列表，这实际上就是提供给构造函数的参数。系统根据这个初始化列表的参数个数、类型和顺序调用不同的重载版本。

【例 2.18】 构造函数初始化。

创建实例对象时，根据不同的参数调用相应的构造函数完成初始化。

```
using System;
…
namespace Ex2_18
{
    class Test
    {
        static void Main(string[] args)
        {
            Point a = new Point();
            Point b = new Point(3, 4);          //用构造函数初始化对象
            Console.WriteLine("a.x={0}, a.y={1}", a.x, a.y);
            Console.WriteLine("b.x={0}, b.y={1}", b.x, b.y);
            Console.Read();
        }
    }
    class Point
    {
        public double x, y;
        public Point()
        {
            x = 0; y = 0;
        }
        public Point(double x, double y)
```

```
        {
            this.x = x;                    //当 this 在实例构造函数中使用时
            this.y = y;                    //它的值就是对该构造的对象的引用
        }
    }
}
```

程序运行结果如图 2.27 所示。

上例中声明了一个类 Point，它提供了两个重载的构造函数：一个是不带参数的函数，另一个是带有两个 double 参数的函数。如果在类中没有定义这些函数，那么 CLR 会自动提供一个默认的构造函数。但是，一旦用户在类中自定义了构造函数，系统就**不再提供**默认构造函数，这一点需要特别注意，否则系统编译会报出错。

例如，将上例中的 Point 类的构造函数 public Point()注释掉，如图 2.28 中所标注的部分，编译时则会出现图 2.28 中下方错误列表中的错误信息。

```
a.x=0, a.y=0
b.x=3, b.y=4
```

图 2.27　程序运行结果

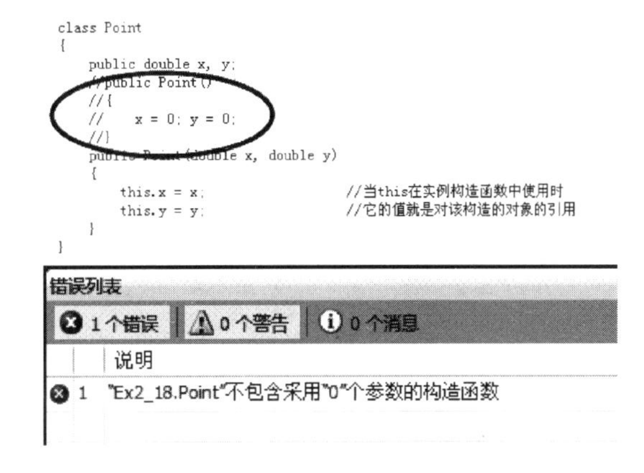

图 2.28　程序编译出错

2．静态构造函数

语法形式：

```
[属性集信息]  [静态构造函数修饰符] 标识符()
{
    函数体
}
```

其中：

● 静态构造函数修饰符——[extern] static 或者 static [extern]。

如果有 extern 修饰，则说明这是一个外部静态构造函数，不提供任何实际的实现，所以函数体仅是一个分号。

● 标识符()——是静态构造函数名，必须与这个类同名，静态构造函数不能有参数。

● 函数体——静态构造函数的目的是初始化静态字段，它只能对静态数据成员进行初始化，而不能对非静态数据成员进行初始化。

例如：

```
using System;
…
class Screen
{
    static int  Height;
    static int  Width;
    int Cur_X,  Cur_Y;
```

```
        static Screen ()                    //静态构造函数，对类的静态字段进行初始化
        {
            Height=768;
            Width=1024;
        }
    }
```

注意：

静态构造函数是不可继承的，而且不能被直接调用。

只有创建类的实例或者引用类的任何静态成员时，才能激活静态构造函数，所以在给定的应用程序域中静态构造函数最多被执行一次。

如果类中没有声明静态构造函数，而又包含带有初始设定的静态字段，那么编译器会自动生成一个默认的静态构造函数。

2.6.4 析构函数

一般来说，创建一个对象时需要用构造函数初始化数据，与此相对应，释放一个对象时要用析构函数，析构函数用于实现释放类实例所需操作的方法。

语法形式：

```
[属性集信息]  [ extern ] ~标识符()
{
    函数体
}
```

其中：

● 标识符——必须与类名相同，但为了与构造函数区分，前面需要加“~”符号。

析构函数不能写返回类型，也不带参数，因此它不可能被重载，当然也不能被继承，所以一个类最多只能有一个析构函数。一个类如果没有显式地声明析构函数，则编译器将自动产生一个默认的析构函数。

析构函数不能由程序显式地调用，而是由系统在释放对象时自动调用。如果对象是一个派生类对象，那么在调用析构函数时也会产生链式反应，首先执行派生类的析构函数，然后执行基类的析构函数，如果这个基类还有自己的基类，则该过程会不断地重复，直到调用 Object 类的析构函数为止，其执行顺序正好与构造函数相反。

【例 2.19】 演示析构函数的调用次序。

```
using System;
…
namespace Ex2_19
{
    class Test
    {
        static void Main(string[] args)
        {
            Circle b = new Circle();
            b = null;
            GC.Collect();                   //强制对所有待回收的垃圾进行回收
            Console.Read();
        }
    }
    public class Point
    {
```

```
        private int x, y;
        ~Point()
        {
            Console.WriteLine("Point's destructor ");
        }
    }
    public class Circle : Point
    {
        private double radius;
        ~Circle()
        {
            Console.WriteLine("Circle's destructor ");
        }
    }
}
```

程序运行结果如图 2.29 所示。

程序中的 GC 关键字为 C#的垃圾回收器，析构函数是在 GC 回收对象的存储空间之前被调用的。

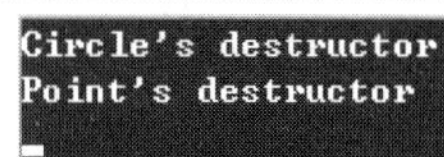

图 2.29　程序运行结果

2.7　方法

C#实现了完全意义上的面向对象，它没有全局常数、全局变量和全局方法，任何事物都必须封装在类中。通常，程序的其他部分通过类所提供的方法与它进行互操作。

2.7.1　方法的声明

方法是按照一定格式组织的一段程序代码，在类中用方法声明的方式来定义。

语法形式：

```
[属性集信息]    [方法修饰符] 返回类型  方法名 ( [形参表] )
{
    方法体
}
```

其中：

- 方法修饰符——如表 2.11 所示。

表 2.11　方法修饰符

修 饰 符	作 用 说 明
new	在一个继承结构中，用于隐藏基类同名的方法
public	表示该方法可以在任何地方被访问
protected	表示该方法可以在它的类体或派生类类体内被访问，但不能在类体外被访问
private	表示该方法只能在这个类体内被访问
internal	表示该方法可以被同处于一个工程的文件访问
static	表示该方法属于类型本身，而不属于某个特定对象
virtual	表示该方法可在派生类中重写，以更改该方法的实现
abstract	表示该方法仅定义了方法名及执行方式，但没有给出具体实现，所以包含这种方法的类是抽象类，有待于派生类的实现

续表

修 饰 符	作 用 说 明
override	表示该方法是将从基类继承的 virtual 方法的新实现
sealed	表示这是一个密封方法，它必须同时包含 override 修饰，以防止它的派生类进一步重写该方法
extern	表示该方法从外部实现

方法修饰符中的 public、protected、private、internal、protected internal 属于访问修饰符，表示访问的级别，在默认情况下，方法的访问级别为 public。访问修饰符也可以和其他方法修饰符有效地组合在一起，但某些修饰符是互相排斥的，表 2.12 列出修饰符的无效组合。

表 2.12 修饰符的无效组合

修 饰 符	不能与下列选项一起使用	修 饰 符	不能与下列选项一起使用
static	virtual、abstract、override	abstract	virtual、static
virtual	static、abstract、override	new	override
override	new、static、virtual	extern	abstract

● 返回类型——方法返回值的类型。

方法既可以有也可以没有返回值，若有，则可以是任何一种 C#的数据类型，在方法内通过 return 语句将其交给调用者；若没有，则它的返回类型标为 void。

● 方法名——每个方法都有一个名称，一般可以按标识符的起名规则随意命名。

Main()是为开始执行程序的主方法预留的标识符，不能使用 C#的关键字作为方法名。为了使方法名容易理解和记忆，建议命名尽可能与方法所要执行的操作联系起来，即达到“顾名思义”的效果。

● 形参（形式参数）表——由零个或多个用逗号分隔的形参组成。

形参可用属性、参数修饰符、类型等描述。当形参表为空时，外面的圆括号也不能省略。

● 方法体——用花括号括起的一个语句块，实现方法的操作和功能。

【例 2.20】 在类（StackTp）中定义几个方法，模拟一个压栈操作。

```
using System;
…
namespace Ex2_20
{
    class Test
    {
        static void Main(string[] args)
        {
            StackTp ST = new StackTp(20);
            string s1;
            if (ST.isEmptyStack())                    //调用方法 isEmptyStack()
                s1 = "Empty";
            else
                s1 = "not Empty";
            Console.WriteLine("Stack is " + s1);
            for (int i = 0; i < 20; i++)
                ST.push(i + 1);
            if (ST.isFullStack())                     //调用方法 isFullStack()
                s1 = "Full";
            else
                s1 = "not Full";
```

```
            Console.WriteLine("Stack is " + s1);
            Console.Read();
        }
    }
    class StackTp
    {
        int MaxSize;
        int Top;
        int[] StkList;
        public StackTp()                          //构造函数
        {
            MaxSize = 100;
            Top = 0;
            StkList = new int[MaxSize];
        }
        public StackTp(int size)                  //构造函数
        {
            MaxSize = size;
            Top = 0;
            StkList = new int[MaxSize];
        }
        public bool isEmptyStack()                //方法
        {
            if (Top == 0)
                return true;
            else
                return false;
        }
        public bool isFullStack()                 //方法
        {
            if (Top == MaxSize)
                return true;
            else
                return false;
        }
        public void push(int x)                   //方法
        {
            StkList[Top] = x;
            Top++;
        }
    }
}
```

程序运行结果如图 2.30 所示。

```
Stack is Empty
Stack is Full
```

图 2.30　程序运行结果

2.7.2　方法的参数

参数的功能是使信息在方法中传入或传出。当声明一个方法时，包含的参数说明是形参。当调用一个方法时，给出的对应参数是实参（实在参数）。参数的传入或传出就是在实参与形参之间发生的，在 C#中有 4 种传递方式。

1．值参数

在方法声明时不加修饰符的形参就是值参数，它表明实参与形参之间按值传递。当这个方法被调用时，编译器为值参数分配存储单元，然后将对应实参的值复制到形参中。实参可以是变量、常量、表达式，但要求其值的类型必须与形参声明的类型一致或能被隐式地转化为相同类型。值传递方式的好处是，在方法中对形参的修改不会影响外部的实参，也就是说，数据只能传入方法而不能从方法中传出，所以值参数有时也被称为入参数。

【例 2.21】 演示当 Sort 方法传递值参数时，对形参的修改不影响其实参。

```
using System;
…
namespace Ex2_21
{
    class Test
    {
        static void Main(string[] args)
        {
            Myclass m = new Myclass();
            int a, b, c;
            a = 30; b = 20; c = 10;
            m.Sort(a, b, c);
            Console.WriteLine("a={0}, b={1}, c={2}", a, b, c);
            Console.Read();
        }
    }
    class Myclass
    {
        public void Sort(int x, int y, int z)
        {
            int tmp;                    //tmp 是方法 Sort 的局部变量
            //将 x、y、z 按从小到大排序
            if (x > y) { tmp = x; x = y; y = tmp; }
            if (x > z) { tmp = x; x = z; z = tmp; }
            if (y > z) { tmp = y; y = z; z = tmp; }
        }
    }
}
```

```
a=30, b=20, c=10
```

图 2.31 程序运行结果

程序运行结果如图 2.31 所示。

a、b、c 变量的值并没有发生改变，因为它们都是按值传给形参 x、y、z 的，形参 x、y、z 的变化并不影响外部 a、b、c 的值。

但当给方法传递的是一个引用对象时，它遵循的仍是值传递方式，给形参另外分配一块内存接收实参的引用值副本，同样，对引用值的修改不会影响实参。但是，如果改变参数所引用的对象，将会影响实参所引用的对象，事实上，它们是在同一块内存区域。

【例 2.22】 演示当方法传递一个引用对象（如数组）时，对形参的修改会影响到实参。

```
using System;
…
namespace Ex2_22
{
    class Test
```

```
    {
        static void Main(string[] args)
        {
            Myclass m = new Myclass();
            int[] score = { 87, 89, 56, 90, 100, 75, 64, 45, 80, 84 };
            m.SortArray(score);
            for (int i = 0; i < score.Length; i++)
            {
                Console.Write("score[{0}]={1}, ", i, score[i]);
                if (i == 4) Console.WriteLine();
            }
            Console.Read();
        }
    }
    class Myclass
    {
        public void SortArray(int[] a)
        {
            int i, j, pos, tmp;
            for (i = 0; i < a.Length - 1; i++)
            {
                for (pos = j = i; j < a.Length; j++)
                    if (a[pos] > a[j]) pos = j;
                if (pos != i)
                {
                    tmp = a[i];
                    a[i] = a[pos];
                    a[pos] = tmp;
                }
            }
        }
    }
}
```

程序运行结果如图 2.32 所示。

```
score[0]=45, score[1]=56, score[2]=64, score[3]=75, score[4]=80,
score[5]=84, score[6]=87, score[7]=89, score[8]=90, score[9]=100,
```

图 2.32 程序运行结果

从运行结果可以看出，数组其实是一种对象，数组名 score 是这个对象的引用，当它作为参数传递时，形参也得到了这个引用，相当于实参和形参指向同一个内存区域，在方法内通过形参 a 引用对这个区域的修改，在调用方法之后，通过 score 引用的是同一区域，于是输出按从小到大排好序的数组。

2．引用参数

如果调用一个方法，期望能够对传递给它的实际变量进行操作，就要使用 C#的 ref 修饰符来解决此类问题，ref 修饰符将告诉编译器，实参与形参的传递方式是引用。

与值参数不同，引用参数并不创建新的存储单元，它与方法调用中的实参变量同处在一个存储单元。因此，在方法内对形参的修改就是对外部实参变量的修改。

【例 2.23】 将【例 2.21】程序中 Sort 方法的值参数传递方式改成引用传递方式。

```
using System;
…
```

```
namespace Ex2_23
{
    class Test
    {
        static void Main(string[] args)
        {
            Myclass m = new Myclass();
            int a, b, c;
            a = 30; b = 20; c = 10;
            m.Sort(ref  a, ref  b, ref  c);
            Console.WriteLine("a={0}, b={1}, c={2}", a, b, c);
            Console.Read();
        }
    }
    class Myclass
    {
        public void Sort(ref int x, ref int y, ref int z)
        {
            int tmp;                    //tmp 是方法 Sort 的局部变量
            //将 x、y、z 按从小到大排序
            if (x > y) { tmp = x; x = y; y = tmp; }
            if (x > z) { tmp = x; x = z; z = tmp; }
            if (y > z) { tmp = y; y = z; z = tmp; }
        }
    }
}
```

程序运行结果如图 2.33 所示。

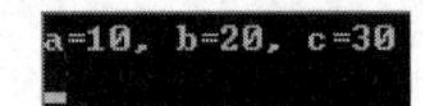

图 2.33 程序运行结果

可见，对参数 x、y、z 按从小到大的排序确实影响了调用它的实参 a、b、c。

注意：

（1）ref 修饰符仅对跟在它后面的参数有效，而不能应用于整个参数表。例如，在 Sort 方法中，x、y、z 都要加 ref 修饰符。

（2）在调用方法时，也要用 ref 修饰实参变量，因为是引用参数，所以要求实参与形参的数据类型必须完全匹配，而且实参必须是变量，不能是常量或表达式。

（3）在方法外，ref 修饰符必须在调用之前被赋值；在方法内，ref 修饰符被视为已被赋过初值。

3. 输出参数

在参数前加 out 修饰符的参数称为 out 参数（输出参数），它与 ref 参数相似，但它只能用于从方法中传出值，而不能从方法调用处接收实参数据。在方法内，out 参数被认为是未被赋过值的，所以在方法结束之前应对 out 参数赋值。

【例 2.24】 求一个数组中所有元素的最大值、最小值和平均值。

本例希望得到三个返回值，显然用方法的返回值不能实现，且这三个值必须通过计算得到，初值没有意义，所以解决方案是定义三个 out 参数。

```
using System;
…
```

```
namespace Ex2_24
{
    class Test
    {
        static void Main(string[] args)
        {
            Myclass m = new Myclass();
            int[] score = { 87, 89, 56, 90, 100, 75, 64, 45, 80, 84 };
            int smax, smin;
            double savg;
            m.MaxMinArray(score, out smax, out smin, out savg);
            Console.Write("Max={0}, Min={1}, Avg={2} ", smax, smin, savg);
            Console.Read();
        }
    }
    class Myclass
    {
        public void MaxMinArray(int[] a, out int max, out int min, out double avg)
        {
            int sum;
            sum = max = min = a[0];
            for (int i = 1; i < a.Length; i++)
            {
                if (a[i] > max) max = a[i];
                if (a[i] < min) min = a[i];
                sum += a[i];
            }
            avg = sum / a.Length;
        }
    }
}
```

程序运行结果如图 2.34 所示。

```
Max=100, Min=45, Avg=77
```

图 2.34　程序运行结果

ref 和 out 的使用并不局限于值类型参数，它们也可用于引用类型来传递对象。

【例 2.25】 定义两个方法（Swap1 和 Swap2），它们都有两个引用对象作为参数，但 Swap2 的参数加了 ref 修饰符，演示调用这两个方法产生的结果。

```
using System;
…
namespace Ex2_25
{
    class Test
    {
        static void Main(string[] args)
        {
            Myclass m = new Myclass();
            string s1 = "ABCDEFG", s2 = "134567";
            m.Swap1(s1, s2);
            Console.WriteLine("s1={0}", s1);            //s1、s2 的引用并没有改变
            Console.WriteLine("s2={0}", s2);
            m.Swap2(ref s1, ref s2);                    //s1、s2 的引用互相交换了
            Console.WriteLine("s1={0}", s1);
```

```
                Console.WriteLine("s2={0}", s2);
                Console.Read();
            }
        }
        class Myclass
        {
            public void Swap1(string s, string t)
            {
                string tmp;
                tmp = s;
                s = t;
                t = tmp;
            }
            public void Swap2(ref    string s, ref    string t)
            {
                string tmp;
                tmp = s;
                s = t;
                t = tmp;
            }
        }
    }
```

```
s1=ABCDEFG
s2=134567
s1=134567
s2=ABCDEFG
```

图 2.35　程序运行结果

程序运行结果如图 2.35 所示。

4．参数数组

一般而言，在调用方法时，实参必须与该方法声明的形参在类型和数量上相匹配，但有时我们希望更灵活一些，能够给方法传递任意个数的参数。比如，在 3 个数中找最大数、最小数和在 5 个数中找最大数、最小数，甚至在任意多个数中找最大数、最小数的程序中能使用同一个方法。C#提供了传递可变长度参数表的机制来解决此问题，可以使用 params 关键字来指定一个可变长的参数表。

【例 2.26】 演示 Myclass 类中的方法 MaxMin 有一个参数数组类型的参数，在调用这个方法时具有灵活性。

```
using System;
…
namespace Ex2_26
{
    class Test
    {
        static void Main(string[] args)
        {
            Myclass m = new Myclass();
            int[] score = { 87, 89, 56, 90, 100, 75, 64, 45, 80, 84 };
            int smax, smin;
            m.MaxMin(out smax, out smin);                    //可变参数的个数可以是零个
            Console.WriteLine("Max={0}, Min={1} ", smax, smin);
            m.MaxMin(out smax, out smin, 45, 76, 89, 90);     //在 4 个数之间找最大数、最小数
            Console.WriteLine("Max={0}, Min={1} ", smax, smin);
            m.MaxMin(out smax, out smin, score);              //可变参数也可接收数组对象
            Console.WriteLine("Max={0}, Min={1} ", smax, smin);
            Console.Read();
        }
```

```
        }
        class Myclass
        {
            public void MaxMin (out int max, out int min,   params int [ ] a )
            {
                if (a.Length==0)   //如果可变参数为零个，则可以取一个约定值或产生异常
                {
                    max=min=-1;
                    return;
                }
                max = min = a[0];
                for (int i=1; i<a.Length ; i++)
                {
                    if (a[i]>max) max=a[i];
                    if (a[i]<min) min=a[i];
                }
            }
        }
    }
```

程序运行结果如图 2.36 所示。

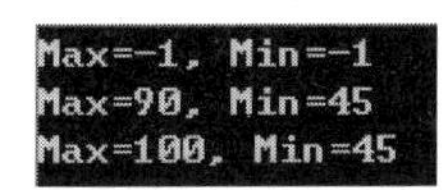

图 2.36　程序运行结果

注意：

（1）在一个方法中只能声明一个 params 参数，如果还有其他常规参数，则 params 参数应放在参数表的最后。

（2）用 params 修饰符声明的参数是一个一维数组类型。例如，可以是 int [ ], string [ ], double [ ] 或 int [ ] [ ], string [ ][ ]等，但不能是 int [,], string [,]等。

（3）由于 params 参数其实是一个数组，所以在调用时可以为参数数组指定零个或多个参数，其中每个参数的类型都应与参数数组的元素类型相同或能隐式地转换。

（4）无论采用哪种方式调用方法，params 参数都是作为一个数组被处理的。因此，在方法内可以使用数组的长度属性来确定在每次调用中所传递参数的个数。

（5）params 参数在内部会进行数据的复制，不能将 params 修饰符与 ref 和 out 修饰符组合起来使用。因此，在这个方法中即使对参数数组的元素进行了修改，但在这个方法之外的数值也不会发生变化。

2.7.3　静态方法与实例方法

类的数据成员可分为静态字段和实例字段。静态字段是和类相关联的，不依赖于特定对象的存在；实例字段是和对象相关联的，访问实例字段依赖于实例的存在。因此，根据静态字段和实例字段的特性，构造函数分为静态构造函数和实例构造函数两类。类似地，方法也可分为静态方法和实例方法。

通常，若一个方法声明中含有 static 修饰符，则表明它是静态方法，同时说明它只能对这个类中的静态成员操作，不可以直接访问实例字段。

【例 2.27】 一个简单的商品销售管理程序。每一种商品对象存储的是商品总数及商品单价。每销售一件商品要计算销售额和库存。cashRegister 类将销售总额定义成静态变量 cashSum，那么访

问 cashSum 的方法 productCost 也就定义成静态方法，而 makeSale 方法是计算销售额及库存的，所以定义成实例方法。请注意它们在使用中的不同。

```
using System;
…
namespace Ex2_27
{
    class staticTest
    {
        static void Main(string[] args)
        {
            cashRegister Candy = new cashRegister(200, 1);
            cashRegister Chips = new cashRegister(500, 3.5);
            Candy.makeSale(5);
            //调用实例方法与对象 Candy 相关联
            Console.Write("Candy.numItems={0} ", Candy.productCount());
            //调用静态方法与类 cashRegister 相关联
            Console.WriteLine("cashSum={0} ", cashRegister.productCost());
            Chips.makeSale(10);
            //调用实例方法与对象 Chips 相关联
            Console.Write("Chips.numItems={0} ", Chips.productCount());
            //cashSum 计算 Candy 和 Chips 售出总价
            Console.WriteLine("cashSum={0} ", cashRegister.productCost());
            Console.Read();
        }
    }
    class cashRegister
    {
        int numItems;                                   //商品总数
         double cost;                                   //商品单价
         static double cashSum;                         // cashSum 是静态变量，计算销售总额
        public cashRegister(int numItems, double cost)
        {
            this.numItems=numItems;
            this.cost=cost;
        }
        public cashRegister()
        {
            numItems=0;
            cost=0.0;
        }
        static cashRegister()
        {
            cashSum=0.0;
        }
        public void makeSale(int num)                   //实例方法
        {
            this.numItems-=num;
            cashSum+=cost*num;                          //实例方法可以访问静态成员
        }
        public static double productCost()              //静态方法只能访问静态成员
        {
```

```
            return cashSum;
        }
        public int productCount()
        {
            return numItems;
        }
    }
}
```

程序运行结果如图 2.37 所示。

```
Candy.numItems=195 cashSum=5
Chips.numItems=490 cashSum=40
_
```

图 2.37　程序运行结果

从上面的程序中可以看到，在实例方法 makeSale()中可以使用 this 关键字来引用变量 numItems。this 关键字表示引用当前对象实例的成员。在实例方法体内也可以省略 this，直接引用 numItems，实际上，两者的语义相同。因为静态方法不与对象关联，所以不能使用 this 关键字。this 关键字一般用于实例构造函数、实例方法和实例访问器，以访问对象实例的成员。

2.8　接口

2.8.1　接口的概念

接口是用来定义一种程序的协定，它好比一种模板，这种模板定义了实现接口的对象必须实现的方法，其目的就是让这些方法可以作为接口实例被引用。接口的定义如下：

```
public interface IPartA
{
    void SetDataA(string dataA);
}
```

接口使用关键字 interface 定义，可以使用的修饰符包括 new、public、protected、internal、private。

接口的命名通常以字母 I 开头，如 IPartA、IPartB。接口的成员可以是方法、属性、索引器和事件，但不可以有任何的成员变量，也不能在接口中实现接口成员。接口不能被实例化，接口的成员默认为公共的，因此不允许成员加上修饰符。

【例 2.28】 接口演示。

```
using System;
…
namespace Ex2_28
{
    //定义接口 IPartA
    public interface IPartA
    {
        void SetDataA(string dataA);
    }
    //定义接口 IPartB，继承 IPartA
    public interface IPartB : IPartA
    {
        void SetDataB(string dataB);
    }
    //定义类 SharedClass，派生于接口 IPartB
    public class SharedClass : IPartB
    {
```

```
            private string DataA;
            private string DataB;
            //实现接口 IPartA 的方法 SetDataA
            public void SetDataA(string dataA)
            {
                DataA = dataA;
                Console.WriteLine("{0}", DataA);
            }
            //实现接口 IPartB 的方法 SetDataB
            public void SetDataB(string dataB)
            {
                DataB = dataB;
                Console.WriteLine("{0}", DataB);
            }
        }
        class test
        {
            static void Main(string[] args)
            {
                SharedClass a = new SharedClass();
                a.SetDataA("interface IPartA");
                a.SetDataB("interface IPartB");
                Console.Read();
            }
        }
    }
```

```
interface IPartA
interface IPartB
_
```

图 2.38　程序运行结果

程序运行结果如图 2.38 所示。

在程序中一共定义了两个接口和一个类。接口 IPartA 定义方法 SetDataA，接口 IPartB 定义方法 SetDataB。接口之间也有继承关系，接口 IPartB 继承接口 IPartA，也就继承了接口 IPartA 的 SetDataA 方法。接口只能定义方法，实现要由类来完成。SharedClass 类派生于接口 IPartB，因此要实现 IPartB 的 SetDataB 方法，也要实现 IPartA 的 SetDataA 方法。

接口允许多重继承：

```
interface ID:IA,IB,IC
{
    …
}
```

类可以同时有一个基类和零个以上的接口，并要将基类写在前面：

```
class ClassB:ClassA,IA,IB
{
    …
}
```

2.8.2　接口的实现

指出接口成员所在的接口称为显式接口成员。【例 2.28】的程序接口实现可改写成：

```
//没有定义为 public
void IPartA. SetDataA(string dataA)
{
    DataA=dataA;
```

```
        Console.WriteLine("{0}",DataA);
    }
    //没有定义为 public
    void IPartB.SetDataB(string dataB)
    {
        DataB=dataB;
        Console.WriteLine("{0}",DataB);
    }
```

显式接口成员只能通过接口来调用。

```
class test
{
    static void Main()
    {
        SharedClass a = new SharedClass();
        IPartB partb = a;
        partb.SetDataA("interface IPartA");
        partb.SetDataB("interface IPartB");
    }
}
```

方法本身并不是类 SharedClass 提供的，像 a.SetDataA("interface IPartA")或 a.SetDataB ("interface IPartB")这样的调用都是错误的。显式接口成员没被声明为 public，这是因为这些方法都有双重身份。当在一个类中使用显式接口成员时，该方法被认为是私有方法，因此不能用类的实例调用它。但是，在将类的引用转型为接口引用时，接口中定义的方法就可以被调用，这时它又成为一个公有方法。

【例 2.29】 显式接口调用。

```
using System;
…
namespace Ex2_29
{
    public interface IWindow
    {
        Object GetMenu();
    }
    public interface IRestaurant
    {
        Object GetMenu();
    }
    //该类型继承自 system.Object，并实现了 IWindow 和 IRestaurant 接口
    class GiuseppePizzaria : IWindow, IRestaurant
    {
        //该方法包括 IWindow 接口的 GetMenu 方法实现
        Object IWindow.GetMenu()
        {
            return "IWindow.GetMenu";
        }
        //该方法包括 IRestaurant 接口的 GetMenu 方法实现
        Object IRestaurant.GetMenu()
        {
            return "IRestaurant.GetMenu";
        }
        //这个 GetMenu 方法与接口没有任何关系
```

```
        public Object GetMenu()
        {
            return "GiuseppePizzaria.GetMenu";
        }
        static void Main(string[] args)
        {
            //构造一个类实例
            GiuseppePizzaria gp = new GiuseppePizzaria();
            Object menu;
            //调用公有的 GetMenu 方法。使用 GiuseppePizzaria 引用，
            //显式接口成员将为私有方法，因此不可能被调用
            menu = gp.GetMenu();
            Console.WriteLine(menu);
            //调用 IWindow 的 GetMenu 方法。使用 IWindow 引用，
            //因此只有 IWindow.GetMenu 方法被调用
            menu = ((IWindow)gp).GetMenu();
            Console.WriteLine(menu);
            //调用 IRestaurant 的 GetMenu 方法。使用 IRestaurant 引用，
            //因此只有 IRestaurant.GetMenu 方法被调用
            menu = ((IRestaurant)gp).GetMenu();
            Console.WriteLine(menu);
            Console.Read();
        }
    }
}
```

程序运行结果如图 2.39 所示。

```
GiuseppePizzaria.GetMenu
IWindow.GetMenu
IRestaurant.GetMenu
```

图 2.39　程序运行结果

当然，在实际编程中一般不会用到在一个类中实现相同方法的接口，但这对于了解显式接口很有帮助。

第3章　C#面向对象编程

过程化设计方式对于开发大型应用程序力不从心，后续的代码维护也相当困难，而面向对象编程方式把客观世界中的业务及操作实体转变为计算机中的对象，使程序员能够以更趋近于人的思维方式来编程，大大提高了开发效率，编写的程序更易于理解和维护。本章将在上一章的基础上进一步学习面向对象编程。

3.1　什么是面向对象编程

3.1.1　面向对象编程的基本概念

面向对象编程（Object-Oriented Programming，OOP）是开发计算机应用程序的一种新方法、新思想。

1．程序设计的新哲学

自然界中的各种事物，如星球、动物、房子、学生、汽车等都可以被分类。类包含属性、方法和事件。类通过属性表示它的特征，通过方法实现它的功能，通过事件做出响应。

类可以派生出子类（派生类），派生子类的类称为父类。对应一个系统的基本类称为基类，一个基类可以有多个派生类，从基类派生出的类（子类）还可以继续派生。

例如：

基类：汽车类
汽车类子类：卡车、客车、轿车等
汽车类属性：车轮、方向盘、发动机、车门等
汽车类方法：前进、倒退、刹车、转弯、听音乐、导航等
汽车类事件：车胎漏气、油用到临界、遇到碰撞等

对象是类的具体化，是具有属性和方法的实体（实例）。对象通过唯一的标识名以区别于其他对象，对象有固定的对外接口，它是对象与外界通信的通道。

例如：

汽车类对象：比亚迪 F6、奥迪 A6L 等

从计算机的角度看，所谓对象就是将需要解决的问题抽象成一个能以计算机逻辑形式表现的封装实体。通过定义对象的属性与方法来描述它的特征和职责，通过定义接口来描述对象的地位及与其他对象之间的关系，以此构成的面向对象的软件模型能更好地反映现实世界的问题模型，而且可扩充性和可维护性都得到全面保障与提升。可见，面向对象技术并不是提供了新的计算能力，而是提供了一种新的方式，使得解决问题更加容易和自然。

2．对象、类与实例化

对象是面向对象技术的核心，是构成系统的基本单元，所有面向对象的程序都是由对象组成的。

类是在对象之上的抽象，它为属于该类的全部对象提供了统一的抽象描述。因此，类是一种抽象的数据类型，是对象的模板；对象则是类的具体化，是类的实例。例如，“一套等离子 TCL 家庭影院”

等价于“这是电视机类的一个实例”。

类与对象的关系如图3.1所示。

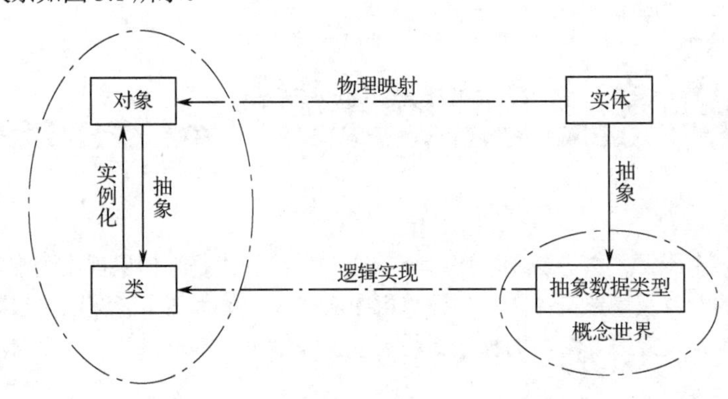

图3.1　类与对象的关系

使用OOP技术，常常要使用许多代码模块，每个模块都只提供特定的功能，这些模块是彼此独立的，这样就增大了代码重用的概率，更加有利于软件的开发、维护和升级。20世纪80年代后期，面向对象的设计和编程已逐步成为一种成熟的、有效的软件开发方法，是计算机技术发展的重要成果之一。

3.1.2　面向对象编程的特点

在面向对象编程中，将算法与数据结构视为一个整体，称为对象。在现实世界中，任何类的对象都具有一定的属性和方法，可以用数据结构与算法统一描述，所以可以用下面的等式来定义对象和程序：

```
对象=(算法+数据结构)
程序=(对象+对象+…)
```

从上面的等式可以看出，程序是由许多对象组成的一个整体，而对象则是一个程序中的实体。面向对象的程序语言具有三个特点：**封装、继承、多态**。

1．封装

所谓“封装”，就是用一个框架把数据和代码组合在一起，形成一个对象。按照面向对象数据抽象的要求，一般数据都被封装起来，外部不能直接访问对象的数据，只能说明对象提供的公共方法（也称接口，是对象之间联系的渠道）。在C#中，类是支持对象封装的工具，对象则是封装的基本单元。

封装的对象之间进行通信的一种机制称为消息传递。消息是向对象发出的服务请求，是对象之间交互的途径。消息包含要求接收对象去执行某些活动的信息，以及完成要求所需的其他信息（参数）。发送消息的对象不需要知道接收消息的对象如何对请求予以响应，接收者接收到消息，它就承担了执行指定动作的责任，作为消息的答复，接收者将执行某个方法来满足所接收的请求。

2．继承

世界是复杂的，在大千世界中，事物有很多的相似性，这种相似性是人们理解纷繁事物的一个基础。因为事物之间往往具有某种“继承”关系。比如，儿子与父亲往往有许多相似之处，因为儿子从父亲那里遗传了许多特性；汽车与卡车、轿车、客车之间存在一般化和具体化的关系，它们都可以用继承来实现。

继承是面向对象编程技术的一块基石，通过它可以创建分等级层次的类。例如，创建一个汽车的通用类，它定义了汽车的一般属性（如车轮、方向盘、发动机、车门）和操作方法（如前进、倒退、刹车、转弯等）。这个已有的类可以通过继承的方法派生出新的子类，如卡车、轿车、客车等，它们都是汽车类中更具体的类，每个具体的类还可增加自己的一些特有的属性，如图3.2所示。类的继承如图3.3所示。

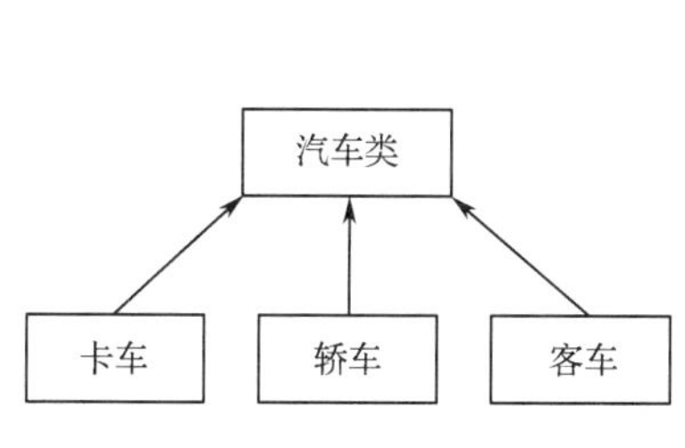

图 3.2　汽车类的派生

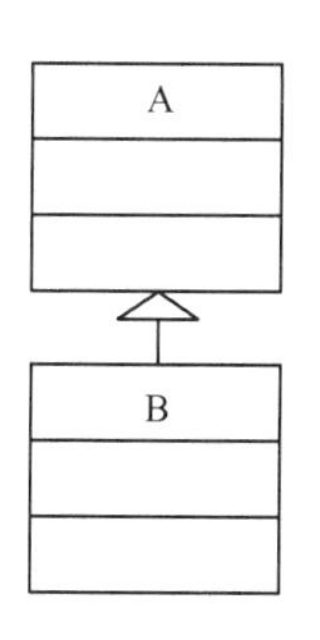

图 3.3　类的继承

继承是父类和子类之间共享数据与方法的机制，通常把父类称为基类，子类称为派生类。一组通过继承相联系的类就构成了类的树状层次结构。

如果一个类有两个或两个以上的直接基类，则这样的继承结构就称为多重继承或多继承，这在现实中屡见不鲜。例如，一些类似于沙发床的组合功能的产品，它既有沙发的功能，又有床的功能，沙发床应允许同时继承沙发和床的特征，如图 3.4 所示。类的多继承如图 3.5 所示。

尽管多继承从形式上看比较直观，但在实现上可能会引起继承方法或属性的冲突。目前，很多编程语言已不再支持多继承，C#也对多继承的使用进行了限制，规定通过接口来实现多继承。接口可以从多个基接口继承，可以包含方法、属性、事件和索引器。一个典型的接口就是一个方法声明的列表，接口本身不提供它所定义的成员的实现，故不能被实例化，而是由实现接口的类以适当的方式定义接口中声明的方法，如图 3.6 所示。

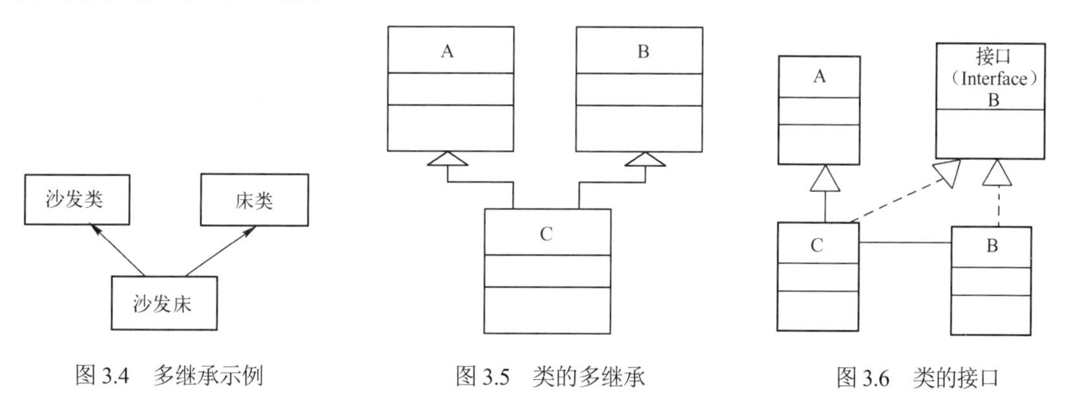

图 3.4　多继承示例　　图 3.5　类的多继承　　图 3.6　类的接口

3．多态

多态的字面意思是：多种形式或多种形态。在面向对象编程中，多态是指同一个消息或操作在作用于不同的对象时，可以有不同的反应，产生不同的执行结果。例如，问甲同学："现在几点钟？"甲回答说："3 点 15 分。"又问乙同学："现在几点钟？"乙回答说："大概 3 点多钟。"再问丙同学："现在几点钟？"丙回答说："不知道。"这就是同一个消息发送给不同的对象，不同的对象可以做出不同的反应的例子。

多态分为两种：静态多态和动态多态。当在同一个类中直接调用一个对象的方法的时候，系统在编译时，根据传递的参数个数、类型及返回值类型等信息决定实现何种操作，这就是所谓的静态多态（静态绑定）。而当在一个有着继承关系的类层次结构中间接调用一个对象的方法的时候，调用要经过基类的操作，只有到系统运行时，才能根据实际情况决定实现何种操作，这就是动态多态（动态绑定）。C#同时支持这两种多态，在实现方式上可以有三种方式：接口多态、继承多态、通过抽象类实现的多态。

3.2 类的封装与继承

封装与继承是面向对象语言的两大最基本特征，是实现代码复用的手段，它们都是通过“类”这一数据结构得以实现的。封装使得类可以把自己的数据和方法只让可信的类或者对象操作，对不可信的类进行信息隐藏；继承在原有的类基础上对原有的程序进行扩展，从而提高程序开发的速度，实现代码的复用。

3.2.1 属性封装

为了实现良好的数据封装和数据隐藏，类的字段成员的访问属性一般设置成private或protected，这样在类的外部就不能直接读/写它们。通常的办法是，提供public级的方法来访问私有的或受保护的字段。

C#提供了属性（property）这个更好的方法，把字段域和访问它们的方法相结合。对类的用户而言，属性值的读/写语法与字段域的相同；对编译器来说，属性值的读/写是通过类中封装的特别方法get访问器和set访问器实现的。

属性的声明方法如下：

```
[属性集信息]  [属性修饰符]  类型  成员名
{
    访问器声明
}
```

其中：

- 属性修饰符——与方法修饰符相同，包括new、static、virtual、abstract、override（修饰符也称关键字）和4种访问修饰符（public、private、protected、internal）的合法组合，它们遵循相同的规则。
- 类型——指定该声明所引入的属性的类型。
- 成员名——指定该属性的名称。
- 访问器声明——声明属性的访问器，可以是一个get访问器或一个set访问器，或者两个都有。

语法形式：

```
get                     //读访问器
{
    …                   //访问器语句块
}
set                     //写访问器
{
    …                   //访问器语句块
}
```

因为get访问器的返回值类型与属性的类型相同，所以在语句块中的return语句必须有一个可隐式转换为属性类型的表达式。

set访问器没有返回值，但它有一个隐式的值参数，其名称为value，它的类型与属性的类型相同。

同时包含get和set访问器的属性是读/写属性，只包含get访问器的属性是只读属性，只包含set访问器的属性是只写属性。

【例3.1】 对TextBox类的text、fontname、fontsize、multiline域提供属性方式的读/写访问。

```
using System;
…
namespace Ex3_1
```

```
{
    class TextBox
    {
        private string text;
        private string fontname;
        private int fontsize;
        private bool multiline;
        public TextBox()
        {
            text = "text1";
            fontname = "宋体";
            fontsize = 12;
            multiline = false;
        }
        public string Text
        {
            //Text 属性，可读可写
            get
            { return text; }
            set
            { text = value; }
        }
        public string FontName
        {
            //FontName 属性，只读属性
            get
            { return fontname; }
        }
        public int FontSize
        {
            //FontSize 属性，可读可写
            get
            { return fontsize; }
            set
            { fontsize = value; }
        }
        public bool MultiLine
        {
            //MultiLine 属性，只写
            set
            { multiline = value; }
        }
    }
    class Test
    {
        static void Main(string[] args)
        {
            TextBox Text1 = new TextBox();
            //调用 Text 属性的 get 访问器
            Console.WriteLine("Text1.Text= {0} ", Text1.Text);
            //调用 Text 属性的 set 访问器
            Text1.Text = "这是文本框";
```

```
                Console.WriteLine("Text1.Text= {0} ", Text1.Text);
                //调用 FontName 属性的 get 访问器
                Console.WriteLine("Text1.Fontname= {0} ", Text1.FontName);
                //调用 FontSize 属性的 set 访问器
                Text1.FontSize = 36;
                //调用 FontSize 属性的 get 访问器
                Console.WriteLine("Text1.FontSize= {0} ", Text1.FontSize);
                //调用 MultiLine 属性的 set 访问器
                Text1.MultiLine = true;
                Console.Read();
            }
        }
    }
```

```
Text1.Text= text1
Text1.Text= 这是文本框
Text1.Fontname= 宋体
Text1.FontSize= 36
```

图 3.7 程序运行结果

程序运行结果如图 3.7 所示。

在这个示例中，类 TextBox 定义了 4 个属性，在类体外使用这些属性采用 Text1.*的形式，这与字段域的访问非常类似。编译器根据它们出现的位置调用不同的访问器。如果在表达式中引用该属性，则调用 get 访问器；若给属性赋值，则调用 set 访问器，将赋值号右边的表达式值传给 value。

属性是字段的自然扩展，当然属性也可作为特殊的方法使用，并不要求它和字段域一一对应，所以属性还可以用于各种控制和计算。

【例 3.2】 定义 Label 类，设置 Width 和 Heigh 属性，分别存放两点之间在水平坐标轴和垂直坐标轴上的投影长度。

```
using System;
…
namespace Ex3_2
{
    class Point
    {
        int x, y;
        public int X
        {
            get
            {   return x;    }
        }
        public int Y
        {
            get
            {   return y;    }
        }
        public Point()
        {       x=y=0;      }
        public Point(int x, int y)
        {
            this.x=x;
            this.y=y;
        }
    }
    class Label
    {
        Point p1=new Point();
```

```
        Point p2=new Point(5, 10);
        public int Width                    //计算两点之间在水平坐标轴上的投影长度
        {
            get
            {
                return p2.X-p1.X;
            }
        }
        public int Height                   //计算两点之间在垂直坐标轴上的投影长度
        {
            get
            {
                return p2.Y-p1.Y;
            }
        }
    }
    class Test
    {
        static void Main(string[] args)
        {
            Label Label1 = new Label();
            Console.WriteLine("Label1.Width= {0} ", Label1.Width);
            Console.WriteLine("Label1.Height= {0} ", Label1.Height);
            Console.Read();
        }
    }
}
```

程序运行结果如图 3.8 所示。

```
Label1.Width= 5
Label1.Height= 10
```

图 3.8　程序运行结果

> **注意：**
>
> 尽管属性与字段域有相同的使用语法，但它本身并不代表字段域。属性不直接对应存储位置，所以不能把它当作变量使用，不能把属性作为 ref 或者 out 参数传递。属性和方法一样，也有静态修饰，在静态属性的访问器中既不能访问静态数据也不能引用 this。

3.2.2　类的继承

类通过继承使其产生的派生类或子类具有父类的属性和方法，继承不但可以使用现有类的所有功能，还可以对这些功能进行扩展。子类仍然可以继续派生出子类，这样就形成了类的层次。

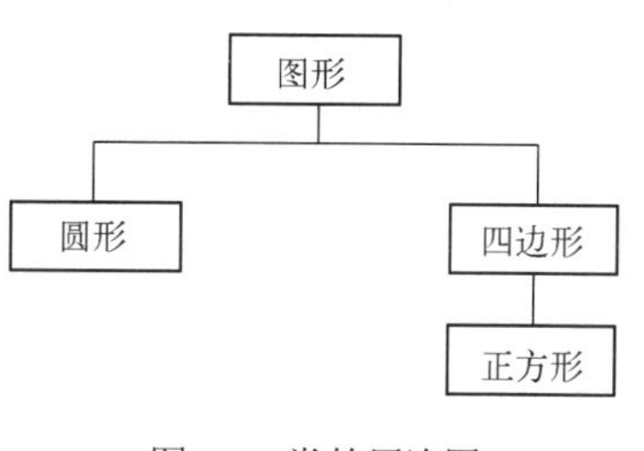

图 3.9　类的层次图

1. 引例

图 3.9 采用类的层次图表示继承的例子。

下面用程序实现如图 3.9 所示的类的层次结构。

【例 3.3】 类的继承。

```
using System;
…
```

```
namespace Ex3_3
{
    //定义基类 Shape
    public class Shape
    {
        protected string Color;
        public Shape(){ ;}
        public Shape(string Color)
        {
            this.Color = Color;
        }
        public string GetColor()
        {
            return Color;
        }
    }
    //定义 Circle 类，从 Shape 类中派生
    public class Circle : Shape
    {
        private double Radius;
        public Circle(string Color, double Radius)
        {
            this.Color = Color;
            this.Radius = Radius;
        }
        public double GetArea()
        {
            return System.Math.PI * Radius * Radius;
        }
    }
    //派生类 Rectangular，从 Shape 类中派生
    public class Rectangular : Shape
    {
        protected double Length, Width;
        public Rectangular()
        {
            Length = Width = 0;
        }
        public Rectangular(string Color, double Length, double Width)
        {
            this.Color = Color;
            this.Length = Length;
            this.Width = Width;
        }
        public double AreaIs()
        {
            return Length * Width;
        }
        public double PerimeterIs()              //周长
        {
            return (2 * (Length + Width));
        }
```

```
    }
    //派生类 Square，从 Rectangular 类中派生
    public class Square : Rectangular
    {
        public Square(string Color, double Side)
        {
            this.Color = Color;
            this.Length = this.Width = Side;
        }
    }
    class TestInheritance
    {
        static void Main(string[] args)
        {
            Circle Cir = new Circle("orange", 3.0);
            Console.WriteLine("Circle color is {0},Circle area is {1}", Cir.GetColor(), Cir.GetArea());
            Rectangular Rect = new Rectangular("red", 13.0, 2.0);
            Console.WriteLine("Rectangualr color is {0},Rectangualr area is {1},
                    Rectangular perimeter is {2}",Rect.GetColor(), Rect.AreaIs(), Rect.PerimeterIs());
            Square Squ = new Square("green", 5.0);
            Console.WriteLine("Square color is {0},Square Area is {1},
                    Square perimeter is {2}", Squ.GetColor(),Squ.AreaIs(), Squ.PerimeterIs());
        }
    }
}
```

程序运行结果如图 3.10 所示。

```
Circle color is orange,Circle area is 28.2743338823081
Rectangualr color is red,Rectangualr area is 26, Rectangular perimeter is 30
Square color is green,Square Area is 25, Square perimeter is 20
```

图 3.10 程序运行结果

其中，基类 Shape 直接派生了 Circle 和 Rectangular 类，Rectangular 类又派生了 Square 类。因为基类的字段 Color 的修饰符为 protected，方法 GetColor()的修饰符为 public，所以它们在派生类中都可使用。派生类在继承基类成员的基础上，可以各自增加新的功能。

2．base 关键字

【例 3.3 续】 程序中的 Square 类也可改写成：

```
public class Square: Rectangular
{
    public Square(string Color,double Side):base(Color,Side,Side){ }
}
```

base 关键字的作用是调用 Rectangular 类的构造函数，并将 Square 类的变量初始化。

如果将 Square 类改写成：

```
public class Square: Rectangular
{
    public Square(string Color,double Side){ }
}
```

则这种情况调用的就是父类的无参构造函数，而非有参构造函数，它等同于：

```
public class Square: Rectangular
{
```

```
        public Square(string Color,double Side):base(){ }
}
```

base 关键字除了能调用基类对象的构造函数，还可以调用基类的方法。

【例 3.4】用 base 关键字调用基类的方法。

```
using System;
…
namespace Ex3_4
{
    public class Person
    {
        protected string Phone = "444-555-666";
        protected string Name = "李明";
        public void GetInfoPerson()
        {
            Console.WriteLine("Phone: {0}", Phone);
            Console.WriteLine("Name: {0}", Name);
        }
    }
    class Employee : Person
    {
        public string ID = "ABC567EFG";
        public void GetInfoEmployee()
        {
            //调用基类 Person 的 GetInfo 方法
            base.GetInfoPerson();
            Console.WriteLine("Employee ID: {0}", ID);
        }
    }
    class TestClass
    {
        static void Main(string[] args)
        {
            Employee Employees = new Employee();
            Employees.GetInfoEmployee();
        }
    }
}
```

在上例中，Employee 类的 GetInfoEmployee 方法使用了 base 关键字，调用基类 Person 的 GetInfoPerson 方法。

程序运行结果如图 3.11 所示。

```
Phone: 444-555-666
Name: 李明
Employee ID: ABC567EFG
```

图 3.11 程序运行结果

3．System.Object 类

C#中的所有类都派生于 System.Object 类。在定义类时，如果没有指定派生于哪一个类，则系统就默认其派生于 System.Object 类。

于是，【例 3.3】中 Shape 的定义就等同于：

```
public class Shape :System.Object
{
    //TODO…
}
```

System.Object 类常见的公有方法包括：

- Equals——若两个对象具有相同值，则方法返回 true。
- GetHashCode——方法返回对象值的散列码。

- ToString——通过在派生类中重写该方法，返回一个表示对象状态的字符串。
- GetType——根据内置对象类型指针获得当前对象的实际类型。

3.2.3　派生类的构造函数

当创建派生类的对象时，会展开一个链式的构造函数调用。在这个过程中，派生类的构造函数在执行自己的函数体之前，首先显式或隐式地调用基类的构造函数。类似地，如果这个基类也是从另一个类派生而来的，那么这个基类的构造函数在执行之前也会先调用它的基类构造函数，以此类推，直到 Object 类的构造函数被调用为止。

【例 3.5】 继承中函数的构造顺序。

```
using System;
…
namespace Ex3_5
{
    public class Grandsire
    {
        public Grandsire()
        {
            Console.WriteLine("调用 Grandsire 的构造函数");
        }
    }
    public class Father : Grandsire
    {
        public Father()
        {
            Console.WriteLine("调用 Father 的构造函数");
        }
    }
    public class Son : Father
    {
        public Son()
        {
            Console.WriteLine("调用 Son 的构造函数");
        }
    }
    class BaseLifeSample
    {
        static void Main(string[] args)
        {
            Son s1 = new Son();
            Console.Read();
        }
    }
}
```

在上段代码中，C#的执行顺序是这样的：根据层次链找到顶层的基类Grandsire，先调用基类的构造函数，再依次调用各级派生类的构造函数，程序运行结果如图 3.12 所示。

图 3.12　程序运行结果

类一般不需要使用析构函数回收占用资源，这个工作由系统自动完成。

如果派生类中有对象成员，则在执行基类的构造函数之后，再执行成员对象类的构造函数，最后执行派生类的构造函数。至于执行基类的哪个构造函数，视情形而定，在默认情况下执行基类的无参构造函数。如果要执行基类的有参构造函数，则必须在派生类的构造函数的基表列表中指出。

下面程序描述了派生类的构造函数的格式，以及在初始化对象时构造函数的调用次序。

【例3.6】 派生类构造函数及其调用。

```
using System;
…
namespace Ex3_6
{
    class Point
    {
        private int x, y;
        public Point()
        {
            x = 0; y = 0;
            Console.WriteLine("Point() constructor : {0} ", this);
        }
        public Point(int x, int y)
        {
            this.x = x;
            this.y = y;
            Console.WriteLine("Point(x,y) constructor : {0} ", this);
        }
    }
    class Circle : Point
    {
        private double radius;
        public Circle()                    //默认约定调用基类的无参构造函数 Point()
        {
            Console.WriteLine("Circle () constructor : {0} ", this);
        }
        public Circle(double radius): base()
        {
            this.radius = radius;
            Console.WriteLine("Circle (radius) constructor : {0} ", this);
        }
        public Circle(int x, int y, double radius): base(x, y)
        {
            this.radius = radius;
            Console.WriteLine("Circle (x, y, radius) constructor : {0} ", this);
        }
    }
    class Test
    {
        static void Main(string[] args)
        {
            Point a = new Point();
            Circle b = new Circle(3.5);
            Circle c = new Circle(1, 1, 4.8);
            Console.Read();
        }
    }
}
```

程序运行结果如图3.13所示。

```
Point() constructor : Ex3_6.Point
Point() constructor : Ex3_6.Circle
Circle (radius) constructor : Ex3_6.Circle
Point(x,y) constructor : Ex3_6.Circle
Circle (x, y, radius) constructor : Ex3_6.Circle
```

图 3.13　程序运行结果

3.3　多态的实现

多态（Polymorphism）是指在编程时无法确定调用哪一个方法，只能在程序编译或执行过程中视实际情况而定。

例如，在编写一个“倒车程序”时，为了适应各种车型，我们分别编写了多个不同版本的程序，如带倒车雷达、带后视镜和什么都不带的程序。实际倒车时，是在某个具体的车型上进行操作，执行哪个倒车程序应该视当时所驾驶的车而定。多态使编程具有高度灵活性。

多态也是面向对象语言的基本特征之一。按照灵活性和确定执行具体方法的时机，多态又分为**编译时多态**（静态多态）和**运行时多态**（动态绑定）两种。在 C#中，实现多态有以下方式：方法重载、运算符重载、虚方法覆盖、抽象类与抽象方法等。其中，方法重载方式只能实现编译时多态，其他几种方式则能实现运行时的多态。

3.3.1　方法重载

一个方法的名字、形参个数、修饰符及类型共同构成了这个方法的**签名**，在应用中经常需要为同名的方法提供不同的实现。如果一个类中有两个或两个以上的方法同名，但它们的形参个数或类型有所不同，则是允许的，这属于不同的方法签名。若仅是返回类型不同的同名方法，则编译器是不能识别的。下面通过一个例子来介绍方法重载。

【例 3.7】 用不同版本的方法求最大值。

```
using System;
…
namespace Ex3_7
{
    class Myclass                       //该类中有 4 个不同版本的 max 方法
    {
        public int max(int x, int y)
        {
            return x >= y ? x : y;
        }
        public double max(double x, double y)
        {
            return x >= y ? x : y;
        }
        public int max(int x, int y, int z)
        {
            return max(max(x, y), z);
        }
        public double max(double x, double y, double z)
        {
            return max(max(x, y), z);
```

```
            }
        }
        class Test
        {
            static void Main(string[] args)
            {
                Myclass m = new Myclass();
                int a, b, c;
                double e, f, g;
                a = 10; b = 20; c = 30;
                e = 1.5; f = 3.5; g = 5.5;
                //调用方法时，编译器会根据实参的类型和个数调用不同的方法
                Console.WriteLine("max({0},{1})= {2} ", a, b, m.max(a, b));
                Console.WriteLine("max({0},{1},{2})= {3} ", a, b, c, m.max(a, b, c));
                Console.WriteLine("max({0},{1})= {2} ", e, f, m.max(e, f));
                Console.WriteLine("max({0},{1},{2})= {3} ", e, f, g, m.max(e, f, g));
                Console.Read();
            }
        }
    }
```

```
max(10,20)= 20
max(10,20,30)= 30
max(1.5,3.5)= 3.5
max(1.5,3.5,5.5)= 5.5
```

图3.14　程序运行结果

程序运行结果如图3.14所示。

从上例可以看出，max 方法是求若干参数中的最大值，类Myclass中有4个同名的max方法，它们或参数个数不一样，或参数类型不一样。在调用max方法时，编译器会根据调用时给出的实参个数及类型，调用相应的方法，这就是编译时实现的多态。

重载是多态的形式之一，在上例中实现了max方法的重载，C#中最常用的重载就是方法重载，除此之外，还有运算符重载。

3.3.2　运算符重载

第2章介绍的运算符一般用于系统预定义的数据类型。如果在类中定义运算符，则称为运算符重载。运算符重载包括一元运算符重载、二元运算符重载，以及用户定义的数据类型转换。下面简单介绍前两种运算符重载。

如果有一个复数Complex类对一元运算符“++”重载，可以写成：

```
public static Complex operator ++(Complex a)
{
    //TODO...
}
```

对二元运算符“+”重载可以写成：

```
public static Complex operator +(Complex a, Complex b)
{
    //TODO...
}
```

一元运算符有一个参数，二元运算符有两个参数。重载运算符必须以public static修饰符开始。

可以重载的运算符包括：

- 一元运算符——+、–、!、~、++、– –、true、false。
- 二元运算符——+、–、*、/、%、&、|、^、<<、>>、= =、!=、>、<、>=、<=。

下面的运算符要求必须同时重载，不能只单独重载中间的一个：

- 一元运算符——true和false。

- 二元运算符——= =和!=，>和<，>=和<=。

【例 3.8】 运算符重载的实现。

```
using System;
…
namespace Ex3_8
{
    class Complex
    {
        double    r, v;                              //r+ v i
        public Complex(double r, double v)
        {
            this.r=r;
            this.v=v;
        }
        //二元运算符“+”重载
        public static Complex operator +(Complex a, Complex b)
        {
            return new Complex(a.r+b.r, a.v+b.v);
        }
        //一元运算符“-”重载
        public static Complex operator -(Complex a)
        {
            return new Complex(-a.r,-a.v);
        }
        //一元运算符“++”重载
        public static Complex operator ++(Complex a)
        {
            double r=a.r+1;
            double v=a.v+1;
            return new Complex(r, v);
        }
        public void Print()
        {
            Console.Write(r+" + "+v+"i\n");
        }
    }
    class Test
    {
        static void Main(string[] args)
        {
                Complex a=new Complex(3,4);
                Complex b=new Complex(5,6);
                Complex c=-a;
                c.Print();
                Complex d=a+b;
                d.Print();
                a.Print();
                Complex e=a++;                //先赋值后++
                a.Print();
                e.Print();
                Complex f=++a;                //先++后赋值
```

```
                a.Print();
                f.Print();
            }
        }
    }
```

程序运行结果如图3.15所示。

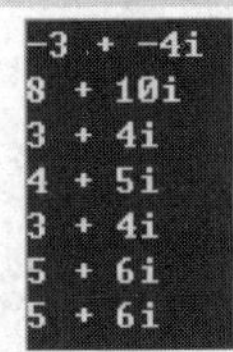

图3.15 程序运行结果

3.3.3 虚方法覆盖

重载机制虽然实现了编译同名方法的不同实现版本，但在很多场合，究竟要调用哪一个方法，只能在程序执行过程中确定，这就是“动态绑定”，即运行时的多态，它体现了面向对象编程的灵活性和优越性。

1. 继承中的方法隐藏及其局限性

在一个有继承关系的类层次结构中，如果派生类与基类有相同的名称或签名的成员，那么在派生类中就隐藏了基类成员。如果派生类是有意隐藏基类成员的，则可在派生类成员声明中加new修饰符。

【例3.9】 试用隐藏基类成员方法的方式，在运行时执行指定派生类方法的功能。

```
using System;
…
namespace Ex3_9
{
    class Shape
    {
        protected double width;
        protected double height;
        public Shape()
        { width = height = 0; }
        public Shape(double x)
        { width = height = x; }
        public Shape(double w, double h)
        {
            width = w;
            height = h;
        }
        public double area()
        { return width * height; }
    }
    class Triangle : Shape                    //三角形
    {
        public Triangle(double x, double y): base(x, y){ }
        new public double area()              //加new修饰符隐藏基类的area方法
        {
            return width * height / 2;
        }
    }
    class Trapezia : Shape                    //梯形
    {
        double width2;
        public Trapezia(double w1, double w2, double h): base(w1, h)
        {
            width2 = w2;
        }
```

```
        new public double area()                          //加 new 修饰符隐藏基类的 area 方法
        {
            return (width + width2) * height / 2;
        }
    }
    class Test
    {
        static void Main(string[] args)
        {
            Shape A = new Shape(2, 4);
            Triangle B = new Triangle(1, 2);
            Trapezia C = new Trapezia(2, 3, 4);
            Console.WriteLine("A.area= {0} ", A.area());      //调用 Shape 的 area 方法
            Console.WriteLine("B.area= {0} ", B.area());      //调用 Triangle 的 area 方法
            Console.WriteLine("C.area= {0} ", C.area());      //调用 Trapezia 的 area 方法
            A = B;
            Console.WriteLine("A.area= {0} ", A.area());      //试图调用 Triangle 的 area 方法失败
            A = C;
            Console.WriteLine("A.area= {0} ", A.area());      //试图调用 Trapezia 的 area 方法失败
            Console.Read();
        }
    }
}
```

本例定义了一个基类Shape，含有字段域width和height，分别表示形状的宽和高，并定义了一个area方法，用来求形状的面积。它的派生类Triangle（三角形）和Trapezia（梯形）都用关键字new修饰了area方法，表明这是有意隐藏该方法的。

若不使用关键字new修饰方法，为了警示，编译器会发出警告信息，如图3.16所示。

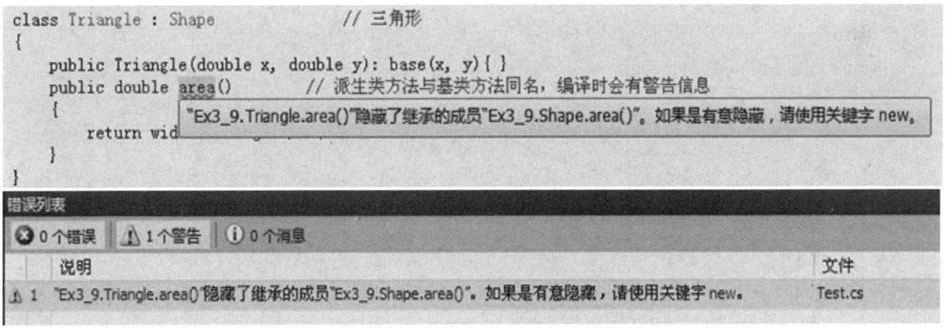

```
class Triangle : Shape              // 三角形
{
    public Triangle(double x, double y): base(x, y) { }
    public double area()         // 派生类方法与基类方法同名，编译时会有警告信息
    {
        return wid  "Ex3_9.Triangle.area()"隐藏了继承的成员"Ex3_9.Shape.area()"。如果是有意隐藏，请使用关键字 new。
    }
}
```

错误列表

0 个错误　1 个警告　0 个消息

	说明	文件
1	"Ex3_9.Triangle.area()"隐藏了继承的成员"Ex3_9.Shape.area()"。如果是有意隐藏，请使用关键字 new。	Test.cs

图3.16　编译器发出警告信息

在使用关键字new后，警告信息被取消，程序运行结果如图3.17所示。

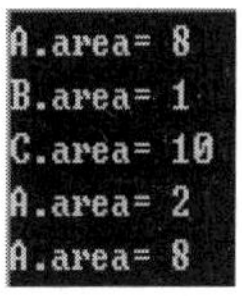

从该例中可以看出，使用关键字new修饰方法后，可以在一个继承的结构中隐藏拥有相同签名的方法。但是，这样做有一个缺陷——正如在程序中演示的那样，基类对象A被引用到派生类对象B和C时，它们访问的仍是基类的方法，如下：

```
A.area= 8
B.area= 1
C.area= 10
A.area= 2
A.area= 8
```

图3.17　程序运行结果

```
A = B;
Console.WriteLine("A.area= {0} ", A.area());      //试图调用 Triangle 的 area 方法失败
A = C;
Console.WriteLine("A.area= {0} ", A.area());      //试图调用 Trapezia 的 area 方法失败
```

上段代码本来是想分别调用Triangle的area方法计算三角形面积，调用Trapezia的area方法计算梯形面积，但程序执行的仍然是基类的area方法，只计算了抽象的“形状面积”：

```
A.area=width * height=1×2=2≠width * height / 2
A.area=width * height=2×4=8≠(width + width2) * height / 2
```

并没有计算三角形和梯形面积，这是方法隐藏方式的局限性所在。

2. 虚方法覆盖技术

将基类的方法用关键字virtual修饰为虚方法，再由派生类用关键字override修饰与基类中虚方法有相同签名的方法，这就是对基类的虚方法重载。

1）虚方法的重载

在类的方法前加上关键字virtual，就声明了一个虚方法。通过对虚方法的重载，实现在程序运行过程中确定调用的方法。

【例3.10】 虚方法重载。

```
using System;
…
namespace Ex3_10
{
    class A
    {
        public void F() { Console.WriteLine("A.F"); }
        public virtual void G() { Console.WriteLine("A.G"); }
    }
    class B : A
    {
        new public void F() { Console.WriteLine("B.F"); }
        public override void G() { Console.WriteLine("B.G"); }
    }
    class Test
    {
        static void Main(string[] args)
        {
            B b = new B();
            A a = b;
            a.F();
            b.F();
            a.G();
            b.G();
            Console.Read();
        }
    }
}
```

图3.18 程序运行结果

在A类定义中提供了非虚的方法F和虚方法G，派生类B对方法F进行隐藏，而对虚方法G则使用override关键字实现覆盖。这样，语句“A a = b”中的a就仍是一个b对象，程序运行结果如图3.18所示。

2）派生类方法覆盖基类方法

下面通过虚方法重载的机制，利用覆盖技术实现在【例3.9】中调用派生类方法计算三角形和梯形面积。

【例3.11】 将【例3.9】改写，用virtual关键字修饰Shape类中的方法area，而在派生类Triangle和Trapezia中用关键字override修饰area方法，这样就可以在程序运行时决定调用哪个类的area方法。

```
using System;
…
namespace Ex3_11
{
    class Shape
    {
        protected double width;
        protected double height;
        public Shape()
        { width = height = 0; }
        public Shape(double x)
        { width = height = x; }
        public Shape(double w, double h)
        {
            width = w;
            height = h;
        }
        public virtual double area()              //在基类中用 virtual 关键字声明一个虚方法
        { return width * height; }
    }
    class Triangle : Shape                        //三角形
    {
        public Triangle(double x, double y): base(x, y){ }
        public override double area()             //在派生类中用 override 关键字覆盖基类虚方法
        {
            return width * height / 2;
        }
    }
    class Trapezia : Shape                        //梯形
    {
        double width2;
        public Trapezia(double w1, double w2, double h): base(w1, h)
        {
            width2 = w2;
        }
        public override double area()             //在派生类中用 override 关键字覆盖基类虚方法
        {
            return (width + width2) * height / 2;
        }
    }
    class Test
    {
        static void Main(string[] args)
        {
              …                                   //此处代码同【例 3.9】，在此省略
        }
    }
}
```

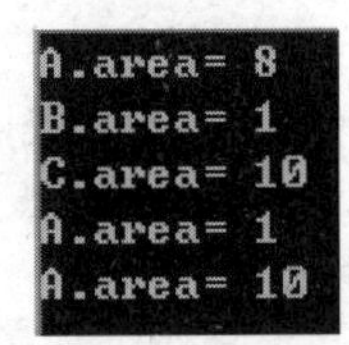

图 3.19 程序运行结果

程序运行结果如图 3.19 所示。

从上例中可以看到，area 方法在基类被定义为虚方法并在派生类中被覆盖，所以当基类的对象引用 A 被引用到派生类对象时，调用的就是派生类自己的 area 方法。

在类的层次结构中，只有在使用 override 关键字后，派生类中的方法才可以覆盖（重载）基类的虚方法，否则只隐藏基类方法。

注意：

（1）不能将虚方法声明为静态的，因为多态性是针对对象的，不是针对类的。

（2）不能将虚方法声明为私有的，因为私有方法不能被派生类覆盖。

（3）覆盖方法必须与它相关的虚方法匹配，也就是说，它们的方法签名（方法名称、参数个数、参数类型、返回类型及访问属性等）都应该完全一致。

（4）一个覆盖方法覆盖的必须是虚方法，但它本身又是一个隐式的虚方法，所以它的派生类还可以覆盖这个方法，但不能将一个覆盖方法显式地声明为虚方法。

3.3.4 抽象类与抽象方法

抽象类是一种特殊的基类，并不与具体的事物相联系。抽象类的定义使用关键字 abstract。因为在图 3.9 中并没有“图形”这种具体的事物，所以将“图形”定义为抽象类，并由它派生出“圆形”和“四边形”这样一些可以产生具体实例的普通类。需要注意的是，**抽象类不能被实例化**，它只能作为其他类的基类。

将 Shape 类定义为抽象类：

```
public abstract class Shape
{
    //TODO...
}
```

在抽象类中也可以使用关键字 abstract 定义抽象方法，要求所有的派生非抽象类都要重载实现该方法。引入抽象方法的原因在于抽象类本身是一种抽象的概念，有的方法并不要求具体的实现，而是让派生类去重载实现。Shape 类中的 GetArea 方法本身没什么具体的意义，而只有派生类 Circle 和 Rectangular 才可以计算具体的面积。

抽象方法的语法：

```
public abstract double GetArea();
```

派生类重载实现为：

```
public override double GetArea()
{
    //TODO...
}
```

【例 3.12】 抽象类和抽象方法的实现。

```
using System;
…
namespace Ex3_12
{
    //定义抽象基类 Shape
    public abstract class Shape
    {
        protected string Color;
        public Shape() { }
```

```
        public Shape(string Color)
        {
            this.Color = Color;
        }
        public string GetColor()
        {
            return Color;
        }
        public abstract double GetArea();                         //定义抽象方法
    }
    //定义 Circle 类，从 Shape 类中派生
    public class Circle : Shape
    {
        private double Radius;
        public Circle(string Color, double Radius)
        {
            this.Color = Color;
            this.Radius = Radius;
        }
        //实现抽象方法
        public override double GetArea()
        {
            return System.Math.PI * Radius * Radius;
        }
    }
    //定义 Rectangular 类，从 Shape 类中派生
    public class Rectangular : Shape
    {
        protected double Length, Width;
        public Rectangular(string Color, double Length, double Width)
        {
            this.Color = Color;
            this.Length = Length;
            this.Width = Width;
        }
        //实现抽象方法
        public override double GetArea()
        {
            return Length * Width;
        }
        public double PerimeterIs()                               //周长
        {
            return (2 * (Length + Width));
        }
    }
    //派生类 Square，从 Rectangular 类中派生
    public class Square : Rectangular
    {
        public Square(string Color, double Side) : base(Color, Side, Side) { }
    }
    class TestAbstract
    {
        static void Main(string[] args)
        {
```

```
                Circle Cir = new Circle("orange", 3.0);
                Console.WriteLine("Circle color is {0},Circle area is {1}", Cir.GetColor(), Cir.GetArea());
                Rectangular Rect = new Rectangular("red", 13.0, 2.0);
                Console.WriteLine("Rectangualr color is {0},Rectangualr area is {1},
                        Rectangular perimeter is {2}",Rect.GetColor(), Rect.GetArea(), Rect.PerimeterIs());
                Square Squ = new Square("green", 5.0);
                Console.WriteLine("Square color is {0},Square Area is {1},
                        Square perimeter is {2}",Squ.GetColor(), Squ.GetArea(), Squ.PerimeterIs());
                Console.Read();
            }
        }
    }
```

程序运行结果同【例3.3】。

抽象类只能作为基类，由其他类继承，不能被实例化。相对应地还有一种不能被其他类继承的类，叫密封类，使用 sealed 关键字定义。例如，将 Rectangular 类定义为密封类：

```
public sealed class Rectangular:Shape
{
    //TODO...
}
```

这样，Rectangular 类中的派生类 Square 将不再保留，否则，程序编译时会报错。

如果类的方法声明包含 sealed 关键字，则称该方法为密封方法。如果类的实例方法声明包含 sealed 关键字，则必须同时使用 override 关键字。使用密封方法可以防止派生类进一步重写该方法。如果将圆形 Circle 类的 GetArea 方法定义为密封类，则必须先将 Shape 类的 GetArea 方法定义为：

```
public virtual double GetArea()
{
    //TODO...
}
```

然后在 Circle 类中实现密封方法：

```
public sealed override double GetArea()
{
    //TODO...
}
```

3.4 C#系统的类型转换

C#有完善的类型系统，并且是高度面向对象的。在第2章中已经介绍了简单的基本类型，事实上，C#还支持一些复杂的类型，以及各种类型之间的相互转换。类型转换分为隐式类型转换和显式类型转换两种，也可以采用 Convert 类的方法实现类型转换。

3.4.1 复合数据类型

1. 结构

C#中的结构除包含数据成员外，还有构造函数、方法、属性、事件、索引等成员，结构也可以实现多个接口。

【例3.13】 结构示例。

```
using System;
…
namespace Ex3_13
```

```
{
    //定义结构 MyStruct
    struct MyStruct
    {
        //定义字段 x、y
        public int x;
        public int y;
        //定义构造函数
        public MyStruct(int i, int j)
        {
            x = i;
            y = j;
        }
        //定义方法
        public void Sum()
        {
            int sum = x + y;
            Console.WriteLine("The sum is {0}", sum);
        }
    }
    class Class1
    {
        static void Main(string[] args)
        {
            MyStruct s1 = new MyStruct(1, 2);
            MyStruct s2 = s1;
            s1.x = 2;
            s1.Sum();
            s2.Sum();
            Console.Read();
        }
    }
}
```

程序中的 s2 获得了 s1 的一份数据副本，虽然 s1.x 的值改变了，但并没有影响到 s2。程序运行结果如图 3.20 所示。

```
The sum is 4
The sum is 3
```

图 3.20　程序运行结果

读者可能会觉得结构与类几乎一模一样，但它们还具有本质上的不同。

（1）结构是值类型，而类是引用类型。当两个类的实例相等时，表示它们指向同一段内存地址，改变一个类必然要影响到另一个类。比如在【例 3.13】中，将定义结构的语句

```
//定义结构 MyStruct
struct MyStruct
{
    …
}
…
```

修改为：

```
//定义类 MyStruct
class MyStruct
{
    …
```

```
    }
    …
```

```
The sum is 4
The sum is 4
```

图 3.21 程序运行结果

其余代码完全不变，则程序运行结果如图 3.21 所示。可见，s1 值的改变影响到了 s2。

（2）虽然结构中没有默认的无参构造函数，但是却可以调用无参构造函数，并且将值类型的数据成员设置为 0，将其引用类型的数据成员设置为 null，如在 Main()加入：

```
    MyStruct s3 = new  MyStruct();
    s3.Sum();
```

s3.x 和 s3.y 都为 0，s3 最终的和也为 0。

结构与类的区别如表 3.1 所示。

表 3.1 结构与类的区别

结 构	类
值类型	引用类型
可以不使用 new 实例化	必须使用 new 实例化
没有默认的构造函数，但可以添加构造函数	有默认的构造函数
没有析构函数	有析构函数
没有 abstract、protected 和 sealed 修饰符	可以使用 abstract、protected 和 sealed 修饰符

在结构中使用的成员一般是数值，如点、矩形和颜色等轻量对象。值类型在栈上分配地址，而引用类型在堆上分配地址。栈的执行效率比堆高，因此结构的效率高于类。

2．枚举

枚举应用于有多个选择情况的场合，枚举类型为一组符号常数提供了一个类型名称。在枚举中的每个成员实际上是一个符号常数。

例如：

```
enum Color
{
    Red,
    Green,
    Blue
}
```

它声明了一个枚举类型 Color，表示有三种可能的情况：Red、Green 和 Blue。这里的三个值实际上是三个整数（0、1、2），但与整数相比，使用枚举类型使程序的可读性更好，并且容易检查出错误。

1）枚举的声明

声明枚举类型用关键字 enum。声明的基本语法格式如下：

```
enum 枚举名[: 基本类型名]
{
    枚举成员 [= 常数表达式],
    …
}
```

每个枚举类型都有一个相应的整数类型，称为该枚举的基本型。一个枚举可以显式地声明 byte、sbyte、short、ushort、int、uint、long 或 ulong 的基本型之一。注意，不能用 char 作为基本型，如果没有显式地声明基本型，枚举的基本型默认为 int。

枚举类型声明的主体定义了零个至多个枚举成员，它们是枚举类型命名的常数。

一个枚举成员，既可以使用等号“=”显式赋值，也可以使用隐式赋值。隐式赋值按以下规则确定值。

（1）对第一个枚举成员，如果没有显式赋值，则它的数值为 0。

（2）对其他枚举成员，如果没有显式赋值，则它的值等于前一枚举成员的值加 1。

例如：

```
enum Color
{
      Red,
      Green = 10,
      Blue,
      Max = Blue
}
```

其中，Red 的值为 0，Green 的值为 10，Blue 的值为 11，Max 的值为 11。

（3）枚举成员前面不能显式地使用修饰符。

（4）每个枚举成员隐含都是 const 类型的，其值不能改变。

（5）每个枚举成员隐含都是 public 类型的，其访问不受限制。

（6）每个枚举成员隐含都是 static 类型的，直接用枚举类型名进行访问。

【例 3.14】 使用枚举类型来表示交通灯的可能颜色。

```
using System;
…
namespace Ex3_14
{
    //定义枚举类型  Color
    enum Color
    {
        Red,
        Yellow,
        Green
    }
    class TrafficLight
    {
        //定义静态方法
        public static void WhatInfo(Color color)
        {
            //判断枚举值
            switch (color)
            {
                case Color.Red:
                    Console.WriteLine("Stop!");
                    break;
                case Color.Yellow:
                    Console.WriteLine("Warning!");
                    break;
                case Color.Green:
                    Console.WriteLine("Go!");
                    break;
                default:
                    break;
            }
```

```
            }
        }
        class Test
        {
            static void Main(string[] args)
            {
                Color c = Color.Red;
                Console.WriteLine(c.ToString());
                TrafficLight.WhatInfo(c);
                Console.Read();
            }
        }
    }
```

程序运行结果如图3.22所示。

```
Red
Stop!
```

图3.22 程序运行结果

2）枚举量的运算

每个枚举类型自动从类System.Enum派生。因此，Enum类的方法和属性可以用在一个枚举类型的数值上。

对于枚举类型，可以使用整数类型所能用的大部分运算符，包括= =、!= 、<、>、<=、>=、+、–、^、&、|、~、++、– –、sizeof。

由于每个枚举定义了一个独立的类型，所以枚举类型和整数类型之间的转换要使用强制类型转换。但有一个特例：常数0可以隐式转换成任何枚举类型。

特别值得注意的是：枚举类型可以与字符串相互转换。

枚举类型的ToString()方法能得到一个字符串，它是相对应的枚举成员的名字。正像【例3.14】中用到的“Console.WriteLine(c.ToString());”一样。

类System.Enum的Parse()方法可以将枚举常数字符串转换成等效的枚举对象。Parse()方法的格式如下：

```
public static object Parse(Type, string);
```

使用方式如下：

```
Color c = (Color) Enum.Parse(typeof(Color), "Red");
```

3.4.2 数值转换

数值转换是指在整数类型、实数类型和字符类型之间的转换。按照转换方式的差异分为隐式数值类型转换和显式数值类型转换两种。

1．隐式数值类型转换

隐式数值类型转换是不需要进行任何声明就可以实现的类型转换，规则简单。

sbyte类型向int类型转换就是一种隐式数值类型转换，转换一般不会失败，也不会丢失数据。例如：

```
sbyte a = 100;
int b = a;
```

隐式数值类型转换如表3.2所示。

表3.2 隐式数值类型转换

原始类型	可转换到的类型
sbyte	short、int、long、float、double、decimal
byte	short、ushort、int、uint、long、ulong、float、double、decimal
short	int、long、float、double、decimal
ushort	int、uint、long、ulong、float、double、decimal

续表

原始类型	可转换到的类型
int	long、float、double、decimal
uint	long、ulong、float、double、decimal
long	float、double、decimal
ulong	float、double、decimal
char	ushort、int、uint、long、ulong、float、double、decimal
float	double

注意：

从 int 到 long，从 long 到 float、double 等几种类型转换可能导致精度下降，但不导致信息丢失。任何的原始类型，如果值的范围完全包含在其他类型值的范围内，那么就能进行隐式转换。char 类型可以转换为其他整数或实数类型，但其他类型不能转换为 char 类型。

【例 3.15】 隐式数值类型转换示例。

```
using System;
…
namespace Ex3_15
{
    class ValueConversion
    {
        static void Main(string[] args)
        {
            char a = 'm';
            int b = a;
            Console.WriteLine("a equals:{0}", a);
            Console.WriteLine("b equals:{0}", b);
            Console.Read();
        }
    }
}
```

程序运行结果如图 3.23 所示。

```
a equals:m
b equals:109
```

图 3.23　程序运行结果

如果这样写：

```
int b = 7;
char a = b;
Console.WriteLine("a equals:{0}",a);
Console.WriteLine("b equals:{0}",b);
```

则编译器报错：无法将类型 int 隐式转换为 char。

2．显式数值类型转换

显式数值类型转换只有在某些特定情况下才能实现，而且规则复杂，需要正确指定要转换的类型，又称强制类型转换。

int 类型向 byte 类型转换就是一种显式数值类型转换。

例如：

```
int b = 100;
sbyte a =(byte)b;
```

sbyte的取值范围是0～255，当int b显式转换为sbyte时不会丢失信息。

```
int b = 1000;
sbyte a =(byte)b;
```

则会丢失信息，这在显式数值类型转换过程中需要注意。

显式数值类型转换如表3.3所示。

表3.3 显式数值类型转换

原始类型	可转换到的类型
sbyte	byte、ushort、uint、ulong、char
byte	sbyte、char
short	sbyte、byte、ushort、uint、ulong、char
ushort	sbyte、byte、short、char
int	sbyte、byte、short、ushort、uint、ulong、char
uint	sbyte、byte、short、ushort、int、char
long	sbyte、byte、short、ushort、int、uint、ulong、char
ulong	sbyte、byte、short、ushort、int、uint、long、char
char	sbyte、byte、short
float	sbyte、byte、short、ushort、int、uint、long、ulong、char、decimal
double	sbyte、byte、short、ushort、int、uint、long、ulong、char、float、decimal
decimal	sbyte、byte、short、ushort、int、uint、long、ulong、char、float、double

3.4.3 枚举转换

与数值转换一样，枚举转换也分为隐式枚举转换和显式枚举转换两种。

1．隐式枚举转换

隐式枚举转换只允许将十进制数0转换为枚举类型的变量。

【例3.16】 隐式枚举转换示例。

```
using System;
…
namespace Ex3_16
{
    enum Color
    {
        Red, Green, Blue
    }
    class EnumConversion
    {
        static void Main(string[] args)
        {
            Color a = Color.Red;
            Console.WriteLine("a equals:{0}", a);
            a = 0;
            Console.WriteLine("a equals:{0}", a);
```

```
                Console.Read();
            }
        }
    }
```

程序运行结果如图 3.24 所示。

```
a equals:Red
a equals:Red
```

图 3.24　程序运行结果

> **注意：**
> 如果将"a=0"改写为"a=1"或其他数值，编译器提示：无法将类型 int 隐式转换为 Color。

2．显式枚举转换

显式枚举转换包括下列情况：从 sbyte、byte、short、ushort、int、uint、long、ulong、char、float、double、decimal 类型转换到任何枚举类型；从任何枚举类型转换到 sbyte、byte、short、ushort、int、uint、long、ulong、char、float、double、decimal 类型；从任何枚举类型转换到任何其他枚举类型。显式枚举转换的本质是枚举类型的元素类型与要转换的类型之间的显式转换。

【例 3.17】 显式枚举转换示例。

```
using System;
…
namespace Ex3_17
{
    enum Color
    {
        Red,
        Green = 10,
        Blue
    }
    class EnumConversion
    {
        //枚举类型向整数类型显式转换
        static string StringFromColor(Color c)
        {
            switch (c)
            {
                case Color.Red:
                //将指定的 String 中的每个格式项替换为相应对象的值的文本等效项
                    return String.Format("Red = {0}", (int)c);
                case Color.Green:
                    return String.Format("Green = {0}", (int)c);
                case Color.Blue:
                    return String.Format("Blue = {0}", (int)c);
                default:
                    return "Invalid color";
            }
        }
        static void Main(string[] args)
        {
            Console.WriteLine(StringFromColor(Color.Red));
```

```
                Console.WriteLine(StringFromColor(Color.Green));
                Console.WriteLine(StringFromColor(Color.Blue));
                Console.Read();
            }
        }
}
```

程序运行结果如图 3.25 所示。

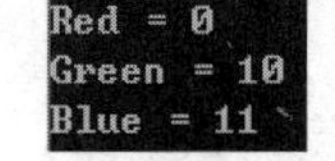

图 3.25　程序运行结果

3.4.4　引用转换

引用转换分为隐式引用转换和显式引用转换。

1．隐式引用转换

类型 s 向类型 t 隐式引用转换的条件是：s 是从 t 派生的，且 s 和 t 可以是接口或类。

【例 3.18】 隐式引用转换示例。

```
using System;
…
namespace Ex3_18
{
    public class Person
    {
        protected string Name = "李明";
        public void GetInfo()
        {
            Console.WriteLine("我是一个人，我的名字叫：" + Name);
        }
    }
    class Employee : Person
    {
        protected string ID = "ABC567EFG";
        new public void GetInfo()
        {
            Console.WriteLine("我是一名雇员，我的工号是：" + ID);
        }
    }
    class ReferenceConversion
    {
        static void Main(string[] args)
        {
            Employee e=new Employee();
            e.GetInfo();
            Person p = e;                  //e 隐式引用转换为 p
            p.GetInfo();
            Console.Read();
        }
    }
}
```

```
我是一名雇员，我的工号是：ABC567EFG
我是一个人，我的名字叫：李明
```

图 3.26　程序运行结果

由于雇员类 Employee 是从人员类 Person 派生的，故支持从 Employee 对象 e 向 Person 对象 p 的隐式转换，转换后执行 p 的方法，程序运行结果如图 3.26 所示。

数组也是引用类型，两个数组之间的隐式转换条件是：它们的维数相同，元素都是引用类型，且存在数组元素的隐式引用转换。

2. 显式引用转换

类型 s 向类型 t 显式引用转换的条件是：t 是从 s 派生的，且 s 和 t 可以是接口或类。两个数组之间显式转换的条件是：它们的维数相同，元素都是引用类型，不能有任何一方是值类型数组，且存在数组元素的显式或隐式转换。

3.4.5　使用 Convert 转换

在 System.Convert 类中有一套静态方法实现类型转换，即使要转换的类型之间没有什么联系，也可以很方便地实现类型转换。

Convert 类包含的类型转换方法如表 3.4 所示。

表 3.4　Convert 包含的类型转换方法

方　法	实现的转换类型	方　法	实现的转换类型
Convert.ToBoolean()	bool	Convert.ToInt32()	int
Convert.ToByte()	byte	Convert.ToInt64()	long
Convert.ToChar()	char	Convert.ToSByte()	sbyte
Convert.ToString()	string	Convert.ToSingle()	float
Convert.ToDecimal()	decimal	Convert.ToUInt16()	ushort
Convert.ToDouble()	double	Convert.ToUInt32()	uint
Convert.ToInt16()	short	Convert.ToUInt64()	ulong

无法产生正确结果的转换将引发异常，运行结果不执行任何转换，异常通常为 OverflowException，可以用异常处理块 try/catch 捕获和处理异常。除此之外，代码也会传递一个 FormatException 异常，表示传递到转换函数的值的格式不正确。

例如：

```
string str = "32767";
System.Convert.ToInt16(str);
```

可以进行正常的类型转换。但是，

```
string str = "32768";
System.Convert.ToInt16(str);
```

或

```
string str = " ";
System.Convert.ToInt16(str);
```

由于要转换的字符串的值超过 short 的范围或不是数值都会导致异常。下面具体看一个转换的例子。

【例 3.19】 System.Convert 实现类型转换示例。

```
using System;
…
namespace Ex3_19
{
    class TestConvert
    {
        static void Main(string[] args)
        {
            short a;
            try
            {
                Console.WriteLine("Enter a string:");
```

```
                a = Convert.ToInt16(Console.ReadLine());
                Console.WriteLine("a equals:{0}", a);
            }
            catch (FormatException)
            {
                Console.WriteLine("字符串不是由数字组成的或为空.");
            }
            catch (OverflowException)
            {
                Console.WriteLine("字符串的数值超出了 short 范围.");
            }
            Console.Read();
        }
    }
}
```

运行程序，输入一个数字串，程序自动将其转换为short类型并回显出来，程序运行结果如图3.27所示。

```
Enter a string:
1983
a equals:1983
```

图3.27 程序运行结果

3.5 编程常用算法

算法（Algorithm）是指解题方案准确、完整的描述，是一系列解决问题的清晰指令，它代表使用系统的方法描述解决问题的策略机制。也就是说，能够对一定规范的输入，在有限时间内获得想要的输出。在通常的编程实践中，常用的算法有排序、查找、迭代和递归等几大类。

3.5.1 C#对排序查找的支持

排序是将一个数据序列中的各个数据元素根据某种规则进行从小到大（升序）或者从大到小（降序）排列的过程。查找则是从一个数据序列中找到某个元素的过程。C#对排序和查找都提供了强大的功能支持。

1．IComparable 与 IComparer 接口

为了能够对数据项进行排序，就要确定两个数据项在列表中的相对顺序，即两个对象的“大小”关系。

一般来说，可以通过以下两种方式来定义大小。

1）第一种方式

该方式针对对象本身。为了使对象自己能够执行比较操作，该对象必须实现 IComparable 接口，即至少具有一个 CompareTo()成员。

在 System.IComparable 接口中有如下方法：

```
int CompareTo(object obj);
```

它根据当前对象与要比较的对象的“大小”返回一个正数、0或一个负数。

2）第二种方式

该方式提供一个外部比较器，能够比较对象的大小，并实现 IComparer 接口。

在 System.Collections.IComparer 接口中有如下方法：

```
int Compare(object obj1, object obj2);
```

它根据第一个对象与第二个对象的“大小”返回一个正数、0 或一个负数。

许多类在进行排序和查找时，都要求提供这样的外部比较器。

2. 使用 Array 类

System.Array 类是用于对数组进行排序和搜索的类。Array 类提供 Sort()和 BinarySearch()方法，用于排序及查找。另外，它还提供 Reverse()方法进行反排序。

1）Sort()与 Reverse()方法

Sort()方法可以实现对一维数组的排序，其常用的几种形式如表 3.5 所示。

表 3.5　Sort()方法常用的几种形式

形　式	说　明
Sort (Array)	使用 Array 数组中每个元素的 IComparable 接口实现，对整个一维 Array 数组元素排序
Sort(Array,Array)	基于第一个 Array 数组中的关键字，使用每个关键字的 IComparable 接口实现，对两个一维 Array 数组对象排序
Sort(Array, IComparer)	使用指定的 IComparer 接口，对一维 Array 数组元素排序
Sort(Array,Array,IComparer)	基于第一个 Array 数组中的关键字，使用指定的 IComparer 接口，对两个一维 Array 数组对象排序

Reverse()方法可以用来对整个数组的顺序进行反转，其形式如下：

```
public static void Reverse(Arrary);
```

2）BinarySearch()方法

BinarySearch()方法实现在已经排序的一维数组中查找元素，其常用的几种形式如表 3.6 所示。

表 3.6　BinarySearch()方法常用的几种形式

形　式	说　明
BinarySearch(Array,Object)	使用由 Array 数组中每个元素和指定的对象实现的 IComparable 接口，在整个一维排序 Array 数组中搜索特定元素
BinarySearch(Array,Object, IComparer)	使用指定的 IComparer 接口，在整个一维排序 Array 数组中搜索值

使用 BinarySearch()方法时要注意：在执行 BinarySearch()方法之前必须先对数组进行排序。下面的例子显示如何排序和搜索一个字符串数组。

【例 3.20】 使用 Array 类的 Sort()方法。

```
using System;
…
namespace Ex3_20
{
    class Test
    {
        static void Main(string[] args)
        {
            string[] fruitArray = { "Apple", "Pearl", "Banana", "Carrot" };
            Show(fruitArray);
            Array.Sort(fruitArray);
            Show(fruitArray);
            int i = Array.BinarySearch(fruitArray, "Pearl");
            Console.WriteLine(i);
```

```
            Array.Reverse(fruitArray);
            Show(fruitArray);
            Console.Read();
        }
        private static void Show(object[] arr)
        {
            foreach (object obj in arr)
            {
                Console.Write(obj + " ");
            }
            Console.WriteLine();
        }
    }
}
```

程序运行结果如图3.28所示。

```
Apple Pearl Banana Carrot
Apple Banana Carrot Pearl
3
Pearl Carrot Banana Apple
```

图3.28 程序运行结果

3.5.2 最常用的三种排序算法

目前已经有很多种排序算法，但编程中最常用的有插入排序、冒泡排序和选择排序这三种，下面分别加以介绍。

1．插入排序

插入排序的基本思想是：每次将一个待排序的记录，按其关键字大小插到前面已经排好序的子文件的适当位置，直到全部记录插入完成为止。有两种插入排序方法：直接插入排序和希尔排序。

这里仅介绍直接插入排序，其思路是：假设待排序的记录存放在数组R[1..*n*]中。初始时，R[1]自成一个有序区，无序区为R[2..*n*]。从*i*=2起直至*i*=*n*为止，依次将R[*i*]插入当前的有序区R[1..*i*–1]中，生成含*n*个记录的有序区。

插入排序与玩扑克时整理手中已有的牌非常类似。手中第一张牌无须整理，此后每次从桌上的牌（无序区）中摸最上面的一张并插入左手握牌（有序区）中正确的位置。为了找到这个正确的位置，必须自左向右（或自右向左）将摸来的牌与左手中已有的牌逐一比较。

【例3.21】 直接插入排序。

```
using System;
…
namespace Ex3_21
{
    public class InsertionSorter
    {
        public void Sort(int[] list)
        {
            for (int i = 1; i < list.Length; i++)
            {
                int t = list[i];
                int j = i;
                while ((j > 0) && (list[j-1] > t))
                {
                    list[j] = list[j-1];
                    --j;
                }
                list[j] = t;
            }
        }
```

```
        }
        class MainClass
        {
            static void Main(string[] args)
            {
                int[] iArrary = new int[] { 1, 13, 3, 6, 10, 55, 98, 2, 87, 12, 34, 75, 33, 47 };
                InsertionSorter ii = new InsertionSorter();
                ii.Sort(iArrary);
                for (int m = 0; m < iArrary.Length; m++)
                    Console.Write("{0} ", iArrary[m]);
                Console.Read();
            }
        }
    }
```

程序运行结果如图 3.29 所示。

```
1 2 3 6 10 12 13 33 34 47 55 75 87 98
```

图 3.29　程序运行结果

2. 冒泡排序

将被排序的记录数组 R[1..*n*]垂直排列，每个记录 R[*i*]看成质量为 R[*i*].key 的气泡。根据轻气泡不能在重气泡之下的原则，从下往上扫描数组 R：凡扫描到违反该原则的轻气泡，就使其向上“飘浮”。如此反复进行，直到最后任何两个气泡都是轻者在上、重者在下为止。

算法步骤如下。

1）*初始状态*

R[1..*n*]为无序区。

2）*第一次扫描*

从无序区底部向上依次比较相邻两个气泡的质量，若发现轻者在下、重者在上，则交换二者的位置，即依次比较（R[*n*]，R[*n*–1]），（R[*n*–1]，R[*n*–2]），…，（R[2]，R[1]）；对于每对气泡（R[*j*+1]，R[*j*]），若 R[*j*+1].key<R[*j*].key，则交换 R[*j*+1]和 R[*j*]的内容。

第一次扫描完毕后，“最轻”的气泡就飘浮到该区间的顶部，即关键字最小的记录被放在最高位置 R[1]上。

3）*第二次扫描*

扫描 R[2..*n*]。扫描完毕后，“次轻”的气泡飘浮到 R[2]的位置上。最后，经过 *n*–1 次扫描可得到有序区 R[1..*n*]。

【例 3.22】 冒泡排序（从小到大）。

```
using System;
…
namespace Ex3_22
{
    public class BubbleSorter
    {
        public void Sort(int[] list)
        {
            int i, j, temp;
            bool done = false;
            j = 1;
            while ((j < list.Length) && (!done))
            {
                done = true;
                for (i = 0; i < list.Length-j; i++)
```

```
                {
                    if (list[i] > list[i + 1])
                    {
                        done = false;
                        temp = list[i];
                        list[i] = list[i + 1];
                        list[i + 1] = temp;
                    }
                }
                j++;
            }
        }
    }
    class MainClass
    {
        static void Main(string[] args)
        {
            int[] iArrary = new int[] { 1, 5, 13, 6, 10, 55, 99, 2, 87, 12, 34, 75, 33, 47 };
            BubbleSorter sh = new BubbleSorter();
            sh.Sort(iArrary);
            for (int m = 0; m < iArrary.Length; m++)
                Console.Write("{0} ", iArrary[m]);
            Console.Read();
        }
    }
}
```

程序运行结果如图 3.30 所示。

```
1 2 5 6 10 12 13 33 34 47 55 75 87 99
```

图 3.30　程序运行结果

3．选择排序

n 个记录的文件可经过 *n*–1 次直接选择排序得到有序结果。

1）初始状态

无序区为R[1..*n*]，有序区为空。

2）第一次排序

在无序区 R[1..*n*]中选出关键字最小的记录 R[*k*]，将它与无序区的第一个记录 R[1]交换，使 R[1..1]和 R[2..*n*]分别变为记录个数增加一个的新有序区和记录个数减少一个的新无序区。

3）第 i 次排序

第 *i* 次排序开始时，当前有序区和无序区分别为 R[1..*i*–1]和 R[*i*..*n*]（1≤*i*≤*n*–1）。该次排序从当前无序区中选出关键字最小的记录 R[*k*]，将它与无序区的第一个记录 R[*i*]交换，使 R[1..*i*]和 R[*i*+1..*n*]分别变为记录个数增加一个的新有序区和记录个数减少一个的新无序区。

这样，有 *n* 个记录的文件可经过 *n*–1 次直接选择排序得到有序结果。

【例 3.23】 选择排序。

```
using System;
…
namespace Ex3_23
{
    public class SelectionSorter
```

```
    {
        private int min;
        public void Sort(int[] list)
        {
            for (int i = 0; i < list.Length-1; i++)
            {
                min = i;
                for (int j = i + 1; j < list.Length; j++)
                {
                    if (list[j] < list[min])
                        min = j;
                }
                int t = list[min];
                list[min] = list[i];
                list[i] = t;
            }
        }
    }
    class MainClass
    {
        static void Main(string[] args)
        {
            int[] iArrary = new int[] { 1, 5, 3, 6, 10, 55, 9, 2, 87, 12, 34, 75, 33, 47 };
            SelectionSorter ss = new SelectionSorter();
            ss.Sort(iArrary);
            for (int m = 0; m < iArrary.Length; m++)
                Console.Write("{0} ", iArrary[m]);
            Console.Read();
        }
    }
}
```

程序运行结果如图 3.31 所示。

```
1 2 3 5 6 9 10 12 33 34 47 55 75 87
```

图 3.31　程序运行结果

3.5.3　迭代与递归算法

1．迭代

迭代，实际上是指多次利用同一公式进行计算的过程。每次将上一次计算结果再代入公式进行计算。

【例 3.24】 求平方根。

```
using System;
…
namespace Ex3_24
{
    class Sqrt
    {
        private static double GetSqrt(double a)
        {
            double x = 1.0;
```

```
            do
            {
                x = (x + a/x)/2;
            }
            while (Math.Abs(x * x-a)/a > 1e-6);
            return x;
        }
        static void Main(string[] args)
        {
            Console.WriteLine("迭代法求 2.0 的平方根：{0}", GetSqrt(2.0));
            Console.WriteLine("使用.NET 类库中 Math 类的 Sqrt 方法求 2.0 的平方根：{0}",Math.Sqrt(2.0));
            Console.Read();
        }
    }
}
```

上述公式的直观解释是，取 1～a 之间的一个值（这里取 1）作为 f，然后求 f 与 a/f 之间的算术平均值作为新的 f。由于平方根总位于 f 与 a/f 之间，这样多次迭代运算就可以逼近平方根。

程序运行结果如图 3.32 所示。

```
迭代法求2.0的平方根：1.41421356237469
使用.NET类库中Math类的Sqrt方法求2.0的平方根：1.4142135623731
```

图 3.32　程序运行结果

2. 递归

递归是指函数运行过程调用了该函数自身。递归方法解决问题分为两步：①求范围缩小的同性质问题的结果；②利用这个结果和一个简单的操作求得问题的最后解答。

在执行递归操作时，C#把递归过程中的信息保存在堆栈中。在出现无限循环地递归或者递归执行次数过多时，将产生“堆栈溢出”错误。

下面举一个用递归方法解决经典的汉诺塔问题的例子。

【例 3.25】 用递归方法解决汉诺塔问题。

问题描述：有一个汉诺塔（如图 3.33 所示），塔内有 A、B、C 3 个座位。开始时，A 座有 5 个盘子，盘子大小不等，大的在下，小的在上。有一位僧侣想把这 5 个盘子从 A 座移到 C 座，规定每次只允许移动一个盘，且在移动过程中，3 个座位上始终保持大盘在下，小盘在上。在移动过程中可以使用 B 座，要求编写程序打印出移动的步骤。

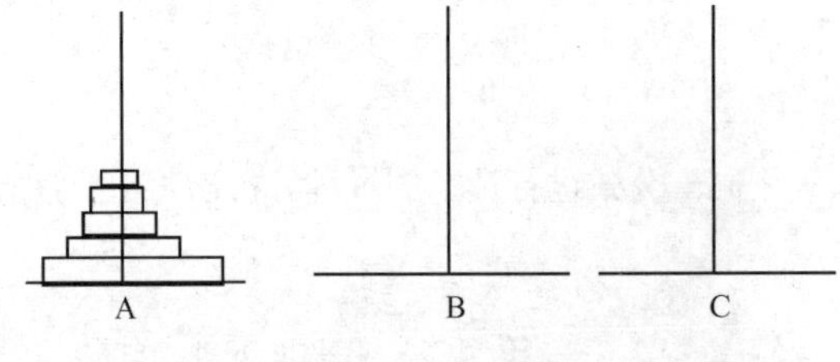

图 3.33　汉诺塔

使用递归方法解决汉诺塔问题的程序代码如下：

```
using System;
…
namespace Ex3_25
{
    class Hanoi
    {
```

```
        private static void Move(int count, char A, char B, char C)
        {
            if (count == 1)
            {
                Console.WriteLine("Move disc {0}----->{1}", A, C);
                return;
            }
            Move(count-1, A, C, B);
            Console.WriteLine("Move disc {0}----->{1}", A, C);
            Move(count-1, B, A, C);
        }
        static void Main(string[] args)
        {
            Console.Write("Please Input the Number in the Source：");
            int count = Convert.ToInt16(Console.ReadLine());
            Console.WriteLine("Task: Move {0} discs from A pass B to C", count);
            Move(count, 'A', 'B', 'C');
            Console.Read();
        }
    }
}
```

程序运行结果如图 3.34 所示。

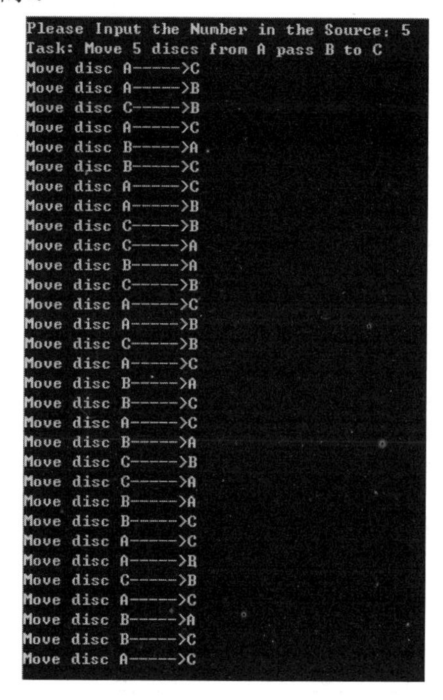

图 3.34　程序运行结果

3.6　异常

在程序编写过程中经常会出现这样或那样的错误，如参数格式有误、变量超出取值范围等，因此，编程语言一般都要有异常处理机制。C#的异常处理功能非常强大，所有异常都被定义为异常类，属于命名空间 System.Exception 或其子类。

3.6.1 异常与异常类

1. 异常

当 Win32 API 程序出现错误时，没有使用异常处理机制进行处理，大多数的 Win32 API 都通过返回布尔值 false 来表示函数调用出了问题。C#异常返回的不再是简单的 true 或 false，而是异常传播，每个异常都包含一个描述字符串，通过这些描述字符串提供的信息就可以判断程序在哪出了问题。经过这样的处理后，程序更加容易阅读、维护和升级。

2. 异常类

当代码出现除数为零、分配空间失败等错误时，就会自动创建异常对象，它们大多是 C#异常类的实例。System.Exception 类是异常类的基类，由于它不能反映具体的异常信息，故一般不直接使用它，而使用它的派生类。

System.Exception 提供一些了解异常信息的属性，如表 3.7 所示。

表 3.7 System.Exception 的属性

属　性	访问权限	类　型	描　述
HelpLink	只读	String	获取或设置指向此异常所关联帮助文件的链接
InnerException	只读	Exception	获取导致当前异常的 Exception 实例
Message	只读	String	获取描述当前异常的消息
Source	读/写	String	获取或设置导致错误的应用程序或对象的名称
StackTrace	只读	String	获取当前异常发生所经历的方法的名称和签名
TargetSite	只读	MethodBase	获取引发当前异常的方法

经常使用的 C#异常类如表 3.8 所示。

表 3.8 经常使用的 C#异常类

异常类	描　述
System.ArithmeticException	在算术运算时发生异常（如 System.DivideByZeroException 和 System. OverflowException）的基类
System.ArrayTypeMismatchException	当存储一个数组时，如果被存储的元素与数组的实际类型不兼容而导致存储失败，则引发此异常
System.DivideByZeroException	在试图用零除整数值时，引发此异常
System.IndexOutOfRangeException	在试图使用小于零或超出数组界限的下标索引数组时，引发此异常
System.InvalidCastException	当从基类型或接口到派生类型的显式转换在运行中失败时，引发此异常
System.NullReferenceException	在需要使用引用对象的场合，如果使用了 null 引用，则引发此异常
System.OutOfMemoryException	在分配内存（通过 new）的尝试失败时，引发此异常
System.OverflowException	在 checked 上下文中的算术运算溢出时，引发此异常
System.StackOverflowException	当堆栈中保存了大量挂起的方法而耗尽内存时，引发此异常
System.TypeInitializationException	在静态构造函数引发异常且没有可以捕捉到它的 catch 子句时，引发此异常

3.6.2 异常处理

1. try 语句

通常，将有可能发生异常的代码作为 try 语句块，将 try 语句块中出现异常的代码放到 catch 语句块中。finally 语句块是不论 try 语句块中有没有异常发生都要执行的程序块。下面是一个简单的例子。

【例 3.26】 try-catch-finally 语句块示例。

```
using System;
…
namespace Ex3_26
{
    class WithFinally
    {
        static void Main(string[] args)
        {
            //将有可能发生异常的代码放到 try 语句块中
            try
            {
                int x = 5;
                int y = 0;
                int z = x / y;                  //异常，除数为 0
                Console.WriteLine(z);           //不再执行
            }
            //try 语句块发生异常将跳转到 catch 语句块
            catch (DivideByZeroException)
            {
                Console.WriteLine("Error occurred, unable to compute");
            }
            //不论有没有异常发生，都执行 finally 语句块中的代码
            finally
            {
                Console.WriteLine("Thank you for using the program");
                Console.Read();
            }
        }
    }
}
```

程序运行结果如图 3.35 所示。

```
Error occurred, unable to compute
Thank you for using the program
```

图 3.35　程序运行结果

在【例 3.26】的代码中“int z=x / y”语句将引发 DivideByZeroException 异常。发生异常以后，try 语句块中发生异常语句后面的代码将不再执行，而是寻找与此 try 语句块相关联的 catch 语句块，并执行其中的代码。finally 语句块不论有无异常发生都要执行。try 语句有三种形式：try-catch、try-catch-finally、try-finally。

通常，将可能发生异常的多条代码放入 try 语句块中。一个 try 语句块必须有至少一个与之相关联的 catch 语句块或 finally 语句块，单独一个 try 语句块是没有意义的。

catch 语句块包含出现异常时要执行的代码。一个 try 语句块后面可以有零个以上的 catch 语句块。如果 try 语句块中没有异常，则 catch 语句块中的代码不会被执行。在 catch 语句后面的括号内放入希望捕获的异常，如上例中的 DivideByZeroException 异常。当两个 catch 语句的异常类有派生关系时，要将派生的异常类的 catch 语句放到前面，基类的 catch 语句放到后面。

finally 语句块包含一定要执行的代码，通常是资源释放、关闭文件等代码。

【例 3.27】 多个 catch 语句示例。

```
using System;
…
```

```
namespace Ex3_27
{
    class WithFinally
    {
        static void Main(string[] args)
        {
            try
            {
                int x = 5;
                int y = 0;
                int z = x / y;                    //异常，除数为0
                Console.WriteLine(z);
            }
            catch (FormatException)
            {
                Console.WriteLine("Error occurred, ,FormatException");
            }
            catch (DivideByZeroException)
            {
                Console.WriteLine("Error occurred, DivideByZeroException");
            }
            catch (Exception)
            {
                Console.WriteLine("Error occurred, Exception");
            }
            finally
            {
                Console.WriteLine("Thank you for using the program");
                Console.Read();
            }
        }
    }
}
```

```
Error occurred, DivideByZeroException
Thank you for using the program
```

图 3.36　程序运行结果

程序运行结果如图 3.36 所示。

第一个 catch 语句捕获的异常是 FormatException，表示参数格式不正确导致的异常；第二个 catch 语句捕获的异常是 DivideByZeroException，表示用整数类型数据除以零导致的异常；第三个 catch 语句捕获的异常是 Exception，它是所有异常类的基类。最终执行的是第二个 catch 语句。如果将第三个 catch 语句作为第一个 catch 语句，则程序编译不能通过，将提示：前一个 catch 子句已经捕获该类型或超类型（System.Exception）的所有异常。

2. throw 语句

异常的发生有两种可能情况：一是代码执行过程中满足了异常条件而使程序无法正常运行；二是通过 throw 语句无条件抛出异常。在前面已经介绍过第一种情况；第二种情况则与第一种情况完全相反，通过 throw 语句主动在程序中抛出异常，抛出的异常也要用 catch 语句捕获，否则程序运行将中断。

throw 语句用法：

```
throw expression
```

throw 语句抛出的异常表达式 expression 必须表示一个 System.Exception 类型或它的派生类。throw 语句后也可以没有 expression 表达式，表示将异常再次抛出。

【例 3.28】 throw 语句抛出异常。

```
using System;
…
namespace Ex3_28
{
    class ThrowExample
    {
        public void Div()
        {
            try
            {
                int x = 5;
                int y = 0;
                int z = x / y;
                Console.WriteLine(z);
            }
            catch (DivideByZeroException e)
            {
                throw new ArithmeticException("被除数为零", e);            //抛出另一个异常
            }
        }
        static void Main(string[] args)
        {
            try
            {
                ThrowExample ThrowException = new ThrowExample();
                ThrowException.Div();
            }
            catch (Exception e)                                            //捕获 throw 抛出的异常
            {
                Console.WriteLine("Exception:{0}", e.Message);             //输出描述异常的信息
                Console.Read();
            }
        }
    }
}
```

程序运行结果如图 3.37 所示。

```
Exception:被除数为零
```

图 3.37　程序运行结果

throw 语句重新抛出一个新的异常 ArithmeticException，然后由 Main()中的 catch 语句捕获。

【例 3.29】 throw 语句异常再次抛出。

```
using System;
…
namespace Ex3_29
{
    class ThrowExample
    {
        public void Div()
        {
            try
            {
                int x = 5;
```

```
                int y = 0;
                int z = x / y;
                Console.WriteLine(z);
            }
            catch (DivideByZeroException)
            {
                throw;                              //异常再次抛出
            }
        }
        static void Main(string[] args)
        {
            try
            {
                ThrowExample throwexample = new ThrowExample();
                throwexample.Div();
            }
            catch (DivideByZeroException e)         //捕获 throw 再次抛出的 DivideByZeroException 异常
            {
                Console.WriteLine("Exception:{0}", e.Message);
                Console.Read();
            }
        }
    }
}
```

```
Exception:尝试除以零。
```

图 3.38　程序运行结果

throw 语句将 Div()方法中的 DivideByZeroException 再次抛出，由 Main()中的 catch 语句捕获它。程序运行结果如图 3.38 所示。

【例 3.30】 异常处理综合举例。

```
using System;
…
namespace Ex3_30
{
    class MainEntryPoint
    {
        static void Main(string[] args)
        {
            string UserInput;
            while (true)
            {
                try
                {
                    Console.Write("Input a number between 0 and 5 " + "(or just hit return to exit)> ");
                    UserInput = Console.ReadLine();
                    if (UserInput = = "")
                        break;
                    int index = Convert.ToInt32(UserInput);
                    if (index < 0 || index > 5)
                        //抛出 IndexOutOfRangeException 异常
                        throw new IndexOutOfRangeException("You typed in " + UserInput);
                    Console.WriteLine("Your number was " + index);
                }
                catch (IndexOutOfRangeException e)
```

```
            {
                Console.WriteLine("Exception: " + "Number should be between 0 and 5．" + e.Message);
            }
            catch (Exception e)
            {
                Console.WriteLine("An exception was thrown．Message was: " + e.Message);
            }
            catch
            {
                Console.WriteLine("Some other exception has occurred");
            }
            finally
            {
                Console.WriteLine("Thank you");
                Console.Read();
            }
        }
    }
  }
}
```

如果输入数不在 0～5 之间，将引发 IndexOutOfRangeException 异常，由第一个 catch 语句捕获。例如，在运行程序时输入 6，程序运行结果如图 3.39 所示。

```
Input a number between 0 and 5 (or just hit return to exit)> 6
Exception: Number should be between 0 and 5. You typed in 6
Thank you
```

图 3.39　程序运行结果

第二个 catch 语句捕获除 IndexOutOfRangeException 异常外的 Exception 异常及其派生类异常；第三个 catch 语句既没有定义异常类型也没有定义异常变量，这样的 catch 子句称为一般 catch 子句，在事先不能确定会发生什么异常的情况下使用。一个 try 语句中只能有一个一般 catch 子句，而且它必须在其他 catch 子句的后面。

3.7　综合应用实例

本节将采用面向对象的方法来开发一个学生成绩管理程序，综合运用本章所学知识，从而达到巩固提高的效果。

【例 3.31】 学生成绩管理程序。根据学生选修的课程及课程学分和课程成绩计算 GPA，最后按 GPA 的值对学生进行排序。

基本思路：本程序的学生总人数、课程名、课程学分可以由控制台输入，为了叙述简单，假定每个学生所选修的课程相同。

Course 类定义课程名、课程学分字段域，并使用属性公开私有字段。另外，Course 类还定义了 Name 属性、构造函数。

Course 类代码如下：

```
class Course
{
    string courseName;              //课程名
```

```
        int courseMark;                 //课程学分
        public Course(){ }
        public Course(string Name, int Mark)
        {
            courseName = Name;
            courseMark = Mark;
        }
        public string Name              //Name 属性，课程名可读可写
        {
            get
            { return courseName; }
            set
            { courseName = value; }
        }
        public int Mark                 //Mark 属性，课程学分可读可写
        {
            get
            { return courseMark; }
            set
            { courseMark = value; }
        }
    }
```

Student类定义学生姓名、学号、选修课程数、Course类、成绩及GPA等字段，并使属性公开（public）。假定选修课程一样，将课程数、Course类对象定义为static字段，不需要每个学生都有这份数据副本。

Student 类还定义了CourseNum静态属性、GPA属性、Name属性。定义SetCourse方法，用于设置课程名，因为不需要为每个学生设置，所以定义成静态方法。定义AddData方法，用于加入姓名、学号、成绩。定义ComputeGPA方法，计算学生成绩的GPA。定义stuSwap方法，对两个Student对象内容进行交换。

Student 类的代码如下：

```
    class Student
    {
        string stuName;                         //学生姓名
        string stuID;                           //学生学号
        static int numberOfCourse;              //加 static 修饰符表明这个域为所有学生类对象共享
        static Course[] list;                   //Course 类对象数组，用于设置每门课程名、课程学分
        int[] stuScore;                         //每个学生对象要填写的各课程成绩
        double stuGPA;                          //GPA 值
        public Student()
        {
            //当第一次创建 Student 对象时，创建 list 对象数组，并初始化
            list = new Course[numberOfCourse];
            for (int i = 0; i < numberOfCourse; i++)
                list[i] = new Course();
            stuScore = new int[numberOfCourse];
        }
        //将 CourseNum 定义成静态属性是因为它只对静态域进行操作
        public static int CourseNum
        {
            get
            { return numberOfCourse; }
```

```
        set
        { numberOfCourse = value; }
    }
    public double GPA                              //GPA 是只读属性
    {
        get
        { return stuGPA; }
    }
    public string Name                             //Name 属性可读可写
    {
        get
        { return stuName; }
        set
        { stuName = value; }
    }
    //将 SetCourse 设为静态方法是因为它仅访问静态数据域
    //不需要创建 Student 类对象就可直接用 Student 类名调用
    //它的形参是一个参数数组，这样调用时就可根据实际选修的课程数来设置
    public static void SetCourse(params Course[] topic)
    {
        for (int i = 0; i < topic.Length; i++)
        {
            list[i].Name = topic[i].Name;
            list[i].Mark = topic[i].Mark;
        }
    }
    //AddData 方法将一个学生的数据添加到学生类对象数组中
    public void AddData(string name, string Id, int[] score)
    {
        stuName = name;
        stuID = Id;
        for (int i = 0; i < score.Length; i++)
            stuScore[i] = score[i];
    }
    public void ComputeGPA()                       //根据课程的学分及学生成绩计算 GPA 值
    {
        int i;
        double sMark, sumMark = 0, sumGP = 0;
        for (i = 0; i < stuScore.Length; i++)
        {
            if (stuScore[i] >= 95)
                sMark = 4.5;
            else if (stuScore[i] >= 90)
                sMark = 4;
            else if (stuScore[i] >= 85)
                sMark = 3.5;
            else if (stuScore[i] >= 80)
                sMark = 3;
            else if (stuScore[i] >= 75)
                sMark = 2.5;
            else if (stuScore[i] >= 70)
                sMark = 2;
```

```
                else if (stuScore[i] >= 65)
                    sMark = 1.5;
                else if (stuScore[i] == 60)
                    sMark = 1;
                else
                    sMark = 0;
                sumGP += list[i].Mark * sMark;
                sumMark += list[i].Mark;
            }
            stuGPA = sumGP / sumMark;
        }
        //stuSwap 方法提供两个 Student 类对象的交换操作，注意它们的形参被修饰为 ref
        public void stuSwap(ref Student stu1, ref Student stu2)
        {
            string name, Id;
            int i;
            int[] score = new int[Student.CourseNum];
            double gpa;
            name = stu1.Name;
            Id = stu1.stuID;
            gpa = stu1.GPA;
            for (i = 0; i < Student.CourseNum; i++)
                score[i] = stu1.stuScore[i];
            stu1.stuName = stu2.stuName;
            stu1.stuID = stu2.stuID;
            stu1.stuGPA = stu2.stuGPA;
            for (i = 0; i < Student.CourseNum; i++)
                stu1.stuScore[i] = stu2.stuScore[i];
            stu2.stuName = name;
            stu2.stuID = Id;
            stu2.stuGPA = gpa;
            for (i = 0; i < Student.CourseNum; i++)
                stu2.stuScore[i] = score[i];
        }
    }
```

Test类中的MaxMinGPA方法用于求 GPA 的最大值和最小值，SortGPA 方法用于按学生的 GPA 值对 Student 类对象数组进行排序。

Test 类代码如下：

```
class Test
{
    static void Main(string[] args)
    {
        Test T=new Test();
        int i,j,Num,Mark;
        string sline,Name,Id;
        double sMax,sMin;
        Console.Write("请输入学生总人数");
        sline=Console.ReadLine();                    //从控制台接收学生总人数
        Num=int.Parse(sline);                        //将 string 类型转换成 int 类型
        Console.Write("请输入选修课程总数");
        sline=Console.ReadLine();
```

```
        Student.CourseNum=int.Parse(sline);                //CourseNum 是 Student 的静态属性
        Student [ ] Stu=new Student [Num];                 //根据输入的学生总人数，动态地创建对象
        for (i=0;i<Num;i++)                                //对 Student 类的对象数组进行初始化
            Stu[i]=new Student ();
        Course[] tp=new Course[Student.CourseNum];         //根据课程数创建 Course 类对象数组
        int [] score=new int [Student.CourseNum];
        for (i=0;i<Student.CourseNum; i++)                 //具体输入每门课名称、学分
        {
            Console.Write("请输入选修课程名");
            Name=Console.ReadLine();
            Console.Write("请输入选修课程学分");
            sline=Console.ReadLine();
            Mark=int.Parse(sline);
            tp[i]=new Course (Name,Mark);                  //根据课程名、学分对 Course 数组进行初始化
        }
        Student.SetCourse(tp);                             //用类名调用 Student 的静态方法 SetCourse
        for (i=0;i<Num;i++)                                //输入学生姓名、学号、各门课成绩
        {
            Console.Write("请输入学生姓名");
            Name=Console.ReadLine();
            Console.Write("请输入学号");
            Id=Console.ReadLine();
            for (j=0;j<Student.CourseNum;j++)
            {
                Console.Write("请输入{0}课程的成绩",tp[j].Name);
                sline=Console.ReadLine();
                score[j]=int.Parse(sline);
            }
            Stu[i].AddData(Name,Id,score);                 //将当前输入的一个学生数据加到对象数组中
            Stu[i].ComputeGPA();                           //计算当前这个学生的 GPA 值
            Console.WriteLine("你的 GPA 值是：{0:F2}",Stu[i].GPA);
        }
        T.MaxMinGPA(out sMax, out sMin,Stu);               //计算 GPA 的最大值和最小值
        Console.WriteLine("GPA 最高为{0:F2}，最低为：{1:F2}", sMax,sMin);
        Console.WriteLine("按 GPA 从高到低输出：");
        T.SortGPA(ref Stu);
        for (i=0; i<Num; i++)
            Console.WriteLine(" {0},{1:F2}", Stu[i].Name, Stu[i].GPA);
        Console.Read ();
    }
    //MaxMinGPA 方法用于计算 Student 类对象数组中 GPA 的最大值和最小值
    //形参 max 和 min 被修饰为 out 型，表明它的实参不需要进行初始化，会从方法中获得返回值
    public void MaxMinGPA(out double max, out double min, Student [] stu)
    {
        if (stu.Length==0)
        {
            max=min=-1;
            return;
        }
        max=min=stu[0].GPA;
        for (int i=1; i<stu.Length; i++)
        {
```

```
                if (max<stu[i].GPA) max=stu[i].GPA;
                if (min>stu[i].GPA) min=stu[i].GPA;
            }
        }
        //SortGPA 方法按选择排序法对 Student 类对象数组排序
        //当需要交换时，再调用 Student 的 stuSwap 方法
        //请注意它的形参被修饰为 ref，而在方法体内调用 stuSwap 方法时，实参也要被修饰为 ref
        public void SortGPA(ref Student[] stu)
        {
            int i,j,pos;
            for (i=0;i<stu.Length-1;i++)
            {
                for (j=(pos=i)+1; j<stu.Length;j++)
                    if (stu[pos].GPA<stu[j].GPA)
                        pos=j;
                if (pos!=i)
                    stu[i].stuSwap(ref stu[i],ref stu[pos]);
            }
        }
}
```

程序运行结果如图 3.40 所示。

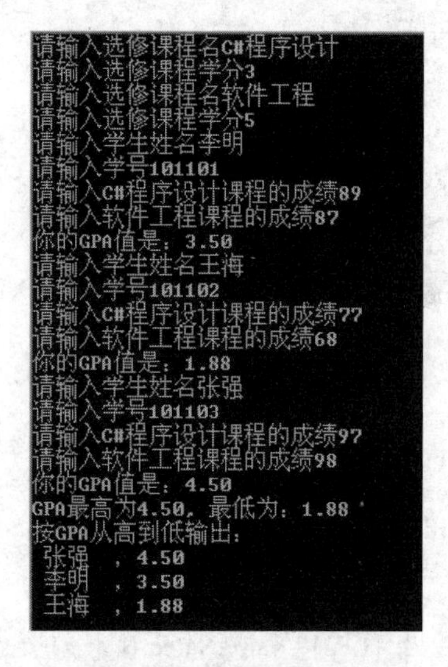

图 3.40　程序运行结果

第 4 章　Windows 应用程序开发基础

在前两章中，编写的程序全是基于控制台的字符界面，从本章开始介绍 GUI（Graphical User Interface，图形用户界面，又称图形用户接口）。GUI 是一种人与计算机通信的界面显示格式，与通过键盘输入文本或字符命令来完成例行任务的字符界面相比，GUI 由窗口、下拉菜单、对话框及其相应的控制机制构成，用户看到和操作的都是图形对象，允许用户使用鼠标等输入设备操纵屏幕上的图标或菜单选项，以选择命令、调用文件、启动程序或执行其他日常任务。

GUI 程序也称为 Windows 应用程序。窗体是用于开发这类程序的.NET 框架，它提供一个有条理的、面向对象的、可扩展的类集，支持丰富的 Windows 功能。

4.1　开发步骤演示

开发 Windows 应用程序的步骤一般包括建立项目、设计界面、设计属性、设计代码等，下面举一个简单的例子帮助理解。

【例 4.1】 设计一个加法器，要求是图形界面的 Windows 程序。

4.1.1　建立项目

在 Visual Studio 2015 开发环境（以下简称 VS 2015）中选择“文件”→“新建”→“项目”选项，弹出如图 4.1 所示的“新建项目”对话框。

图 4.1 “新建项目”对话框

在该对话框的“模板”列表里选择“Windows 窗体应用程序”，表示将以 Visual C#作为设计语言，建立一个基于 GUI 的应用程序。同时在“名称”和“位置”栏中输入项目的名字和选择保存位置（在这里，项目命名为 WindowsFormsDemo，保存于默认位置），然后单击“确定”按钮，返回 VS 2015 主界面。

4.1.2 设计界面

在 VS 2015 主界面中，提供了一个默认的窗体。可通过工具箱向其中添加各种控件来设计应用程序的界面。具体操作是：先用鼠标选择工具箱中需要添加到窗体的控件，然后拖放到窗体中。这里，将窗体命名为 TestForm（意在本例主要用于“测试窗体的性质”），将它的 Name 属性及 Text 属性均改为 TestForm。

向窗体中添加 2 个 Label 控件、1 个 Button 控件、3 个 TextBox 控件，调整各个控件的大小和位置，完成一个简单的整数加法器界面的设计。

4.1.3 设计属性

首先，在窗体中选中控件。然后，在属性窗口中设置该控件的属性，如表 4.1 所示。设置好属性的窗体界面如图 4.2 所示。

表 4.1 控件属性

名　称	属　性	设 置 值
label1	text	+
label2	text	=
button1	text	计算
textBox1	text	空
textBox2	text	空
textBox3	text	空

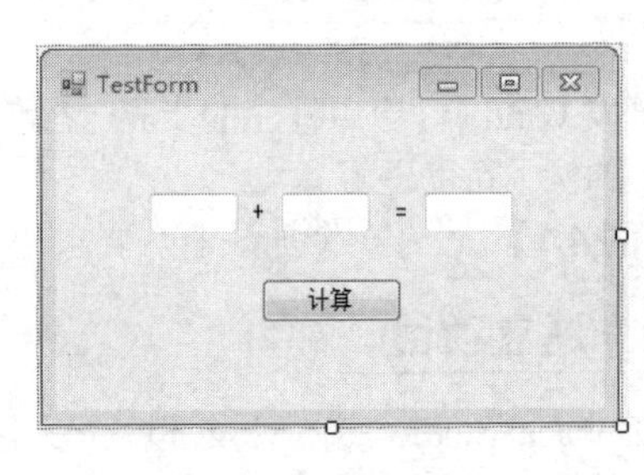

图 4.2 设计好属性的窗体界面

4.1.4 设计代码

双击 Button1 按钮，进入代码编辑器。编写代码如下：

```
private void button1_Click(object sender, EventArgs e)
{
    if (textBox1.Text == string.Empty || textBox2.Text == string.Empty)
    {
        MessageBox.Show("输入不完整!");
        return;
    }
    int a = int.Parse(textBox1.Text);
    int b = int.Parse(textBox2.Text);
    int c = a + b;
    textBox3.Text = c.ToString();
}
```

4.1.5 运行调试

单击工具栏中的 ▶启动 按钮或按键盘上的 F5 键，程序运行结果如图 4.3 所示。

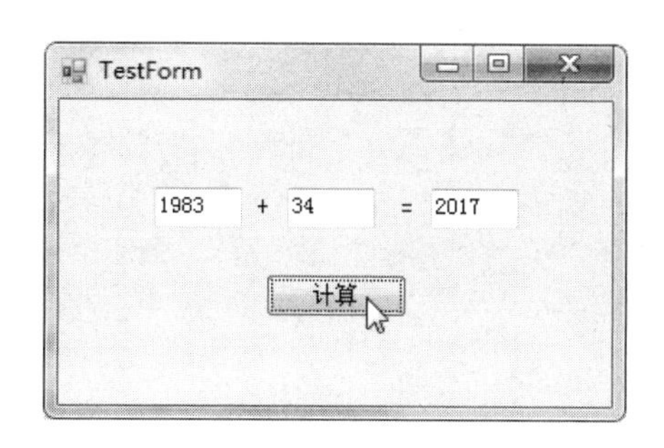

图 4.3　程序运行结果

4.2　窗体

窗体是 Windows 图形化应用程序的显示界面，可以将控件放入其中来定义用户界面。在 C#中，窗体是实实在在的对象，可以定义其外观样式、控制其可见性和确定其位置。通过设置窗体的属性及编写响应其事件的代码，可灵活地自定义窗体，以满足各类应用程序的要求。

4.2.1　窗体的外观样式

窗体的外观样式主要由 FormBorderStyle 属性决定，通过更改 FormBorderStyle 属性值，可控制和调整窗体的外观。

当设计 Windows 窗体的外观时，FormBorderStyle 属性的下拉列表中有 7 种边框样式可供选择，如图 4.4 所示；FormBorderStyle 属性的边框样式说明如表 4.2 所示。

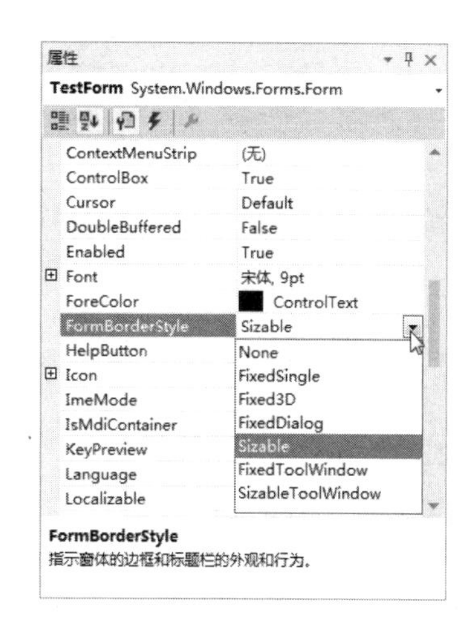

图 4.4　FormBorderStyle 属性及其可选项

表 4.2　FormBorderStyle 属性的边框样式说明

边 框 样 式	说　明
None（无）	没有边框或与边框相关的元素
FixedSingle（固定单线边框）	不可调整大小。可显示控件菜单栏、标题栏、最大化按钮和最小化按钮。只能使用最大化按钮和最小化按钮改变大小。用于创建单线边框
Fixed3D（固定三维）	当需要三维边框效果时使用。不可调整大小，可在标题栏上显示控件菜单栏、标题栏、最大化按钮和最小化按钮。用于创建相对于窗体主体凸起的边框
FixedDialog（固定对话框）	用于对话框。不可调整大小，可在标题栏上显示控件菜单栏、标题栏、最大化按钮和最小化按钮。用于创建相对于窗体主体凹进的边框
Sizable（可调整大小）	该项为默认项，可调整大小，经常用于主窗口。可显示控件菜单栏、标题栏、最大化按钮和最小化按钮。鼠标指针在任何边缘处可调整大小
FixedToolWindow（固定工具窗口）	显示不可调整大小的窗口，其中包含“关闭”按钮和以缩小字体显示的标题栏文本。该窗体不在 Windows 任务栏中出现
SizableToolWindow（可调整大小的工具窗口）	用于工具窗口。显示可调整大小的窗口，其中包括“关闭”按钮和以缩小字体显示的标题栏文本。该窗体不在 Windows 任务栏中出现

4 种典型的窗体边框效果如图 4.5 所示。

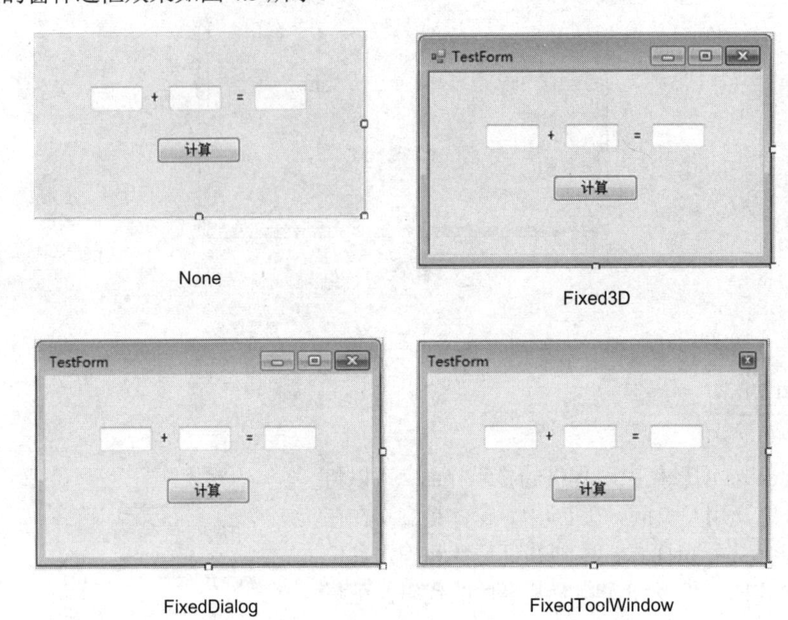

图 4.5　4 种典型的窗体边框效果

读者可对照表 4.2 的说明，以加深对不同类型的边框样式的感性认识。

4.2.2　窗体可见性控制

1．窗体可见性控制概述

窗体可见性通常由 Visible 属性控制。如果在【例 4.1】程序的“计算”按钮单击事件过程中，添加如下语句：

```
private void button1_Click(object sender, EventArgs e)
{
        …
        this.Visible = false;
}
```

则在运行程序后，输入两个加数，单击“计算”按钮后，窗口会消失不见，但此时程序仍然在运行。

也可以使用窗体自身的方法，常用的控制窗体显示和隐藏的方法如下。

（1）Hide()方法。隐藏窗体，但不破坏窗体，也不释放资源，可以使用 Show()方法重新显示窗体。

（2）Show()方法。显示窗体。

可以将上面添加的语句改为：

```
private void button1_Click(object sender, EventArgs e)
{
        …
        this.Hide();
}
```

程序运行后，与使用 Visible 属性控制的效果完全一样。

注意：

此处不能使用 Close()方法，该方法会关闭窗体，并释放所有资源。如果窗体是主窗体，则在执行 Close()方法后，程序结束。

若希望主窗体在应用程序启动时就隐藏，则读者会发现，使用这两种方法都不可行。因为 C#默认启动窗体的生存期决定应用程序的生存期，即应用程序生命的开始也就是主窗体生命的开始，如 Program.cs 中的代码：

```
using System;
…
namespace WindowsFormsDemo
{
    static class Program
    {
        ///<summary>
        ///应用程序的主入口点
        ///</summary>
        [STAThread]
        static void Main()
        {
            Application.EnableVisualStyles();
            Application.SetCompatibleTextRenderingDefault(false);
            Application.Run(new TestForm());      //应用程序 Application“孕育”了窗体 TestForm
        }
    }
}
```

要想使主窗体从一开始就隐藏，则必须将应用程序的启动逻辑移到单独的类中，对代码进行如下修改：

```
…
static class Program
{
    …
    static void Main()
    {
        …
        Application.Run();                         //应用程序 Application 单独启动
    }
}
```

这样，将应用程序的生存期与窗体的生存期分隔开后，就可以随意使窗体可见（或不可见），当“关闭”用于启动应用程序的类时，应用程序将结束。

2．窗体透明度调节

窗体的 Opacity 属性指定窗体及其控件的透明度级别。当将此属性设置为小于 100%（1.00）的值时，将使整个窗体（包括边框）更透明，若设置为 0%（0.00）则使整个窗体完全不可见。

【例 4.2】 设计一个 WinForm 应用程序，演示调节窗体的透明度。

在项目 WindowsFormsDemo 中添加新窗体，方法是：右键单击项目，在弹出的快捷菜单中选择“添加”→“Windows 窗体”选项，在“添加新项”对话框中单击“添加”按钮。

从工具箱中拖曳两个 Button 控件到窗体上，设置窗体和控件的属性如表 4.3 所示。

表 4.3　设置窗体和控件的属性

类　别	名　称	属　性	设 置 值
Form	FormOpacity	text	可调节透明度的窗体
Button	BtnAdd	text	增加透明度
Button	BtnSub	text	降低透明度

在表4.3中，窗体与控件的名称是指它们的Name属性值，在窗体设计器中分别双击两个按钮，在代码编辑窗口中添加代码如下：

```
private void BtnAdd_Click(object sender, EventArgs e)
{
    this.Opacity += 0.1;
}
private void BtnSub_Click(object sender, EventArgs e)
{
    if (this.Opacity > 0.2)
    {
        this.Opacity -= 0.1;
    }
    else
    {
        this.Opacity = 1;
    }
}
```

由于这是本项目的第二个窗体，运行程序必须选择它为启动窗体。在解决方案资源管理器中打开Program.cs文件，在Main()方法中将Application“孕育”的窗体TestForm修改为FormOpacity，代码如下：

```
    …
[STAThread]
static void Main()
{
    Application.EnableVisualStyles();
    Application.SetCompatibleTextRenderingDefault(false);
    //Application.Run(new TestForm());
    Application.Run(new FormOpacity());
}
```

启动程序，调节窗体透明度前、后如图4.6和图4.7所示。

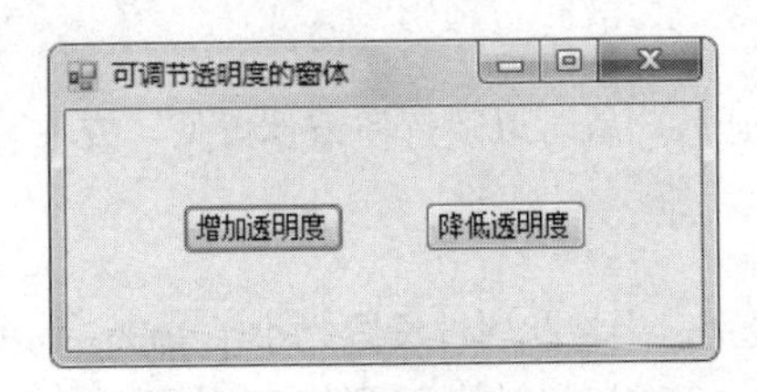

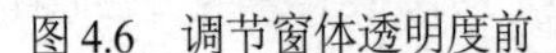
图4.6　调节窗体透明度前

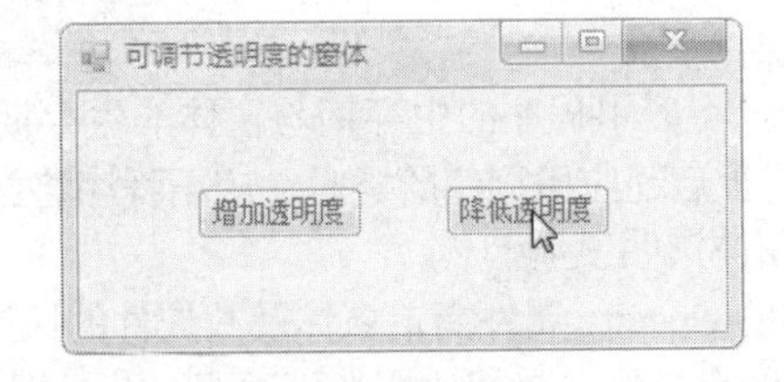

图4.7　调节窗体透明度后

通过本例的演示表明，编程时可以使用Opacity属性提供不同级别的透明度，以产生窗体逐渐进入或退出的效果。例如，可以通过将Opacity属性设置为0%（0.00），并逐渐增加该值，使它到达100%（1.00），某窗体逐渐进入用户的视野。

4.2.3　窗体的定位

1. 初始位置的设定

窗体的初始位置通过StartPosition属性设定，如图4.8所示，Windows应用程序的StartPosition属性默认为“WindowsDefaultLocation”，该设置通知操作系统在启动时根据当前屏幕分辨率计算该窗体的最佳位置。

StartPosition属性的各选项的含义如表4.4所示。

表 4.4　StartPosition 属性的各选项的含义

选　项	含　义
Manual	窗体的位置由 Location 属性确定
CenterScreen	窗体在当前显示窗口中居中，其尺寸在窗体大小中指定
WindowsDefaultLocation	窗体定位在 Windows 默认位置，其尺寸在窗体大小中指定
WindowsDefaultBounds	窗体定位在 Windows 默认位置，其边界也由 Windows 默认决定
CenterParent	窗体在其父窗体中居中

注意：

CenterScreen 的意思并非指屏幕居中（是相对的），它是指在"当前显示窗口"中居中。当用 Show()方法时应选择 CenterScreen，用 ShowDialog()方法时应选择 CenterParent，这样才能让要显示的窗口居中。

2. 以编程方式定位窗体

Location 属性可支持任意动态地指定窗体在计算机屏幕上的显示位置，它以像素为单位指定窗体左上角的位置，在窗体的 StartPosition 属性被置为 Manual 的前提下，就可以为 Location 属性输入值（以逗号分隔）来定位窗体，其中第一个数字（X）是指从窗体到显示区域左边界的距离（像素），第二个数字（Y）是指从窗体到显示区域上边界的距离（像素），展开 Location 属性，分别输入 X 和 Y 子属性值，如图 4.9 所示。

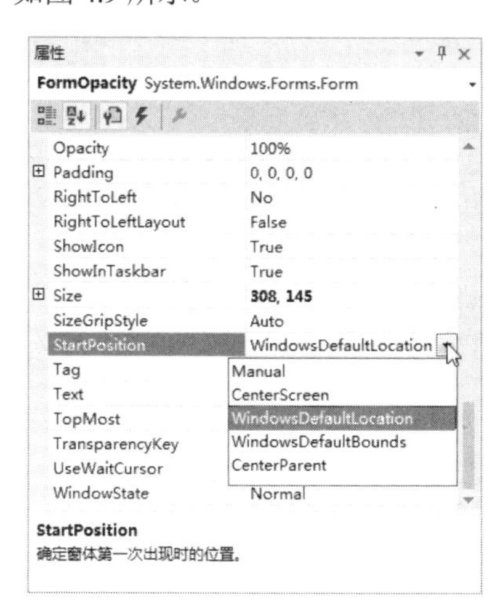

图 4.8　StartPosition 属性及其可选项

图 4.9　Location 属性及其子属性

Location 属性的这些特点，使它非常适用于在编程时定位窗体。编写程序时，可以将窗体的 Location 属性设置为 Point 来定义窗体的位置，例如：

```
this.Location = new Point(100, 100);
```

或使用 Left 子属性（用于 *X* 坐标）和 Top 子属性（用于 *Y* 坐标）更改窗体位置的 *X* 坐标和 *Y* 坐标。例如，将窗体的 *X* 坐标调整为 300 个像素点：

```
this.Left = 300;
```

3. 使窗口始终位于顶端

使用 Microsoft Windows 7/8/8.1/10 系统时，顶端的窗体始终位于指定应用程序中所有窗口之前。例如，可能希望将浮动工具窗口保持在应用程序主窗口之前。TopMost 属性可控制窗体是否为顶端的窗体。注意，即使顶端的窗体不处于活动状态，它也会浮在其他非顶端的窗体之前。

若想使窗体成为Windows 应用程序中顶端的窗体，则需要在属性窗口中将 TopMost 属性设置为 true，或者在程序代码中将 TopMost 属性设置为 true，代码如下：

```
this.TopMost = true;
```

4.3 常用控件

本节将以一个简单的“学生信息管理系统”为例，介绍如何使用 Windows 窗体的各种常用控件。

4.3.1 认识控件大家族

1．家族谱系

C#是纯粹的面向对象语言，它面向对象的程度比 C++、Java 等语言还要高。C#中的很多对象被进一步封装，成为类似工业产品零件的部件，称为“组件”，所以 C#也是面向组件的新型程序语言。Control（控件）类是“可视化组件”的基类，它形成了图形化用户界面的基础，属于 System.Windows.Forms 命名空间，Control 类的谱系图如图 4.10 所示。

由图 4.10 可见，Control 类是 Windows 窗体的大部分控件的基础类。窗体（Form）也可看成一种特殊的控件。

2．常用控件

图 4.11 是将要制作的“学生信息管理系统”表单界面。

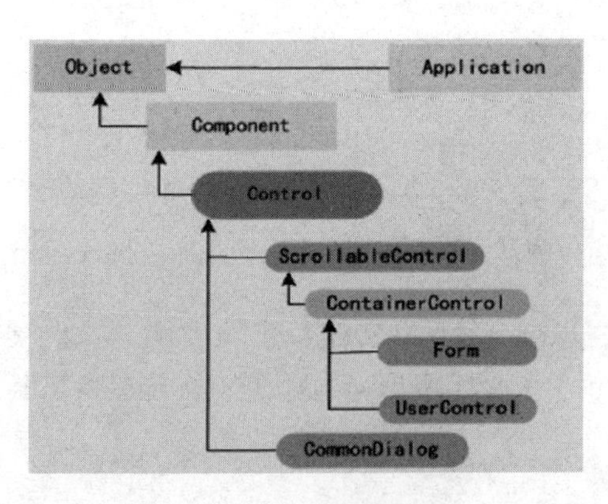

图 4.10 Control 类的谱系图

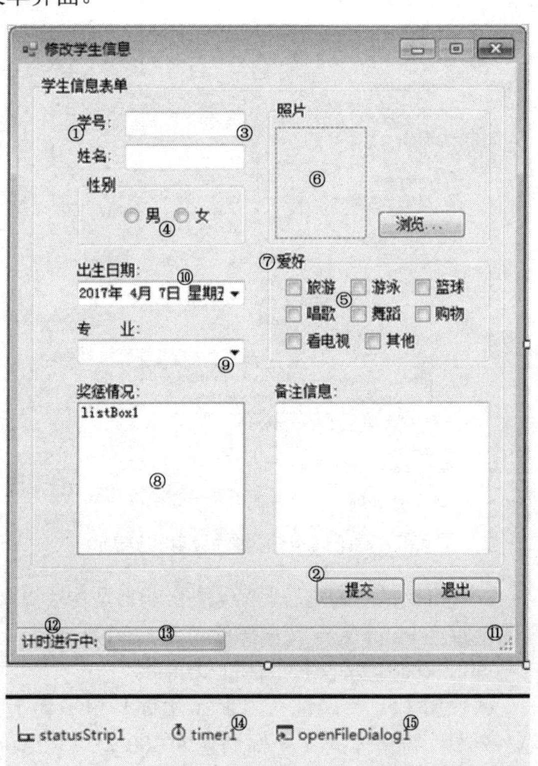

图 4.11 “学生信息管理系统”表单界面

这个界面包含了几乎全部的常用控件，并用①～⑮的数字标号标出，这些控件都可以从 VS 2015 集成环境工作区左部的工具箱中获得，使用时只需要将其拖曳到工作区窗体中即可。各控件的名称及其在工具箱里的图标列于表 4.5 中。

表 4.5　常用 Windows 窗体控件

标　号	名　称	含　义	对应图标
①	Label	标签	A
②	Button	按钮	ab
③	TextBox	文本框	abl
④	RadioButton	单选按钮	⊙
⑤	CheckBox	复选框	☑
⑥	PictureBox	图片框	
⑦	GroupBox	分组框	XY
⑧	ListBox	列表框	
⑨	ComboBox	组合框	
⑩	DateTimePicker	日历	
⑪	StatusStrip	状态栏	
⑫	StatusLabel	状态标签	A
⑬	ProgressBar	进度条	
⑭	Timer	定时器	
⑮	OpenFileDialog	“打开”对话框	

3．控件属性和事件

控件类是一个非常复杂的类，它拥有很多属性、方法和事件。在这里列出主要的成员，以便于读者可以对控件有一个感性的认识。

1）属性

因为大多数控件的属性都派生于 System.Windows.Forms.Control 类，所以它们都有一些共同的属性，如表 4.6 所示。

表 4.6　Control 类的常见属性

属　性	含　义
Anchor	设置控件的哪个边缘锚定到其容器边缘
Dock	设置控件停靠到父容器的哪个边缘
BackColor	获取或设置控件的背景色
Cursor	获取或设置当鼠标指针位于控件上时显示的光标
Enabled	设置控件是否可以对用户交互做出响应
Font	设置或获取控件显示文字的字体
ForeColor	获取或设置控件的前景色
Height	获取或设置控件的高度
Left	获取或设置控件的左边界到容器左边界的距离
Name	获取或设置控件的名称

续表

属　性	含　义
Parent	获取或设置控件的父容器
Right	获取或设置控件的右边界到容器左边界的距离
Tabindex	获取或设置在控件容器上控件的 Tab 键的顺序
TabStop	设置用户能否使用 Tab 键将焦点放到该控件上
Tag	获取或设置包括有关控件的数据对象
Text	获取或设置与此控件关联的文本
Top	获取或设置控件的顶部与其容器的顶部的距离
Visible	设置是否在运行时显示该控件
Width	获取或设置控件的宽度

2）事件

控件对用户或应用程序的某些行为做出响应，这些行为称为事件。Control 类的常见事件如表 4.7 所示。

表 4.7　Control 类的常见事件

事　件	含　义
Click	单击控件时发生
DoubleClick	双击控件时发生
DragDrop	当一个对象被拖到控件上，用户释放鼠标键时发生
DragEnter	当被拖动的对象进入控件的边界时发生
DragLeave	当被拖动的对象离开控件的边界时发生
DragOver	当被拖动的对象在控件的范围内时发生
KeyDown	在控件有焦点的情况下，按下任一个键时发生，在 KeyPress 前发生
KeyPress	在控件有焦点的情况下，按下任一个键时发生，在 KeyUp 前发生
KeyUp	在控件有焦点的情况下，释放按键时发生
GetFocus	在控件得到焦点时发生
LostFocus	在控件失去焦点时发生
MouseDown	当鼠标指针位于控件上并按下鼠标键时发生
MouseMove	当鼠标指针移到控件上时发生
MouseUp	当鼠标指针位于控件上并释放鼠标键时发生
Paint	在重绘控件时发生
Validated	在控件完成验证时发生
Validating	在控件正在验证时发生
Resize	在调整控件大小时发生

4.3.2　标签控件

Windows 窗体的 Label 控件用于显示用户不能编辑的文本或图像。可以使用标签绘制文本框、列表框和组合框等添加描述性标题。也可以通过编写代码，使标签显示的文本为响应运行时事件的信息。

例如，如果应用程序需要几分钟时间处理更改，则可以在标签中显示处理状态的消息。

标签中显示的标题包含在Text属性中，文本在标签内的对齐方式通过Alignment属性设置。

Windows窗体的LinkLabel控件和Label控件有许多共同之处，在使用Label控件的地方都可以使用LinkLabel控件。此外，LinkLabel控件可以向Windows窗体应用程序中添加Web样式的链接，可以将文本的一部分设置为指向某个对象或 Web 页的链接。

除了具有Label控件的所有属性、方法和事件，LinkLabel控件还有用于超级链接和链接颜色的属性。LinkArea 属性设置激活链接的文本区域。LinkColor、VisitedLinkColor 和 ActiveLinkColor 属性设置链接的颜色。单击链接后，通过更改链接的颜色来指示该链接已被访问。LinkClicked 事件确定选定链接文本后将要进行的操作。

【例 4.3】 使用 Label 和 LinkLabel 控件制作“学生信息管理系统”的欢迎界面。

在项目 StudentMIS 中新建窗体，命名为 Welcome，从工具箱中拖曳两个 Label 和一个 LinkLabel 控件到窗体上。

设置各控件的属性，如表 4.8 所示（文本的字体及颜色可自选，不再详细列出，下同）。

表 4.8　控件属性

名　称	属　性	设 置 值
label1	text	学生信息管理系统
label2	text	南京师范大学
linkLabel1	text	登录

由于 Welcome 是启动窗体，将窗体 FormBorderStyle 属性设置为 None（去除边框）。在 LinkClicked 事件处理程序中，调用 Show 方法以打开登录窗体 loginForm，并隐藏自身，同时将 LinkVisited 属性设置为 true，代码如下：

```
using System;
…
namespace StudentMIS
{
    public partial class Welcome : Form
    {
        public static Login loginForm;
        public static Update updateForm;
        public static Browser browserForm;
        public Welcome()
        {
            InitializeComponent();
            loginForm = new Login();
            updateForm = new Update();
        }
        private void linkLabel1_LinkClicked(object sender, LinkLabelLinkClickedEventArgs e)
        {
            linkLabel1.LinkVisited = true;
            loginForm.Show();
            this.Hide();
        }
    }
}
```

上段代码中的updateForm为“修改学生信息”窗体，即如图4.11所示的表单界面，而browserForm为“预览”窗体，在本项目中用于显示表单提交的学生信息。

“学生信息管理系统”启动画面如图4.12所示。

图4.12 “学生信息管理系统”启动画面

4.3.3 按钮与文本框

在Windows窗体中，使用最多的控件是按钮控件与TextBox控件（文本框控件）。

1. 按钮控件

当用户单击按钮时，系统将调用Click事件处理程序。Click事件的代码执行相关操作。

按钮上显示的文本在Text属性中定义，文本的外观由Font属性和TextAlign属性控制，还可以使用Image和ImageList属性在按钮控件中显示图像。

在任何Windows窗体中都可以指定某个按钮控件为“接受”按钮（也称“默认”按钮）。每当用户按Enter键时，即表示单击“接受”按钮，而不管当前窗体中其他哪个控件具有焦点。

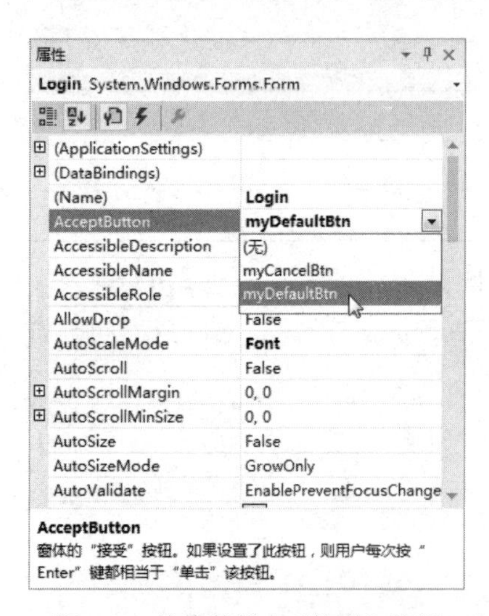

图4.13 为窗体指定“接受”按钮

在设计器中指定“接受”按钮的方法是：选择按钮所驻留的窗体后，在“属性”窗口中将窗体的AcceptButton属性设置为按钮控件的名称，如图4.13所示。

也可以用编程方式指定“接受”按钮，在代码中将窗体的AcceptButton属性设置为指定的按钮控件，代码如下：

```
this.AcceptButton = myDefaultBtn;
```

在任何Windows窗体中都可以指定某个按钮控件为“取消”按钮。每当用户按Esc键时，即表示单击“取消”按钮，而不管窗体上其他哪个控件具有光标焦点。设计这样的按钮，通常是为了方便用户快速退出窗体而无须执行任何动作。

在设计器中指定“取消”按钮的方法是：选择按钮所驻留的窗体后，在“属性”窗口中将窗体的CancelButton属性设置为按钮控件的名称。也可以用编程方式指定“取消”按钮，将窗体的CancelButton属性设置为指定的按钮控件，代码如下：

```
this.CancelButton = myCancelBtn;
```

按钮控件最常用的是Click事件，除此之外还有MouseEnter、MouseDown和MouseUp事件等。

按钮控件没有双击事件，当用户双击按钮控件后，系统将分别以两次单击事件进行处理。

2. TextBox控件

Windows窗体中的TextBox控件用于获取用户输入的文本或向用户显示文本。TextBox控件既可用于文本编辑，也可成为只读控件。TextBox控件只能对显示或输入的文本提供单一格式化样式。若要显示多种类型的带格式的文本，可以使用RichTextBox控件。

TextBox控件显示的文本包含在Text属性中。在默认情况下，最多可在一个文本框中输入2048个字符。如果将MultiLine属性设置为true，则最多可输入大小为32KB的文本。既可以在“属性”窗口中设置Text属性，也可在程序中使用代码设置，或者在程序运行时通过用户输入来设置。在程序运行时，通过读取Text属性得到文本框的当前内容。

TextBox控件最常用的事件是TextChanged，当文本框的内容发生变化时触发这个事件。

TextBox控件应用很广，下面分别进行说明。

1）控制TextBox控件中字符的插入点

当Windows窗体中的TextBox控件最初得到焦点时，文本框内的默认插入位置是在任何现有文本的左边。用户可以使用键盘或鼠标来移动插入点。当文本框失去焦点后又再次获得焦点时，则插入点为用户上一次放置的位置。

将 SelectionStart 属性设置为适当值可控制字符的插入点，如值为 0，则插入点紧挨文本框中第一个字符的左边。将 SelectionLength 属性设置为要选择的文本的长度。

下面的代码表示总是将插入点返回到 0。当然，必须将 textBox1_Enter 事件处理程序绑定到该控件。

```
private void textBox1_Enter(Object sender, System.EventArgs e)
{
    textBox1.SelectionStart = 0;
    textBox1.SelectionLength = 0;
}
```

在某些情况下，上述设置可能会给用户带来不便。特别是在字处理应用程序中，用户可能希望新字符显示在任何现有文本的后面。在数据输入应用程序中，用户可能希望将新字符替换任何现有项。可以通过修改 SelectionStart 属性和 SelectionLength 属性将插入点设置为适合不同的应用。

2）创建“密码”文本框

“密码”文本框是一种 Windows 窗体文本框，它在用户输入字符串时显示占位符。将 TextBox 控件的 PasswordChar 属性设置为某个特定字符，例如，如果希望在“密码”文本框中显示星号，则在“属性”窗口中将 PasswordChar 属性指定为“*”。程序运行时，无论用户在“密码”框中输入什么字符，都显示为“*”。

MaxLength 属性可指定在“密码”文本框中输入多少个字符。如果超过了最大长度，系统会发出声音报警，且“密码”文本框不再接受任何字符输入。注意，在程序编写中一般不设置此属性，因为黑客可能会利用“密码”文本框的最大长度来试图猜测密码。

3）以编程方式选择文本

在 TextBox 控件中，可以用编程方式选择文本。例如，如果要创建一个可在文本中搜索特定字符串的函数，则可以选择那些文本，将找到的字符串的位置醒目地通报给读者。

将 SelectionStart 属性设置为要选择的文本的开始位置。SelectionStart 属性是一个数字，指定文本字符串内的插入点，0 表示最左边的位置。如果将 SelectionStart 属性设置为等于或大于文本框内的字符数的值，则插入点被放在最后一个字符后面。

将 SelectionLength 属性设置为要选择的文本的长度。SelectionLength 属性是一个设置插入点宽度的数值。如果将 SelectionLength 设置为大于 0 的数，则会选择该数目的字符，开始位置是当前插入点。

下面的代码将在控件的 Enter 事件发生时选择文本框的内容。将 textBox1_Enter 事件处理程序绑定到控件，代码如下：

```
private void textBox1_Enter(object sender, System.EventArgs e)
{
    textBox1.SelectionStart = 0;
    textBox1.SelectionLength = textBox1.Text.Length;
}
```

TextBox 控件还提供了其他方法，以方便用户使用，如表 4.9 所示。

表 4.9　TextBox 控件的其他方法

方法名称	用　途	方法名称	用　途
Clear	清除文本框中的文本	Paste	用剪贴板内容替换文本框的文本
AppendText	向文本框里添加文字	Select	在文本框中选择指定范围的文本
Copy	将文本框的文本复制到剪贴板	SelectAll	选择文本框中的所有内容
Cut	将文本框的文本剪切到剪贴板	Paste	用剪贴板内容替换文本框的文本

【例 4.4】 创建“学生信息管理系统”的登录界面，并验证登录，用户名和密码均为 admin，如图 4.14 所示。

按照图 4.14 创建窗体和控件，各控件名称如表 4.10 所示。

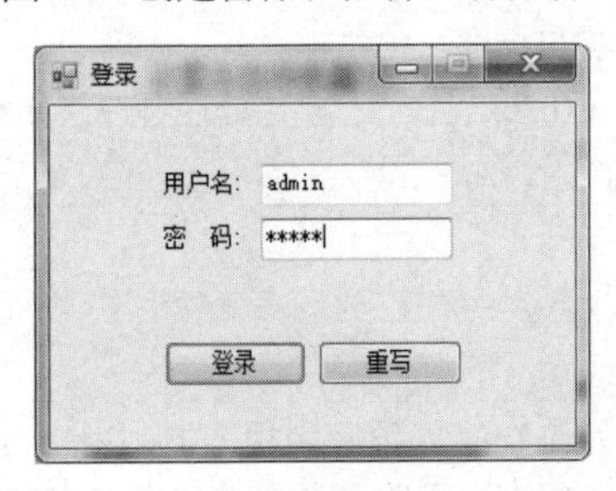

图 4.14 登录界面

表 4.10 控件名称

控　件	名　称
“用户名”文本框	tbxUsr
“密码”文本框	tbxPwd
“登录”按钮	myDefaultBtn
“重写”按钮	myCancelBtn

完成控件的布局之后，将窗体的 AcceptButton 设为 myDefaultBtn，将 CancelButton 设为 myCancelBtn，另外，将“密码”文本框的 PasswordChar 属性设为“*”。

分别双击 myDefaultBtn 控件和 myCancelBtn 控件，输入以下代码：

```
private void myDefaultBtn_Click(object sender, EventArgs e)
{
    if (tbxUsr.Text == string.Empty || tbxPwd.Text == string.Empty)
    {
        MessageBox.Show("信息不完整！", "提示");
        return;
    }
    if (!tbxUsr.Text.Equals("admin")||!tbxPwd.Text.Equals("admin"))
    {
        MessageBox.Show("用户名或密码不正确！", "提示");
    }
    else
    {
        Welcome.updateForm.Show();
        this.Close();
    }
}
private void myCancelBtn_Click(object sender, EventArgs e)
{
    tbxUsr.Clear();
    tbxPwd.Clear();
}
```

需要注意的是：在实际应用中，验证登录过程需要查询数据库，比对用户名和密码，而不是简单地将用户名和密码以明文字符串的形式写在程序中进行比对，这里仅作为示例。

4.3.4 图片框

Windows 窗体中的 PictureBox 控件用于显示位图、GIF、JPEG、图元文件或图标格式的图片。显示的图片由 Image 属性确定，SizeMode 属性控制图片和控件彼此适合的方式。可显示的图片文件类型如表 4.11 所示。

PictureBox 控件的属性可在设计时设置或在运行时用代码设置。

1．在设计时设置显示图片

在窗体上绘制PictureBox控件。在“属性”窗口中选择Image属性，单击⋯按钮显示“选择资源”对话框，如图4.15所示，单击“导入(M)…”按钮，在弹出的“打开”对话框中选择要显示的图片文件。

表 4.11　图片文件类型

类　型	文件扩展名
位图	.bmp
Icon	.ico
GIF	.gif
图元文件	.wmf
JPEG	.jpg

图 4.15　“选择资源”对话框

PictureBox 控件通过 SizeMode 属性选择如表 4.12 所列的 5 种显示方式之一。

表 4.12　PictureBox 的显示方式

名　称	效　果
Normal	图片放置在控件的左上角，如果图片大于控件，则剪裁图片的右下边缘
StretchImage	将图片的大小调整到控件的大小
AutoSize	将控件的大小调整为图片的大小
CenterImage	图片在控件内居中，如果图片大于控件，则剪裁图片的外边缘
Zoom	图片按自身原大小比例进行缩放，直到能完全显示在控件中

其中，Normal 和 CenterImage 都要对图片进行剪裁，显示的图片会不完整，而 StretchImage 方式可能导致图片质量受损，AutoSize 容易使窗体界面布局发生改变，相比之下，Zoom 方式较为理想，推荐优先采用。

2. 编程载入图片

图片也可以用编写程序的方式在运行时载入，并显示到界面上。

【例 4.5】 编写程序，在图 4.11 的“学生信息管理系统”表单界面上的图片框（⑥）里显示一张照片。

将一张照片“证件照.gif”放到“D:\My Documents\”目录下，在“修改学生信息”窗体（Update 类）的构造方法中输入如下代码：

```
using System;
…
namespace StudentMIS
{
    public partial class Update : Form
    {
        public static string path;
        public static string info;
        public Update()
        {
            InitializeComponent();
            path = @"D:\My Documents\证件照.gif";
            pictureBox1.Image = Image.FromFile(path);
        }
        …
    }
}
```

在“预览”窗体（Browser类）的构造方法中添加如下代码：

```
using System;
…
namespace StudentMIS
{
    public partial class Browser : Form
    {
        public Browser()
        {
            InitializeComponent();
            pictureBox1.Image = Image.FromFile(StudentMIS.Update.path);
            rtbxStudentInfo.Text = StudentMIS.Update.info;
        }
          …
    }
}
```

运行程序，如图4.16所示，界面上显示出照片，单击“提交”按钮，在出现的“预览”窗体中也可以看到照片。

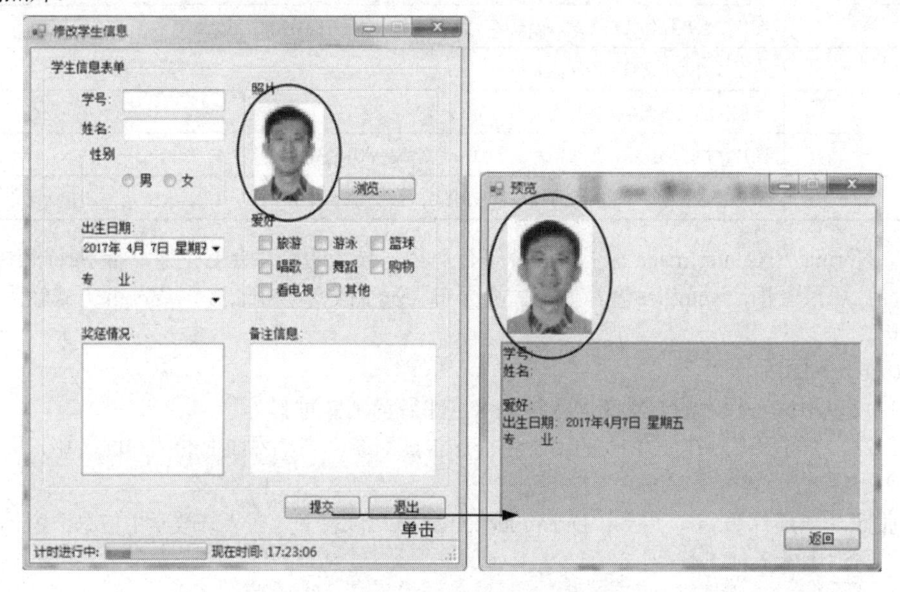

图4.16 照片显示

4.3.5 选择控件及分组

用户经常会在应用程序中进行单项或多项选择。单选按钮（RadioButton）和复选框（CheckBox）是Windows窗体中标准的选择控件，在界面设计中一般通过分组框（GroupBox）将它们组织在一起。

1. GroupBox控件

GroupBox控件用于为其他控件提供组合容器。GroupBox控件类似于Panel控件，但它可以显示标题（分组框的标题由Text属性定义），而Panel控件有滚动条。在设计中，当移动单个GroupBox控件时，它包含的所有控件也将一起移动。

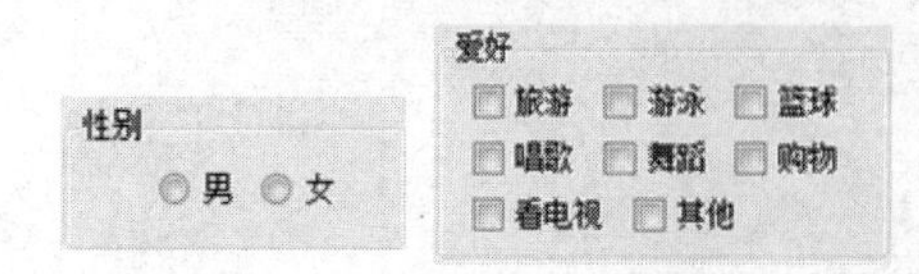

图4.17 GroupBox控件的作用

本项目中的“性别”分组框将“男”和“女”两个RadioButton控件进行组合，而“爱好”分组框则把包含诸多爱好项的CheckBox控件组织成为一个整体，如图4.17所示。

如果要把已有控件放到分组框中，则可以选择这些控件，将它们剪切到剪贴板中，在选中 GroupBox 控件后，将它们粘贴到控件中。最后，对 GroupBox 控件的 Text 属性进行设置。

2．RadioButton 控件

单选按钮 RadioButton 控件可设置两种或多种选项，以便于用户选择其中一个选项。

用户单击 RadioButton 控件时，其 Checked 属性设置为 true，并且调用 Click 事件处理程序。当 Checked 属性值更改时，将引发 CheckedChanged 事件。如果 AutoCheck 属性设置为 true（默认），当选择单选按钮时，将自动清除该组中的所有其他单选按钮。注意，仅当使用验证代码以确保选定的单选按钮是允许的选项时，才将该属性设置为 false。

【例 4.6】 RadioButton 控件的使用方法。

由于 RadioButton 控件被布局在“性别”分组框里，最简单的做法是使用 foreach 语句遍历组内控件。在图 4.11 中双击“提交”按钮，编写事件过程代码：

```
private void mySubmitBtn_Click(object sender, EventArgs e)
{
    info = "学号: " + tbxId.Text + "\r\n";
    info += "姓名: " + tbxName.Text + "\r\n";
    foreach (Control control in gbxSex.Controls)
    {
        if ((control as RadioButton).Checked)
        {
            info += "性别：" + (control as RadioButton).Text;
        }
    }
    …
    Welcome.browserForm = new Browser();
    Welcome.browserForm.Show();
    this.Opacity = 0;
}
```

程序运行结果如图 4.18 所示。

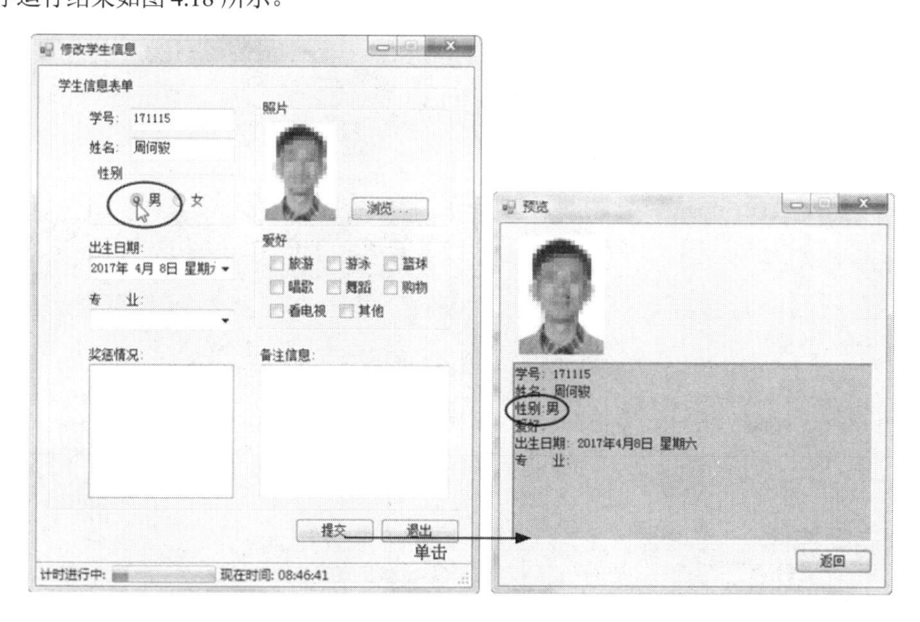

图 4.18　程序运行结果

3. CheckBox 控件

Windows 窗体中的 CheckBox（复选框）控件和 RadioButton（单选按钮）控件的差异很大。同一组中的单选按钮不能被用户同时选定；但对于同一组中的多个复选框，用户可以同时选定任意数目的复选框。

CheckBox 控件常被成组地使用，以显示多个选项，用户可以从中选择一项或多项。可以使用 GroupBox 控件对多个复选框进行分组。分组后的控件可以在窗体设计器上一起移动。

CheckBox 控件有两个重要属性：Checked 和 CheckState。Checked 属性返回 true 或 false。CheckState 属性返回 CheckState.Checked（选择）或 CheckState.Unchecked（未选择）。另外，如果将 CheckBox 控件的 ThreeState 属性设置为 true，那么 CheckState 还可能返回 CheckState.Indeterminate（不确定状态）。在不确定状态下，复选框以浅灰色显示，表示该选项不可用。

与 RadioButton 控件类似，组内的 CheckBox 控件也可以使用 foreach 语句遍历。

【例 4.7】 CheckBox 控件的使用方法。

在“提交”按钮的 Click 事件处理程序中，添加以下代码：

```
info += "\r\n 爱好: ";
foreach (Control control in gbxFavor.Controls)
{
        if ((control as CheckBox).Checked)
        {
                info += (control as CheckBox).Text+" ";
        }
}
```

上面的代码也是使用 Checked 属性确定控件的状态，以执行必要的操作。程序运行结果如图 4.19 所示。

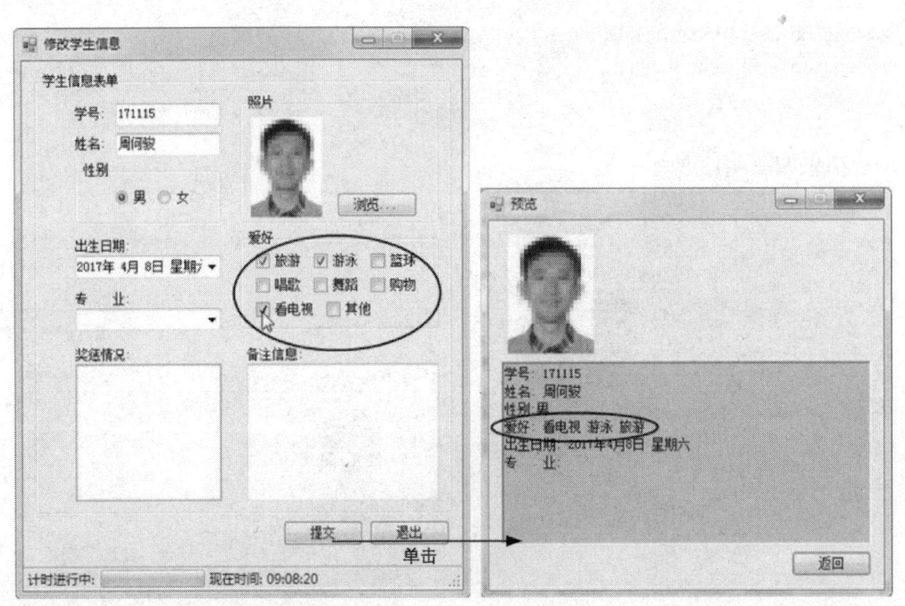

图 4.19　程序运行结果

4.3.6 列表类控件

用户在 Windows 程序中填写表单时，有一些栏目的内容必须为特定格式，或者只能限定于某几个特定选项中的一个。在这类情况下，最好的办法是使用列表类控件，将设定好的项目预置其中，供用户直接选择。

1．DateTimePicker 控件

DateTimePicker 控件可以让用户从日历中选择单个项，用来表示日期。日历的显示分为两部分：下拉列表和网格，如图 4.20 所示，当用户选定日期后，形如××××年 ×月 ×日 星期×的文本就会出现在控件顶部的文本区中。

DateTimePicker 控件的功能较多，比较复杂，但下面三个属性是最常用的。

（1）dateTimePicker1.Value：获取所选择的日期/时间。

（2）dateTimePicker1.Text：获取控件显示的“××××年 ×月 ×日 星期×”。

（3）dateTimePicker1.Value.Date：获取当前控件被选取的短日期。

2．ComboBox 控件

ComboBox 控件用于在下拉组合框中显示数据。在默认情况下，ComboBox 控件分两部分显示：第一部分（顶部）是一个允许用户输入列表项的文本框；第二部分是列表框，它显示用户可以选择的项。

DropDownStyle 属性决定 ComboBox 控件的样式及行为方式。ComboBox 控件的三种样式如图 4.21 所示。

图 4.20　DateTimePicker 控件的外观

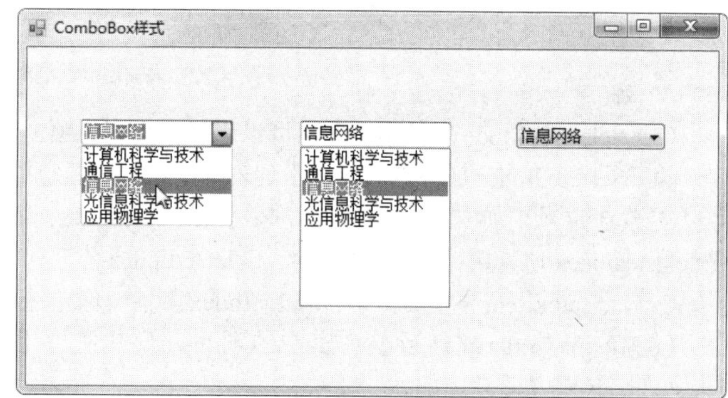

图 4.21　ComboBox 控件的三种样式

（1）DropDown——下拉式。控件顶部文本区中文本可被编辑，但只有在单击按钮时，列表才会显示。

（2）Simple——简单式。列表总是可见的，控件上的文本也可被编辑。

（3）DropDownList——下拉列表式。文本区中的内容不可被编辑，仅在单击按钮时，列表才会显示。

对于各种类型的 ComboBox 控件，都可以使用 Text 属性检索、编辑控件上显示的文本，使用 SelectedItem()方法和 SelectedIndex()方法可以得到列表中当前被选中条目的值及其索引。

【例 4.8】 DateTimePicker 控件和 ComboBox 控件的使用方法。

在“提交”按钮的 Click 事件处理程序中，添加以下两行代码：

```
info += "\r\n 出生日期: " + dateTimePicker1.Text;
info += "\r\n 专      业: " + comboBox1.Text;
```

程序运行结果如图 4.22 所示。

3．ListBox 控件

ListBox 控件用于显示列表项，用户可从中选择一项或多项。如果总项数超出可以显示的项数，则自动向 ListBox 控件添加滚动条。ListBox 控件中的属性设置如下。

（1）当 MultiColumn 属性设置为 true 时，列表框以多列形式显示，并且会出现一个水平滚动条。当 MultiColumn 属性设置为 false 时，列表框以单列形式显示，并且会出现一个垂直滚动条。

（2）当 ScrollAlwaysVisible 属性设置为 true 时，无论项数多少都将显示滚动条。

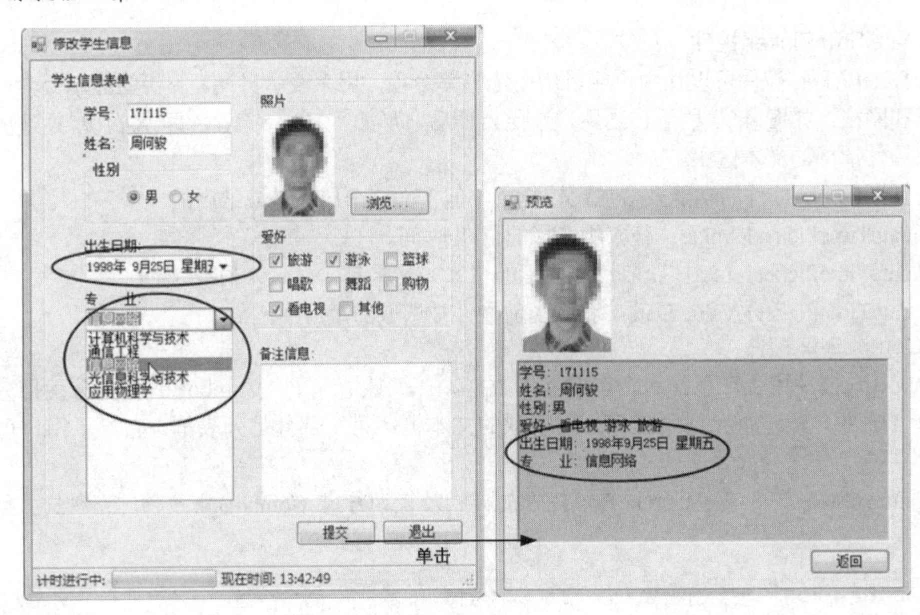

图 4.22 程序运行结果

（3）SelectionMode 属性指定一次可以选择多少列表项。

（4）SelectedIndex 属性返回对应于列表框中第一个选定项的整数值。通过更改 SelectedIndex 值，可以更改选定项。如果未选定任何项，则 SelectedIndex 值为–1；如果选定了列表中的第一项，则 SelectedIndex 值为0；当选定多项时，SelectedIndex 值返回列表中最先出现的选定项。

（5）SelectedItem 属性类似于 SelectedIndex 属性，但它返回选定项本身，通常是字符串值。

（6）Items.Count 属性反映列表中的项数，且其值总比 SelectedIndex 的最大可能值大 1，因为 SelectedIndex 是从零开始的。

若要在 ListBox 控件中添加或删除项，可使用 Items.AddItems.Insert、Items.Clear 或 Items.Remove 方法。也可以在设计时使用 Items 属性向列表中添加项。

【例 4.9】 在图 4.11 的“学生信息管理系统”表单界面的 ListBox 控件（⑧）中添加奖惩情况说明。要求在双击 ListBox 控件时进行添加，添加完毕后使第二项内容被选中，并显示已添加的项数。

奖惩情况在窗体上是用 ListBox 控件实现的，因此只要正确调用 ListBox 控件的相关方法即可。在 ListBox 控件的 DoubleClick 事件中添加如下代码：

```
private void listBox1_DoubleClick(object sender, EventArgs e)
{
    //首先清除所有现有项
    listBox1.Items.Clear();
    //用 Add 方法插入新项
    listBox1.Items.Add("2017 年度校优秀团员");
    listBox1.Items.Add("2017 年度一等奖学金");
    //用 Insert 方法插入新项
    listBox1.Items.Insert(2, "2017 年度校运动会 10000 米游泳冠军");
    //使第二项选中
    listBox1.SelectedIndex = 1;
    //获得添加的记录数
    string msg = string.Format("已添加奖惩记录{0}条", listBox1.Items.Count);
    MessageBox.Show(msg, "提示");
}
```

程序运行结果如图 4.23 所示。

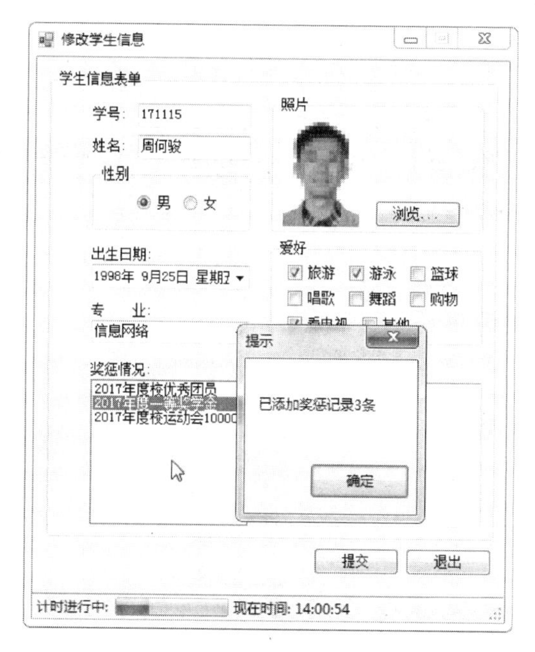

图 4.23　程序运行结果

4.3.7　状态显示控件

Windows 程序一般都会在其窗口底部设计状态栏，用于运行时实时地显示状态信息。

1. StatusStrip 控件

应用程序可通过 StatusStrip 控件在该区域显示各种状态信息。StatusStrip 控件上可以有状态栏面板，用于显示指示状态的文本或图标。例如，在将鼠标指针移动到超级链接时，Internet Explorer 使用状态栏指示该链接的 URL 信息；Microsoft Word 使用状态栏提供相关页位置、节位置和编辑模式（如改写和修订跟踪）的信息。

将工具箱中的 StatusStrip 图标（参见表 4.5⑪）拖到窗体设计区，在设计区下方会立刻出现如图 4.24 所示的组件栏，显示该控件的图标（图中用小椭圆圈出），窗体界面上出现设置条。

向 StatusStrip 控件中添加新项有以下两种方法。

1）直接添加

这是最简单的方法，如在图 4.24 中用大椭圆圈出的部分，直接单击设置条，在下拉列表中选择要添加的项。StatusStrip 控件是一个容器，能容纳以下 4 种子项（伴生类控件）。

（1）StatusLabel——表示 StatusStrip 控件上的一个状态标签，其功能类似于普通的标签（Label），但它专用于显示状态栏文本信息。

（2）ProgressBar——表示一个进度条控件，显示进程的完成状态。

（3）DropDownButton——显示用户可以从中选择单个项的关联 ToolStripDropDown。

（4）SplitButton——表示作为标准按钮和下拉菜单的一个分隔控件。

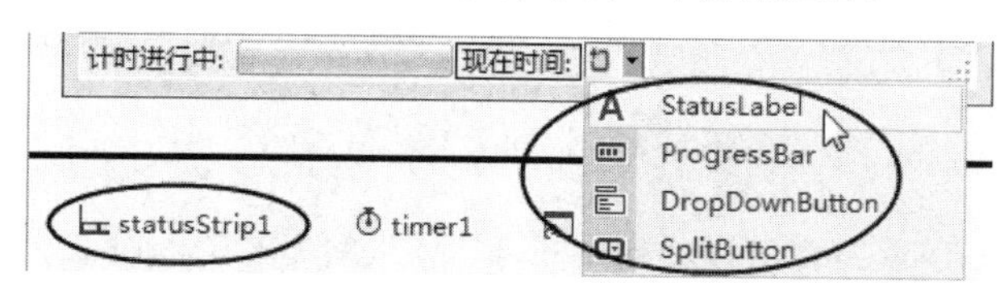

图 4.24　StatusStrip 图标和设置条

2）通过项集合编辑器添加

StatusStrip控件内的可编程区域包含在其Item属性集合中，在“属性”窗口中单击item 属性右边的[...]按钮，打开“项集合编辑器”窗口，如图4.25所示。

单击“添加”按钮和“删除”按钮分别向StatusStrip控件中添加和移除项。

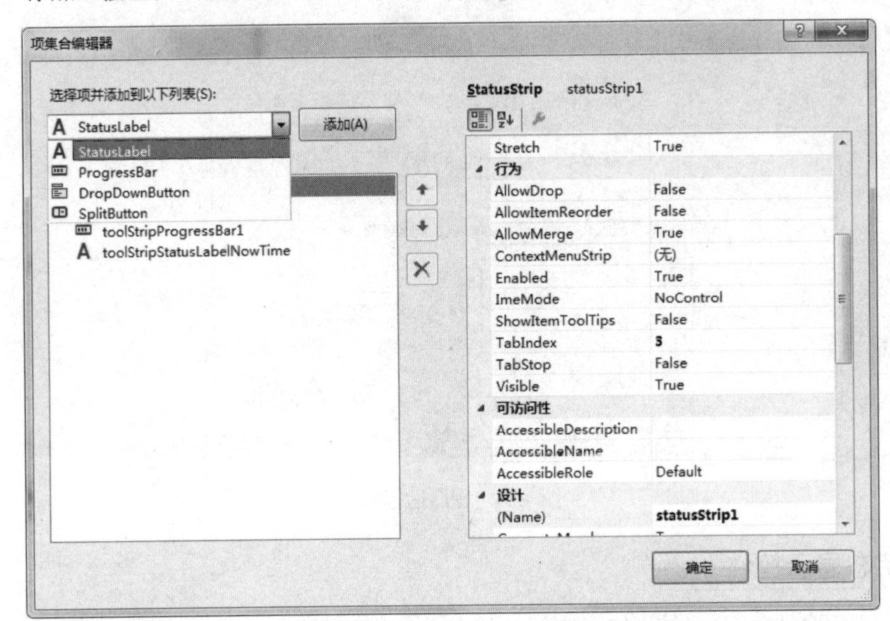

图4.25 “项集合编辑器”窗口

2. ProgressBar控件

ProgressBar（进度条）控件用来表示进度，它一般作为StatusStrip控件的伴生类控件出现，也可以单独使用。

ProgressBar控件有Minimun属性和Maximun属性，其默认值分别为0和100。Value属性表示当前值。可以把一个整数赋值给Value属性来设置控件的位置，或者使用Increment()方法和PerformStep()方法来改变Value属性的值。这些属性值不能由用户设定，只能由程序设定。

3. Timer控件

Timer（定时器）控件可以按照用户指定的时间间隔来触发事件，常用的属性有以下两个。

（1）Enabled属性。指定定时器是否处于运行状态，默认值为false，其值为true时，表示可以触发事件。

（2）InterVal属性。指定定时器控件触发的时间间隔，单位为毫秒（ms）。

定时器控件包括一个Tick事件。当定时器处于运行状态时，每次到达指定时间间隔，就会触发这个事件。

【例4.10】 综合应用StatusStrip、ProgressBar和Timer控件，在“学生信息管理系统”窗口底部实时地显示系统当前时间。

参照图4.24设计状态栏外观，从工具箱拖曳一个Timer控件到窗体。编写定时器的Tick事件，代码如下：

```
private void timer1_Tick(object sender, EventArgs e)
{
    toolStripStatusLabelNowTime.Text = string.Format("现在时间: {0}", DateTime.Now.ToLongTimeString());
    toolStripProgressBar1.PerformStep();
    if (toolStripProgressBar1.Value == toolStripProgressBar1.Maximum)
```

```
        {
            toolStripProgressBar1.Value = toolStripProgressBar1.Minimum;
        }
    }
```

运行程序，系统时间实时显示如图 4.26 所示。

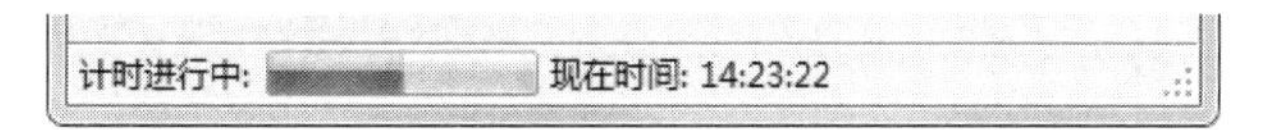

图 4.26　系统时间实时显示

4.4　对话框

对话框是用于交互和检索信息的一类特殊窗体，通常不包含菜单栏、窗口滚动条、“最小化”/“最大化”按钮、状态栏和可调整边框。

4.4.1　消息框

消息框是最简单的一类对话框，用来显示提示、警告等信息，在前面的【例 4.4】和【例 4.9】中都使用过。.NET 框架使用 MessageBox 类来封装消息对话框，调用其静态成员方法 Show()进行显示。如下代码弹出的对话框如图 4.27 所示。

```
MessageBox.Show("用户名或密码不正确！");
```

当 Show()方法只指定一个参数时，表示要显示的消息内容，且只有一个“确定”按钮。当然，Show()方法也可以指定第二个参数，用来表示消息对话框的标题内容，还可以在第三个参数中指定要显示的按钮（MessageBoxButtons.枚举值），在第四个参数中指定消息对话框的图标（MessageBoxIcon.枚举值），在第五个参数中指定消息对话框的默认按钮（MessageBoxDefaultButton.枚举值）。默认按钮是指在消息对话框中一开始具有输入焦点的按钮，在该按钮周围有一个黑色虚框，这样，用户可直接通过按 Enter 键来选择该按钮。如下代码弹出的对话框如图 4.28 所示。

```
MessageBox.Show("用户名或密码不正确,要重新输入吗？","提示",MessageBoxButtons.OKCancel,
                                                        MessageBoxIcon.Information);
```

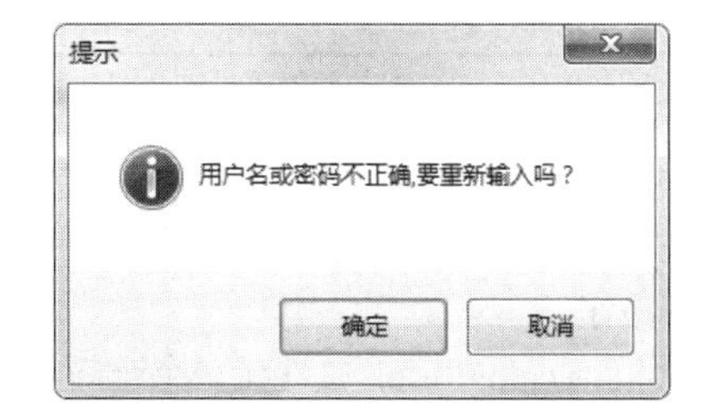

图 4.27　只显示内容的消息框　　　　图 4.28　完整的消息框

消息对话框中的按钮、图标和默认按钮的枚举值如表 4.13 所示。

表 4.13　消息对话框中的按钮、图标和默认按钮的枚举值

类　别	枚 举 值	说　明
MessageBoxButtons	OK	消息框包含“确定”按钮
	OKCancel	消息框包含“确定”和“取消”按钮
	AbortRetryIgnore	消息框包含“中止”、“重试”和“忽略”按钮

续表

类　别	枚举值	说　明
MessageBoxButtons	YesNoCancel	消息框包含“是”、“否”和“取消”按钮
	YesNo	消息框包含“是”和“否”按钮
	RetryCancel	消息框包含“重试”和“取消”按钮
MessageBoxIcon	None	消息框未包含符号
	Hand、Error、Stop	表示图标为⊗
	Question	表示图标为?
	Exclamation、Warning	表示图标为⚠
	Asterisk、Information	表示图标为ℹ
MessageBoxDefaultButton	Button1	消息框上的第一个按钮是默认按钮
	Button2	消息框上的第二个按钮是默认按钮
	Button3	消息框上的第三个按钮是默认按钮

4.4.2 模式对话框

模式对话框是指在得到事件响应之前，阻止用户切换到其他窗体的对话框。若把一个窗体作为模式对话框使用，则调用Form类的ShowDialog()方法。ShowDialog()方法返回一个DialogResult值，通知用户对话框中的哪个按钮被单击。DialogResult是一个枚举类型，表4.14给出了它的成员及其描述。

表4.14 DialogResult成员及其描述

成　员	描　述	成　员	描　述
Abort	当Abort按钮被单击时返回	None	意味着模式对话框仍在运行
Cancel	当Cancel按钮被单击时返回	OK	当OK按钮被单击时返回
Ignore	当Ignore按钮被单击时返回	Retry	当Retry按钮被单击时返回
No	当No按钮被单击时返回	Yes	当Yes按钮被单击时返回

用户界面设计指南规定，在对话框中必须设计按钮，这些按钮让用户选择如何释放对话框。对话框一般都有OK按钮和Cancel按钮，这两个按钮很特殊，按Enter键与单击OK按钮的效果相同，而按Esc键与单击Cancel按钮的效果相同。可以使用窗体的AcceptButton和CancelButton属性指定OK按钮或Cancel按钮。

通过给窗体的DialogResult属性赋一个合适的值，就可以设置对话框的返回值，如下所示：

```
this.DialogResult = DialogResult.Yes;
```

给DialogResult属性赋值，通常是关闭对话框，或者返回控制发出ShowDialog()请求的窗体。如果出于某些原因想阻止该属性关闭对话框，则可使用DialogResult.None值，对话框将保持打开状态。

当给Button对象的DialogResult属性赋值时，单击该按钮，将关闭对话框且返回一个值给父窗体。

4.4.3 通用对话框

Windows窗体中内置了几个通用的对话框（Common Dialog），它们允许用户执行常用的任务，如打开/关闭文件、选择字体和颜色等。这些对话框提供执行相应任务的标准方法，使用它们将赋予应用程序公认和熟悉的界面，并且通用对话框的屏幕显示是由代码运行的操作系统版本提供的，能够适应未来的 Windows 版本，建议读者在编程时尽可能使用系统提供的通用对话框。

通用对话框用 CommDialog 类表示（注意，它不是 Form 类的子类），该类有 7 个子类，如表 4.15 所示。

表 4.15　通用对话框的子类

类	描　述
OpenFileDialog	允许用户选择打开一个文件
SaveFileDialog	允许用户选择一个目录和文件名来保存文件
FontDialog	允许用户选择字体
ColorDialog	允许用户选择颜色
PrintDialog	允许用户选择打印机和打印文档的哪一部分
PrintPreviewDialog	允许用户选择打印预览
PageSetupDialog	显示一个对话框，允许用户选择页面设置，包括页边距及纸张方向

1．文件对话框

OpenFileDialog 和 SaveFileDialog 类派生自 FileDialog 抽象基类，该基类提供了与打开/关闭文件对话框相同的文件功能。下面分别对这两个类进行介绍。

（1）OpenFileDialog 类是一个选择文件的组件。“打开”对话框如图 4.29 所示。

图 4.29　“打开”对话框

该组件允许用户选择要打开的文件，设置组件的 Filter 属性可以过滤被选择文件的类型。在工具箱中，该组件的图标为 。OpenFileDialog 组件常用属性、方法和事件及说明如表 4.16 所示。

表 4.16　OpenFileDialog 组件常用属性、方法和事件及说明

属性/方法/事件	说　明
AddExtension 属性	获取或设置一个值，该值表示如果用户省略扩展名，对话框是否自动在文件名中添加扩展名
DefaultExt 属性	获取或设置默认文件扩展名
FileName 属性	获取或设置一个包含在文件对话框中选定的文件名的字符串

续表

属性/方法/事件	说　明
FileNames 属性	获取对话框中所有选定文件的文件名
FilterIndex 属性	获取或设置文件对话框中当前选定筛选器的索引
InitialDirectory 属性	获取或设置文件对话框显示的初始目录
Multiselect 属性	获取或设置一个值，该值指示对话框是否允许选择多个文件
OpenFile 方法	打开用户选定的具有只读权限的文件，该文件由 FileName 属性指定
ShowDialog 方法	运行通用对话框
FileOk 事件	当用户单击文件对话框中的“打开”或“保存”按钮时发生

（2）SaveFileDialog组件显示一个预先配置的对话框，其在工具箱中的图标为 。用户可以使用该对话框将文件保存到指定的位置。“另存为”对话框如图4.30所示。

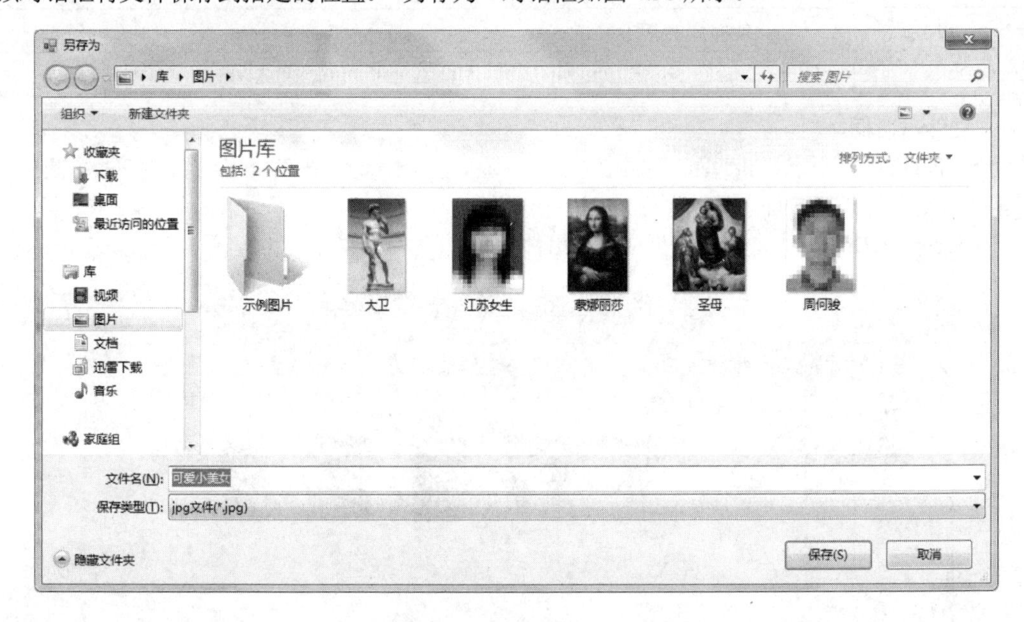

图4.30 “另存为”对话框

SaveFileDialog组件继承了OpenFileDialog组件的大部分属性、方法和事件，其说明如表4.17所示。

表4.17　SaveFileDialog组件常用属性、方法和事件及说明

属性/方法/事件	说　明
AddExtension 属性	获取或设置一个值，该值表示如果用户省略扩展名，对话框是否自动在文件名中添加扩展名
CreatePrompt 属性	获取或设置一个值，该值表示如果用户指定不存在的文件，对话框是否提示用户允许创建该文件
OverwritePrompt 属性	获取或设置一个值，该值表示如果用户指定的文件名已存在，“另存为”对话框是否显示警告信息
OpenFile 方法	打开用户选定的具有读/写权限的文件
FileOk 事件	当用户单击文件对话框中的“打开”或“保存”按钮时发生
HelpRequest 事件	当用户单击通用对话框中的“帮助”按钮时发生
Disposed 事件	添加事件处理程序以侦听组件上的 Disposed 事件

2. “字体”对话框

“字体”对话框（FontDialog）用于设置操作系统中当前安装的字体。“字体”对话框如图 4.31 所示。

在默认情况下，“字体”对话框显示“字体”、“字形”和“大小”列表框，“删除线”和“下画线”等复选框，“字符集”下拉列表等选项，其在工具箱中的图标为 。

“字体”对话框常用属性、方法和事件及说明如表 4.18 所示。

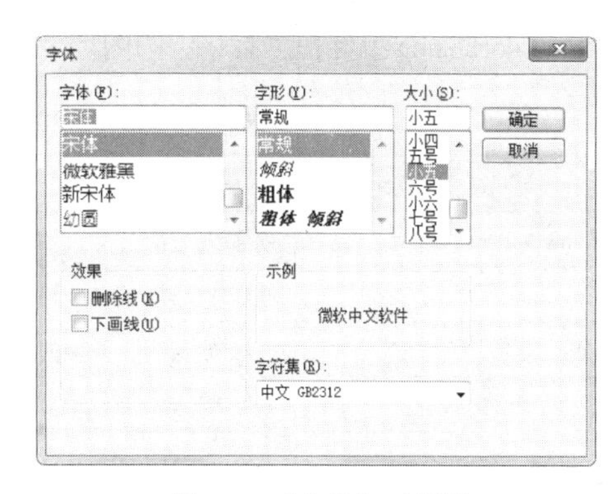

图 4.31 “字体”对话框

表 4.18 “字体”对话框常用属性、方法和事件及说明

属性/方法/事件	说　明
AllowScriptChange 属性	获取或设置一个值，该值表示用户能否更改“脚本”组合框中指定的字符集，以显示除当前所显示字符集外的字符集
AllowVerticalFonts 属性	获取或设置一个值，该值表示对话框是既显示垂直字体又显示水平字体，还是只显示水平字体
Color 属性	获取或设置选定字体的颜色
Font 属性	获取或设置选定的字体
MaxSize 属性	获取或设置用户可选择的最大磅值
MinSize 属性	获取或设置用户可选择的最小磅值
ShowApply 属性	获取或设置一个值，该值表示对话框是否包含“应用”按钮
ShowColor 属性	获取或设置一个值，该值表示对话框是否显示颜色选项
ShowEffects 属性	获取或设置一个值，该值表示对话框是否包含允许用户指定删除线、下画线和文本颜色选项的控件
ShowHelp 属性	获取或设置一个值，该值表示对话框是否显示“帮助”按钮
Reset 方法	将所有对话框选项重置为默认值
ShowDialog 方法	运行通用对话框
Apply 事件	当用户单击“字体”对话框中的“应用”按钮时发生

3. “颜色”对话框

“颜色”对话框（ColorDialog）用于选择颜色，允许用户从调色板选择颜色或自定义颜色。“颜色”对话框如图 4.32 所示。

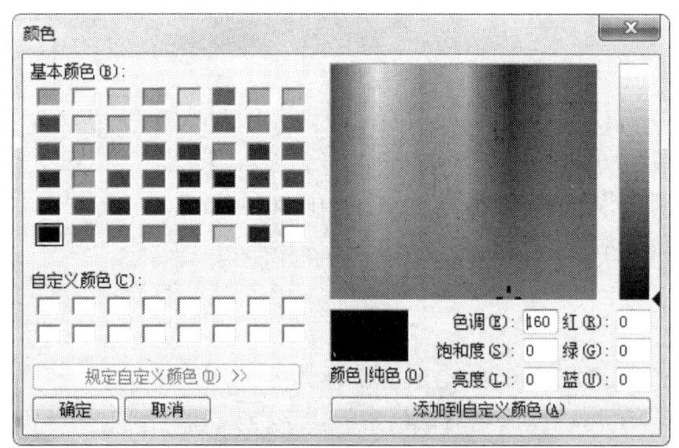

图 4.32 “颜色”对话框

ColorDialog组件在工具箱中的图标为 ，其常用属性、方法和事件及说明如表4.19所示。

表4.19 ColorDialog组件常用属性、方法和事件及说明

属性/方法/事件	说明
AllowFullOpen 属性	获取或设置一个值，该值表示用户是否可以使用该对话框自定义颜色
AnyColor 属性	获取或设置一个值，该值表示对话框是否显示基本颜色集中可用的所有颜色
Color 属性	获取或设置用户选定的颜色
CustomColors 属性	获取或设置对话框中显示的自定义颜色集
FullOpen 属性	获取或设置一个值，该值表示用于创建自定义颜色的控件在对话框打开时是否可见
SolidColorOnly 属性	获取或设置一个值，该值表示对话框是否限制用户只选择纯色
ShowDialog 方法	运行通用对话框
ToString 方法	返回表示 ColorDialog 的字符串
Disposed 事件	添加事件处理程序以侦听组件上的 Disposed 事件

4.4.4 应用举例

【例4.11】 修改“学生信息管理系统”表单界面，运用OpenFileDialog对话框实现运行时由用户自主选择加载学生照片的功能。

原来系统的学生照片是在编程时就指定存放路径的，现在改为运行时用户自选照片，故要将Update类构造方法中原来用于预加载照片的两句注释掉，代码如下：

```
using System;
…
namespace StudentMIS
{
    public partial class Update : Form
    {
        public static string path;
        public static string info;
        public Update()
        {
            InitializeComponent();
            //path = @"D:\My Documents\证件照.gif";            //注释掉
            //pictureBox1.Image = Image.FromFile(path);        //注释掉
        }
          …
    }
}
```

将“照片”框里的“浏览”按钮命名为myOpenPictureBtn，为其编写事件过程如下：

```
private void myOpenPictureBtn_Click(object sender, EventArgs e)
{
    //设置文件对话框显示的初始目录
    this.openFileDialog1.InitialDirectory = @"D:\My Documents\My Pictures";
    //设置当前选定筛选器字符串以决定对话框中的“文档类型”选项
    this.openFileDialog1.Filter = "bmp 文件(*.bmp)|*.bmp|gif 文件(*.gif)|*.gif|jpeg 文件(*.jpg)|*.jpg";
    //设置对话框中当前选定筛选器的索引
```

```
        this.openFileDialog1.FilterIndex = 3;
        //关闭对话框，还原当前的目录
        this.openFileDialog1.RestoreDirectory = true;
        //设置对话框的标题
        this.openFileDialog1.Title = "选择学生照片";
        if (this.openFileDialog1.ShowDialog() == DialogResult.OK)
        {
            path = this.openFileDialog1.FileName;                    //获取文件路径
        }
        pictureBox1.Image = Image.FromFile(path);                    //加载照片
    }
```

运行程序，在“学生信息表单”界面上单击“照片”框的“浏览”按钮，弹出“选择学生照片”对话框，如图 4.33 所示，用户选择照片后，该照片被放入“照片”框中。

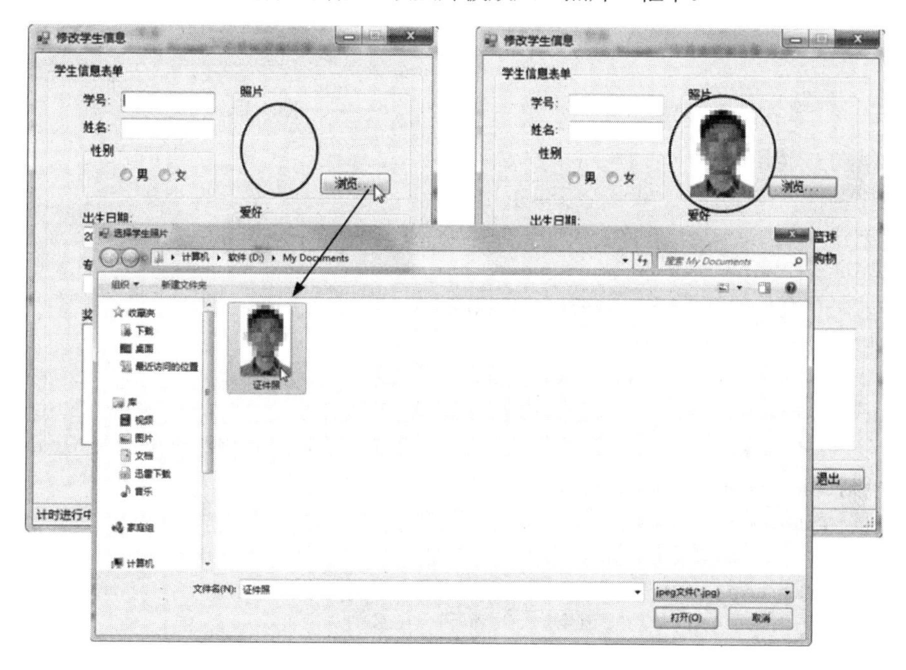

图 4.33　选择学生照片

4.5　文档

Windows 文档类程序的共同特点是：具有菜单栏和文本编辑区，且支持同时打开多个文档编辑窗口。Windows 系统自带的记事本和 Microsoft Office 系列都是典型的文档应用程序。

4.5.1　菜单设计

菜单（MenuStrip）是文档应用程序最基本的界面元素，它在工具箱中的图标为 。文档应用程序可以为不同的上下文（程序状态）显示不同的菜单，菜单包含多个 MenuStrip 对象，每个对象向用户显示不同的菜单选项，处理用户与应用程序交互时程序的不同状态。下面介绍几个菜单设计方法。

1．在设计时创建菜单

在 Windows 窗体设计器中打开需要菜单的窗体，双击工具箱中的 MenuStrip 组件，即向窗体顶部添加了一个菜单，并且MenuStrip组件也添加到了组件栏，菜单设计器如图4.34所示。

在菜单设计器中，选中设计条，在“请在此处键入”框中输入“文件（&F）”，则添加了“文件”菜单，其中“（&F）”是用来定义该菜单的助记符。首先，用这样的方法创建“文件”和“编辑”两个顶级菜单；然后，依次在顶级菜单“文件”下创建三个子菜单，分别设置为“新建（N）”、“打开（O）”和“退出（E）”。最终设计效果如图4.35所示。

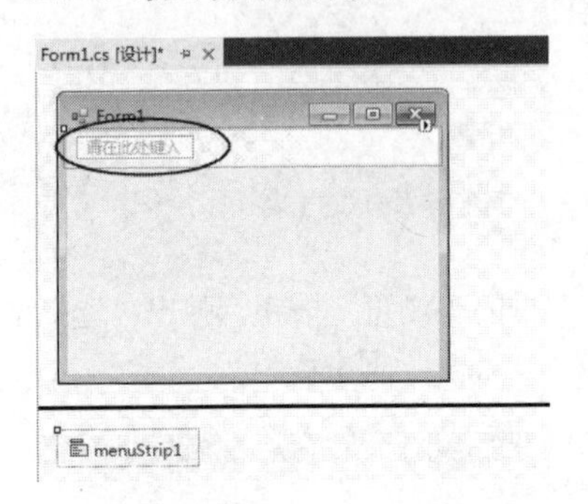

图4.34　菜单设计器

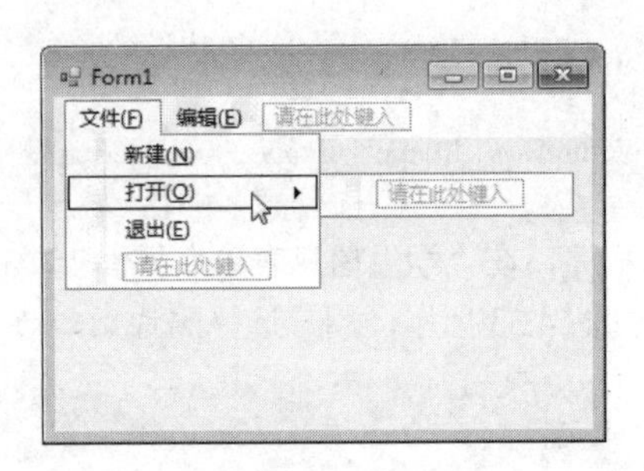

图4.35　创建菜单

2．以编程方式创建菜单

也可以用编程方式添加一个或多个菜单条目。

首先，创建一个MenuStrip对象：

```
MenuStrip menu = new MenuStrip();
```

菜单中的每个菜单项都是一个ToolStripMenuItem对象，因此要确定创建哪些顶级菜单项。这里创建“文件”和“编辑”两个顶级菜单。

```
ToolStripMenuItem item1 = new ToolStripMenuItem("文件(&F)");
ToolStripMenuItem item2 = new ToolStripMenuItem("编辑(&E)");
```

然后，使用MenuStrip的Items集合的AddRange方法一次性地将顶级菜单加入MenuStrip。此方法要求用一个ToolStripItem数组作为传入参数：

```
menu.Items.AddRange(new ToolStripItem[] { item1, item2 });
```

继续创建三个ToolStripMenuItem对象，作为顶级菜单“文件”的下拉子菜单项：

```
ToolStripMenuItem item3 = new ToolStripMenuItem("新建(&N)");
ToolStripMenuItem item4 = new ToolStripMenuItem("打开(&O)");
ToolStripMenuItem item5 = new ToolStripMenuItem("退出(&E)");
```

将创建好的三个下拉子菜单项添加到顶级菜单下。注意，这里不再调用Items属性的AddRange方法，而是调用顶级菜单的DropDownItems属性的AddRange方法：

```
item1.DropDownItems.AddRange(new ToolStripItem[] { item3, item4, item5 });
```

最后，将创建好的菜单对象添加到窗体的控件集合中：

```
this.Controls.Add(menu);
```

至此，以编程方式创建菜单就完成了，读者可自行创建更多的二级、三级菜单。

3．禁用和删除菜单项

禁用菜单项只需要将菜单项的Enabled属性设置为false即可。以上面创建的“打开”菜单项为例，禁用该菜单项的代码如下：

```
item4.Enabled = false;
```

删除菜单项就是将该菜单项从相应MenuStrip的Items集合中删除。根据应用程序的运行需要，如果此菜单项以后需要再次使用，则最好隐藏或暂时禁用它而不是删除。MenuStrip对象的Items集合中的Remove方法可以删除指定的ToolStripMenuItem对象，用于删除顶级菜单；若要删除二级或三级菜单，则要使用父级ToolStripMenuItem对象的DropDownItems集合中的Remove方法。

4．上下文菜单

在 Windows 应用程序中经常会用到上下文菜单（ContextMenu），它在工具箱中的图标为 。该菜单不同于固定在菜单栏中的主菜单，它是在窗体表面上的浮动式菜单，通常在单击鼠标右键时显示，显示的位置取决于鼠标指针所在的位置。Word 程序中的上下文菜单如图 4.36 所示。

创建上下文快捷菜单的方法是：将 ContextMenu 控件拖动到窗体中，一般显示在窗体设计区下方的组件栏里。选中 ContextMenu 控件，窗体的菜单栏部位会出现一个名为 ContextMenuStrip 的可视化菜单编辑器，如图 4.37 所示，通过该编辑器就可以用与设计主菜单的子菜单相同的方法来设计上下文菜单。

一个窗体只需要一个 MainMenu，但可以有多个 ContextMenu，它们既可与窗体本身关联，也可与窗体上的其他控件关联，关联的方法是使用 ContextMenu 属性，把窗体或控件的 ContextMenu 属性设置为前面定义的 ContextMenu 的名称即可。上下文菜单中菜单项的属性、方法和事件过程，与主菜单的完全相同，按照同样的方法设置即可。

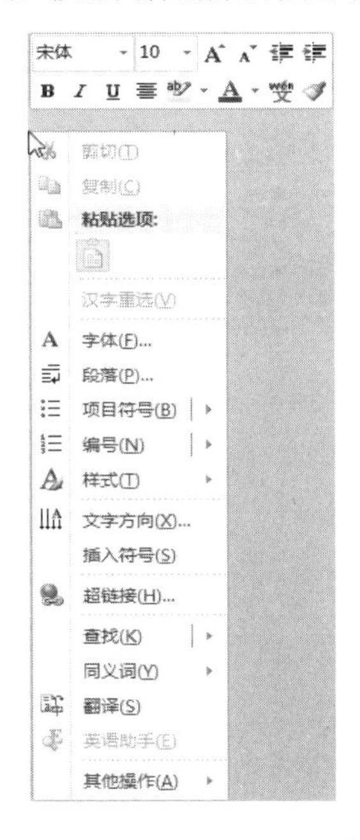

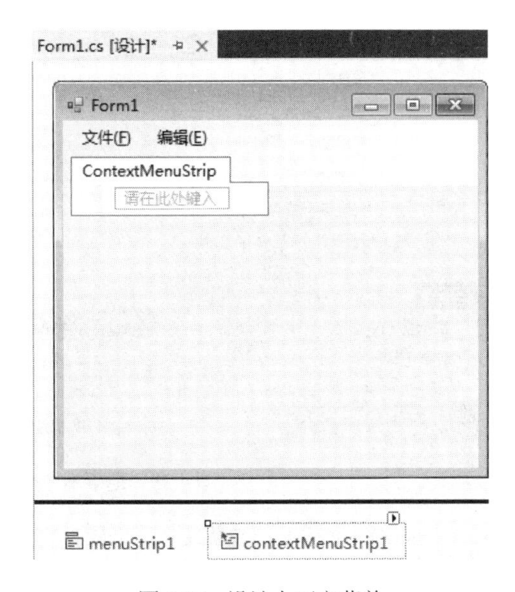

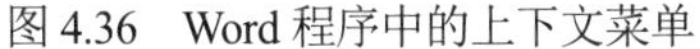

图 4.36　Word 程序中的上下文菜单　　　　图 4.37　设计上下文菜单

4.5.2　单文档界面（SDI）

学会了如何设计菜单，就能够开发出具有标准 Windows 文档界面的应用程序，其中最简单的是单文档的文本编辑器。

【例 4.12】 综合运用各种菜单设计技术，仿制一个 Windows 系统记事本程序。

1．添加控件

新建 WinForm 项目，命名为 Notepad。从工具箱中拖曳 MenuStrip、ContextMenuStrip、TextBox 和 StatusStrip 控件到窗体中。设置窗体和文本框控件的属性，如表 4.20 所示，将文本框的 Location 和 Size 属性调整为适当的值，使得文本框能紧贴菜单栏下边沿和状态栏上边沿。

表 4.20　属性设置

类　别	名　称	属　性	设 置 值
Form	frmTxt	Text	无标题—记事本

续表

类　别	名　称	属　性	设 置 值
TextBox	textBox1	Anchor	Top、Bottom、Left、Right
		Multiline	True
		ScrollBars	Both
		ContextMenuStrip	contextMenuStrip1

2．其他控件设置

（1）menuStrip1 属性设置。

按照如图 4.38（a）、（b）、（c）、（d）、（e）所示分别添加主菜单及子菜单。在“格式”菜单的子菜单项“自动换行”的“属性”窗口中，设置 Checked 属性值为 True。同样，在“查看”菜单的子菜单项“状态栏”的“属性”窗口中，设置 Checked 属性值为 True。

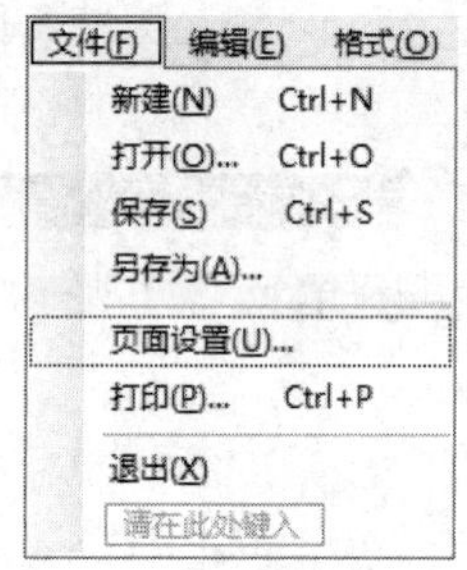

（a）“文件”菜单及子菜单

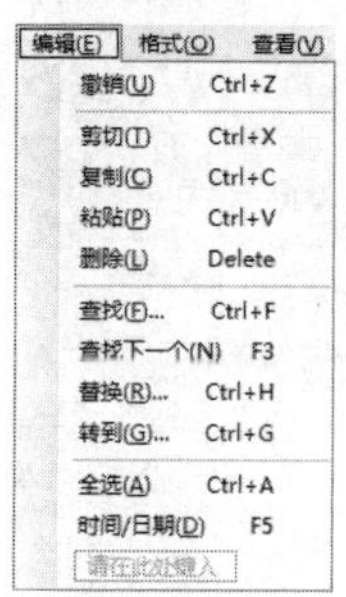

（b）“编辑”菜单及子菜单

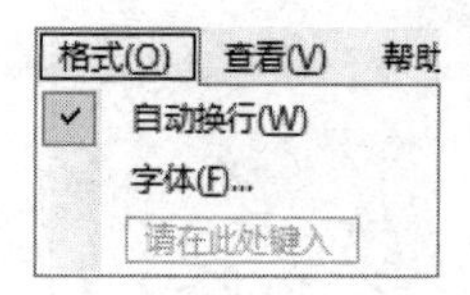

（c）“格式”菜单及子菜单

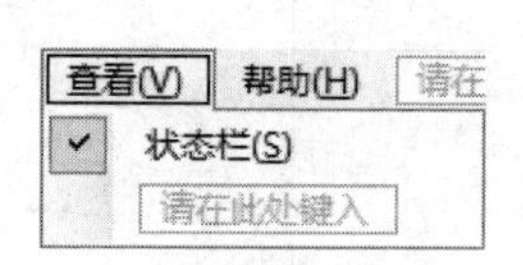

（d）“查看”菜单及子菜单

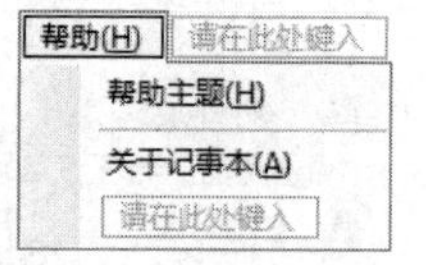

（e）“帮助”菜单及子菜单

图 4.38　记事本主菜单的设计

打开“文件”菜单的子菜单项“新建”的“属性”窗口，设置与菜单项关联的快捷键 ShortcutKeys 属性，如图 4.39 所示。其他子菜单的快捷键设置与此类似。

（2）statusStrip1 属性设置。

单击图标，在下拉列表中选中 StatusLabel 选项，如图 4.40 所示，打开所添加的 toolStripStatusLabel1 属性窗口，将 Text 属性值设为空。

（3）contextMenuStrip1 属性设置。

选中 contextMenuStrip1，在“请在此处键入”框中输入“撤销（&U）”，添加“撤销”菜单项，用同样的方法添加其他快捷菜单项，如图 4.41 所示。

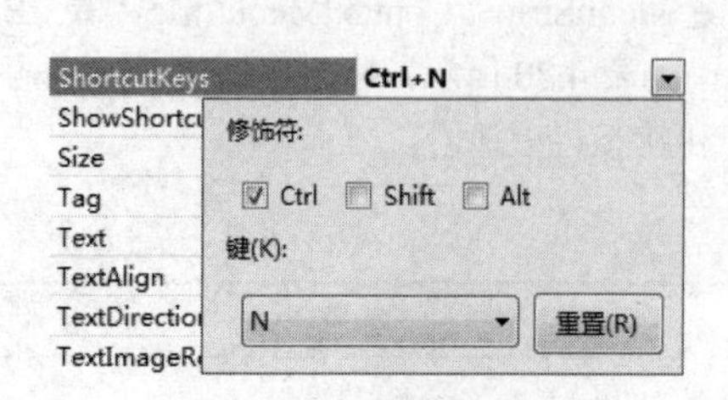

图 4.39　设置快捷键

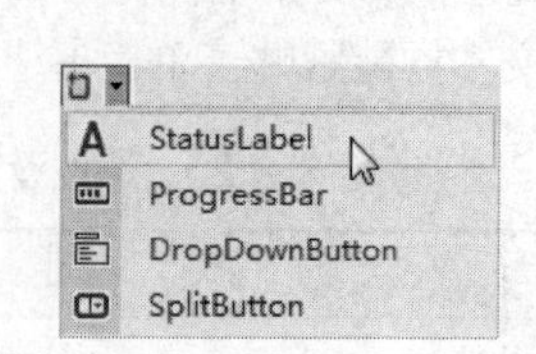

图 4.40　选择状态栏选项

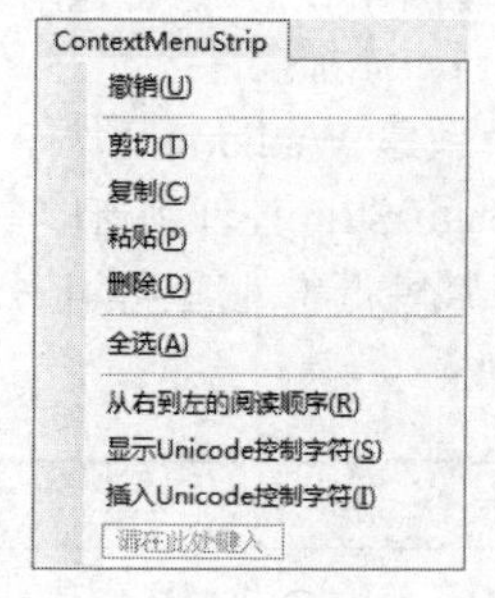

图 4.41　设计后的快捷菜单

3．添加代码

在窗体设计器中分别双击菜单栏中的“撤销”、“剪切”、“复制”、“粘贴”、“删除”菜单按钮，在事件窗口中为上下文菜单添加事件过程代码：

```
private void 撤销UToolStripMenuItem_Click(object sender, EventArgs e)
{
    textBox1.Undo();
}
private void 剪切TToolStripMenuItem_Click(object sender, EventArgs e)
{
    textBox1.Cut();
}
private void 复制CToolStripMenuItem_Click(object sender, EventArgs e)
{
    textBox1.Copy();
}
private void 粘贴PToolStripMenuItem_Click(object sender, EventArgs e)
{
    textBox1.Paste();
}
private void 删除LToolStripMenuItem_Click(object sender, EventArgs e)
{
    textBox1.SelectedText = "";
}
```

添加文本框 textBox1 的 TextChanged 事件，在代码编辑窗口中添加如下代码：

```
private void textBox1_TextChanged(object sender, EventArgs e)                //显示行数与列数
{
    string str = textBox1.Text;
    int m = textBox1.SelectionStart;
    int Ln = 0;
    int Col = 0;
    for (int i = m-1; i >= 0; i--)
    {
        if (str[i] == '\n')
        {
            Ln++;
        }
        if (Ln < 1)
        {
            Col++;
        }
    }
    Ln = Ln + 1;
    Col = Col + 1;
    toolStripStatusLabel1.Text = "行:" + Ln.ToString() + "," + "列:" + Col.ToString();
}
```

4．运行程序

运行程序，输入文字，记事本程序运行结果如图 4.42 所示。至此，一个与 Windows 系统记事本程序相仿的程序就制作完成了。

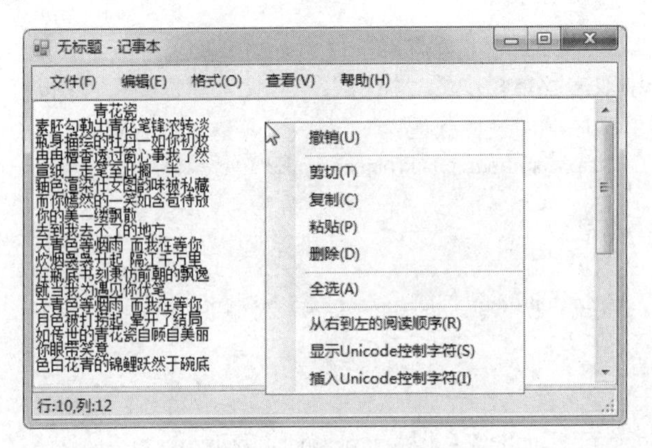

图 4.42　记事本程序运行结果

4.5.3　多文档界面（MDI）

多文档界面（Multiple Document Interface，MDI）应用程序能同时显示多个文档，每个文档显示在各自的窗口中。MDI 应用程序中常有包含子菜单的“窗口”主菜单，用于在窗口或文档之间切换。

1．创建 MDI 父窗体

在 MDI 应用程序中，MDI 父窗体是包含 MDI 子窗口的窗体。在“Windows 窗体设计器”中创建 MDI 父窗体很方便，只需在“属性”窗口中将 IsMDIContainer 属性设置为 true，就可将该窗体指定为子窗口的 MDI 容器。

> **注意：**
> 在“属性”窗口中设置属性时，根据需要可将 WindowState 属性设置为 Maximized，因为当父窗体最大化时操作 MDI 子窗口最容易。

将 MenuStrip 组件从工具箱拖曳至窗体中，创建一个 Text 属性为“文件（&F）”的顶级菜单，该菜单带有“新建（N）”和“关闭（C）”两个子菜单项。再创建一个名为“窗口（W）”的顶级菜单。第一个菜单将在运行时创建并隐藏菜单项，而第二个菜单将跟踪打开 MDI 子窗口。此时，已创建了一个 MDI 父窗体，运行结果如图 4.43 所示。

2．创建 MDI 子窗体

多文档应用程序的基础是 MDI 子窗体，因为它们才是用户交互的中心。在创建了 MDI 父窗体的基础上，开始创建并打开子窗体。

（1）在项目中添加一个如图 4.44 所示的窗体（名称为 Form2），作为子窗体。拖曳一个 RichTextBox 控件至该窗体中，在“属性”窗口中将 Anchor 属性设置为“Top,Left”，并将 Dock 属性设置为“Fill”，这样，即使调整窗体的大小，RichTextBox 控件也会完全填充该窗体的表面区域。

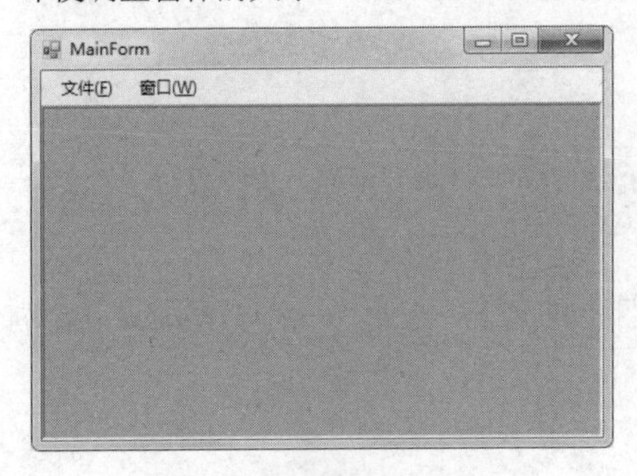

图 4.43　父窗体运行结果

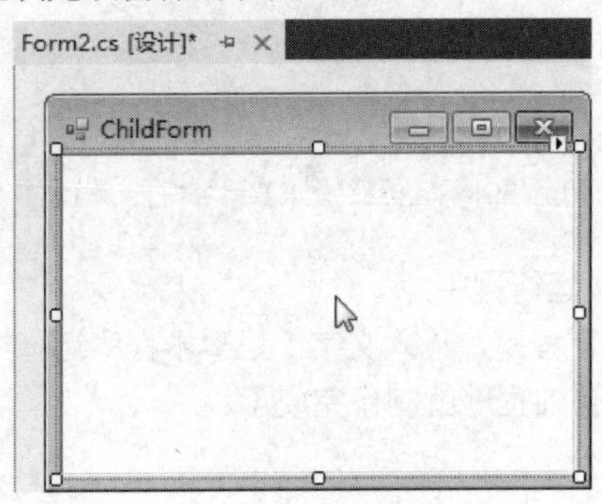

图 4.44　子窗体设计

（2）为“文件”菜单的“新建”菜单项创建Click事件处理程序，代码如下：

```
private void 新建NToolStripMenuItem_Click(object sender, EventArgs e)
{
    Form2 MDIChild = new Form2();
    //设置子窗体的父窗体
    MDIChild.MdiParent = this;
    //创建一个 MDI 子窗体并显示
    MDIChild.Show();
}
```

（3）运行程序，每选择一次“文件”→“新建”菜单项，就会创建一个新的MDI子窗体，运行结果如图4.45所示。

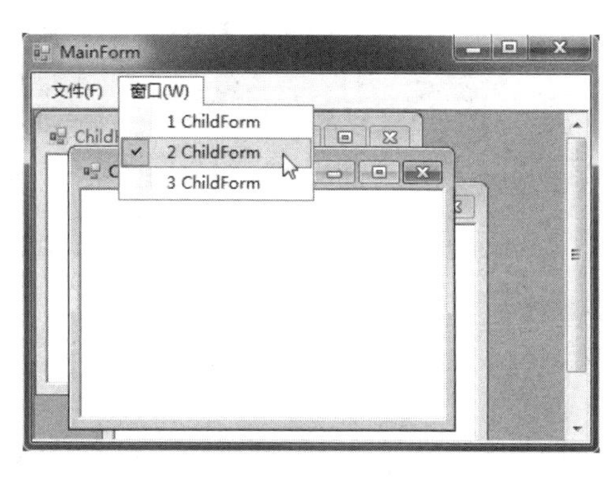

图 4.45　子窗体运行结果

从运行结果来看，创建新的MDI子窗体时，该子窗体在“窗口”菜单中被跟踪。菜单栏的MdiWindowListItem属性用以指定MDI窗体中的某个菜单项可以跟踪显示已创建的子窗体标题列表，该属性默认值为None，表示不能显示子窗体标题列表；将该属性值设为某个主菜单项的名称，即表示该主菜单项在运行期间可以自动跟踪显示和管理子窗体的标题列表。MdiWindowListItem属性既可以在设计阶段设置，也可以在代码中设置。

3．确定活动的子窗体

一个MDI应用程序可以有同一个子窗体的多个实例，通过ActiveMDIChild属性，可以得到当前具有焦点的子窗体或返回最近活动的子窗体。当窗体上有多个控件时，通过ActiveMDIChild属性可以得到当前活动的子窗体上具有焦点的控件。

继续上面的例子，它具有包含RichTextBox控件的一个或多个MDI子窗口。将活动子窗体中活动控件的文本复制到剪贴板，代码如下：

```
protected void mniCopy_Click (object sender, System.EventArgs e)
{
    //确定活动的子窗体
    childForm activeChild = this.ActiveMDIChild;
    //如果有一个活动的子窗体，则找到活动的控件（在这个例子里是 RichTextBox）
    if (activeChild != null)
    {
        try
        {
            RichTextBox theBox = (RichTextBox)activeChild.ActiveControl;
            if (theBox != null)
            {
                //把选择的文本放在剪贴板里
                Clipboard.SetDataObject(theBox.SelectedText);
            }
        }
        catch
        {
            MessageBox.Show("You need to select a RichTextBox.");
        }
    }
}
```

通常，在MDI应用程序的上下文中，需要将数据发送到活动子窗口，例如，将剪贴板上的文本复制到活动子窗体中的活动控件，代码如下：

```
protected void mniPaste_Click (object sender, System.EventArgs e)
{
    //确定活动的子窗体
    childForm activeChild = this.ActiveMDIChild;
    //如果有一个活动的子窗体，则找到活动的控件（在这个例子里是 RichTextBox）
    if (activeChild != null)
    {
        try
        {
            RichTextBox theBox = (RichTextBox)activeChild.ActiveControl;
            if (theBox != null)
            {
                //创建一个新的数据对象接口的实例
                IDataObject data = Clipboard.GetDataObject();
                //如果数据是文本，则把 RichTextBox 的文本复制到剪贴板
                if (data.GetDataPresent(DataFormats.Text))
                {
                    theBox.SelectedText = data.GetData(DataFormats.Text).ToString();
                }
            }
        }
        catch
        {
            MessageBox.Show("You need to select a RichTextBox.");
        }
    }
}
```

4．排列子窗体

应用程序通常包含对打开的MDI子窗体进行操作的菜单命令，如“平铺”、“层叠”和“排列”等。可以使用LayoutMdi()方法和MdiLayout枚举来重新排列MDI父窗体中的子窗体。

LayoutMdi()方法可使用4个不同MdiLayout枚举值中的一个，这些枚举值将子窗体显示为层叠、水平平铺或垂直平铺，或者在MDI窗体下部显示排列的子窗体图标。这些方法常用于菜单项的Click 事件处理程序。这样，选择菜单项可在MDI子窗口上产生所需的效果。

为了排列子窗体，用LayoutMdi()方法为MDI父窗体设置MdiLayout枚举，枚举值如表4.21所示。

表4.21　MdiLayout枚举值

成员名称	说　明
ArrangeIcons	所有MDI子图标均排列在MDI父窗体的工作区内
Cascade	所有MDI子窗口均层叠在MDI父窗体的工作区内
TileHorizontal	所有MDI子窗口均水平平铺在MDI父窗体的工作区内
TileVertical	所有MDI子窗口均垂直平铺在MDI父窗体的工作区内

例如，对MDI父窗体（myForm1）的子窗体使用MdiLayout枚举的“层叠”设置，代码如下：

```
myForm1.LayoutMdi(System.Windows.Forms.MdiLayout.Cascade);
```

【例 4.13】 将【例 4.12】中的记事本程序改写为 MDI 应用程序。

设计步骤如下。

1）新建 WinForm 项目并添加控件

新建 WinForm 项目，命名为 MDINotepad。从工具箱拖曳一个 MenuStrip 到窗体中。

2）设置控件与窗体属性

将窗体 Form1 重新命名为 MDIForm，其 Text 和 IsMdiContainer 属性设置为“多文档记事本”和 True，按照如图 4.46 所示内容设置菜单，menuStrip1 的 MdiWindowListItem 属性设置为“窗口 WToolStripMenuItem”。

3）添加现有项

在解决方案资源管理器中右键单击项目名→“添加”→“现有项”，在弹出的“添加现有项”对话框中选择【例 4.12】项目工程的 Form1.cs、Form1.Designer.cs 和 Form1 这三项，如图 4.47 所示，单击“添加”按钮完成添加。

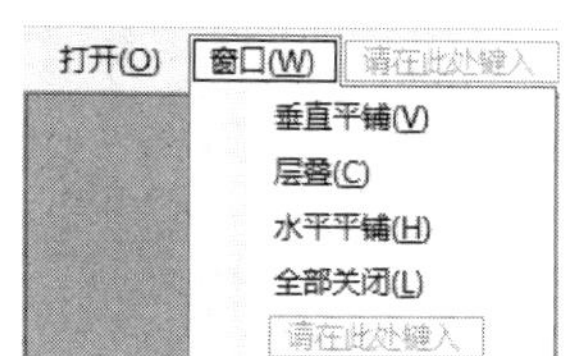

图 4.46　设置菜单

图 4.47　“添加现有项”对话框

4）添加代码

在窗体设计器中分别双击菜单栏的“打开”和“窗口”菜单中的各个子菜单，引用命名空间“using Notepad;”，代码如下：

```
private void 打开 OToolStripMenuItem_Click(object sender, EventArgs e)
{
    frmTxt MDIChild = new frmTxt();
    MDIChild.MdiParent = this;                //设置子窗体的父窗体
    MDIChild.Show();                          //创建并显示一个子窗体
}
private void 垂直平铺 VToolStripMenuItem_Click(object sender, EventArgs e)
{
    LayoutMdi(MdiLayout.TileVertical);        //垂直平铺子窗体
}
private void 层叠 CToolStripMenuItem_Click(object sender, EventArgs e)
{
    LayoutMdi(MdiLayout.Cascade);             //层叠子窗体
}
private void 水平平铺 HToolStripMenuItem_Click(object sender, EventArgs e)
{
```

```
        LayoutMdi(MdiLayout.TileHorizontal);      //水平平铺子窗体
    }
    private void 全部关闭LToolStripMenuItem_Click(object sender, EventArgs e)
    {
        foreach (Form childForm in MdiChildren)
        {
            childForm.Close();                    //关闭子窗体
        }
    }
```

5）运行程序

运行程序，单击“打开”菜单，创建多个记事本，用“窗口”菜单项控制各个记事本的排列效果。多文档记事本层叠效果如图4.48所示。

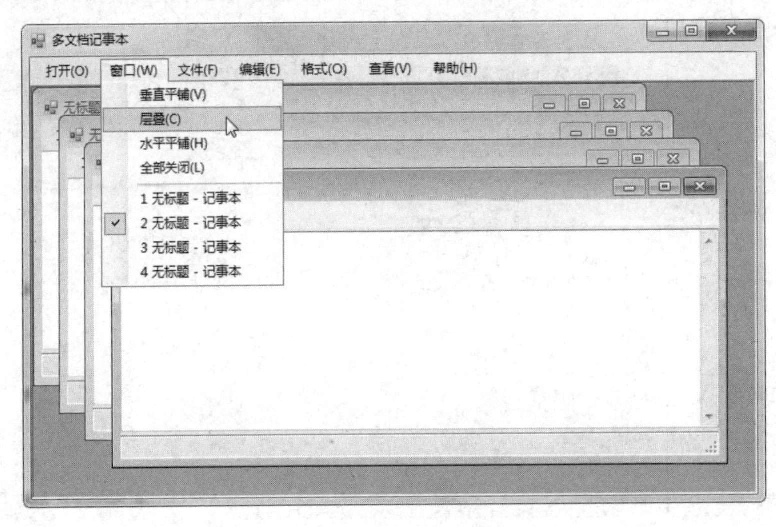

图4.48　多文档记事本层叠效果

4.5.4 文档的打印

在Windows窗体中，打印组件包括PrintDocument组件、PrintPreviewDialog控件、PrintDialog和PageSetupDialog组件，这些组件给用户提供了图形用户界面GUI。

首先，创建PrintDocument组件的一个实例，使用PrinterSettings和PageSettings类设置描述打印内容的属性；然后，调用Print()方法实现文档打印。

在Windows应用程序进行打印的过程中，PrintDocument组件将显示“中止打印”对话框，该对话框提醒用户正在打印；同时，用户可以在此对话框中取消打印作业。

在Windows窗体中实现打印的基础是PrintDocument组件，通过编写PrintPage事件处理代码，可以指定打印内容和打印方式。

1．在设计时创建打印作业

向窗体中添加PrintDocument组件，右键单击窗体并选择“查看代码”项，PrintPage事件处理程序要求必须编写其打印逻辑代码，也必须指定要打印的材料。通过使用“属性”窗口的“事件”选项卡来连接该事件。

例如，在PrintPage事件处理程序中创建一个示例图形（红色矩形）作为要打印的材料，代码如下：

```
private void printDocument1_PrintPage(object sender, System.Drawing.Printing.PrintPageEventArgs e)
{
```

```
        e.Graphics.FillRectangle(Brushes.Red, new Rectangle(500, 500, 500, 500));
    }
```

有些程序还要为BeginPrint和EndPrint事件编写代码，有时需设置一个表示打印总页数的整数，该整数随着每页的打印而递减。PrintDialog组件的Document属性可用于设置与窗体中处理的打印文档相关的属性。

用户有时也希望在运行时以编程方式更改选项，可通过PrintDialog组件和PrinterSettings类实现此目的。例如，将PrintDialog组件从工具箱中添加到窗体，右键单击窗体并选择“查看代码”项，使用ShowDialog()方法显示PrintDialog 组件，代码如下：

```
printDialog1.ShowDialog();
```

使用PrintDialog组件的PrinterSettings属性可检索用户的打印选项，使用 DialogResult 属性可选择打印机。

2．选择打印机打印文件

下面通过示例说明选择打印机进行文件打印的方法。

例如，有两个要处理的事件，在第一个事件（Button控件的Click事件）中实例化PrintDialog类，并在DialogResult属性中捕获用户选择的打印机；在第二个事件（PrintDocument 组件的PrintPage事件）中将一个示例文档打印到指定的打印机，代码如下：

```
private void button1_Click(object sender, System.EventArgs e)
{
    PrintDialog printDialog1 = new PrintDialog();
    printDialog1.Document = printDocument1;
    DialogResult result = printDialog1.ShowDialog();
    if (result == DialogResult.OK)
    {
        printDocument1.Print();
    }
}
```

【例 4.14】 为【例4.13】添加文本打印功能。

向记事本窗体 frmTxt 中拖曳一个 PrintDocument 组件（工具箱中的图标为 ），编写 PrintPage 事件过程，代码如下：

```
private void printDocument1_PrintPage(object sender, System.Drawing.Printing.PrintPageEventArgs e)
{
    this.Text = textBox1.Text;
}
```

为“文件”→“打印”菜单项编写 Click 事件过程，代码如下：

```
private void 打印PToolStripMenuItem_Click(object sender, EventArgs e)
{
    PrintDialog printDialog = new PrintDialog();
    printDialog.Document = printDocument1;
    DialogResult result = printDialog.ShowDialog();
    if (result == DialogResult.OK)
    {
        printDialog.Document.Print();
    }
}
```

运行程序，创建一个记事本MDI子窗体，如图 4.49 所示，在其中编辑内容后，选择“文件”→“打印”选项，弹出“打印”对话框，选择打印机后，就可以打印文档了。

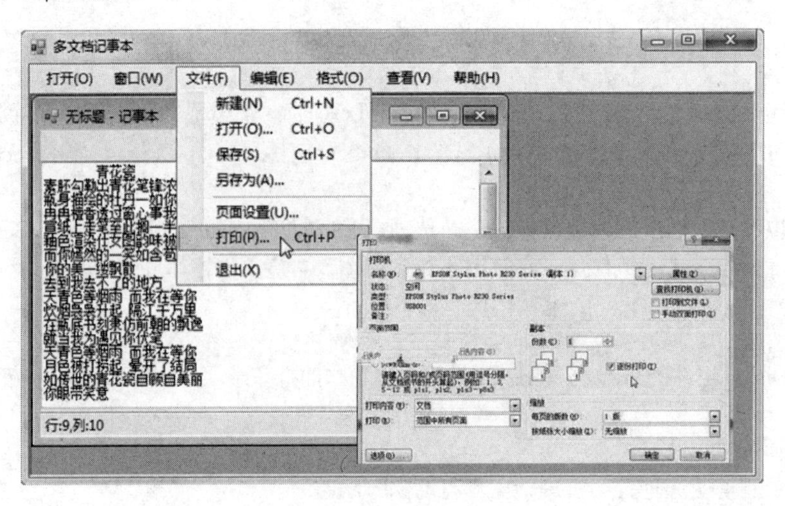

图 4.49　添加文本打印功能

第 5 章　C#高级特性

前几章系统地介绍了 C#的基础知识及 Windows 应用程序开发基础。本章是 C#的进阶部分，内容包括“集合与索引器”、“委托与事件”、“预处理命令”、“组件与程序集”和“泛型”等 C#高级特性。

5.1　集合与索引器

C#为用户提供了一种称为集合的新数据类型。集合类似于数组，是一组放在一起的类型化的对象，可以通过遍历来访问集合中的每个元素。.NET 平台提供了实现集合的接口，包括 IEnumerable、ICollection、Ilist 等，只需继承其实现集合的接口即可。另外，也可以直接使用.NET 平台中已经定义的一些集合类，包括 Array、ArrayList、Queue、Stack、BitArray、Hashtable 等。集合类由命名空间 System.Collections 提供。

5.1.1　自定义集合

自定义集合是指实现 System.Collections 提供的集合接口的集合。下面以 IEnumerable 集合接口为例，实现自定义集合。

IEnumerable 接口定义：

```
public interface IEnumerable
{
    IEnumerator GetEnumerator();
}
```

在定义 IEnumerable 的同时也要对 IEnumerator 接口进行定义：

```
public interface IEnumerator
{
    object Current
    {
        get;
    }
    bool MoveNext();
    void Reset();
}
```

【例 5.1】 IEnumerable 自定义集合示例。

```
using System;
using System.Collections;
…
namespace Ex5_1
{
    //定义集合中的元素 MyClass 类
```

```
class MyClass
{
    public string Name;
    public int Age;
    //带参构造器
    public MyClass(string name, int age)
    {
        this.Name = name;
        this.Age = age;
    }
}
//实现接口 IEnumerator 和 IEnumerable 的类 Iterator
class Iterator:IEnumerator,IEnumerable
{
    //初始化 MyClass 类型的集合
    private MyClass[] ClassArray;
    int Cnt;
    public Iterator()
    {
            //使用带参构造器赋值
            ClassArray = new MyClass[4];
            ClassArray[0] = new MyClass("Kith",23);
            ClassArray[1] = new MyClass("Smith",30);
            ClassArray[2] = new MyClass("Geo",19);
            ClassArray[3] = new MyClass("Greg",14);
            Cnt = -1;
    }
    //实现 IEnumerator 的 Reset()方法
    public void Reset()
    {
        //在指向第一个元素之前，Cnt 为-1，遍历是从 0 开始的
        Cnt = -1;
    }
    //实现 IEnumerator 的 MoveNext()方法
    public bool MoveNext()
    {
        return (++ Cnt < ClassArray.Length);
    }
    //实现 IEnumerator 的 Current 属性
    public object Current
    {
        get
        {
            return ClassArray[Cnt];
        }
    }
    //实现 IEnumerable 的 GetEnumerator()方法
    public IEnumerator GetEnumerator()
    {
        return (IEnumerator)this;
    }
    static void Main(string[] args)
```

```
        {
            Iterator It = new Iterator();
            //像数组一样遍历集合
            foreach (MyClass MY in It)
            {
                Console.WriteLine("Name : " + MY.Name.ToString());
                Console.WriteLine("Age : " + MY.Age.ToString());
            }
            Console.Read();
        }
    }
}
```

如果一个集合类是新造的，那么其 Current 属性不能被使用，这是由于Current属性被放置在第一项之前。为了能指向集合中的第一项，要使用MoveNext()方法，遍历到第一个元素后，用Current 属性就可获取集合的当前元素。通过MoveNext()方法遍历集合中各个元素，直到Current得到的值为null，表示当前已经遍历到集合的末尾。使用Reset()方法可以将集合恢复到初始状态，指向第一个元素之前。

foreach 循环是访问集合元素最方便的方法，该方法调用IEnumerable的GetEnumerator()方法，获得Iterator，并将集合指向−1 的位置。foreach循环反复调用MoveNext()方法遍历集合，使用 Current 属性获取集合当前元素。

程序运行结果如图 5.1 所示。

同样，也可使用 System.Collections 中的其他集合接口实现自定义集合。

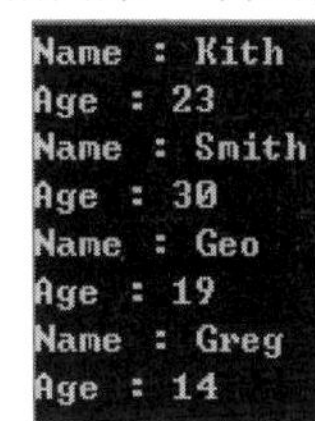

图 5.1　程序运行结果

5.1.2　集合类

另一种使用集合的方法是使用系统已经定义的集合类，下面以 Stack 类为例进行介绍。

Stack 类表示对象的“后进先出”集合，常用方法如下。

- Clear——从 Stack 中移除所有对象。
- Pop——移除并返回位于 Stack 顶部的对象。
- Push——将对象插入 Stack 的顶部。
- Peek——返回位于 Stack 顶部的对象但不将其移除。

Stack 类将它的对象存储在数组中，只要数组足够大，就可以存储新的对象，调用 Push 方法是非常有效的。但是，如果内部数组必须调整大小，则必须分配新的数组并把现有的对象复制到新数组中。为了避免这一昂贵的操作成本，可以在系统中预先分配一个大的内部数组，或定义满足执行程序需要的合适的增长系数。

【例 5.2】 Stack 类的用法示例。

```
using System;
using System.Collections;
…
namespace Ex5_2
{
    class SamplesStack
    {
        static void Main(string[] args)
        {
            //创建并初始化栈
            Stack myStack = new Stack();
```

```
            myStack.Push("Hello");
            myStack.Push("World");
            myStack.Push("!");
            //显示栈的自身属性和其中的元素
            Console.WriteLine("myStack");
            Console.WriteLine("\tCount:    {0}", myStack.Count);
            Console.Write("\tValues:");
            PrintValues(myStack);
            Console.Read();
        }
        public static void PrintValues(IEnumerable myCollection)
        {
            foreach (Object obj in myCollection)
                Console.Write("    {0}", obj);
            Console.WriteLine();
        }
    }
}
```

程序运行结果如图 5.2 所示。

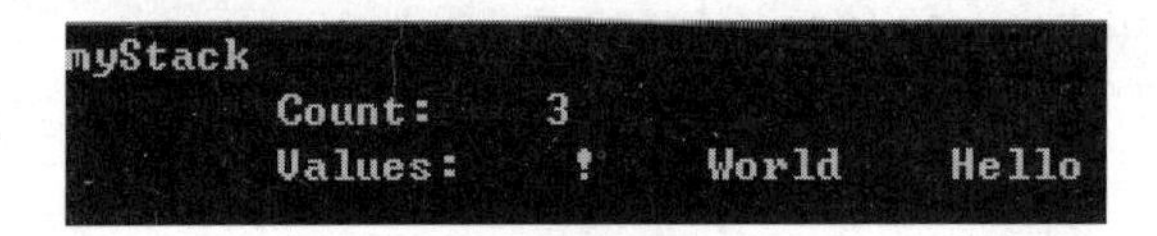

图 5.2　程序运行结果

其他的集合类，如 Queue、Hashtable、Comparer 等，虽然各自有不同的方法，但都可以使用类似的办法调用。

5.1.3　索引器

使用索引器的目的是能够像数组一样访问类中的集合对象。通过对对象元素的下标的索引，就可以访问指定的对象。索引器类似于属性，使用 get 关键字和 set 关键字定义被索引元素的读写权限，它们之间不同的是索引器有索引参数。

【例 5.3】 索引器示例。

```
using System;
…
namespace Ex5_3
{
    class MyClass
    {
        private string[] data = new string[5];
        //索引器定义，根据下标访问 data
        public string this[int index]
        {
            get
            { return data[index]; }
            set
            { data[index] = value; }
        }
    }
    class MyClient
```

```
    {
        static void Main(string[] args)
        {
            MyClass mc = new MyClass();
            //调用索引器 set 赋值
            mc[0] = "Rajesh";
            mc[1] = "A3-126";
            mc[2] = "Snehadara";
            mc[3] = "Irla";
            mc[4] = "Mumbai";
            //调用索引器 get 读出
            Console.WriteLine("{0},{1},{2},{3},{4}", mc[0], mc[1], mc[2], mc[3], mc[4]);
            Console.Read();
        }
    }
}
```

程序运行结果如图 5.3 所示。

```
Rajesh,A3-126,Snehadara,Irla,Mumbai
```

图 5.3 程序运行结果

在索引器的 get 和 set 关键字中还可以增加各种计算和控制代码。

【例 5.4】 包含计算和控制代码的索引器。

```
using System;
…
namespace Ex5_4
{
    public class SpellingList
    {
        protected string[] words = new string[size];
        static public int size = 10;
        public SpellingList()
        {
            for (int x = 0; x < size; x++)
                words[x] = String.Format("Word{0}", x);
        }
        //索引器，根据下标访问 words
        public string this[int index]
        {
            get
            {
                string tmp;
                if (index >= 0 && index <= size -1)
                    tmp = words[index];
                else
                    tmp = "";
                return (tmp);
            }
            set
            {
                if (index >= 0 && index <= size -1)
```

```
                    words[index] = value;
                }
            }
        }
        class TestApp
        {
            static void Main(string[] args)
            {
                SpellingList myList = new SpellingList();
                myList[3] = "=====";
                myList[4] = "Brad";
                myList[5] = "was";
                myList[6] = "Here!";
                myList[7] = "=====";
                for (int x = 0; x < SpellingList.size; x++)
                    Console.WriteLine(myList[x]);
                Console.Read();
            }
        }
}
```

程序运行结果如图 5.4 所示。

图 5.4 程序运行结果

5.2 委托与事件

委托是 C#中特有的概念。作为新一代面向对象语言，C#的对象特性甚至比 Java 还要优越，与其他面向对象语言比较，C#中的委托概念更加彻底地贯彻了面向对象的思想。

5.2.1 初识委托

C#的委托相当于 C/C++中的函数指针。函数指针通过指针获取一个函数的入口地址，实现对函数的操作。委托与 C/C++中的函数指针的不同之处是：委托面向对象和类型，是安全和保险的。委托作为一种引用类型，使用时要遵循“先定义，后声明，接着实例化，然后作为参数并传递给方法，最后才能使用”的原则。

（1）定义委托要使用关键字 delegate：

```
delegate void SomeDelegate(type1 para1,type2 para2,...,typen paran);
```

（2）声明委托：

```
SomeDelegate d;
```

（3）实例化委托：

```
d = new SomeDelegate(obj.InstanceMethod);
```

其中，obj 是对象，InstanceMethod 是它的实例方法。

（4）作为某方法的参数：

```
someMethod(d);
```

（5）在此方法的实现代码中使用：

```
private void someMethod(SomeDelegate someDelegate)
{
    ...
    //使用委托
    someDelegate(arg1,arg2,...,argn);
    ...
}
```

通过委托 SomeDelegate 实现对方法 InstanceMethod 的调用，调用还必须有一个前提条件：方法 InstanceMethod 有参数且和定义 SomeDelegate 的参数一致，并且返回类型相同（这里为void）。

定义 InstanceMethod()方法：

```
private void InstanceMethod(type1 para1,type2 para2,...,typen paran)
{
    //方法体
    ...
}
```

委托的实例化中的参数既可以是实例方法，也可以是静态方法。若实例化委托的语句与作为参数的方法位于同一个类中，则可以省略对象名引用（obj.），而直接用方法名来实例化委托。

【例 5.5】 委托示例。

```
using System;
...
namespace Ex5_5
{
    public delegate void PrintCallback(int number);
    public class Printer
    {
        //委托定义
        private PrintCallback _print;
        //委托将要依附的属性
        public PrintCallback PrintCallback
        {
            get { return _print; }
            set { _print = value; }
        }
    }
    class Driver
    {
        //将要委托的方法
        private void PrintInteger(int number)
        {
            Console.WriteLine("From PrintInteger:The number is {0}.", number);
        }
        static void Main(string[] args)
        {
            Driver driver = new Driver();
```

```
                Printer printer = new Printer();
                //将委托绑定到属性
                printer.PrintCallback = new PrintCallback(driver.PrintInteger);
                //使用属性触发委托事件
                printer.PrintCallback(10);
                printer.PrintCallback(100);
                Console.WriteLine("press Enter to exit");
                Console.ReadLine();
            }
        }
    }
```

程序运行结果如图5.5所示。

```
From PrintInteger:The number is 10.
From PrintInteger:The number is 100.
press Enter to exit
```

图5.5　程序运行结果

5.2.2　为什么要使用委托

在介绍了委托的概念以及如何通过委托实现对方法的调用后，再通过一个“文字抄写员”的小程序来讲解采用传统函数调用和委托调用两种方式实现该程序的区别，以便更深入地理解使用委托的优势。

【例5.6】采用传统函数调用方式实现“文字抄写员”程序，其界面如图5.6所示。

图5.6　“文字抄写员”程序界面

该程序功能为：在下方文本框中输入文字，勾选“书写到”组框中的“文本区①”和（或）“文本区②”复选框后，单击“提交”按钮，程序会自动将文本框中的文字“抄写”到用户勾选的文本区中。

创建ProcessMethodCall工程，程序如下：

```
using System;
...
namespace ProcessMethodCall
{
    public partial class Form1 : Form
    {
        public Form1()
        {
            InitializeComponent();
        }
        private void button1_Click(object sender, EventArgs e)
        {
            if (checkBox1.Checked = = true)
            {
                groupBox2.Text = "运行中...";
                groupBox2.Refresh();
                textBox1.Clear();
```

```
                textBox1.Refresh();
                this.writeTextBox1();          //调用方法 writeTextBox1()向文本区①写入文字
                groupBox2.Text = "任务 1";
                textBox3.Focus();
                textBox3.SelectAll();
            }
            if (checkBox2.Checked == true)
            {
                groupBox2.Refresh();
                groupBox3.Text = "运行中...";
                groupBox3.Refresh();
                textBox2.Clear();
                textBox2.Refresh();
                this.writeTextBox2();          //调用方法 writeTextBox2()向文本区②写入文字
                groupBox3.Text = "任务 2";
                textBox3.Focus();
                textBox3.SelectAll();
            }
        }
        //写文本区①的方法
        private void writeTextBox1()
        {
            string strdata = textBox3.Text;
            for (int i = 0; i < strdata.Length; i++)
            {
                textBox1.AppendText(strdata[i] + "\r");
                //间歇延时
                DateTime now = DateTime.Now;
                while (now.AddSeconds(1) > DateTime.Now) { }
            }
        }
        //写文本区②的方法
        private void writeTextBox2()
        {
            string strdata = textBox3.Text;
            for (int i = 0; i < strdata.Length; i++)
            {
                textBox2.AppendText(strdata[i] + "\r");
                //间歇延时
                DateTime now = DateTime.Now;
                while (now.AddSeconds(1) > DateTime.Now) { }
            }
        }
    }
}
```

程序很简单，先定义 writeTextBox1()和 writeTextBox2()这两个方法，分别用于向文本区①和文本区②中写入文字；然后在“提交”按钮的事件过程中直接调用这两个方法，实现程序“抄写”的功能。在抄写文本时，每写入一个字，都使用 while 语句间歇延时 1s，以便更加形象地展示程序的运行过程。程序运行结果如图 5.7 所示。

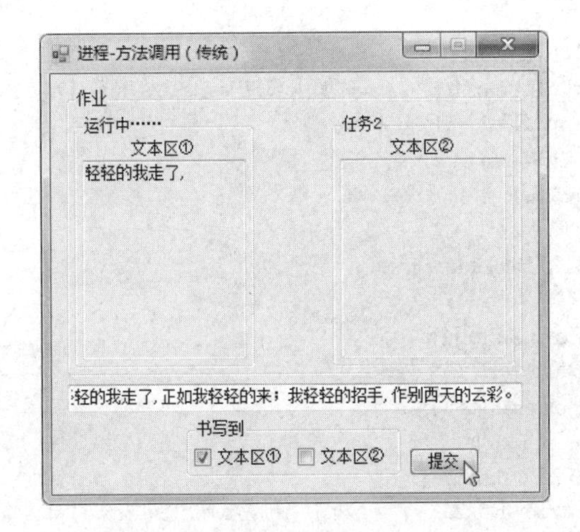

图 5.7　传统方法调用版本运行结果

仔细查看该程序的源代码，细心的读者可能会注意到这样一个问题：方法 writeTextBox1()和 writeTextBox2()几乎完全一样。现将这两段代码特别摘出，对比如下：

```
//写文本区①的方法
private void writeTextBox1()
{
    string strdata = textBox3.Text;
    for (int i = 0; i < strdata.Length; i++)
    {
        textBox1.AppendText(strdata[i] + "\r");
        //间歇延时
        DateTime now = DateTime.Now;
        while (now.AddSeconds(1)
                > DateTime.Now) { }
    }
}
```

```
//写文本区②的方法
private void writeTextBox2()
{
    string strdata = textBox3.Text;
    for (int i = 0; i < strdata.Length; i++)
    {
        textBox2.AppendText(strdata[i] + "\r");
        //间歇延时
        DateTime now = DateTime.Now;
        while (now.AddSeconds(1)
                > DateTime.Now) { }
    }
}
```

在上面两段代码中，除加粗语句外，其余部分完全一样，而加粗语句的差别仅在于向其中写入文本的控件对象不同（分别为 textBox1 和 textBox2）。

设想一下，假如这个例子接受写入的文本框不止两个，而是几个、十多个，甚至更多，那么就需要写出同样多数量的方法！如遇到更为复杂的（如在抄写文本的时候还要进行其他一系列算法复杂的操作）程序，那么就不得不将相互之间差别很小的方法体重复定义很多遍，从而导致写出的程序极其冗长，严重降低了可读性和可理解性。

产生这一问题的根源是：目前，程序语言普遍支持的方法（函数）调用机制是结构化编程时代（20世纪 70 年代）的产物，而结构化是适应**面向过程**发展起来的编程方式，故程序中的方法（函数）体也是对操作**过程的封装**却没有屏蔽方法本身的差别，但在面向对象思想早已成为软件开发主导的今天，迫切需要一种完全不同于传统方法调用的全新代码封装机制。

举个例子，如果你出去旅行，计划在旅途中做很多事（游玩景点、体验挑战、探索自然等），并且所有步骤已安排妥当，将它们封装在一个程序方法 MyTravelplans()中，代码结构如下：

```
private void MyTravelplans()
{
    //前往目的地
    DriveCar();
    //享受之旅（游玩景点、体验挑战、探索自然等）
```

```
        ...
        //结束
    }
```

其中，DriveCar()为开车方法，在此你选择开私家车旅行（自驾游）。上面方法中的“...”为你本人所计划的详细而周密的旅程安排。

假如现在情况有变，在你看了低碳环保的宣传片后受到触动，临时决定改开车为骑自行车，其他一切不变。尽管只是改换了出行工具，但你却不得不重写一个方法 MyTravelplansbyBike()，代码结构如下：

```
    private void MyTravelplansbyBike()
    {
        //前往目的地
        RideBike();
        //享受之旅（游玩景点、体验挑战、探索自然等）
        ....
        //结束
    }
```

可见除了出行方法，你还必须将原来的整个旅行计划从头到尾重写一遍，而且今后一旦更换出行工具，都不可避免地要重复规划整个旅程。

那么有什么办法可以避免这一问题呢？如果能够将程序的**方法作为一个参数传递**，那么就能解决这个问题了，其代码结构如下：

```
    private void MyTravelplans(DriveTo)
    {
        //前往目的地
        DriveTo();
        //享受之旅（游玩景点、体验挑战、探索自然等）
            ...
        //结束
    }
    private void DriveCar()
    {
        ...                 //开车
    }
    private void RideBike()
    {
        ...                 //骑自行车
    }
    private void DriveMoto()
    {
        ...                 //骑摩托车
    }
    ...
```

这样一来，只需要定义一个方法 MyTravelplans(DriveTo)，就可灵活实现选用各种交通工具出行的计划，这里的 DriveTo 表示使用某种工具的方法。

如果骑自行车，则用 RideBike()代入 DriveTo 方法：

```
    MyTravelplans(RideBike);
```

若骑摩托车，则用 DriveMoto()代入：

```
    MyTravelplans(DriveMoto);
```

以上这种“把方法作为参数”的思想正是C#引入委托的初衷，通过使用委托就可以实现对方法变化的封装。

【例 5.7】 用委托重新实现“文字抄写员”程序。

创建 ProcessDelegate 工程，程序代码如下：

```
using System;
...
namespace ProcessDelegate
{
    public partial class Form1 : Form
    {
        private delegate void WriteTextBox(char ch);                    //定义委托
        private WriteTextBox writeTextBox;                              //声明委托
        public Form1()
        {
            InitializeComponent();
        }
        private void button1_Click(object sender, EventArgs e)
        {
            if (checkBox1.Checked == true)
            {
                groupBox2.Text = "运行中...";
                groupBox2.Refresh();
                textBox1.Clear();
                textBox1.Refresh();
                writeTextBox = new WriteTextBox(WriTextBox1);           //实例化委托
                WriTxt(writeTextBox);                                   //作为参数
                groupBox2.Text = "任务 1";
                textBox3.Focus();
                textBox3.SelectAll();
            }
            if (checkBox2.Checked == true)
            {
                groupBox2.Refresh();
                groupBox3.Text = "运行中...";
                groupBox3.Refresh();
                textBox2.Clear();
                textBox2.Refresh();
                writeTextBox = new WriteTextBox(WriTextBox2);           //实例化委托
                WriTxt(writeTextBox);                                   //作为参数
                groupBox3.Text = "任务 2";
                textBox3.Focus();
                textBox3.SelectAll();
            }
        }
        private void WriTxt(WriteTextBox wMethod)
        {
            string strdata = textBox3.Text;
            for (int i = 0; i < strdata.Length; i++)
            {
                wMethod(strdata[i]);                                    //使用委托
                //间歇延时
                DateTime now = DateTime.Now;
                while (now.AddSeconds(1) > DateTime.Now) { }
            }
```

```
        }
        private void WriTextBox1(char ch)
        {
            textBox1.AppendText(ch + "\r");
        }
        private void WriTextBox2(char ch)
        {
            textBox2.AppendText(ch + "\r");
        }
    }
}
```

代码中的加粗语句清晰地展示了一个典型的委托使用全过程。本例中定义了一个委托 WriteTextBox，接着声明了它的一个变量 writeTextBox，根据书写文本的目标区域不同，将操作文本框的两句分别定义为两个方法，即 WriTextBox1()和 WriTextBox2()，在实例化时按需将它们与委托类型的变量 writeTextBox 绑定，再将变量 writeTextBox 作为参数传递给方法 WriTxt()，就可以自如地控制向哪个文本区书写文字了。

对比之前使用传统方法调用的程序版本，读者会发现，应用委托后只要定义一段方法代码（如下所示），就可以实现与原程序一样的功能。

```
private void WriTxt(WriteTextBox wMethod)
{
    string strdata = textBox3.Text;
    for (int i = 0; i < strdata.Length; i++)
    {
        wMethod(strdata[i]);                                    //使用委托
        //间歇延时
        DateTime now = DateTime.Now;
        while (now.AddSeconds(1) > DateTime.Now) { }
    }
}
```

这里使用作为参数的方法（委托）wMethod()向文本区写入内容，它所执行的只是抽象的“写文本”操作，至于究竟向哪个文本框写入文字，对编写 WriTxt()方法的程序员来说是完全“透明”的，委托 wMethod()就像一个接口，屏蔽了操作对象的差别，使程序员可以集中精力于“书写文本”这一操作本身，而不必纠结于操作对象的选择。

使用委托改写的程序与原程序的功能和运行结果完全一样，运行结果如图 5.8 所示。

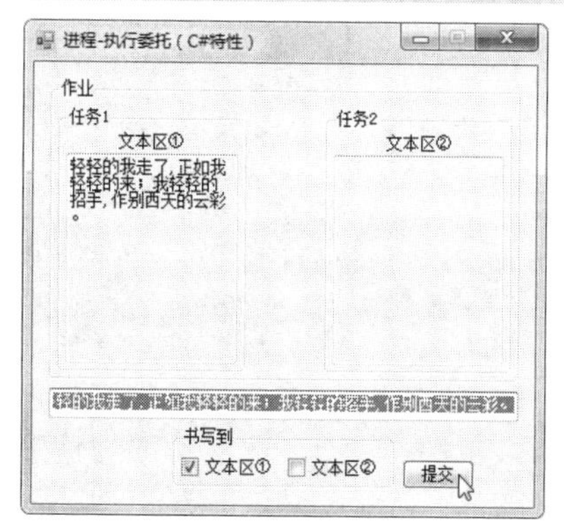

图 5.8　委托版本运行结果

5.2.3　多播委托

委托也可以同时调用多个方法，这称为多播。一般是通过“+”和“-”运算符实现多播的增加或减少的。

【例 5.8】 多播示例。

```
using System;
…
namespace Ex5_8
{
```

```
class SimpleClass
{
    public class WorkerClass
    {
        //委托引用的非静态方法
        public int InstanceMethod(int nID, string sName)
        {
            int retval = 0;
            retval = nID * sName.Length;
            Console.WriteLine("调用 InstanceMethod 方法");
            return retval;
        }
        //委托引用的静态方法
        static public int StaticMethod(int nID, string sName)
        {
            int retval = 0;
            retval = nID * sName.Length;
            Console.WriteLine("调用 StaticMethod 方法");
            return retval;
        }
    }
    //定义委托，签名与上面两个方法相同
    public delegate int SomeDelegate(int nID, string sName);
    static void Main(string[] args)
    {
        //调用实例方法
        WorkerClass wr = new WorkerClass();
        SomeDelegate d1 = new SomeDelegate(wr.InstanceMethod);
        Console.WriteLine("Invoking delegate InstanceMethod, return={0}", d1(5, "aaa") );
        //调用静态方法
        SomeDelegate d2 = new SomeDelegate(WorkerClass.StaticMethod);
        Console.WriteLine("Invoking delegate StaticMethod, return={0}", d2(5, "aaa") );
        //多播
        Console.WriteLine();
        Console.WriteLine("测试多播...");
        //多播 d3 由两个委托 d1 和 d2 组成
        SomeDelegate d3 = d1 + d2;
        Console.WriteLine("Invoking delegate(s) d1 AND d2 (multi-cast), return={0} ", d3(5, "aaa"));
        //委托中的方法个数
        int num_method = d3.GetInvocationList().Length;
        Console.WriteLine("Number of methods referenced by delegate d3: {0}", num_method);
        //多播 d3 减去委托 d2
        d3 = d3 - d2;
        Console.WriteLine("Invoking delegate(s) d1 (multi-cast), return={0} ", d3(5, "aaa"));
        //委托中的方法个数
        num_method = d3.GetInvocationList().Length;
         Console.WriteLine("Number of methods referenced by delegate d3: {0}", num_method);
        Console.Read();
    }
  }
}
```

在程序中，开始时，d3 中有两个委托（d1 和 d2），d3(5, "aaa")调用等于后一个委托 d2(5, "aaa")。从 d3 中减去 d2，d3 中只有一个方法 d1，d3(5, "aaa")调用等于 d1(5, "aaa")。d3.GetInvocationList(). Length 表示多播实例中委托包含的方法个数。

程序运行结果如图 5.9 所示。

```
调用InstanceMethod方法
Invoking delegate InstanceMethod, return=15
调用StaticMethod方法
Invoking delegate StaticMethod, return=15

测试多播...
调用InstanceMethod方法
调用StaticMethod方法
Invoking delegate(s) d1 AND d2 (multi-cast), return=15
Number of methods referenced by delegate d3: 2
调用InstanceMethod方法
Invoking delegate(s) d1 (multi-cast), return=15
Number of methods referenced by delegate d3: 1
```

图 5.9 程序运行结果

委托派生于 System.Delegate 类，多播派生于 System.Delegate 类的派生类 System.MulticastDelegate，对于下面的代码：

```
SomeDelegate d3 = d1 + d2;
```

也可以用 Delegate.Combine 方法改写为：

```
SomeDelegate d3 = (SomeDelegate) Delegate.Combine(d1, d2);
```

还可以用 MulticastDelegate.Combine 方法写成：

```
SomeDelegate d3 = (SomeDelegate) MulticastDelegate.Combine(d1,d2);
```

在上述举例中，读者不难发现，委托使程序员可先将方法引用封装在委托对象内，然后将该委托对象传递给可调用所引用方法的代码，而不必在编译时知道将调用哪个方法。C#凭借自身独特的委托机制，完美地实现了方法声明与方法实现的分离，从而彻底地贯彻了面向对象的编程思想。

委托机制尤其适合在事件处理的编程模式或者类的静态方法时使用，以及在需要封装和灵活地组织方法的场合使用。相对 Java 等传统面向对象语言的接口而言，委托具有方便组织方法的特点，更适合处理事件的响应方法。C#的许多优秀特性（多线程、跨线程回调等）都是建立在委托机制基础之上的。

5.2.4 事件

事件为类和类的实例定义发出通知，从而将事件和可执行代码捆绑在一起。事件最常见的用途是窗体编程，当发生单击按钮、移动鼠标等事件时，相应的程序将收到通知，再执行代码。

C#事件是按“发布—预订”方式工作的。先在一个类中发布事件，然后在任意数量的类中对事件进行预订，事件的工作过程如图 5.10 所示。

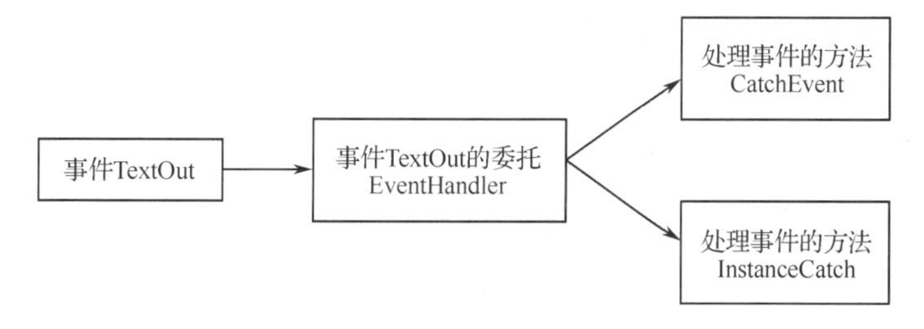

图 5.10 事件的工作过程

C#事件机制是基于委托实现的，因此首先要定义一个委托 EventHandler，代码如下：

```
public delegate void EventHandler(object from, myEventArgs e)
```

其中：

- System.EventArgs——包含事件数据的类的基类，在代码中可直接使用 EventArgs 类。
- myEventArgs 类——派生于 EventArgs 类，实现自定义事件数据的功能。
- from——表示发生事件的对象。

定义事件的语法如下：

```
event 事件的委托名 事件名
```

如定义事件 TextOut：

```
public event EventHandler TextOut;
```

事件的激活代码如下：

```
if (TextOut != null)
    TextOut(this,new EventArgs());
```

检查 TextOut 事件是否被订阅，如不为 null，则表示有用户订阅。订阅事件的是 TestApp 类，首先实例化 EventSource，然后订阅事件：

```
evsrc.TextOut += new EventSource.EventHandler(CatchEvent);
```

也可以取消订阅：

```
evsrc.TextOut -= new EventSource.EventHandler(CatchEvent);
```

方法 evsrc.TriggerEvent()激活事件，如果已经订阅事件，则调用处理代码，否则什么也不执行。注意，CatchEvent()和 InstanceCatch()方法的签名与定义的委托 EventHandler 签名要相同，这与委托的工作机制类似。

【例 5.9】 事件示例。

```
using System;
…
namespace Ex5_9
{
    public delegate void CalculateEventHandler(object sender, EventArgs e);
    class CalculateWithEvent
    {
        public event CalculateEventHandler Calculate;
        protected virtual void OnCalculate(EventArgs e)
        {
            if (Calculate != null)
            {
                Calculate(this, e);
            }
        }
        public int Add(int a, int b)
        {
            OnCalculate(EventArgs.Empty);
            return a + b;
        }
        public int Sub(int a, int b)
        {
            OnCalculate(EventArgs.Empty);
            return a-b;
        }
    }
    class EventListener
    {
```

```
        private CalculateWithEvent CalculateCase;
        public EventListener(CalculateWithEvent calculateCase)
        {
            CalculateCase = calculateCase;
            CalculateCase.Calculate += new CalculateEventHandler(CalculateCase_Calculate);
        }
        void CalculateCase_Calculate(object sender, EventArgs e)
        {
            Console.WriteLine("运算事件被调用!");
        }
    }
    class Test
    {
        static void Main(string[] args)
        {
            CalculateWithEvent myCalculate = new CalculateWithEvent();
            EventListener myListener = new EventListener(myCalculate);
            myCalculate.Add(2, 3);
            myCalculate.Sub(3, 2);
            Console.Read();
        }
    }
}
```

程序运行结果如图 5.11 所示。

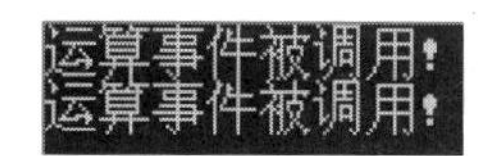

图 5.11　程序运行结果

5.3　预处理命令

预处理指在编译程序之前由预处理器对源程序进行加工处理工作。C#的预处理类似于 C++，但不同的是，C#没有独立的预处理器，并不是编译器开始编译代码之前的一个单独的处理步骤，它是作为词法分析的一部分来执行的。预处理指令都以#开头，并且一行只能有一个指令，结尾不需要用分号表示语句的结束。

常用预处理指令包括#define、#undef、#if、#else、#endif、#elif、#warning、#error、#line、#region、#endregion 等。

5.3.1　符号定义与条件编译指令

1．#define、#undef 指令

#define 和#undef 指令是用于定义符号和取消符号定义的预处理指令。

```
#define DEBUG
#undef DEBUG
```

这里定义和取消的符号是 DEBUG。如果定义的符号已经存在，#define 则不起作用；如果符号不存在，#undef 则不起作用。#define 和#undef 指令必须放于源程序的代码之前，如下所示：

```
#define DEBUG
using System;
```

2．#if、#else、#endif指令

#if、#else、#endif指令被用于条件编译，类似于if/else，代码结构如下：

```
一条#if 语句(必须有)
零或一条#else 语句
一条#endif 语句(必须有)
```

【例5.10】 #if、#else、#endif指令示例。

```
#define DEGUG
using System;
…
namespace Ex5_10
{
    class MyClass
    {
        static void Main(string[] args)
        {
            #if (DEBUG)
                Console.WriteLine("DEBUG is defined");
            #clse
                Console.WriteLine("DEBUG is not defined");
            #endif
                Console.Read();
        }
    }
}
```

```
DEBUG is defined
```

图5.12 程序运行结果

程序运行结果如图5.12所示。

程序执行到#if语句时，首先检查DEBUG是否已定义，若已定义，则编译#if语句块中的代码，否则编译#else语句块中的代码。

3．#elif指令

#elif指令相当于"else if"的条件编译命令，常与#if~#else~#endif配合使用，#if和#elif后的标识符表达式可以使用运算符与(&&)、或(||)、非(!)。

【例5.11】 #elif指令使用示例。

```
#define A
#undef   B
using System;
…
namespace Ex5_11
{
    class MyClass
    {
        static void Main(string[] args)
        {
            #if (A && !B)
                Console.WriteLine("A is defined");
            #elif (!A && B)
                Console.WriteLine("B is defined");
            #elif (A && B)
                Console.WriteLine("A and B are defined");
            #else
                Console.WriteLine("A and B are not defined");
            #endif
```

```
                Console.Read();
            }
        }
    }
```

程序运行结果如图 5.13 所示。

```
A is defined
```

图 5.13　程序运行结果

5.3.2　警告错误指令

1．#warning、#error 指令

#warning、#error 指令用于产生警告或错误信息。当编译器遇到#warning 指令时，会显示#waring 后面的文本，编译继续进行；当遇到#error 指令时，会显示#error 后面的文本，将终止编译并退出。这两条指令可以用于检查#define 是否定义了不正确的符号。

```
#define DEBUG
#define RELEASE
#if DEBUG
    #error 你定义了 DEBUG
#endif
#if DEBUG&& RELEASE
    #warning 你定义了 DEBUG 和 RELEASE
#endif
```

2．#line 指令

#line 指令用于改变编译器在警告或错误信息中显示的文件名和行号信息。当发生警告或错误时，不再显示源程序中的实际位置，而是#line 指令指定的行数。

```
#line 100                  //指定行号为 100
#line 200 "test.cs"        //test.cs 替换原来的文件名作为编译输出文件名
```

5.3.3　代码块标识指令

#region、#endregion 指令用于标识代码块，代码结构如下：

```
#region OutVar    method
public static void OutVar()
{
    int var = 5;
    Console.WriteLine("var equals:{0}",var);
}
#endregion
```

这两个指令不会影响编译，而是在一些编辑器（如 Visual Studio.NET）中，可以将其中的代码折叠或展开，以便于浏览和编辑。

5.4　组件与程序集

程序集是.NET 框架应用程序的生成块。程序集构成了部署、版本控制、重复使用、激活范围控制和安全权限的基本单元。在前面章节中创建的程序都是.exe 文件，这属于一种程序集。另外一种程序集是类库，生成的是.dll 文件。在介绍程序集之前，有必要先介绍组件的有关概念。

5.4.1　组件

在软件业发展的早期，一个应用系统往往是一个单独的应用程序。随着人们对软件的要求越来越高，应用系统越来越复杂，程序越来越庞大，系统开发的难度也越来越大。从软件模型的角度考虑，

人们将庞大的应用程序分割成为多个模块，每个模块完成独立的功能，模块之间协同工作，我们将这样的模块称为组件。对这些组件可以进行单独开发、单独编译、单独测试，把所有的组件组合在一起就得到了完整的系统。

组件有不同的定义方式，范围最广的定义是组件应包括二进制代码，也就是说，组件是可执行的代码，而不是未编译的源代码，DLL 文件从这个意义上来说就是一种组件。范围较窄的定义是组件提供一种手段，将内容告诉其他程序，程序集具有这样的功能。最严格的定义是要求组件提供已知的接口，释放不再使用的系统资源并提供与设计工具的集成功能。在.NET 框架中，组件是指实现 System.ComponentModel.IComponent 接口的一个类，或从实现 IComponent 的类中直接或间接派生的类。

在使用 Windows 程序时经常会遇到“DLL Hell”（DLL 地狱）。简单来说，“DLL Hell”是指当多个应用程序试图共享一个公用组件（如某个动态链接库 DLL）或某个组件对象模型（COM 类）时所引发的一系列问题。最典型的情况是，某个应用程序将要安装一个新版本的共享组件，但该组件与机器上现有版本不向后兼容。虽然刚安装的应用程序运行正常，但原来依赖前一版本共享组件的应用程序也许无法正常工作。

5.4.2 程序集

在.NET 框架中使用的程序集包括完全自我说明的描述程序集的数据，这些数据称为元数据。当程序执行时，不需要到其他目录或注册表中查询包含在程序集中的对象的信息。在此基础上，程序集的安装只需要简单地复制程序集中的所有文件即可。同一个程序集可以同时在系统上运行，.NET 框架在很大程度上解决了“DLL Hell”问题。在安全问题上，.NET 框架包含了代码访问安全（Code Access Security）的新型安全模型。Windows 安全基于用户的身份，代码访问安全则基于程序集的标识，可以自己决定程序集的安全许可，如信任微软发布的程序集，或者不信任从网上下载的程序集，.NET 框架为计算机中安装的内容和运行的程序提供了更多的控制权。

单文件的程序集的结构如图 5.14 所示。

在以前的组件技术中并没有引入清单的概念。在.NET 框架中，程序集的清单是自我说明的基础，它也称为程序集元数据，内容包括程序集中有哪些模块，程序集又引用了哪些模块等；类型元数据中放置的是类、属性和方法等的说明；MSIL（Microsoft Intermediate Language，微软中间语言）代码是所有.NET 语言程序被.NET 编译器编译而成的二进制代码。资源是指图像、图标和消息文件等不可执行的部分。

程序集也有可能包含多个文件，多文件的程序集的结构如图 5.15 所示。

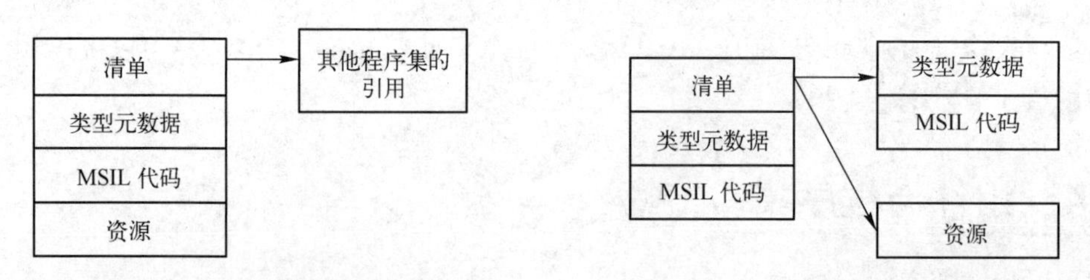

图 5.14 单文件的程序集的结构　　图 5.15 多文件的程序集的结构

在包含多个文件的程序集中，只能在一个文件中有清单，清单指向程序集中的其他文件。包含可执行代码的文件称为模块，它包含类型元数据和 MSIL 代码。

下面先创建一个单文件的程序集，然后引用它。

【例 5.12】 程序集示例。

在 VS 2015 平台中创建类库 Function，如图 5.16 所示。

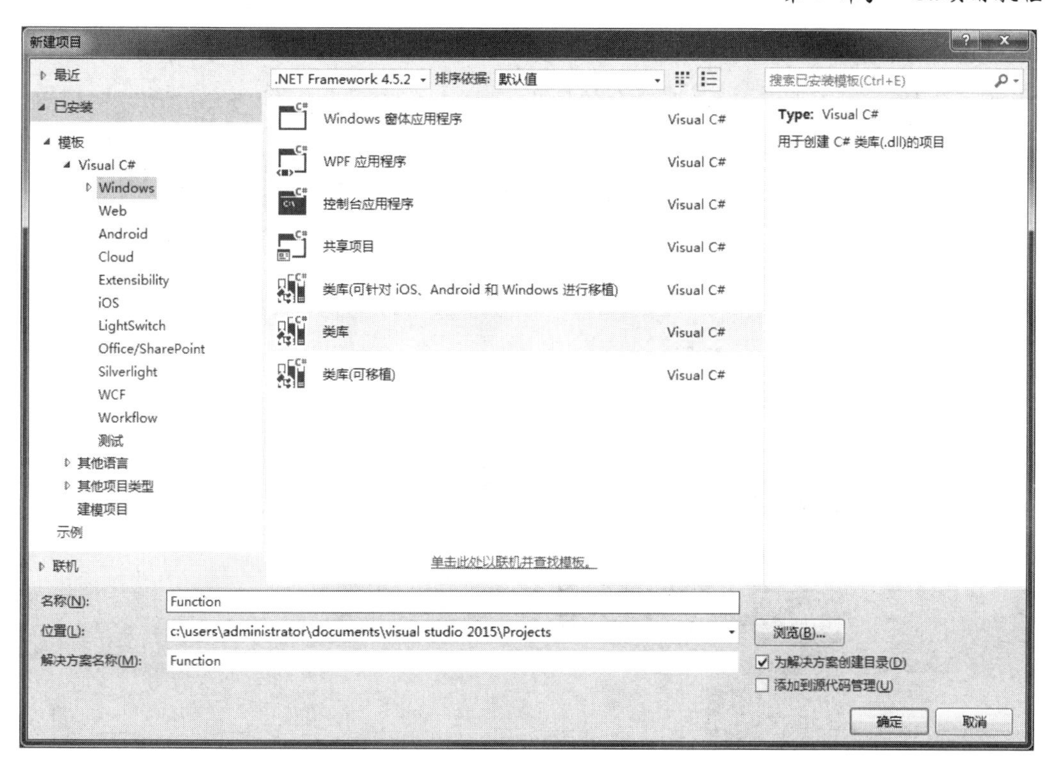

图 5.16　在 VS 2015 平台中创建类库 Function

Function 的源程序如下：

```
using System;
using System.Collections.Generic;
using System.Linq;
using System.Text;
namespace Function
{
    public class DigitCount
    {
        //计算字符串中的数字个数
        public static int NumberOfDigits(string TheString)
        {
            int Count = 0;
            for (int i = 0; i < TheString.Length; i++)
            {
                if (Char.IsDigit(TheString[i]))
                {
                    Count++;
                }
            }
            return Count;
        }
    }
}
```

编译项目，生成文件 Function.dll。

本例使用 VS 2015 自带的 IL 反汇编工具来查看程序集 Function.dll，步骤如下。

（1）选项“开始”→“所有程序”→“Visual Studio 2015”→“Visual Studio Tools”→“VS 2015 开发人员命令提示”选项，打开命令行，输入 ildasm 后回车，启动 IL 反汇编程序，如图 5.17 所示。

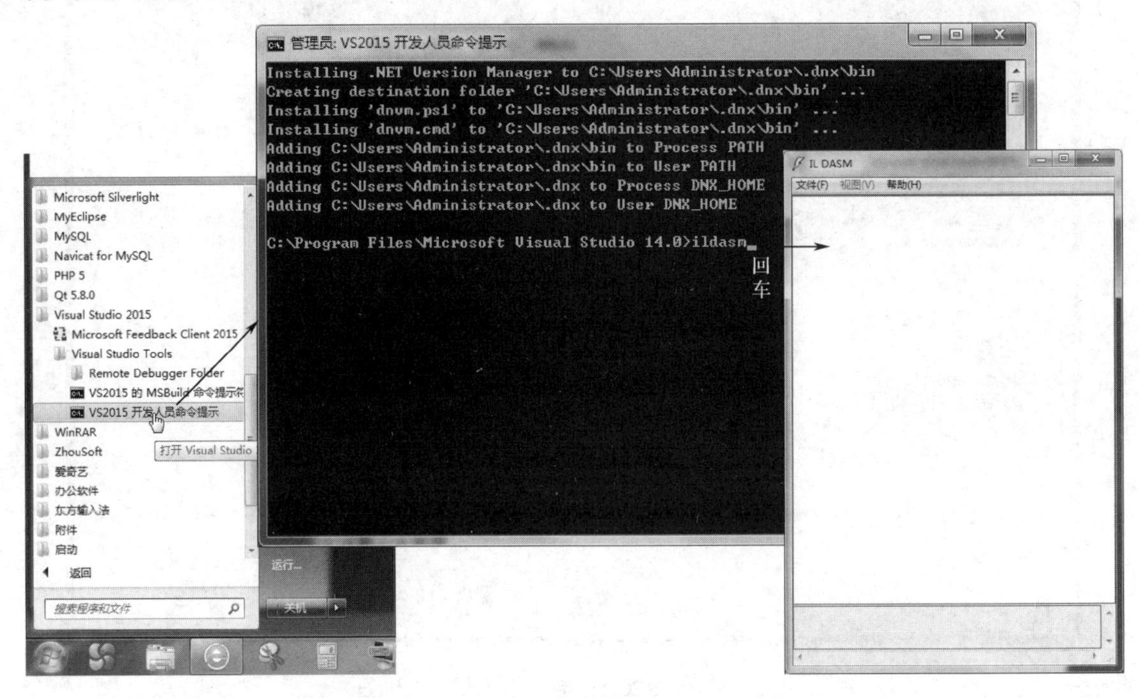

图 5.17　启动 IL 反汇编程序

（2）在“IL DASM”窗口中，选择“文件”→“打开”选项，弹出“打开”对话框，在类库 Function 项目的 Debug 目录中找到刚才编译生成的 Function.dll 文件并打开，如图 5.18 所示。

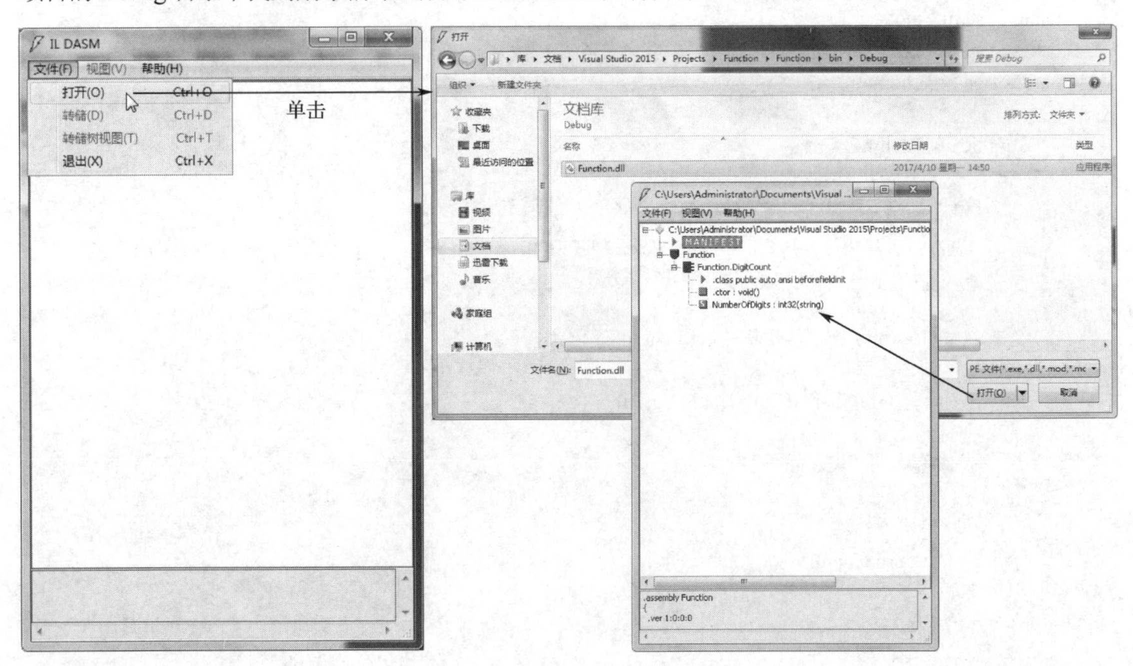

图 5.18　打开 Function.dll 文件

（3）在展开的目录树中双击 MANIFEST，可以看到程序集的清单内容，如图 5.19 所示。其中，具体各项的意义简单说明如下。

- .assembly extern mscorlib：表示对 mscorlib.dll 程序集的引用。mscorlib.dll 程序集定义了整个系统命名空间。引用 System 基类必须引用该程序集。
- .assembly Function：对自身程序集的声明。
- .module Function.dll：表示这个程序集只有一个文件，因此只有一个.module 声明。如果有多个文件，则有多个.module 声明。

此外，清单中还包括程序集的属性，此属性的说明都放在文件 AssemblyInfo.cs 中，其中包括程序集的版本号、名称等。

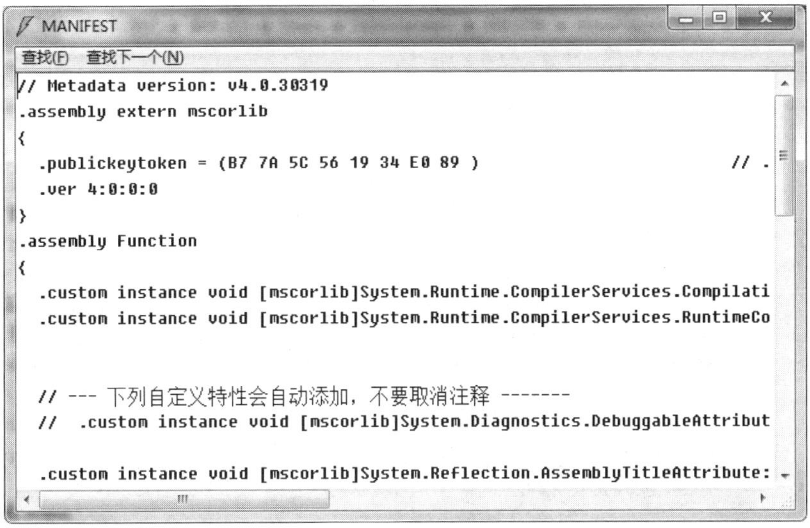

```
MANIFEST
查找(F)  查找下一个(N)
// Metadata version: v4.0.30319
.assembly extern mscorlib
{
  .publickeytoken = (B7 7A 5C 56 19 34 E0 89 )                    // .
  .ver 4:0:0:0
}
.assembly Function
{
  .custom instance void [mscorlib]System.Runtime.CompilerServices.Compilati
  .custom instance void [mscorlib]System.Runtime.CompilerServices.RuntimeCo


  // --- 下列自定义特性会自动添加，不要取消注释 -------
  //  .custom instance void [mscorlib]System.Diagnostics.DebuggableAttribut

  .custom instance void [mscorlib]System.Reflection.AssemblyTitleAttribute:
```

图 5.19　程序集的清单内容

下面在 VS 2015 中创建一个控制台程序 Ex5_12，通过它来引用程序集 Function.dll。

```
using System;
using Function;                //引用 Function.dll 程序集
…
namespace Ex5_12
{
    class FunctionClient
    {
        static void Main(string[] args)
        {
            string s;
            Console.WriteLine("请输入字符串:");
            s = Console.ReadLine();
            Console.WriteLine("The Digit Count for String [{0}] is [{1}]",s,DigitCount.NumberOfDigits(s));
        }
    }
}
```

为了能够引用 Function.dll，必须在 VS 2015 中选择“项目”→“添加引用”选项，单击“浏览”按钮，找到 Function.dll 文件后选中，单击“添加”按钮，最后单击“确定”按钮，如图 5.20 所示。操作完成后可在“解决方案资源管理器”窗口中的项目树展开的“引用”节点下看到新添加的Function.dll 引用。

编译生成 FunctionClient.exe 文件。

通过 IL 反汇编程序查看 Ex5_12.exe 文件，发现清单中多了.assembly extern Function 这一行，如图 5.21 所示，这是因为在程序中引用了 Function.dll。

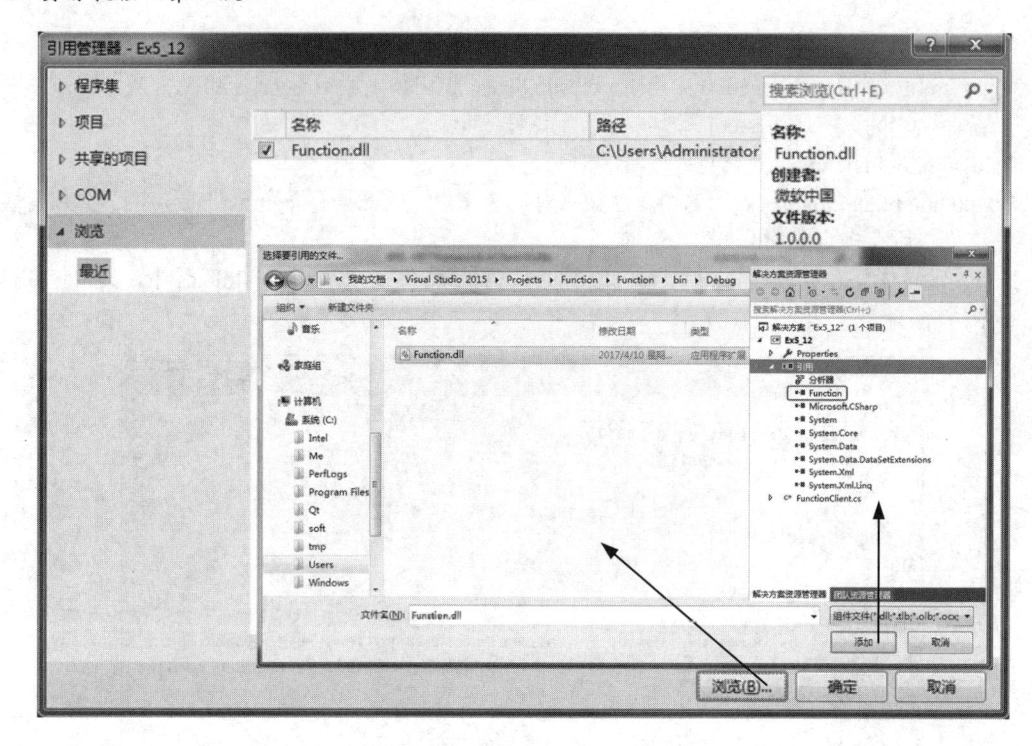

图 5.20　添加 Function.dll 引用

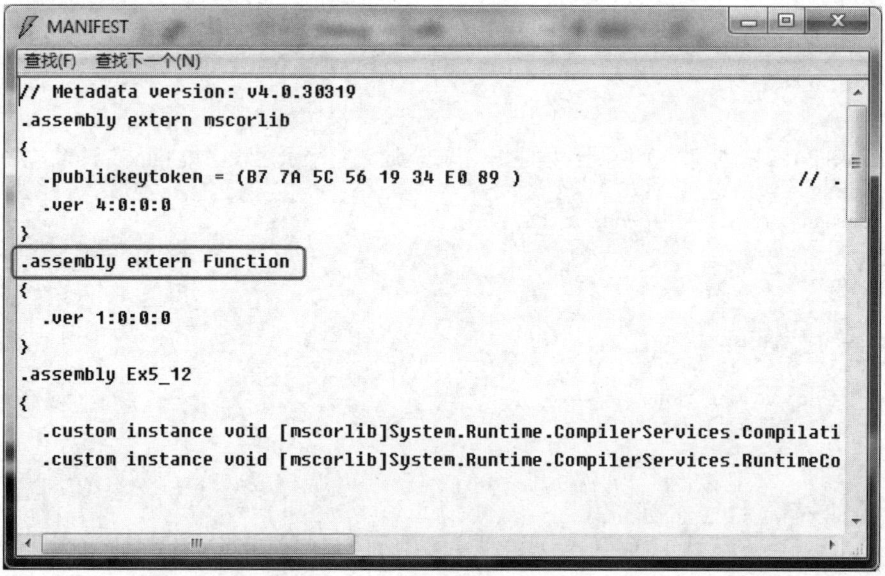

```
MANIFEST
查找(F)  查找下一个(N)
// Metadata version: v4.0.30319
.assembly extern mscorlib
{
  .publickeytoken = (B7 7A 5C 56 19 34 E0 89 )                         // .
  .ver 4:0:0:0
}
.assembly extern Function
{
  .ver 1:0:0:0
}
.assembly Ex5_12
{
  .custom instance void [mscorlib]System.Runtime.CompilerServices.Compilati
  .custom instance void [mscorlib]System.Runtime.CompilerServices.RuntimeCo
```

图 5.21　Ex5_12.exe 文件的清单

程序运行结果如图 5.22 所示。

```
请输入字符串:
sakd124jkdcn56kcds12w
The Digit Count for String [sakd124jkdcn56kcds12w] is [7]
```

图 5.22　程序运行结果

5.5　泛型

泛型是 2.0 版 C#和公共语言运行库（Common Language Runtime，CLR）引入的一个功能，它将类型参数的概念引入.NET 框架，使设计如下类和方法成为可能。这些类和方法将一个或多个类型的指定推迟到客户端代码声明并实例化该类或方法的时候。例如，通过使用泛型类型参数 T，可以编写其他客户端代码能够使用的单个类，而不致引起运行时强制转换或封装操作的成本和风险。

通常，一个方法或过程的签名都具有明确的数据类型，例如：

```
public void ProcessData(int i){ }
public void ProcessData(string i){ }
public void ProcessData(double i){ }
```

这些方法的签名中的 int、string 和 double 都是明确的数据类型，在访问这些方法的过程中需要提供确定类型的参数：

```
ProcessData(123);
ProcessData("abc");
ProcessData("12.34");
```

在将 int、string 和 double 这些类型也当成一种参数传给方法时，方法的定义为：

```
public void ProcessData<T>(T t){ } //T 是 int、string 和 double 这些数据类型的指代
```

用户在调用该方法时为：

```
ProcessData<int>(123);
ProcessData<string>("abc");
ProcessData<double>(12.34);
```

这与通常定义方法的最大区别是：方法的定义实现过程只有一个，但是它具有处理不同类型数据的能力。

【例 5.13】 利用泛型设计一个简单的绩点计算器。

```
using System;
…
namespace Ex5_13
{
    public class Student<N, A>                              //定义泛型类
    {
        //泛型类的类型参数可用于类成员
        private N _n;
        private A _a;
        private double _j;
        public Student(N n, A a)                            //构造函数
        {
            this._n = n;
            this._a = a;
            int thesco = Convert.ToInt32(a);
            if (thesco >= 90)
            {
                _j = 4;
            }
            else if (thesco >= 85)
            {
                _j = 3.7;
            }
```

```
            else if (thesco >= 82)
            {
                _j = 3.3;
            }
            else if (thesco >= 78)
            {
                _j = 3;
            }
            else if (thesco >= 75)
            {
                _j = 2.7;
            }
            else if (thesco >= 72)
            {
                _j = 2.3;
            }
            else if (thesco >= 68)
            {
                _j = 2;
            }
            else if (thesco >= 64)
            {
                _j = 1.5;
            }
            else if (thesco >= 60)
            {
                _j = 1;
            }
            else
            {
                _j = 0;
            }
        }
        public void SetValue()                          //定义方法
        {
            Console.WriteLine(_n.ToString() + ",你好，你输入的分数为：" + _a.ToString());
        }
        public string Process<W>(W w)                   //定义泛型函数
        {
            return w.ToString() + _j.ToString();
        }
    }
    class Program
    {
        static void Main(string[] args)
        {
            Console.WriteLine("请输入姓名和成绩");
            string name = Console.ReadLine();
            int sco = Convert.ToInt32(Console.ReadLine());
            //使用 string,int 来实例化 Student<N, A>类
            Student<string, int> s1 = new Student<string, int>(name, sco);
            s1.SetValue();                                      //调用泛型类中的方法
```

```
                Console.WriteLine(s1.Process<string>("绩点为："));      //调用泛型函数
                Console.Read();
            }
        }
    }
```

泛型示例运行结果如图 5.23 所示。

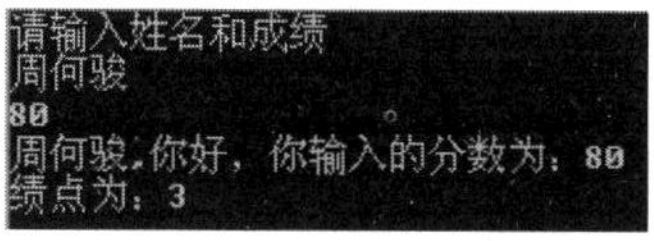

```
请输入姓名和成绩
周何骏
80
周何骏,你好，你输入的分数为：80
绩点为：3
```

图 5.23　泛型示例运行结果

第6章　C#线程技术

计算机编程进入图形用户界面（GUI）时代后，一个软件的成功在很大程度上取决于最终用户的主观使用体验，而影响用户体验的至关重要的因素就是界面的交互性和响应速度。现代应用程序普遍用线程机制实现，以达到改善软件交互性能的目的。C#和.NET 类库为开发多线程应用程序提供了支持，本章将介绍 C#线程技术，以便读者理解多线程的程序编写。

6.1　引入线程的动机

6.1.1　进程的主线程

Windows 系统是一个多任务的操作系统，右键单击任务栏后选中“启动任务管理器”选项，打开“Windows 任务管理器”对话框，如图 6.1 所示，可以通过它查看当前系统运行的进程。

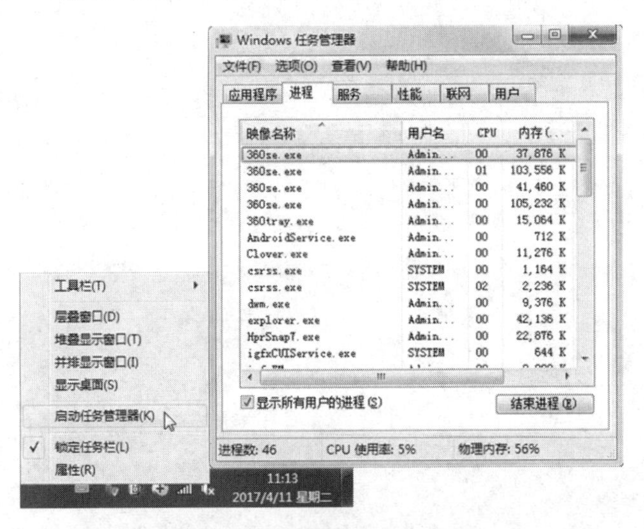

图 6.1　查看当前系统运行的进程

那么什么是进程呢？当一个应用程序开始运行时，它就成为一个**进程**。进程包括运行中的程序及其使用的 CPU、内存等系统资源。

如果把进程比作一个正常运作的公司，则公司肯定有一个创始人，同理，每个应用程序都是用一个线程启动的，该线程称为**主线程**，它就相当于公司（应用程序）的创办者，执行程序中以 Main()开始和结束的代码。Main()直接或间接执行的每个命令都由主线程执行，当 Main()返回时，主线程也终止。

例如，在 VS 2015 中新建一个 Windows 窗体应用程序，打开“解决方案资源管理器”窗口中目录树下的 Program.cs 文件，其代码如下：

```
static class Program
{
```

```
        ///<summary>
        ///应用程序的主入口点
        ///</summary>
        [STAThread]
        static void Main()
        {
            Application.EnableVisualStyles();
            Application.SetCompatibleTextRenderingDefault(false);
            Application.Run(new Form1());
        }
    }
```

默认情况下，C#程序只有这一个线程，它也是整个程序的主入口点。

6.1.2　主线程的局限性

理论上，仅用一个主线程就可以完成程序的全部任务，但需要强大的CPU和海量内存，可事实果真如此吗？我们来看下面的例子。

【例 6.1】 运行【例 5.7】的“文字抄写员”程序，发现其不足之处。

运行程序 Ex5_7\ProcessDelegate，输入待抄写的文本后，勾选“文本区①”复选框，单击“提交”按钮，如图 6.2 所示，程序开始向文本区①中写入文字。

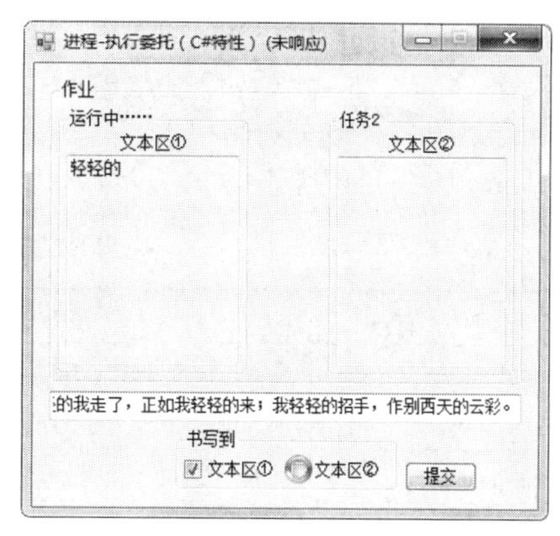

图 6.2　运行【例 5.7】“文字抄写员”程序

此时，如果试图去补充勾选“文本区②”复选框，则发现：整个 GUI 界面已不再接受用户的新操作命令。若强行在复选框上单击，程序会锁死，并且鼠标指针变为等待状的圆环，窗口标题栏出现“未响应”提示。

为什么会出现这种现象呢？这是因为在 Windows 应用程序中，如果主线程正在进行一个长时间的操作（本例为抄写文本），则键盘和鼠标的操作都不会被执行，同时应用程序也变得不可响应。

6.1.3　多线程的编程思路

1．线程与多线程

GUI 程序的交互性使只有一个主线程的程序应接不暇，正如一个公司不能单靠创始人支撑，必须雇用很多各司其职的职员，这些职员可以比喻为线程。但是，职员再多，整个公司的运作和发展方向仍然必须由创始人（主线程）决策，为了有所区别，我们把普通职员所代表的线程称为**用户线程**（又称**附加线程**或简称**线程**）。

一般，一个进程是由多个线程组成的，线程是程序中的一个执行流，每个线程都有自己专有寄存器（栈指针、程序计数器等），但代码区是共享的，即不同的线程可以执行同样的方法（函数）。

多线程是指程序中包含多个执行流，即在一个程序中可以同时运行多个不同的线程来执行不同的任务，也就是说，允许单个程序创建多个并行的执行流来完成各自的任务。由于线程是操作系统分配处理器时间的基本单元，在进程中可以有多个线程同时执行代码。

2．编程思路

多线程的编程思路是：在主线程中将耗时多的程序模块分配给用户线程，这样既能够保证主线程不会进入无响应状态，又可以利用多个用户线程的独立性实现并发操作，使程序可以同时为多个用户提供服务。

在多线程程序中，当一个线程必须等待时，CPU可以运行其他线程而不是空闲，这就大大提高了系统资源利用率。浏览器就是一个很好的多线程例子，在浏览器中可以在下载资源的同时滚动页面，在访问新页面时播放网络视频等。

一个传统C#应用程序可以通过以下两种方式转变为多线程程序。

（1）明确地创建并运行附加线程。

（2）通过.NET框架的特性来创建线程，如后台工作线程、线程池和定时器等。

6.2 线程的创建及状态控制

6.2.1 Thread类

在.NET类库中，所有与多线程机制应用相关的类都放在System.Threading命名空间中。其中，Thread类用于创建线程，ThreadPool类用于管理线程池等，此外还提供了解决线程执行中死锁、线程间的通信等实际问题的机制。如果想在应用程序中使用多线程，则必须包含Thread类，使用方法很简单，在程序的头部，声明如下命名空间：

```
using System.Threading;
```

Thread类的常用属性及说明如表6.1所示。

表6.1 Thread类的常用属性及说明

常用属性	说明
ApartmentState	获取或设置此线程的单元状态
CurrentContext	获取线程正在其中执行的当前程序的上下文
CurrentCulture	获取或设置当前线程的区域性
CurrentPrincipal	获取或设置线程的当前负责人（对基于角色的安全性而言）
CurrentThread	获取当前正在执行的线程
CurrentUICulture	获取或设置资源管理器使用的当前区域性，以便在运行时查找区域性特定的资源
ExecutionContext	获取一个ExecutionContext对象，该对象包含有关当前线程的各种上下文的信息
IsAlive	获取一个值，该值指示当前线程的执行状态
IsBackground	获取或设置一个值，该值指示某个线程是否为后台线程
IsThreadPoolThread	获取一个值，该值指示线程是否属于托管线程池
ManagedThreadld	获取当前托管线程的唯一标识符
Name	获取或设置线程的名称
Priority	获取或设置一个值，该值指示线程的调度优先级
ThreadState	获取一个值，该值包含当前线程的状态

Thread类的常用方法及说明如表6.2所示。

表6.2 Thread类的常用方法及说明

常用方法	说明
Abort	**终止线程**
AllocateDataSlot	在所有的线程上分配未命名的数据槽
AllocateNamedDataSlot	在所有线程上分配已命名的数据槽

续表

常 用 方 法	说　　明
BeginCriticalRegion	通知宿主执行将要进入一个代码区域，在该代码区域内，线程终止或未处理的异常的影响可能会危害应用程序域中的其他任务
BeginThreadAffinity	通知宿主托管代码将要执行依赖于当前物理操作系统线程的标识的指令
EndThreadAffinity	通知宿主托管代码已执行完依赖于当前物理操作系统线程的标识的指令
Equals	确定两个 Object 实例是否相等
FreeNamedDataSlot	为进程中的所有线程消除名称与槽之间的关联
GetApartmentState	返回一个 ApartmentState 值，该值指示单元状态
GetCompressedStack	返回一个 CompressedStack 对象，该对象可用于捕获当前线程的堆栈
GetData	在当前线程的当前域中指定的槽中检索值
GetDomain	返回当前线程正在其中执行的当前域
GetDomainID	返回唯一的应用程序域标识符
GetHashCode	返回当前线程的哈希代码
GetNamedDataSlot	查找已命名的数据槽
GetType	获取当前实例的 Type
Interrupt	中断处于 WaitSleepjoin 线程状态的线程
Join	阻止调用线程，直到某个线程终止时为止
MemoryBarrier	同步内存，其效果是将缓存中的内容刷新到主内存中，从而使处理器能执行当前线程
ReferenceEquals	确定指定的 Object 实例是否是相同的实例
ResetAbort	取消为当前线程请求的 Abort
Resume	**恢复被 Suspend()方法挂起的线程的执行**
SetApartmentState	在线程启动前设置其单元状态
SetCompressedStack	对当前线程应用捕获的 CompressedStack
SetData	在当前正在执行的线程上为此线程的当前域在指定槽中设置数据
Sleep	**暂停当前线程指定的毫秒数**
SpinWait	导致线程等待由 iterations 参数定义的时间量
Start	**启动线程**
Suspend	**挂起线程（以后还可恢复）**
ToString	返回表示当前 Object 的 String
TrySetApartmentState	在线程启动前设置其单元状态
VolatileRead	读取字段值。无论处理器的数目或处理器缓存的状态如何，该值都是由计算机的任何处理器写入的最新值
VolatileWrite	立即向字段写入一个值，以使该值对计算机中的所有处理器都可见

注意：
在表 6.2 中，字体加粗的方法为 Thread 类中几个至关重要的方法。

任何程序在执行时，至少有一个主线程，可通过 Thread 类方便地获取或设置当前线程的属性和状态信息。下面这段小程序可以给读者一个直观的印象。

【例 6.2】 Thread 类的使用。

```
using System;
…
using System.Threading;
```

```
namespace Ex6_2
{
    class RunIt
    {
        static void Main(string[] args)
        {
            //给当前线程起名为"System Thread"
            Thread.CurrentThread.Name = "System Thread";
            Console.WriteLine(Thread.CurrentThread.Name + "'Status:"+ Thread.CurrentThread.ThreadState);
            Console.Read();
        }
    }
}
```

在代码中，通过 Thread 类的静态属性 CurrentThread 获取了当前执行的线程，对其 Name 属性赋值 System Thread，然后输出它的当前状态（ThreadState）。

编译执行后，Thread 类获取的主线程状态如图 6.3 所示。

```
System Thread'Status:Running
```

图 6.3 Thread 类获取的主线程状态

> **注意：**
> 静态属性是指这个类所有对象公有的属性，不管创建多少个实例，类的静态属性在内存中只有一个。很容易理解 CurrentThread 为什么是静态的——虽然有多个线程同时存在，但在某一时刻，CPU 只能执行其中一个。

6.2.2 线程的创建、启动和终止

一个进程可以创建一个或多个线程，以执行与该进程关联的部分程序代码。通过实例化一个 Thread 对象就可以创建一个线程。在创建新的 Thread 对象时，将创建新的托管线程。Thread 类接收一个 ThreadStart 委托或 ParameterizedThreadStart 委托的构造函数，该委托包装了调用 Start 方法时由新线程调用的方法：

```
Thread thread = new Thread(new ThreadStart(method));                    //创建线程
thread.Start();                                                         //启动线程
```

上述代码实例化了一个 Thread 对象，并指明了将要调用的方法 method，然后启动线程。ThreadStart 委托中作为参数的方法不需要参数，并且没有返回值。ParameterizedThreadStart 委托一个对象为参数，利用这个参数可以很方便地向线程传递参数，代码如下：

```
Thread thread = new Thread(new ParameterizedThreadStart(method));       //创建线程
thread.Start(3);                                                        //启动线程并传参数 3
```

在使用 Thread 类创建线程时，只需要提供线程入口。线程入口告诉程序让这个线程做什么。在 C#中，线程入口是通过 ThreadStart 提供的，可以把 ThreadStart 理解为一个函数指针，指向线程要执行的函数，当调用 Thread.Start()方法后，线程就开始执行 ThreadStart 所代表（指向）的函数。

线程的 Abort 方法用于永久地终止托管线程。在调用 Abort 方法时，CLR 在目标线程中引发 ThreadAbortException，目标线程可捕捉此异常。一旦线程被终止，将无法重新启动。

如果在应用程序中使用了多线程，当辅助线程还没有执行完毕时，在关闭窗体时必须关闭辅助线程，否则会引发异常，代码如下：

```
Thread thread = new Thread(new ThreadStart(methord));                    //创建线程
thread.Start();                                                          //启动线程
if(thread.IsAlive)
{
    thread.Abort;
}                                                                        //关闭线程
```

在终止线程时，Abort()方法会在受影响的线程中产生一个 ThreadAbortException 异常，以这种方式终止线程。如果线程当前执行 try 块中的代码，则在线程终止前执行相应的 finally 块。这就可以保证清理资源，并有机会确保线程正在处理的数据（例如，在线程终止后仍保留的类实例的字段）处于有效的状态。在.NET 框架出现以前的多线程应用中，除极端情况外，一般不推荐使用这种方式终止线程，因为受影响的线程会让正在处理的数据处于无效状态，线程所使用的资源仍被占用。.NET 框架使用的异常机制使线程的终止更加安全，但终止线程要占用一定的时间，因为从理论上讲，对异常处理块中的代码执行多长时间是没有限制的。因此，在终止线程后需要等待一段时间，在线程完全终止后，才能继续执行其他操作。如果后续的处理依赖于该终止的线程，则可以使用 Join()方法，等待线程终止，代码如下：

```
thread.Abort();
thread.Join();
```

通过使用 Join()方法，线程可以在终止前阻塞调用它的代码。Join()方法的其他重载方法可以指定等待的时间期限。如果过了等待的时间期限，调用代码会继续执行。如果没有指定时间期限，线程就要等待需要等待的时间。

【例 6.3】 创建线程，随意启动和终止它以达到完全控制的目的。

打开 VS 2015 平台，新建一个控制台应用程序，编写如下代码：

```
using System;
…
using System.Threading;
namespace Ex6_3
{
    public class Alpha
    {
        public void Beta()
        {
            while (true)
            {
                Console.WriteLine("Alpha.Beta is running in its own thread.");
            }
        }
    }
    class Simple
    {
        static void Main(string[] args)
        {
            Console.WriteLine("Thread Start/Stop/Join Sample");
            Alpha oAlpha = new Alpha();
            //这里创建一个线程，使之执行 Alpha 类的 Beta()方法
            Thread oThread = new Thread(new ThreadStart(oAlpha.Beta));
            oThread.Start();
            while (!oThread.IsAlive) ;
            Thread.Sleep(1);
            oThread.Abort();
```

```
                oThread.Join();
                Console.WriteLine();
                Console.WriteLine("Alpha.Beta has finished");
                try
                {
                    Console.WriteLine("Try to restart the Alpha.Beta thread");
                    oThread.Start();
                }
                catch (ThreadStateException)
                {
                    Console.Write("ThreadStateException trying to restart Alpha.Beta. ");
                    Console.WriteLine("Expected since aborted threads cannot be restarted.");
                    Console.ReadLine();
                }
            }
        }
    }
```

这段程序中包含两个类（Alpha 和 Simple），在创建线程 oThread 时用 oAlpha.Beta()方法初始化了 ThreadStart 对象，当线程 oThread 调用 oThread.Start()方法启动时，程序实际上运行的是 Alpha.Beta()方法：

```
Alpha oAlpha = new Alpha();
Thread oThread = new Thread(new ThreadStart(oAlpha.Beta));
oThread.Start();
```

在 Main()方法的 while 循环中，使用静态方法 Thread.Sleep()让主线程暂停 1 ms，CPU 在这段时间内转向执行线程 oThread，然后用 Thread.Abort()方法终止线程 oThread，注意后面的 oThread.Join()方法，Thread.Join()方法将使主线程等待，直到 oThread 线程结束为止。可以为 Thread.Join()方法指定一个 int 型的参数作为等待的最长时间。

当我们再试图用 Thread.Start()方法重新启动线程 oThread 时，系统将抛出 ThreadStateException 异常，如图 6.4 所示。这是因为使用 Abort()方法终止的线程是不可恢复的。

```
Thread Start/Stop/Join Sample

Alpha.Beta has finished
Try to restart the Alpha.Beta thread
ThreadStateException trying to restart Alpha.Beta. Expected since aborted thread
s cannot be restarted.
```

图 6.4　系统抛出 ThreadStateException 异常

注意：

其他线程都依附于 Main()方法所在的线程，Main()方法是 C#程序的入口，起始线程可以称为主线程，如果所有的前台线程都停止了，那么主线程可以终止，而所有的后台线程都将无条件终止。在微观上，所有的线程是串行执行的，但在宏观上，可以认为它们在并行执行。

将【例 5.7】中定义使用委托的一系列代码放在这里，与本例中创建和启动线程的代码比较一下：

```
private delegate void WriteTextBox(char ch);            //定义委托
private WriteTextBox writeTextBox;                      //声明委托
writeTextBox = new WriteTextBox(WriTextBox1);           //实例化委托
WriTxt(writeTextBox);                                   //作为参数
```

第三行实例化委托的代码似乎与 ThreadStart 的初始化代码相似。可见，ThreadStart 实际上就是一个委托，只不过这个委托是.NET 库预定义的，预置于 System.Threading 命名空间中。

语句 new ThreadStart(oAlpha.Beta)其实是委托 ThreadStart 的实例化代码，通过这条语句将

oAlpha.Beta()方法绑定到一个委托实例，再将这个实例传递给线程类 Thread 的构造函数，得到一个实例化的线程对象 oThread，启动 oThread 也就启动了执行方法 oAlpha.Beta()的线程。这样，C#就巧妙地通过委托，将线程与其执行的方法捆绑在一起了。

6.2.3 线程的挂起与恢复

启动一个线程后，线程将运行到所在的方法结束为止，在此期间可以对线程进行挂起或恢复操作。挂起一个线程就是让它进入睡眠状态，此时，线程仅停止运行一段时间，不占用任何处理器时间，以后还可以恢复，恢复后的线程从被挂起的那个状态重新运行。

> **注意：**
> 线程挂起与终止有本质的不同，一旦线程被终止，就是停止运行，Windows 会永久地删除该线程的所有数据，所以该线程不能重新启动。

线程通过调用 Suspend()方法挂起线程。当线程针对自身调用 Suspend()方法时，调用被阻止，直到另一个线程继续该线程。当一个线程针对另一个线程调用 Suspend()方法时，调用是非阻止调用，将导致另一个线程挂起。线程通过调用 Resume()方法来恢复被挂起的线程。无论调用多少次 Suspend()方法，调用 Resume()方法均会使另一个线程脱离挂起状态，继续运行，示例代码如下：

```
Thread thread = new Thread(new ThreadStart(methord));                    //创建线程
thread.Start();                                                          //启动线程
thread.Suspend();                                                        //挂起线程
thread..Resume();                                                        //恢复线程
```

> **注意：**
> Suspend()方法不一定会立即起作用。对于 Suspend()方法，.NET 框架允许待挂起的线程再执行几个指令，目的是达到.NET 框架认为线程是可以安全挂起的状态。这么做，从技术上讲，是为了确保垃圾收集器执行正确的操作，具体内容可参见 MSDN（Microsoft Software Developer Network，微软软件开发者网络）文档说明。

当主线程要在它自己的线程上执行某些操作时，需要一个线程对象的引用来表示它自己的线程。在主线程中使用 Thread 类的静态属性 CurrentThread，就可以获得这样一个引用：

```
Thread myOwnThread = Thread.CurrentThread;
```

然后，可以通过 myOwnThread()方法来控制主线程。CurrentThread 属性用于引用当前运行线程，如果在线程代码中获取该值，得到的则是线程本身的线程对象。这在下面的例子中可以看得很清楚——尽管两个线程调用的是同一个方法 DisplayNumbers()，但该方法内的 Thread.CurrentThread 属性值是不一样的。

Thread 的另一个常用属性是其静态方法 Sleep()，只要传入时间参数，该方法可以使正在运行的线程进入睡眠状态，过了指定的时间后，该线程会继续运行。

下面用一个简单的示例来说明如何利用主线程挂起和恢复用户线程，以改变程序的执行顺序。

【例 6.4】 使用两个并发线程（一个主线程和一个工作者线程）显示计数，要求主线程先于工作者线程执行。

在本例中，主线程与工作者线程执行的核心方法都是 DisplayNumbers()，该方法每次累加一个数字，并定期显示每次累加的结果。累加的数字取决于 interval 字段，其值是用户输入的。如果用户输入 100，就累加到 800 并显示数字 100、200、300、400、500、600、700 和 800；如果用户输入 1000，就累加到 8000，显示数字 1000、2000、3000、4000、5000、6000、7000 和 8000。以此类推。

程序代码如下：

```
using System;
```

```
…
using System.Threading;
namespace Ex6_4
{
    class ThreadApp
    {
        static int interval;
        static void DisplayNumbers()
        {
            //获取当前运行线程的 Thread 对象实例
            Thread thisThread = Thread.CurrentThread;
            Console.WriteLine("线程: " + thisThread.Name + " 已开始运行.");
            //循环计数直到结束，在指定的间隔输出当前计数值
            for (int i = 1; i <= 8 * interval; i++)
            {
                if (i % interval == 0)
                {
                    Console.WriteLine(thisThread.Name + ": 当前计数为 " + i);
                }
            }
            Console.WriteLine("线程 " + thisThread.Name + " 完成！ ");
        }
        static void Main(string[] args)
        {
            //获取用户输入的数字
            Console.Write("请输入一个数字:");
            interval = int.Parse(Console.ReadLine());
            //定义当前主线程对象的名字
            Thread thisThread = Thread.CurrentThread;
            thisThread.Name = "Main Thread";
            //建立新线程对象
            ThreadStart workerStart = new ThreadStart(DisplayNumbers);
            Thread workerThread = new Thread(workerStart);
            workerThread.Name = "Worker Thread";
            workerThread.IsBackground = true;
            //启动新线程
            workerThread.Start();
            //挂起工作者线程
            workerThread.Suspend();
            //主线程同步进行计数
            DisplayNumbers();
            //恢复工作者线程
            workerThread.Resume();
            Console.Read();
        }
    }
}
```

上述代码从类的声明开始，interval 是这个类的一个静态成员。在 Main()方法中，首先要求用户输入 interval 的值，然后获取表示主线程的线程对象引用。这样，就可以给线程指定名称并可以在结果中看到具体的执行情况，接着创建工作者线程，设置它的名称并启动该线程。

程序运行结果如图 6.5 所示。

在图 6.5 中，主线程先于工作者线程执行。事实上，两个线程的累加过程是完全独立的，因为 DisplayNumbers()方法中用于累加数字的变量 i 是一个局部变量。局部变量只能在定义它们的对应方法中使用，也只有在执行该方法的线程中是可见的。如果另一个线程也要执行这个方法，它就会获得该局部变量的副本。

由于运用了挂起机制，在主线程计算完成后，工作者线程才开始计算，这是因为主线程调用了 workerThread.Suspend()将工作者线程挂起，但工作者线程并未就此终止运行，而是处于暂时的休眠状态，当主线程完成操作后再调用 Resume()将工作者线程恢复。

若要实现两线程并发执行的需求，则只需要将挂起和恢复语句注释掉：

```
…
//启动新线程
workerThread.Start();
//挂起工作者线程
//workerThread.Suspend();                    //注释掉
//主线程同步进行计数
DisplayNumbers();
//恢复工作者线程
//workerThread.Resume();                     //注释掉
…
```

为了使线程的并行看得更为明显，我们在输入数字的时候输入一个较大的值即 1000000，从而使得循环的时间大大延长，在主线程结束之前，工作者线程也开始工作了。运行程序，结果如图 6.6 所示（由于不同的计算机运行速度不同，结果可能略有不同）。

从运行结果可以看出，这两个线程实际上是并行工作的。

```
请输入一个数字:1000000
线程: Main Thread 已开始运行.
Main Thread: 当前计数为 1000000
Main Thread: 当前计数为 2000000
Main Thread: 当前计数为 3000000
Main Thread: 当前计数为 4000000
Main Thread: 当前计数为 5000000
Main Thread: 当前计数为 6000000
Main Thread: 当前计数为 7000000
Main Thread: 当前计数为 8000000
线程 Main Thread 完成!
线程: Worker Thread 已开始运行.
Worker Thread: 当前计数为 1000000
Worker Thread: 当前计数为 2000000
Worker Thread: 当前计数为 3000000
Worker Thread: 当前计数为 4000000
Worker Thread: 当前计数为 5000000
Worker Thread: 当前计数为 6000000
Worker Thread: 当前计数为 7000000
Worker Thread: 当前计数为 8000000
线程 Worker Thread 完成!
```

图 6.5　主线程先于工作者线程执行

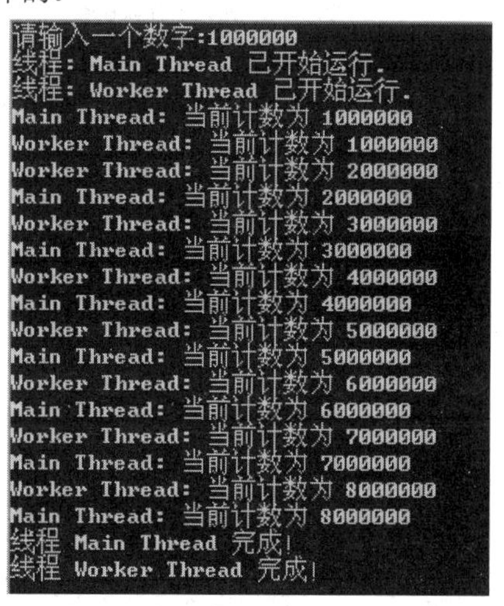

图 6.6　主线程与工作者线程并发执行

6.2.4　线程的状态和优先级

Thread.ThreadState 属性代表线程运行时的状态，在不同情况下有不同的状态，可以通过对状态的判断来设计程序流程。线程的状态及说明如表 6.3 所示。

表 6.3　线程的状态及说明

线程的状态	说　明
Aborted	线程已停止
AbortRequested	线程的 Thread.Abort()方法已被调用，但是线程还未停止

续表

线程的状态	说　明
Background	线程在后台执行，与属性 Thread.IsBackground 有关
Running	线程正常运行
Stopped	线程已被停止
StopRequested	线程正在被要求停止
Suspended	线程已被挂起（在此状态下，可以通过调用 Resume()方法重新运行）
SuspendRequested	线程正在要求被挂起，但未来得及响应
Unstarted	未调用 Thread.Start()方法开始线程的运行
WaitSleepJoin	线程因为调用了 Wait()、Sleep()或 Join()等方法而处于封锁状态

如果在应用程序中有多个线程在运行，一些线程比另一些线程重要而需要分配更多的 CPU 时间，则可以通过在一个进程中为不同的线程指定不同的优先级来实现。在一般情况下，如果有优先级较高的线程在工作，CPU 不会给优先级较低的线程分配任何时间片，这样做可以保证接收用户输入的线程获得较高的优先级。当用户输入信息后，这个线程立即获得比应用程序中其他线程更高的优先级，在短时间内处理用户输入控件程序。

线程的优先级定义为 ThreadPriority 枚举类型，线程的优先级及其含义如表 6.4 所示。

表 6.4　线程的优先级及其含义

优 先 级	含　义
Highest	将线程安排在具有任何其他优先级的线程之前
AboveNormal	将线程安排在具有 Highest 优先级的线程之后、具有 Normal 优先级的线程之前
Normal	将线程安排在具有 AboveNormal 优先级的线程之后、具有 BelowNormal 优先级的线程之前。在默认情况下，线程具有 Normal 优先级
BelowNormal	将线程安排在具有 Normal 优先级的线程之后、具有 Lowest 优先级的线程之前
Lowest	将线程安排在具有任何其他优先级的线程之后

优先级高的线程可以完全阻止优先级低的线程执行，因此在改变线程的优先级时要特别小心，以免造成某些线程得不到 CPU 时间。每个进程都有一个基本优先级，为线程指定较高的优先级可以确保它在该进程内比其他线程优先执行，但在系统中可能还运行着其他进程，它们的线程具有更高的优先级（如 Windows 系统给自己的操作系统线程指定高优先级）。

在创建线程时如果不指定优先级，系统则默认为 ThreadPriority.Normal。给一个线程指定优先级使用如下代码：

```
myThread.Priority = ThreadPriority.Lowest;                    //设定优先级为最低
```

通过设定线程的优先级，可以安排一些相对重要的线程优先执行，优化对用户的响应速度。

【例 6.5】 在【例 6.4】中，对 Main()方法做如下修改，查看修改线程优先级的效果。代码如下：

```
…
//建立新线程对象
…
workerThread.Priority = ThreadPriority.AboveNormal;
…
```

通过上面的语句将工作者线程的优先级设置为比主线程的高，运行结果如图 6.7 所示。

运行结果说明，当工作者线程的优先级为 AboveNormal 时，一旦该线程启动，就立即“占领”CPU 时间（如图 6.7 框中所示），主线程被迫挂起，直到工作者线程结束，主线程才重新执行计算。

下面继续试验操作系统如何对线程分配 CPU 时间。在 DisplayNumbers()方法的循环体中加入如下代码：

```
if (i % interval == 0)
{
    Console.WriteLine(thisThread.Name + ": 当前计数为 " + i);
    Thread.Sleep(10);
}
```

运行结果如图 6.8 所示。

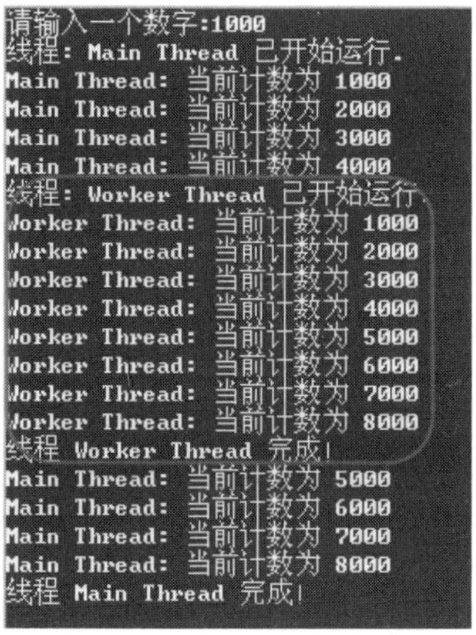

```
请输入一个数字:1000
线程: Main Thread 已开始运行.
Main Thread: 当前计数为 1000
Main Thread: 当前计数为 2000
Main Thread: 当前计数为 3000
Main Thread: 当前计数为 4000
线程: Worker Thread 已开始运行
Worker Thread: 当前计数为 1000
Worker Thread: 当前计数为 2000
Worker Thread: 当前计数为 3000
Worker Thread: 当前计数为 4000
Worker Thread: 当前计数为 5000
Worker Thread: 当前计数为 6000
Worker Thread: 当前计数为 7000
Worker Thread: 当前计数为 8000
线程 Worker Thread 完成!
Main Thread: 当前计数为 5000
Main Thread: 当前计数为 6000
Main Thread: 当前计数为 7000
Main Thread: 当前计数为 8000
线程 Main Thread 完成!
```

图 6.7　工作者线程优先级高于主线程

```
请输入一个数字:1000
线程: Main Thread 已开始运行.
Main Thread: 当前计数为 1000
线程: Worker Thread 已开始运行.
Worker Thread: 当前计数为 1000
Worker Thread: 当前计数为 2000
Main Thread: 当前计数为 2000
Main Thread: 当前计数为 3000
Worker Thread: 当前计数为 3000
Worker Thread: 当前计数为 4000
Main Thread: 当前计数为 4000
Worker Thread: 当前计数为 5000
Main Thread: 当前计数为 5000
Worker Thread: 当前计数为 6000
Main Thread: 当前计数为 6000
Main Thread: 当前计数为 7000
Worker Thread: 当前计数为 7000
Main Thread: 当前计数为 8000
Worker Thread: 当前计数为 8000
线程 Worker Thread 完成!
线程 Main Thread 完成!
```

图 6.8　工作者线程主动放弃 CPU 时间并等待主线程

从图 6.8 中可以看到运行结果与前面有很大不同，虽然工作者线程仍然早于主线程完成，但在它计算的过程中，主线程也获得了 CPU 时间。这是因为在 DisplayNumbers()方法中使用的 Thread.Sleep()静态方法主动放弃了 CPU 时间。这样，即使当前线程具有较高的优先级，操作系统也会把时间片分配给其他优先级低的线程。

6.3　线程同步和通信

每个线程都有自己的资源，但代码区是共享的，即每个线程都可以执行相同的方法。但在多线程环境下，可能带来这样的问题：几个线程同时执行一个方法，导致数据混乱，产生不可预料的后果。为避免这种情况发生，需要了解线程之间的同步和通信。

6.3.1　lock 关键字

C#提供了一个 lock 关键字，该关键字可以把一段代码定义为互斥段。互斥段在一个时刻只允许一个线程进入执行，而其他线程必须等待。在 C#中，lock 关键字的定义如下：

```
lock(expression)
{
    statement_block                //将要执行的代码
}
```

其中，expression 表示希望跟踪的对象，通常是对象引用。一般，保护一个类的实例使用 this，而保护一个静态变量（如互斥代码段在一个静态方法内）则使用类名。statement_block 是互斥段的代码，这段代码在一个时刻只能被一个线程执行。

通常，应避免锁定（lock）public 类型或锁定不受应用程序控制的对象实例。例如，如果该实例可以被公开访问，则锁定该实例可能会出现问题，因为不受控制的代码也可能会锁定该对象，这可能导致死锁，即两个或更多个线程等待释放同一对象。出于同样的原因，锁定公共数据类型（相比于对象）也可能出现相同的问题。锁定字符串尤其危险，因为字符串是被公共语言运行库（CLR）“暂留”的，这意味着整个程序中任何给定字符串都只有一个实例。因此，只要在应用程序进程中的任何位置处具有相同内容的字符串上放置了锁，就将锁定应用程序中该字符串的所有实例。因此，最好锁定不会被暂留、私有或受保护的成员。

【例 6.6】 设计控制台应用程序体现 lock 关键字的用途。

设计步骤如下。

（1）新建控制台应用程序并命名为 Ex6_6。

（2）添加类，类名为 Account，代码如下：

```
class Account
{
    int balance;                                    //开始的位置
    Random r = new Random();
    public Account(int initial)
    {
        balance = initial;
    }
    private void Withdraw(int amount)
    {
        if (balance < 0)
        {
            throw new Exception("在 0 点下");      //如果 balance 小于 0 则抛出异常
        }
        lock (this)
        {
            if (balance >= amount)
            {
                Console.WriteLine("修改前距 0 点的位置 ：  " + balance);
                Console.WriteLine("修改位置值           : –" + amount);
                balance = balance – amount;
                Console.WriteLine("修改后距 0 点的位置 ：  " + balance);
            }
        }
    }
    public void DoTransactions()
    {
        for (int i = 0; i < 100; i++)
        {
            Withdraw(r.Next(1, 100));               //调用 Withdraw 方法，参数为 1 到 100 的随机数
        }
    }
}
```

（3）添加命名空间：

```
using System.Threading;
```

（4）在 Main()方法中添加代码：

```
class Program
{
    static void Main(string[] args)
```

```
    {
        Thread[] threads = new Thread[10];
        Account acc = new Account(200);             //实例化 Account 对象，开始位置为 200
        for (int i = 0; i < 10; i++)                //实例化 10 个线程
        {
            Thread t = new Thread(new ThreadStart(acc.DoTransactions));
            threads[i] = t;
        }
        for (int i = 0; i < 10; i++)                //开启这 10 个线程
        {
            threads[i].Start();
        }
        Console.Read();
    }
}
```

（5）运行程序。

程序运行结果如图 6.9 所示。

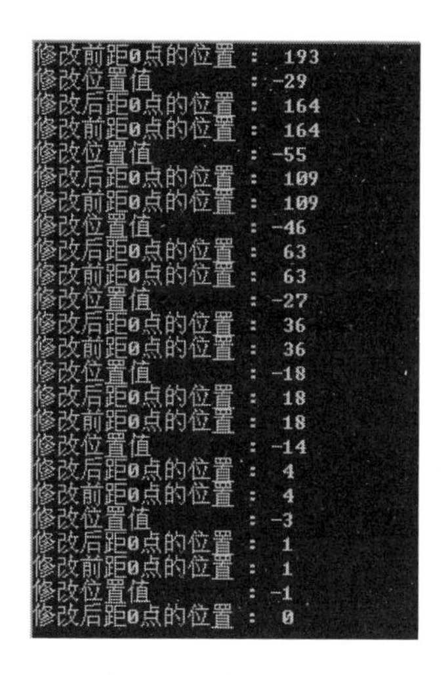

图 6.9　程序运行结果

6.3.2　线程监视器

多线程公用一个对象时，也会出现和公用代码类似的问题，这就要用到 System.Threading 中的一个类即 Monitor。该类称为线程监视器，它提供了线程共享资源的方案，其常用方法及说明如表 6.5 所示。

表 6.5　Monitor 类的常用方法及说明

常用方法	说　明
Enter	在指定对象上获取排他锁
Exit	释放指定对象上的排他锁
Pulse	通知等待队列中的线程锁定对象状态的更改
PulseAll	通知所有等待队列中的线程锁定对象状态的更改
TryEnter	试图获取指定对象的排他锁
Wait	释放对象上的排他锁并阻止当前线程，直到它重新获取该锁

Monitor 类可以锁定一个对象，一个线程只有在得到这把锁后才能对该对象进行操作。对象锁机制保证了在可能引起混乱的情况下，在一个时刻只有一个线程可以访问这个对象。Monitor 类必须和一个具体的对象相关联，但它是一个静态的类，不能用来定义对象，而且它的所有方法都是静态的，不能使用对象来引用。下面的代码说明了使用 Monitor 类锁定一个对象 queue 的情形：

```
…                                          //方法
{
    Queue queue = new Queue();             //新建对象 queue
    Monitor.Enter(queue);
    try
    {
        …                                  //现在，queue 对象只能被当前线程操纵
    }
    finally
    {
        Monitor.Exit(queue);               //释放锁
    }
}
```

如上所示，当一个线程调用 Monitor.Enter()方法锁定一个对象时，这个对象就归该线程所有，其他线程要访问这个对象，只有等当前线程用 Monitor.Exit()方法释放锁以后才能访问。为了保证线程最终都能释放锁，可以把 Monitor.Exit()方法写在 try-catch-finally 语句结构中的 finally 代码块里。

事实上，lock 关键字就是用 Monitor 类来实现的。它等同于 try-finally 语句块，使用 lock 关键字通常比直接使用 Monitor 类更可靠，一方面是因为 lock 关键字更简洁，另一方面是因为 lock 关键字确保了即使受保护的代码引发异常，仍可以释放基础监视器。这是通过 finally 关键字来实现的，无论是否引发异常，它都执行关联的代码块。

【例 6.7】 生产者-消费者问题。

假设有这样一种情况：两个线程同时维护一个队列，如果一个线程向队列中添加元素，而另一个线程从队列中取用元素，那么称添加元素的线程为生产者，称取用元素的线程为消费者。下面用线程来解决经典的生产者-消费者问题。

首先，定义一个被操作的对象的类 Cell，在这个类里，有两个方法：ReadFromCell()和 WriteToCell()。消费者线程将调用 ReadFromCell()方法读取 cellContents 的内容并且显示出来，生产者进程将调用 WriteToCell()方法向 cellContents 中写入数据，代码如下：

```
public class Cell
{
    int cellContents;                   // Cell 对象里的内容
    bool readerFlag = false;            //状态标志，为 true 时可以读取，为 false 时则正在写入
    public int ReadFromCell()
    {
        lock (this)                     // lock 关键字保证了什么，请读者看前面对 lock 的介绍
        {
            if (!readerFlag)            //如果现在不可读取
            {
                try
                {
                    //等待 WriteToCell()方法中调用 Monitor.Pulse()方法
                    Monitor.Wait(this);
                }
                catch (SynchronizationLockException e)
                {
```

```
                    Console.WriteLine(e);
                }
                catch (ThreadInterruptedException e)
                {
                    Console.WriteLine(e);
                }
            }
            Console.WriteLine("Consume: {0}", cellContents);
            readerFlag = false;    //重置 readerFlag 标志，表示消费行为已经完成
            Monitor.Pulse(this);   //通知 WriteToCell()方法（该方法在另外一个线程中执行，等待中）
        }
        return cellContents;
    }
    public void WriteToCell(int n)
    {
        lock (this)
        {
            if (readerFlag)
            {
                try
                {
                    Monitor.Wait(this);
                }
                catch (SynchronizationLockException e)
                {
                    //当同步方法（指 Monitor 类除 Enter 外的方法）在非同步的代码区被调用
                    Console.WriteLine(e);
                }
                catch (ThreadInterruptedException e)
                {
                    //当线程在等待状态时终止
                    Console.WriteLine(e);
                }
            }
            cellContents = n;
            Console.WriteLine("Produce: {0}", cellContents);
            readerFlag = true;
            Monitor.Pulse(this);    //通知另外一个线程中正在等待的 ReadFromCell() 方法
        }
    }
}
```

然后，定义生产者类 CellProd 和消费者类 CellCons，它们都只有一个方法即 ThreadRun()，以便在 Main()方法中提供给线程的 ThreadStart 委托对象，作为线程的入口。

```
//生产者类
public class CellProd
{
    Cell cell;                                  //被操作的 Cell 对象
    int quantity = 1;                           //生产者生产次数，初始化为 1
    public CellProd(Cell box, int request)
    {
        //构造函数
```

```
            cell = box;
            quantity = request;
        }
        public void ThreadRun()
        {
            for (int looper = 1; looper <= quantity; looper++)
                cell.WriteToCell(looper);                    //生产者向操作对象中写入信息
        }
    }
    //消费者类
    public class CellCons
    {
        Cell cell;
        int quantity = 1;
        public CellCons(Cell box, int request)
        {
            cell = box;
            quantity = request;
        }
        public void ThreadRun()
        {
            int valReturned;
            for (int looper = 1; looper <= quantity; looper++)
                valReturned = cell.ReadFromCell();           //消费者从操作对象中读取信息
        }
    }
```

最后，在 Main()方法中创建两个线程，分别作为生产者和消费者，使用 CellProd. ThreadRun()方法和 CellCons.ThreadRun()方法对同一个 Cell 对象进行操作。

```
    class MonitorSample
    {
        static void Main(string[] args)
        {
            //一个标志位，如果是 0 则表示程序没有出错，如果是 1 则表明有错误发生
            int result = 0;
            Cell cell = new Cell( );
            //下面使用 cell 初始化 CellProd 和 CellCons 两个类，生产和消费次数均为 20 次
            CellProd prod = new CellProd(cell, 20);
            CellCons cons = new CellCons(cell, 20);
            Thread producer = new Thread(new ThreadStart(prod.ThreadRun));
            Thread consumer = new Thread(new ThreadStart(cons.ThreadRun));
            //生产者线程和消费者线程都已经被创建，但是没有开始执行
            try
            {
                producer.Start( );
                consumer.Start( );
                producer.Join( );
                consumer.Join( );
                Console.ReadLine();
            }
            catch (ThreadStateException e)
            {
                //线程出于所处状态的原因而不能执行被请求的操作
```

```
            Console.WriteLine(e);
            result = 1;
        }
        catch (ThreadInterruptedException e)
        {
            //当线程在等待状态时终止
            Console.WriteLine(e);
            result = 1;
        }
        //尽管 Main()方法没有返回值，但下面这条语句可以向父进程返回执行结果
        Environment.ExitCode = result;
    }
}
```

在上面的例子中，同步是通过等待 Monitor.Pulse()方法来完成的。首先，生产者生产了一个值，而在同一时刻，消费者处于等待状态，直到生产者的“脉冲（Pulse）”通知它生产已经完成，消费者才进入消费状态，而生产者则等待消费者完成操作，然后调用 Monitor.Pulse()发出的“脉冲”。

程序的执行结果如下所示：

```
Produce: 1
Consume: 1
Produce: 2
Consume: 2
Produce: 3
Consume: 3
…
Produce: 20
Consume: 20
```

这个经典的例子圆满地解决了在多线程应用中可能出现的冲突问题。只要领悟了解决线程间冲突的基本方法后，就能很容易地把它应用到较复杂的程序中。

6.3.3　线程间的通信

线程间的通信的两个基本问题是线程同步和线程互斥。

（1）线程同步：一个线程的执行依赖另一个线程的消息，在它没有得到消息前应等待，在消息到达后才被唤醒。

（2）线程互斥：线程互斥是指对于共享的操作系统资源，在各线程访问时的排他性。当若干个线程都要使用某一共享资源时，在任何时刻，该资源最多只允许一个线程使用，其他要使用该资源的线程必须等待，直到占用资源的线程释放该资源为止。

线程互斥是一种特殊的线程同步。实际上，线程互斥和线程同步对应线程间的通信发生的以下两种情况。

（1）当有多个线程访问共享资源而不使资源被破坏时。

（2）当一个线程需要将某个已经完成的任务情况通知另外一个或多个线程时。

【例 6.8】 设计一个程序演示线程间的通信。

设计步骤如下。

（1）新建控制台应用程序，命名为 Ex6_8。

（2）添加命名空间：

```
using System.Threading;
```

（3）添加学生类 Student：

```
public class Student
```

```
{
    private string _name;               //姓名
    private string _number;             //学号
    private bool isRun = false;
    public void Add(string name, string number)
    {
        Monitor.Enter(this);
        if (isRun)
        {
            Monitor.Wait(this);
        }
        this._name = name;
        this._number = number;
        this.isRun = true;
        Thread.Sleep(1000);
        Monitor.Pulse(this);
        Monitor.Exit(this);
    }
    public void GetInfo()
    {
        Monitor.Enter(this);
        if (!isRun)
        {
            Monitor.Wait(this);
        }
        Console.Write("姓名：" + _name);
        Console.WriteLine(" 学号：" + _number.ToString());
        this.isRun = false;
        Monitor.Pulse(this);
        Monitor.Exit(this);
    }
}
```

添加线程1类，用于添加学生信息：

```
public class Thread1
{
    private Student student;
    public Thread1(Student student)
    {
        this.student = student;
    }
    public void run()
    {
        int i = 0;
        while (true)
        {
            i++;
            student.Add("学生" + i.ToString(), "17110" + i.ToString());
        }
    }
}
```

添加线程2类，用于获取学生信息：

```
public class Thread2
{
    private Student student;
    public Thread2(Student student)
    {
        this.student = student;
    }
    public void run()
    {
        while (true)
        {
            student.GetInfo();
        }
    }
}
```

（4）在 Main()方法中添加代码：

```
class Program
{
    static void Main(string[] args)
    {
        Student student = new Student();                                    //实例化学生类
        new Thread(new ThreadStart(new Thread1(student).run)).Start();      //添加学生信息
        new Thread(new ThreadStart(new Thread2(student).run)).Start();      //读取学生信息
    }
}
```

（5）运行程序。

程序运行结果如图 6.10 所示。

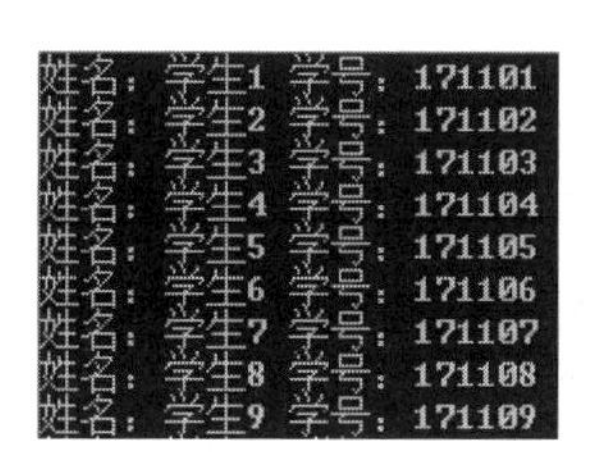

图 6.10　线程间的通信

6.3.4　子线程访问主线程的控件

在不做处理的情况下，当子线程访问由主线程创建的控件时，系统会报错，提示线程间不能直接调用，因为不同的线程在不同的内存空间中互不干扰地并行运行着。

那么，要怎么做才能在子线程中访问到主线程的控件呢？请看下面例子的演示。

【例 6.9】 设计 WinForm 应用程序来利用子线程访问主线程创建的控件。

设计步骤如下。

（1）新建 WinForm 应用程序，命名为 Ex6_9。

（2）设计窗体并添加控件。

将窗体调整到适当大小，拖放一个 TrackBar（在工具箱中的图标为 ）和一个 Button 控件。Form1 的 Text 属性设置为“子线程访问主线程控件”，button1 按钮的 Text 属性设置为“开始”，trackBar1 控件的 Maximum 和 LargeChange 属性分别设置为 100 与 1。

（3）添加命名空间。

切换到代码设计视图，因为涉及线程操作，所以添加命名空间：

```
using System.Threading;
```

（4）添加事件和代码。

切换到设计视图，双击 button1 控件，添加如下代码：

```
using System;
…
using System.Threading;
namespace Ex6_9
{
    public partial class Form1 : Form
    {
        public Form1()
        {
            InitializeComponent();
        }
        private void InvokeFun()
        {
            if (trackBar1.Value < 100)
            {
                trackBar1.Value = trackBar1.Value + 1;
                button1.Text = trackBar1.Value.ToString();
            }
            if (trackBar1.Value == 100)
            {
                MessageBox.Show("到达终点");
                trackBar1.Value = 0;
                button1.Text = trackBar1.Value.ToString();
            }
        }
        private void ThreadFun()
        {
            MethodInvoker mi = new MethodInvoker(this.InvokeFun);
            for (int i = 0; i < 100; i++)
            {
                this.BeginInvoke(mi);            //让主线程去访问自己创建的控件
                Thread.Sleep(100);               //在新的线程上执行耗时操作
            }
        }
        private void button1_Click(object sender, EventArgs e)
        {
            Thread thdProcess = new Thread(new ThreadStart(ThreadFun));
            thdProcess.Start();
        }
    }
}
```

在上面的代码中用到了 MethodInvoker 委托，该委托可执行托管代码中的声明为 void 且不接收任何参数的任何方法。在对控件的 Invoke 方法进行调用时或需要一个简单委托又不想自己定义时，可以使用 MethodInvoker，它在这里实际上就代表了 InvokeFun()方法。

BeginInvoke(Delegate)表示在创建控件的基础句柄所在线程上异步执行指定委托。它可以异步调用委托并且立即返回。可以从任何线程（甚至包括拥有该控件句柄的线程）调用此方法。如果控件句柄尚不存在，则此方法沿控件的父级链搜索，直到找到有窗口句柄的控件或窗体为止。这里就是通过这个异步调用完成子线程对主线程的控件的访问的。

（5）运行程序。

单击“开始”按钮，运行结果如图 6.11 所示。

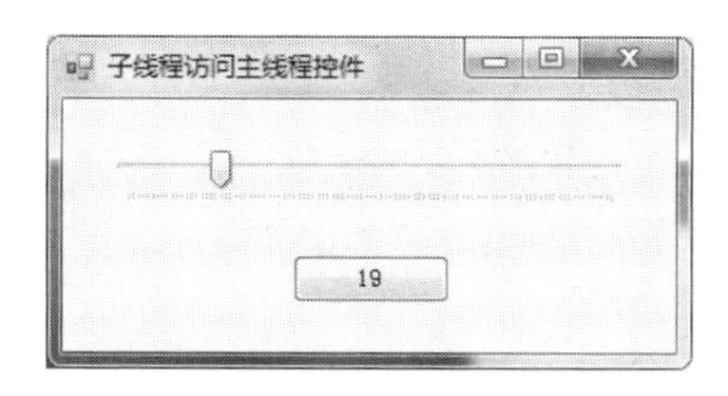

图 6.11　子线程访问主线程的控件

6.4　线程的管理和维护

合理地调度线程能极大地提高系统效率，这需要对系统中的多线程采取统一有效的管理和维护措施，尤其需要应对以下两种经常出现的情况。

第一种情况：线程把大部分时间花费在等待状态上，在某个事件发生后才能给予响应。

第二种情况：线程平常都处于休眠状态，只是周期性地被唤醒。

6.4.1　线程池

可以使用线程池（ThreadPool）应对第一种情况。ThreadPool 类提供一个由系统维护的线程的容器（线程池）。可以使用 ThreadPool.QueueUserWorkItem()方法将线程安放在线程池，方法的原型如下：

```
public static bool QueueUserWorkItem(WaitCallback);
```

重载的方法如下，参数 object 将传递给 WaitCallback 所代表的方法：

```
public static bool QueueUserWorkItem(WaitCallback, object);
```

注意：

ThreadPool 类也是一个静态类，用户不能也不必生成它的对象，而且一旦使用该类在线程池中添加了一个项目，那么该项目无法取消。这里用户无须自己建立线程，只需把要做的工作写成函数，作为参数传递给 ThreadPool.QueueUserWorkItem()方法，传递的方法依靠 WaitCallback 代理对象，而线程的建立、管理、运行等工作都是由系统自动完成的，用户无须考虑复杂的细节问题，线程池的优点也就体现在这里。

6.4.2　定时器

使用定时器（Timer）来应对第二种情况。与 ThreadPool 类不同，Timer 类的作用是设置一个定时器，定时执行用户指定的函数，而这个函数的传递是依靠另外一个代理对象 TimerCallback 实现的，它必须在创建 Timer 对象时就指定，并且不能更改。

定时器启动后，系统将自动建立一个新线程，并在这个线程里执行用户指定的函数。初始化一个 Timer 对象：

```
Timer timer = new Timer(timerDelegate, s,1000, 1000);
```

第一个参数指定 TimerCallback 代理对象；第二个参数的意义与上面提到的 WaitCallback 代理对象一样，作为一个对象传递给要调用的方法；第三个参数是延迟时间——计时开始的时刻距现在的时间，单位是 ms（毫秒）；第四个参数是定时器的时间间隔——计时开始以后，每隔相同的一段时间，

TimerCallback 所代表的方法被调用一次，单位也是 ms。该语句表示将定时器的延迟时间和时间间隔都设为 1000ms（1s）。

定时器的设置是可以改变的，调用 Timer.Change()方法即可，这是一个参数类型重载的方法，一般使用的原型如下：

```
public bool Change(long, long);
```

下面这行代码对设置好的定时器进行了修改：

```
timer.Change(10000,2000);
```

定时器 timer 的时间间隔被重新设定为 2s，停止计时 10s 后生效。

6.4.3 同步基元 Mutex 类

多线程的自动化管理及定时触发的问题已经得到解决，那么如何控制多个线程之间的联系呢？

最简单的方式就是使用同步基元 Mutex 类。它是一个实现互斥机制的对象，线程使用 Mutex.WaitOne()方法等待 Mutex 对象被释放，一旦释放，该线程就自动拥有了这个对象，直到它调用 Mutex.ReleaseMutex()方法释放这个对象，而在此期间，其他任何想要获取这个 Mutex 对象的线程只有等待。

【例 6.10】 Mutex 的使用。

新建控制台程序，代码如下：

```
using System;
…
using System.Threading;
namespace Ex6_10
{
    class MutexSample
    {
        private static Mutex mut = new Mutex();          //创建一个未命名的 Mutex 对象
        private const int numThreads = 3;                //所要创建的线程数
        static void Main(string[] args)
        {
            for (int i = 0; i < numThreads; i++)         //开启三个线程
            {
                Thread myThread = new Thread(new ThreadStart(MyThreadProc));
                myThread.Name = String.Format("线程{0}", i + 1);
                myThread.Start();
            }
            Console.Read();
        }
        private static void MyThreadProc()
        {
            mut.WaitOne();                               //阻止当前线程，直到收到信号
            Console.WriteLine("{0}开始执行", Thread.CurrentThread.Name);
            Thread.Sleep(500);
            Console.WriteLine("{0}停止执行\r\n", Thread.CurrentThread.Name);
            mut.ReleaseMutex();                          //释放这个对象
        }
    }
}
```

运行程序，三个线程在 Mutex 的协调下，有条不紊地开始执行和停止执行，如图 6.12 所示。

图 6.12 多线程在 Mutex 的协调下执行

以上就多线程的管理和维护，分别介绍了 ThreadPool、Timer 和 Mutex 这几个常用的类。可见，充分利用系统提供的功能可以节省很多时间和精

力，特别是对于复杂的多线程程序。同时，也可以看到.NET 框架强大的内置对象给多线程编程带来的方便。

6.5　线程的应用

多线程程序设计是一个庞大的主题，本章仅介绍了最基础的知识，最后通过几个案例让读者体会多线程的优越性。

6.5.1　实时 GUI

在 6.1.2 节中曾经通过试运行，发现了第 5 章【例 5.7】的“文字抄写员”程序的不足之处。在学过线程编程后，我们改用线程机制重新实现这个程序。

【例 6.11】 用线程实现“文字抄写员”程序。

创建工程 ThreadDelegate，代码如下：

```
using System;
…
using System.Threading;
namespace ThreadDelegate
{
        public partial class Form1 : Form
        {
            private delegate void WriteTextBox(char ch);
            private WriteTextBox writeTextBox;
            public Form1()
            {
                InitializeComponent();
                CheckForIllegalCrossThreadCalls = false;        //允许跨线程调用
            }
            private void button1_Click(object sender, EventArgs e)
            {
                ThreadStart doTask = new ThreadStart(DoTsk);
                Thread tskThread = new Thread(doTask);
                tskThread.Start();
            }
            private void DoTsk()
            {
                if (checkBox1.Checked == true)
                {
                    groupBox2.Text = "运行中...";
                    groupBox2.Refresh();
                    textBox1.Clear();
                    textBox1.Refresh();
                    writeTextBox = new WriteTextBox(WriTextBox1);
                    WriTxt(writeTextBox);
                    groupBox2.Text = "任务 1";
                    textBox3.Focus();
                    textBox3.SelectAll();
                }
                if (checkBox2.Checked == true)
```

```
                {
                    groupBox2.Refresh();
                    groupBox3.Text = "运行中...";
                    groupBox3.Refresh();
                    textBox2.Clear();
                    textBox2.Refresh();
                    writeTextBox = new WriteTextBox(WriTextBox2);
                    WriTxt(writeTextBox);
                    groupBox3.Text = "任务 2";
                    textBox3.Focus();
                    textBox3.SelectAll();
                }
            }
            private void WriTxt(WriteTextBox wMethod)
            {
                string strdata = textBox3.Text;
                for (int i = 0; i < strdata.Length; i++)
                {
                    wMethod(strdata[i]);
                    //间歇时延
                    DateTime now = DateTime.Now;
                    while (now.AddSeconds(1) > DateTime.Now) { }
                }
            }
            private void WriTextBox1(char ch)
            {
                textBox1.AppendText(ch + "\r");
            }
            private void WriTextBox2(char ch)
            {
                textBox2.AppendText(ch + "\r");
            }
        }
    }
```

从上段代码可见，在用户单击“提交”按钮后，主线程并不“亲自”执行过程代码，而是启动了另一个附加线程（本例为tskThread），由它来执行具体的操作，故在这个过程中，程序主界面依然可以接受用户的操作，如图6.13所示。

在图6.13中，程序在向文本区①写入文字的同时，用户还可以继续操作鼠标（如勾选“文本区②”复选框）。可见，应用程序在使用线程机制后，就能够支持实时 **GUI 响应**，这也是现在应用程序**普遍使用线程编程的原因之一**。

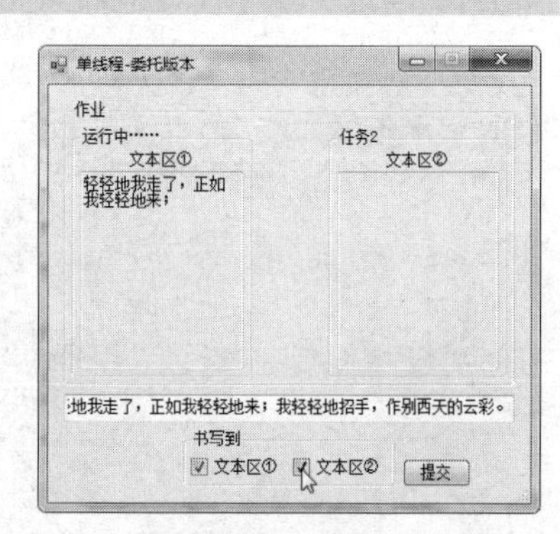

图6.13　线程机制实现的“文字抄写员”程序

6.5.2　并发任务

为了让读者更深刻地体会到多线程的优越性，下面实现一个“文字抄写员”程序的多线程版本，体会多线程的神奇效果。

【例6.12】 用多线程演示向两个文本框中同时写入文本。

创建工程 MultiThread，代码如下：

```
using System;
```

```
…
using System.Threading;
namespace MultiThread
{
        public partial class Form1 : Form
        {
            private delegate void WriteTextBox(char ch);
            private WriteTextBox writeTextBox;
            public Form1()
            {
                InitializeComponent();
                CheckForIllegalCrossThreadCalls = false;        //允许跨线程调用
            }
            private void button1_Click(object sender, EventArgs e)
            {
                ThreadStart doTask1 = new ThreadStart(DoTsk1);
                Thread tsk1Thread = new Thread(doTask1);
                tsk1Thread.Start();
                ThreadStart doTask2 = new ThreadStart(DoTsk2);
                Thread tsk2Thread = new Thread(doTask2);
                tsk2Thread.Start();
            }
            private void DoTsk1()
            {
                if (checkBox1.Checked == true)
                {
                    groupBox2.Text = "运行中...";
                    groupBox2.Refresh();
                    textBox1.Clear();
                    textBox1.Refresh();
                    writeTextBox = new WriteTextBox(WriTextBox1);
                    WriTxt(writeTextBox);
                    groupBox2.Text = "任务 1";
                    textBox3.Focus();
                    textBox3.SelectAll();
                }
            }
            private void DoTsk2()
            {
                if (checkBox2.Checked == true)
                {
                    groupBox2.Refresh();
                    groupBox3.Text = "运行中...";
                    groupBox3.Refresh();
                    textBox2.Clear();
                    textBox2.Refresh();
                    writeTextBox = new WriteTextBox(WriTextBox2);
                    WriTxt(writeTextBox);
                    groupBox3.Text = "任务 2";
                    textBox3.Focus();
                    textBox3.SelectAll();
                }
```

```
            }
            private void WriTxt(WriteTextBox wMethod)
            {
                string strdata = textBox3.Text;
                for (int i = 0; i < strdata.Length; i++)
                {
                    wMethod(strdata[i]);
                    //间歇时延
                    DateTime now = DateTime.Now;
                    while (now.AddSeconds(1) > DateTime.Now) { }
                }
            }
            private void WriTextBox1(char ch)
            {
                textBox1.AppendText(ch + "\r");
            }
            private void WriTextBox2(char ch)
            {
                textBox2.AppendText(ch + "\r");
            }
        }
    }
```

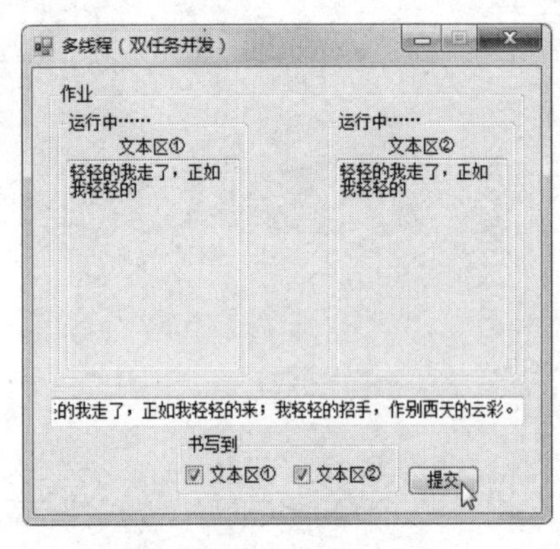

图 6.14　程序运行结果

在程序代码中定义了两个方法（DoTsk1()和 DoTsk2()），分别用于完成写文本区①和写文本区②的任务，然后利用委托将这两个方法分别与线程 tsk1Thread 和 tsk2Thread 绑定。这样，只要同时启动这两个线程，就可以向两个文本区同时写入文本。多线程并发抄写文本的程序运行结果如图 6.14 示。

并发任务常常运用在网络编程中，因为网络程序要处理繁多的任务。例如，服务器程序需要同时处理成千上万的客户访问请求，为了保证服务器的性能和服务质量，普遍采用多线程并发技术。

多线程编程是制作高性能应用程序的最重要的方法，而 C#和.NET 框架的强大功能也为线程编程提供了有力支持。希望读者能通过本章的学习清楚地认识到线程编程的优势，从而更深入地理解和探索线程！

第7章 C#图形、图像编程

Windows 系统是基于图形的操作系统，图形是 Windows 应用程序的基本元素。随着计算机技术的发展，应用程序越来越多地使用图形和多媒体，用户界面更加美观，人机交互也更友好。利用.NET 框架所提供的 GDI+库，可以很容易地绘制出各类图形、处理各种图像，还可以显示不同风格的文字。

7.1 图形设计基础

7.1.1 GDI+简介

GDI（Graphics Device Interface，图形设备接口）的主要任务是负责系统与绘图程序之间的信息交换，处理所有 Windows 程序的图形输出。

在 Windows 操作系统下，绝大多数具备图形界面的应用程序都离不开 GDI，利用 GDI 所提供的众多函数可以方便地在屏幕、打印机及其他输出设备上输出图形。GDI 的出现使程序员无须关心硬件设备及驱动，就可将程序的输出转化为硬件设备上的输出，实现程序开发者与硬件设备的分隔，大大方便了开发工作。

GDI 具有如下特点。

（1）不允许程序直接访问物理硬件，而是通过称为“设备环境”的抽象接口进行间接访问。

（2）在程序需要与显示硬件（显示器、打印机等）进行通信时，必须首先获得与特定窗口相关联的设备环境。

（3）用户无须关心具体的物理设备类型。

（4）Windows 系统参考设备环境的数据结构完成数据的输出。

顾名思义，GDI+是前版本 GDI 的升级，GDI+类库最早出现在 Windows 2000 系统中，包括一系列处理图形、文字和图像的类，这些类提供了二维图形绘制、图像处理的大量功能，程序员只需要调用由这些类提供的方法，就可间接地调用特定设备驱动程序。通过使用 GDI+，可以将应用程序与图形硬件分隔开来，而正是这种分隔使得程序员能够创建与设备无关的应用程序。

GDI+是 Windows XP 系统中的一个子系统，出于兼容性考虑，Windows XP 系统仍然支持以前版本的 GDI，但在开发新应用程序时，为了满足图形输出需要，开发人员应该使用 GDI+，因为 GDI+对以前的 Windows 版本中 GDI 进行了优化，并添加了许多新的功能。

从 Windows 7 开始，操作系统自带了 DirectX 11，通过更多地将 GDI/GDI+纳入 DirectX 体系来获得硬件加速，使得 Windows 图形界面的性能越来越好。

目前，GDI+已完全替代 GDI，成为.NET 框架的重要组成部分，以图形、图像作为对象，支持在 Windows 窗体应用程序中以编程方式绘制或操作图形、图像。

7.1.2 绘图坐标系

坐标系是图形设计的基础，绘制图形都需要在一个坐标系中进行。绘图是在一个逻辑坐标系中进行的，它是一个相对的坐标系，例如，既可以是窗体坐标系，也可以是某个对象坐标系（如文本框、按钮等对象），无论基于哪一种对象，坐标系总是以该对象的左上角为原点（0,0）。除原点外，坐标系还包括横坐标（*X*轴）和纵坐标（*Y*轴），*X*值是指点与原点的水平距离，*Y*值是指点与原点的垂直距离，如图7.1所示。

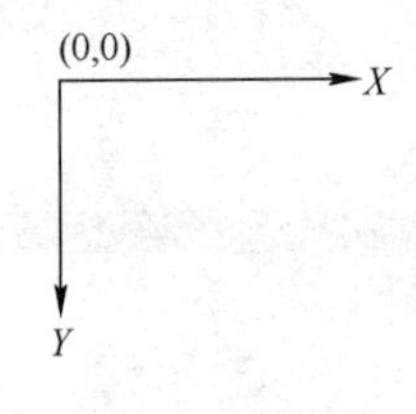

图7.1 坐标系

在Windows窗体中，每个对象（包括窗体本身）都有自己的尺寸。当在窗体上建立一个控件对象后，这个对象的原点在窗体这个坐标系中的位置即确定下来，分别用Location.X和Location.Y来表示其*X*、*Y*值，当然，对于对象本身坐标系而言，它的左上角是原点（0,0）。另外，对象的大小也可以确定，其水平方向上的宽度用属性Size.Width表示，垂直方向上的高度用属性Size.Height表示。

7.1.3 屏幕像素

在屏幕上绘图时，实际上是通过一个点阵来建立图形的，构成图形的点就是图像元素，简称像素。前面介绍的对象的Location.X、Location.Y、Size.Width和Size.Height属性都是以像素为单位的。

计算机的屏幕分辨率决定了屏幕所能显示的像素的数量。例如，当屏幕分辨率设为800像素×600像素时，可以显示480 000个像素，而当屏幕分辨率设为1024像素×768像素时，可以显示的像素就比前一种要多。分辨率确定后，每个像素在屏幕上的位置就确定了。对于同一个坐标点，如（400,300），在不同的分辨率情况下，它在屏幕上的位置是不同的。例如，在800像素×600像素分辨率下，它在屏幕的中心位置；在1024像素×768像素分辨率下，它就偏离了屏幕中心位置。

像素是光栅设备可以显示的最小单位。对单色设备来说，每个像素可以用1位（比特）表示；而对彩色设备，每个像素必须用多个位表示。位数越多，所表示的颜色越丰富。表7.1中列出了部分设备中像素位数及颜色数。

表7.1 像素与颜色

像素位数	颜色数	典型设备
1	2	单色显示器、打印机
4	16	标准VGA
8	256	256色VGA
16	32 768或65 535	32K或64K色VGA
24	2^{24}	24位真彩色设备
32	2^{32}	32位真彩色设备

7.2 画图工具及其使用

7.2.1 笔

笔是Pen类的实例，可用于绘制线条、曲线，以及勾勒形状轮廓。创建一个黑色笔的代码如下：

```
//创建一个默认宽度为1的黑色笔
Pen myPen = new Pen(Color.Black);
//创建一个宽度为5的黑色笔
Pen myPen = new Pen(Color.Black, 5);
```

也可以通过已存在的画笔对象创建笔。创建基于已存在画刷（名为myBrush）的笔的代码如下：

```
//创建一个画笔，与myBrush有相同的属性，并且默认宽度为1
Pen myPen = new Pen(myBrush);
//创建一个画笔，与myBrush有相同的属性，并且默认宽度为5
Pen myPen = new Pen(myBrush, 5);
```

在创建笔后，可使用它来绘制各种形状的图形。

【例7.1】 绘制三角函数曲线。

程序界面按如图 7.2 所示的窗体进行布局，窗体中央主显示控件为 Panel，在工具箱中的图标为 。

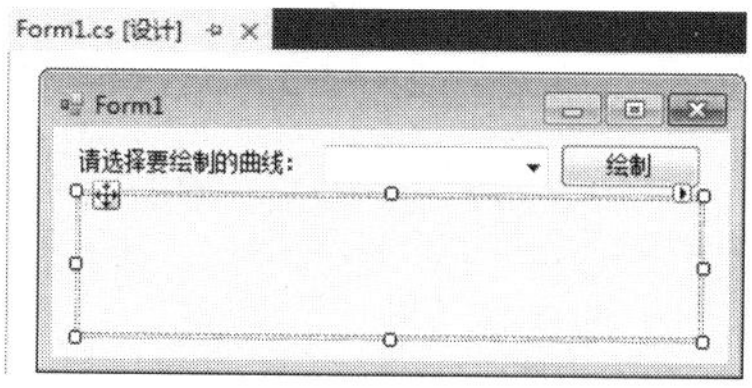

双击 Panel 控件，在代码中添加如下三个绘图函数：

图 7.2　程序窗口布局

```
//绘制正弦曲线
private void DrawSin()
{
    int x1,x2;
    double y1,y2;
    double a;
    Pen myPen = new Pen(Color.Blue, 3);
    x1 = x2 = 0;
    y1 = y2 = panel1.Height / 2;
    for (x2 = 0; x2 < panel1.Width; x2++)
    {
        a = 2 * Math.PI * x2 / panel1.Width;
        y2 = Math.Sin(a);
        y2 = (1 - y2) * panel1.Height / 2;
        panel1.CreateGraphics().DrawLine(myPen, x1, (float)y1, x2, (float)y2);
        x1 = x2;
        y1 = y2;
    }
}
//绘制正切曲线
private void DrawTan()
{
    int x1, x2;
    double y1, y2;
    double a;
    Pen myPen = new Pen(Color.Yellow, 2);
    x1 = x2 = 0;
    y1 = y2 = panel1.Height / 2;
    for (x2 = 0; x2 < panel1.Width; x2++)
    {
        a = 2 * Math.PI * x2 / panel1.Width;
        y2 = Math.Tan(a);
        y2 = (1 - y2) * panel1.Height / 2;
        panel1.CreateGraphics().DrawLine(myPen, x1, (float)y1, x2, (float)y2);
        x1 = x2;
        y1 = y2;
    }
}
//绘制余弦曲线
private void DrawCos()
{
    int x1, x2;
    double y1, y2;
    double a;
    Pen myPen = new Pen(Color.Red, 2);
    x1 = x2 = 0;
    y1 = y2 = panel1.Height / 2;
    for (x2 = 0; x2 < panel1.Width; x2++)
```

```
        {
            a = 2 * Math.PI * x2 / panel1.Width;
            y2 = Math.Cos(a);
            y2 = (1 - y2) * panel1.Height / 2;
            panel1.CreateGraphics().DrawLine(myPen, x1, (float)y1, x2, (float)y2);
            x1 = x2;
            y1 = y2;
        }
    }
```

添加 Button 控件的 Click 事件的处理代码：

```
    private void button1_Click(object sender, EventArgs e)
    {
        switch (comboBox1.Text)
        {
                case "y=sin(x)":
                    DrawSin();
                    break;
                case "y=cos(x)":
                    DrawCos();
                    break;
                case "y=tan(x)":
                    DrawTan();
                    break;
                default:
                    break;
        }
    }
```

运行程序，从下拉列表中选择三角函数，单击“绘制”按钮，在窗体上就描绘出相应函数的曲线。几种函数曲线的绘制效果如图 7.3 所示。

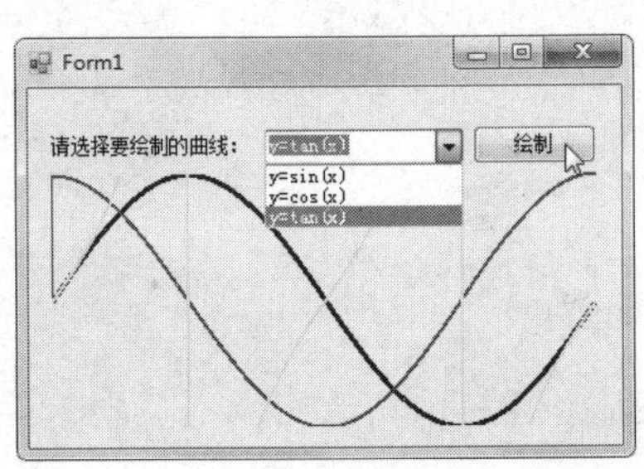

图 7.3　几种函数曲线的绘制效果

7.2.2　画刷类

画刷类是从抽象 Brush 类派生的类，用于向几何形状内部填充颜色与图案。画刷的类型如表 7.2 所示。

表 7.2　画刷的类型

类　型	说　明
SolidBrush	画刷的最简单形式，它用纯色进行绘制
HatchBrush	类似于 SolidBrush，但该类允许从大量预设的图案中选择绘制时要使用的图案，而不是纯色
TextureBrush	使用纹理（如图像）进行绘制
LinearGradientBrush	使用渐变混合的两种颜色进行绘制
PathGradientBrush	基于开发人员定义的唯一路径，使用复杂的混合色渐变进行绘制

【例 7.2】 用画刷给图形着色。

新建 WinForm 项目，在 Form1 的设计视图中将此窗体调整到适当的大小，并将 Text 属性设置为“画刷功能演示”。从工具箱中拖曳两个 Button 控件到窗体中，如图 7.4 所示。button1 和 button2 控件的 Text 属性值分别设置为“笔”与“画刷”。

双击 button1 控件，加入事件代码：

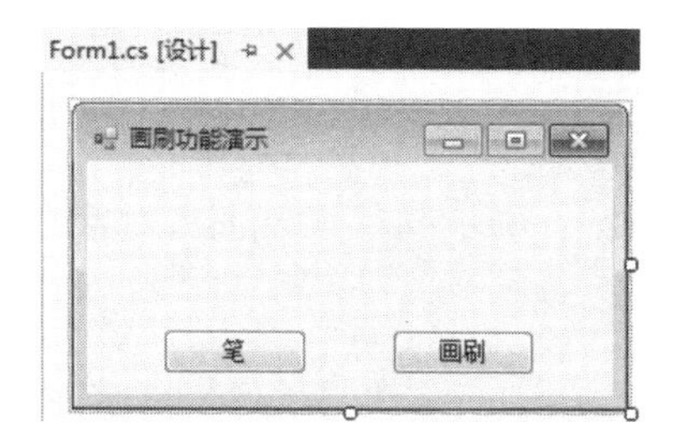

图 7.4 控件布局

```
private void button1_Click(object sender, EventArgs e)
{
    Pen myPen = new Pen(Color.Black);                //定义颜色为黑色的笔
    Graphics g = this.CreateGraphics();              //创建 Graphics 对象
    g.DrawRectangle(myPen, 40, 20, 200, 120);        //用笔画矩形
}
```

双击 button2 控件，加入事件代码：

```
private void button2_Click(object sender, EventArgs e)
{
    Graphics g = this.CreateGraphics();                        //创建 Graphics 对象
    SolidBrush mySBrush = new SolidBrush(Color.Red);           //定义颜色为红色的画刷
    g.FillRectangle(mySBrush, 40, 20, 200, 120);               //用画刷给矩形着色
}
```

在上面程序代码中用到了 Graphics 对象，对其在下一节中详细介绍，本例仅演示画刷的功能。

运行程序，单击“笔”按钮，窗体中央出现一个矩形，如图 7.5（a）所示；再单击“画刷”按钮，矩形被着上红色，如图 7.5（b）所示。

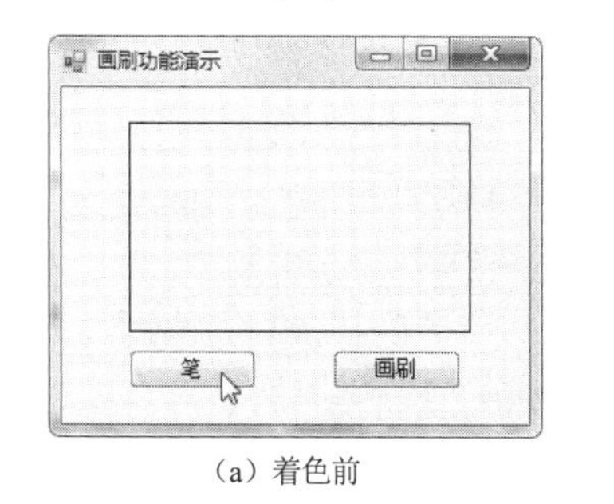

（a）着色前

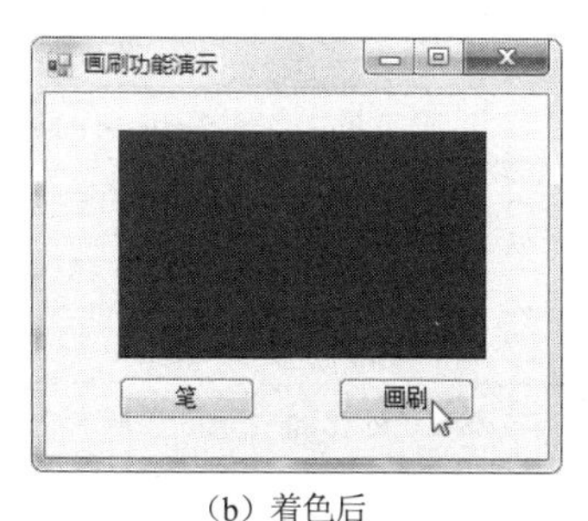

（b）着色后

图 7.5 用画刷给图形着色

7.2.3 Graphics 类

Graphics 类是使用 GDI+的基础，它代表了所有输出显示的绘图环境，用户可以通过编程操作 Graphics 对象，在屏幕上绘制图形、呈现文本或操作图像。创建 Graphics 对象有多种方法，下面介绍典型的方法。

1．Paint 事件

在为窗体编写 Paint 事件处理程序时，图形对象作为一个 PaintEventArgs 类的实例提供。下面的代码引用 Paint 事件的 PaintEventArgs 中的 Graphics 对象：

```
private void Form1_Paint(object sender,    System.Windows.Forms.PaintEventArgs pe)
{
    /*声明图形对象并把它设置为 PaintEventArgs 事件提供的图形对象*/
    Graphics g = pe.Graphics;
}
```

2．CreateGraphics()方法

使用控件或窗体的 CreateGraphics()方法获取对 Graphics 对象的引用，该对象表示这个控件或窗体的绘图表面。

例如：

```
Graphics g;
g = this.CreateGraphics();                    //把 g 设为一个图形对象，来表示控件或窗体的绘图平面
```

3．Graphics.FromImage()方法

调用 Graphics.FromImage()方法可使从 Image 类派生的任何对象创建图形对象。

例如：

```
Bitmap myBitmap = new Bitmap(@"C:\myPic.bmp");
Graphics g = Graphics.FromImage(myBitmap);
```

在 GDI+中，一般使用“笔”和“画刷”对象配合 Graphics 类来呈现图形、图像。Graphics 类的常用属性如表 7.3 所示。

表 7.3　Graphics 类的常用属性

属性名称	说　明
CompositingMode	获取一个值，该值指定如何将合成图像绘制到此 Graphics 类
CompositingQuality	获取或设置绘制到此 Graphics 类的合成图像的呈现质量
DpiX	获取此 Graphics 类的水平分辨率
DpiY	获取此 Graphics 类的垂直分辨率
InterpolationMode	获取或设置与此 Graphics 类关联的插补模式
IsClipEmpty	获取一个值，该值指示此 Graphics 类的剪辑区域是否为空
IsVisibleClipEmpty	获取一个值，该值指示此 Graphics 类的可见剪辑区域是否为空
PageScale	获取或设置此 Graphics 类的全局单位和页单位之间的比例
PageUnit	获取或设置用于此 Graphics 类中的页坐标的度量单位
PixelOffsetMode	获取或设置一个值，该值指定在呈现此 Graphics 类的过程中像素如何偏移
RenderingOrigin	为底色处理和阴影画笔获取或设置此 Graphics 类的呈现原点
SmoothingMode	获取或设置此 Graphics 类的呈现质量
TextContrast	获取或设置呈现文本的灰度校正值
TextRenderingHint	获取或设置与此 Graphics 类关联的文本的呈现模式
Transform	获取或设置此 Graphics 类的几何图形变换的副本
VisibleClipBounds	获取此 Graphics 类的可见剪辑区域的边框

Graphics 类的常用方法如表 7.4 所示。

表 7.4　Graphics 类的常用方法

方法名称	说　明
BeginContainer	保存具有此 Graphics 类的当前状态的图形容器，然后打开并使用新的图形容器
Clear	清除整个绘图面并以指定背景色填充
Dispose	释放由 Graphics 类使用的所有资源
DrawArc	绘制一段弧线，它表示由一对坐标、宽度和高度指定的椭圆部分
DrawBezier	绘制由 4 个 Point 结构定义的贝塞尔样条
DrawBeziers	用 Point 结构数组绘制一系列贝塞尔样条
DrawClosedCurve	绘制由 Point 结构的数组定义的闭合基数样条
DrawCurve	绘制经过一组指定的 Point 结构的基数样条
DrawEllipse	绘制一个由边框（该边框由一对坐标、高度和宽度指定）定义的椭圆
DrawIcon	在指定坐标处绘制由指定的 Icon 表示的图像
DrawImage	在指定位置并且按原始大小绘制指定的 Image
DrawLine	绘制一条连接由坐标对指定的两个点的线条
DrawLines	绘制一系列连接一组 Point 结构的线段
DrawPie	绘制一个扇形，该形状由一个坐标对、宽度、高度及两条射线所指定的椭圆定义
DrawPolygon	绘制由一组 Point 结构定义的多边形
DrawRectangle	绘制由坐标对、宽度和高度指定的矩形
DrawString	在指定位置并且用指定的 Brush 和 Font 对象绘制指定的文本字符串
FillRectangle	填充由一对坐标、一个宽度和一个高度指定的矩形的内部
Flush	强制执行所有挂起的图形操作并立即返回而不等待操作完成

7.3　绘制图形

7.3.1　线条定位与选型

1．线条位置的确定

绘制线条使用 Graphics 类的 DrawLine()方法，该方法的参数及说明如表 7.5 所示。

表 7.5　DrawLine()方法的参数及说明

参　数	说　明
pen	确定线条的颜色、宽度和样式
xl	第一个点的 x 坐标
yl	第一个点的 y 坐标
x2	第二个点的 x 坐标
y2	第二个点的 y 坐标

该方法为可重载方法，它由 Point 结构或坐标对指定的两个点定位一条线条，其常用格式有以下两种。

（1）绘制一条连接两个Point结构的线条。

```
Graphics g = this.CreateGraphics();
g.DrawLine(Pen myPen,Point pt1,Point pt2);
```

其中，笔对象myPen确定线条的颜色、宽度和样式。ptl是Point结构，它表示要连接的一个点；pt2也是Point结构，表示要连接的另一个点。

（2）绘制一条连接由坐标对指定的两个点的线条。

```
Graphics g = this.CreateGraphics();
g.DrawLine(Pen myPen,int x1,int y1,int x2,int y2);
```

【例7.3】 设计WinForm应用程序，使用以上两种方法绘制不同指向方位的线条。

新建WinForm项目，在Form1的设计视图中将此窗体调整到适当的大小，并将Text属性设为“不同指向方位的直线”。从工具箱中拖曳三个Button控件到窗体中。控件button1、button2和button3的Text属性分别设置为“画横线”、“画竖线”和“画斜线”，为这三个按钮编写事件代码，如下所示：

```
using System;
…
namespace Ex7_3
{
    public partial class Form1 : Form
    {
        Graphics g;
        public Form1()
        {
            InitializeComponent();
            g = this.CreateGraphics();
        }
        private void button1_Click(object sender, EventArgs e)
        {
            Pen myPen = new Pen(Color.Black, 4);          //实例化一个宽度为4的黑色画笔
            Point pt1 = new Point(30, 30);                //实例化开始点
            Point pt2 = new Point(160, 30);
            g.DrawLine(myPen, pt1, pt2);                  //画横线
        }
        private void button2_Click(object sender, EventArgs e)
        {
            Pen myPen = new Pen(Color.Red, 4);            //实例化一个宽度为4的红色画笔
            g.DrawLine(myPen, 210, 30, 210, 130);         //画竖线
        }
        private void button3_Click(object sender, EventArgs e)
        {
            Pen myPen = new Pen(Color.Green, 4);          //实例化一个宽度为4的绿色画笔
            g.DrawLine(myPen, 300, 30, 400, 130);         //画斜线
        }
    }
}
```

运行程序，分别单击“画横线”、“画竖线”和“画斜线”按钮，运行结果如图7.6所示。

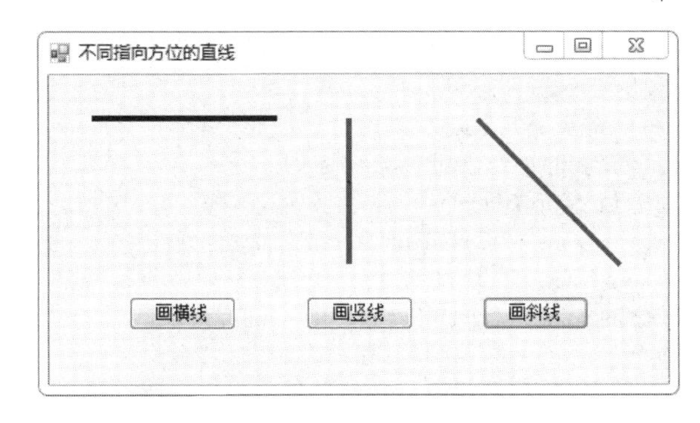

图 7.6　画三种不同指向方位的线条

2．线条外观和线型设置

设置笔的线条形式的各种属性（如 Width 和 Color 等属性）会影响线条的外观，而 StartCap 和 EndCap 属性将预设或自定义的形状添加到线条的开始或结尾。DashStyle 属性允许在实线、虚线、点画线或自定义点画线之间进行选择。

【例 7.4】　在窗体上绘制不同线型外观的线条。

新建 WinForm 项目，在 Form1 的设计视图中将此窗体调整到适当的大小，并将 Text 属性设为“不同线型外观的线条”。

为窗体编写 Paint 事件处理程序：

```
using System;
…
using System.Drawing.Drawing2D;
namespace Ex7_4
{
    public partial class Form1 : Form
    {
        public Form1()
        {
            InitializeComponent();
        }
        private void Form1_Paint(object sender, PaintEventArgs e)
        {
            Graphics g = this.CreateGraphics();
            Pen pen;
            Point point = new Point(10, 10);
            Size sizeLine = new Size(0, 150);
            Size sizeOff = new Size(30, 0);
            pen = Pens.LimeGreen;
            g.DrawLine(pen, point += sizeOff, point + sizeLine);
            pen = SystemPens.MenuText;
            g.DrawLine(pen, point += sizeOff, point + sizeLine);
            pen = new Pen(Color.Red);
            g.DrawLine(pen, point += sizeOff, point + sizeLine);
            pen = new Pen(Color.Red, 8);
            g.DrawLine(pen, point += sizeOff, point + sizeLine);
            pen.DashStyle = DashStyle.Dash;
            g.DrawLine(pen, point += sizeOff, point + sizeLine);
            pen.DashStyle = DashStyle.Dot;
```

```
                g.DrawLine(pen, point += sizeOff, point + sizeLine);
                pen.DashStyle = DashStyle.Solid;
                pen.StartCap = LineCap.Round;
                g.DrawLine(pen, point += sizeOff, point + sizeLine);
                pen.EndCap = LineCap.Triangle;
                g.DrawLine(pen, point += sizeOff, point + sizeLine);
                pen.DashPattern = new float[] { 0.5f, 1f, 1.5f, 2f, 2.5f };
                g.DrawLine(pen, point += sizeOff, point + sizeLine);
            }
        }
    }
```

程序运行结果如图 7.7 所示。

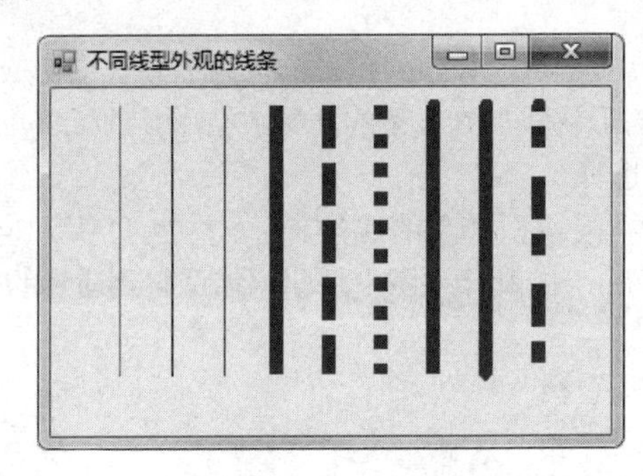

图 7.7　几种不同线型外观的线条

7.3.2　画空心形状

1．绘制矩形

用 Graphics 类中的 DrawRectangle()方法来绘制矩形，该方法为可重载方法，主要用来绘制由坐标对、宽度和高度指定的矩形，其常用格式有以下两种。

（1）绘制由 Rectangle 结构指定的矩形。

```
Graphics g = this.CreateGraphics();
g.DrawRectangle(Pen myPen,Rectangle rect);
```

其中，myPen 为笔 Pen 的对象（简称 Pen 对象），它确定矩形的颜色、宽度和样式。rect 表示要绘制矩形的 Rectangle 结构。例如，声明一个 Rectangle 结构，代码如下：

```
Rectangle rect = new Rectangle(30, 30, 100, 80);          //以(30,30)为起点，长为 100、高为 80 的矩形
```

（2）绘制由坐标对、宽度和高度指定的矩形。

```
Graphics g = this.CreateGraphics();
g.DrawRectangle(Pen myPen, int x,int y, int width, int int height);
```

DrawRectangle()方法中各参数及说明如表 7.6 所示。

表 7.6　DrawRectangle()方法中各参数及说明

参　　数	说　　明
myPen	笔 Pen 的对象，确定矩形的颜色、宽度和样式
x	要绘制矩形的左上角的 x 坐标
y	要绘制矩形的左上角的 y 坐标
width	要绘制矩形的宽度
height	要绘制矩形的高度

【例 7.5】 设计 WinForm 应用程序，分别使用以上介绍的两种方法绘制矩形。

新建 WinForm 项目，在 Form1 的设计视图中将此窗体调整到适当的大小，并将 Text 属性设为“绘制矩形”。从工具箱中拖曳 2 个 Button 控件到窗体中。控件 button1 和 button2 的 Text 属性值分别设置为“方法一”和“方法二”。

为“方法一”和“方法二”这两个按钮编写事件代码：

```
private void button1_Click(object sender, EventArgs e)        //画矩形方法一
{
    Graphics g = this.CreateGraphics();
    Pen myPen = new Pen(Color.Black, 4);
    /*声明一个 Rectangle 结构以(30,30)为起点，长为 100、高为 80 的矩形*/
    Rectangle rect = new Rectangle(30, 30, 100, 80);
    g.DrawRectangle(myPen, rect);
}
private void button2_Click(object sender, EventArgs e)        //画矩形方法二
{
    Graphics g = this.CreateGraphics();
    Pen myPen = new Pen(Color.Red, 4);
    g.DrawRectangle(myPen, 140, 30, 100, 80);        //以(140,30)为起点，长为 100、高为 80 的矩形
}
```

运行程序，分别单击“方法一”和“方法二”这两个按钮，画出的矩形如图 7.8 所示。

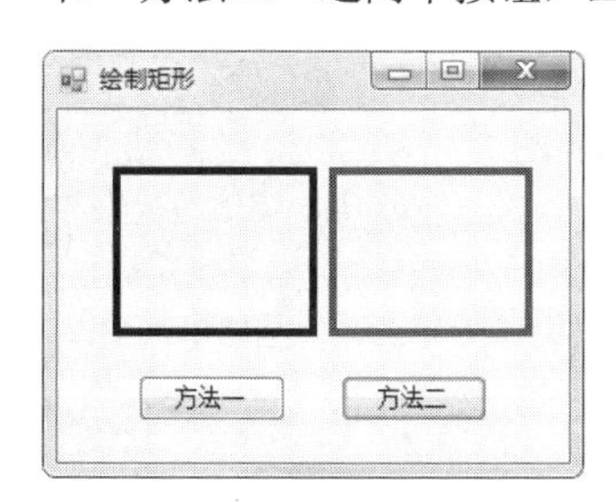

图 7.8　绘制矩形

2．绘制椭圆

绘制椭圆时，可以调用 Graphics 类中的 DrawEllipse()方法，该方法为可重载方法，它主要用来绘制边界由 Rectangle 结构指定的椭圆，其常用格式有以下两种。

（1）绘制边界由 Rectangle 结构指定的椭圆。

```
Graphics g = this.CreateGraphics();
g.DrawEllipse(Pen myPen,Rectangle rect);
```

其中，myPen 为 Pen 对象，它确定曲线的颜色、宽度和样式。rect 为 Rectangle 结构，它定义椭圆的边界。

（2）绘制一个由边框（该边框由一对坐标、高度和宽度指定）指定的椭圆。

```
Graphics g = this.CreateGraphics();
g.DrawEllipse(Pen myPen,int x,int y,int width,int height);
```

DrawEllipse()方法中各参数及说明如表 7.7 所示。

表 7.7　DrawEllipse()方法中各参数及说明

参　数	说　明
myPen	确定曲线的颜色、宽度和样式
x	定义椭圆边框的左上角的 x 坐标
y	定义椭圆边框的左上角的 y 坐标

续表

参 数	说 明
width	定义椭圆边框的宽度
height	定义椭圆边框的高度

【例7.6】 设计WinForm应用程序，分别使用以上介绍的两种方法绘制椭圆。

新建WinForm项目，在Form1的设计视图中将此窗体调整到适当的大小，并将Text属性设为“绘制椭圆”。从工具箱中拖曳两个Button控件到窗体中。控件button1和button2的Text属性值分别设置为“方法一”和“方法二”。

为“方法一”和“方法二”这两个按钮编写事件代码：

```
private void button1_Click(object sender, EventArgs e)
{
    Graphics g = this.CreateGraphics();
    Pen myPen = new Pen(Color.Black, 4);
    /*声明一个 Rectangle 结构以(30,30)为起点，长为100、高为80的矩形*/
    Rectangle rect = new Rectangle(30, 30, 100, 80);
    g.DrawEllipse(myPen, rect);
}
private void button2_Click(object sender, EventArgs e)
{
    Graphics g = this.CreateGraphics();
    Pen myPen = new Pen(Color.Red, 4);
    g.DrawEllipse(myPen, 160, 30, 100, 80);    //以(160,30)为起点，长为100、高为80的椭圆
}
```

运行程序，分别单击“方法一”和“方法二”这两个按钮，画出的椭圆如图7.9所示。

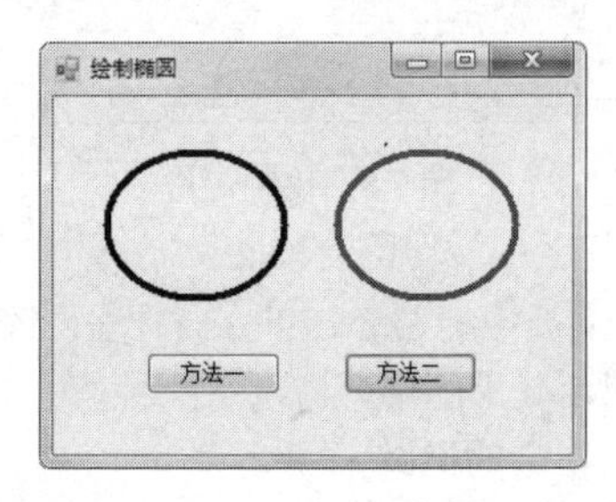

图7.9 绘制椭圆

圆属于一种特殊的椭圆，当椭圆边框的宽度和高度相等时即圆。例如，将上面控件button2的代码改写为：

```
Graphics g = this.CreateGraphics();
Pen myPen = new Pen(Color.Red, 4);
g.DrawEllipse(myPen, 160, 30, 100, 100);        //以(160,30)为起点，长为100、高为100的圆
```

画出的就是圆。

3．绘制圆弧

绘制圆弧时，可以调用Graphics类中的DrawArc()方法，该方法为可重载方法，它主要用来绘制一条弧线，其常用格式有以下两种。

（1）绘制一条弧线，它表示由Rectangle结构指定的圆弧的一部分。

```
Graphics g = this.CreateGraphics();
g.DrawArc(Pen myPen, Rectangle rect, startAngle, sweepAngle);
```

DrawArc()方法一中各参数及说明如表7.8所示。

表 7.8　DrawArc()方法一中各参数及说明

参　数	说　明
myPen	Pen 对象，它确定弧线的颜色、宽度和样式
rect	Rectangle 结构，它定义圆弧的边界
startAngle	从 x 轴到弧线的起始点沿顺时针方向度量的角（以°为单位）
sweepAngle	从 startAngle 参数到弧线的结束点沿顺时针方向度量的角（以°为单位）

（2）绘制一条弧线，它表示由一对坐标、宽度和高度指定的圆弧部分。

```
Graphics g = this.CreateGraphics();
g.DrawArc(Pen myPen, int x,int y,int width,int height, startAngle, sweepAngle);
```

DrawArc()方法二中各参数及说明如表 7.9 所示。

表 7.9　DrawArc()方法二中各参数及说明

参　数	说　明
myPen	确定弧线的颜色、宽度和样式
x	定义圆弧边框的左上角的 x 坐标
y	定义圆弧边框的左上角的 y 坐标
width	定义圆弧边框的宽度
height	定义圆弧边框的高度
startAngle	从 x 轴到弧线的起始点沿顺时针方向度量的角（以°为单位）
sweepAngle	从 startAngle 参数到弧线的结束点沿顺时针方向度量的角（以°为单位）

【例 7.7】 设计 WinForm 应用程序，分别使用以上介绍的两种方法绘制圆弧。

新建 WinForm 项目，在 Form1 的设计视图中将此窗体调整到适当的大小并将 Text 属性设为“绘制圆弧”。从工具箱中拖曳两个 Button 控件到窗体中。控件 button1 和 button2 的 Text 属性值分别设置为“方法一”和“方法二”。

为“方法一”和“方法二”这两个按钮编写事件代码：

```
private void button1_Click(object sender, EventArgs e)
{
    Graphics g = this.CreateGraphics();
    Pen myPen = new Pen(Color.Black, 4);
    /*声明一个 Rectangle 结构以(60,30)为起点，长为 100、高为 80 的矩形*/
    Rectangle rect = new Rectangle(60, 30, 100, 80);
    g.DrawArc(myPen, rect, 120, 170);
}
private void button2_Click(object sender, EventArgs e)
{
    Graphics g = this.CreateGraphics();
    Pen myPen = new Pen(Color.Red, 4);
    g.DrawArc(myPen, 170, 30, 100, 80, 120, 170);
}
```

运行程序，分别单击“方法一”和“方法二”这两个按钮，画出的圆弧如图 7.10 所示。

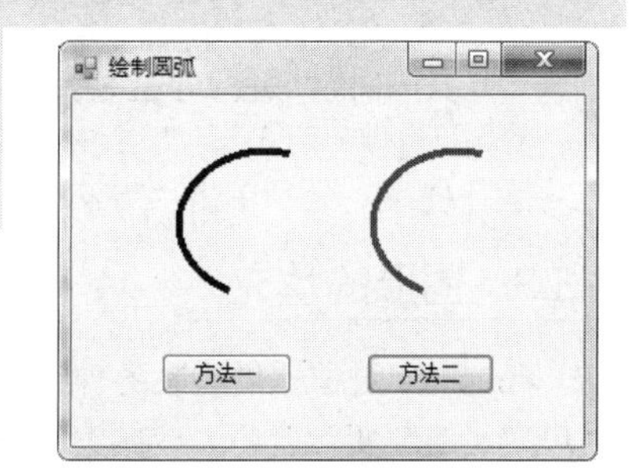

图 7.10　绘制圆弧

4．绘制多边形

绘制多边形需要将 Graphics 对象、Pen 对象和 Point 或 PointF（对象数组）配合使用。其中，Graphics 对象提供 DrawPolygon()

方法绘制多边形；Pen 对象存储用于呈现多边形的线条属性，例如，宽度和颜色等；Point 存储多边形的各个顶点。Pen 对象、Point 或 PointF 对象作为参数传递给 DrawPolygon()方法，数组中的每对相邻的两个点指定多边形的一条边，如果最后一个点和第一个点不重合，则这两个点指定多边形的最后一条边，其常用格式有以下两种。

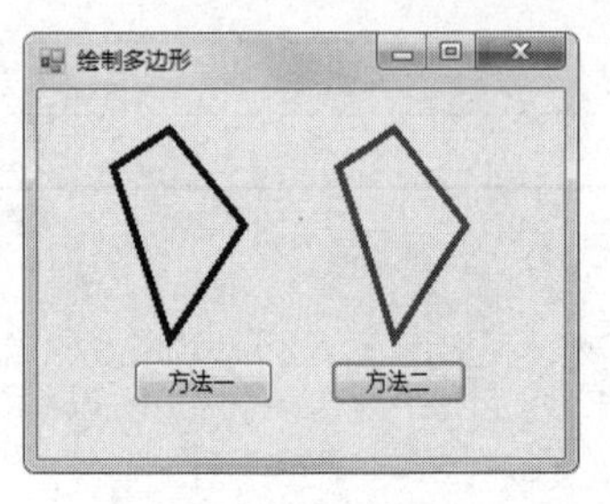

图 7.11　绘制多边形

（1）绘制由一组 Point 结构定义的多边形。

```
Graphics g = this.CreateGraphics();
g.DrawPolygon (Pen myPen, Point[]points);
```

myPen 为 Pen 对象，用来确定多边形的颜色、宽度和样式。points 为 Point 结构数组，这些结构表示多边形的顶点。

（2）绘制由一组 PointF 结构定义的多边形。

```
Graphics g = this.CreateGraphics();
g.DrawPolygon (Pen myPen, PointF[]points);
```

myPen 为 Pen 对象，用来确定多边形的颜色、宽度和样式。points 为 PointF 结构数组，这些结构表示多边形的顶点。

【例 7.8】 设计 WinForm 应用程序，分别使用以上介绍的两种方法绘制多边形。

新建 WinForm 项目，在 Form1 的设计视图中将此窗体调整到适当的大小，并将 Text 属性设为“绘制多边形”。从工具箱中拖曳 2 个 Button 控件到窗体中。控件 button1 和 button2 的 Text 属性值分别设置为“方法一”和“方法二”。

为“方法一”和“方法二”这两个按钮编写事件代码：

```
private void button1_Click(object sender, EventArgs e)
{
    Graphics g = this.CreateGraphics();
    Pen myPen = new Pen(Color.Black, 4);
    Point p1 = new Point(40, 40);
    Point p2 = new Point(70, 20);
    Point p3 = new Point(110, 70);

    Point p4 = new Point(70, 130);
    Point[] points = { p1, p2, p3, p4 };
    g.DrawPolygon(myPen, points);
}
private void button2_Click(object sender, EventArgs e)
{
    Graphics g = this.CreateGraphics();
    Pen myPen = new Pen(Color.Red, 4);
    PointF p1 = new PointF(160.0F, 40.0F);
    PointF p2 = new PointF(190.0F, 20.0F);
    PointF p3 = new PointF(230.0F, 70.0F);
    PointF p4 = new PointF(190.0F, 130.0F);
    PointF[] points = { p1, p2, p3, p4 };
    g.DrawPolygon(myPen, points);
}
```

运行程序，分别单击“方法一”和“方法二”这两个按钮，画出的多边形如图 7.11 所示。

7.3.3 图形的填充

Graphics 对象提供绘制各种线条和形状的方法，而使用画刷就可以用丰富的色彩（纯色、透明色、用户定义的渐变混合色）或图案纹理来填充各类简单或复杂的图形。

1．颜色

.NET 框架的 Color 结构用于表示不同的颜色。

（1）系统定义的颜色。

可以通过 Color 结构访问若干系统定义的颜色。这些颜色的示例如下：

```
Color myColor;
myColor = Color.Red;
myColor = Color.Aquamarine;
myColor = Color.LightGoldenrodYellow;
myColor = Color.PapayaWhip;
myColor = Color.Tomato;
```

上面的每条语句均将 myColor 分配给所指定名称的系统定义的颜色。

（2）用户定义的颜色。

使用 Color.FromArgb()方法创建用户定义的颜色。定义时，可以指定一种颜色中的红色、蓝色和绿色各部分的强度。

```
Color myColor;
myColor = Color.FromArgb(23,56,78);
```

此示例生成一种用户定义的颜色，该颜色大致为略带蓝色的灰色。每个数字均必须是 0～255 之间的一个整数，其中 0 表示没有该颜色，而 255 则为所指定颜色的完整饱和度。因此，Color.FromArgb(0,0,0)呈现为黑色，而 Color.FromArgb(255,255,255)呈现为白色。

（3）Alpha 混合处理（透明度）。

Alpha 表示所呈现图形后面的对象透明度。Alpha 混合处理的颜色对于各种底纹和透明度效果很有用。如果需要指定 Alpha 部分，则它应为 Color.FromArgb()方法中 4 个参数的第一个参数，并且是 0～255 之间的一个整数。例如：

```
Color myColor;
myColor = Color.FromArgb(127, 23, 56, 78);
```

此示例创建一种颜色，该颜色为略带蓝色的灰色且大致为 50%的透明度。也可以通过指定 Alpha 部分和以前定义的颜色来创建 Alpha 混合处理的颜色，代码如下：

```
Color myColor;
myColor = Color.FromArgb(128, Color.Tomato);
```

此示例创建一种颜色，该颜色具有约 50%的透明度，为系统定义的 Tomato 的颜色。

2．图案

（1）简单图案。

HatchBrush 类可以从大量预设的图案中选择绘制时要使用的图案，而不是纯色。创建一个 HatchBrush 对象，使用方格图案进行绘制，并使用红色作为前景色、蓝色作为背景色，代码如下：

```
using System.Drawing.Drawing2D;
HatchBrush aHatchBrush = new HatchBrush(HatchStyle.Plaid, Color.Red, Color.Blue);
```

（2）复杂图案。

纹理画刷使用图像作为图案填充形状或文本。下面的示例创建一个 TextureBrush 对象，它使用名为 myBitmap 的图像进行绘制。

```
TextureBrush myBrush = new TextureBrush (new Bitmap(@"C:\myBitmap.bmp"));
```

（3）复杂底纹。

渐变画笔支持复杂底纹。使用 LinearGradientBrush 类，可以创建沿线性渐变的两种颜色平滑、渐进式的混合。PathGradientBrush 类支持许多更复杂的底纹和着色选项。

使用由红色逐渐向黄色混合而形成的渐变，如图 7.12 所示。代码如下：

```
using System.Drawing.Drawing2D
Graphics g = this.CreateGraphics();
```

```
LinearGradientBrush myBrush = new
LinearGradientBrush(ClientRectangle,Color.Red, Color.Yellow, LinearGradientMode.Vertical);
g.FillRectangle(myBrush, ClientRectangle);
```

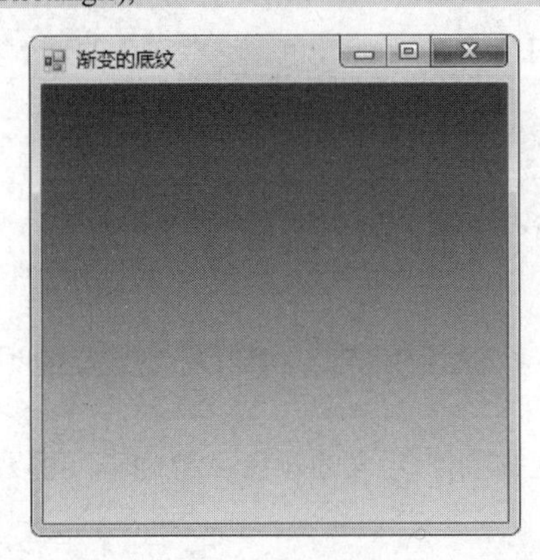

图 7.12　颜色渐变

绘图并填充色彩的一般步骤如下。

● 获取对绘图的图形对象的引用。例如：

```
Graphics g = this.CreateGraphics();
```

● 创建绘制形状的 Brush 实例。例如：

```
SolidBrush myBrush = new SolidBrush(Color.Red);
```

● 调用绘制形状的方法，并提供所有相应的参数。对于某些方法（如 FillPolygon()方法），必须提供一系列点，这些点描述要绘制形状的轮廓。而其他方法（如 FillRectangle()或 FillPath()）则需要一个描述填充区域的对象。

【例 7.9】 绘制图形并着色填充。

示例代码如下：

```
Point point1 = new Point(0, 0);
Point point2 = new Point(0, 100);
Point point3 = new Point(100, 0);
Point[] curvePoints = { point1, point2, point3 };
e.Graphics.FillPolygon(myBrush, curvePoints);
g.FillRectangle(myBrush, new RectangleF(50, 50, 100, 100));
g.FillPie(myBrush, new Rectangle(0, 0, 300, 300), 0, 90);
```

程序运行结果如图 7.13 所示（填充效果参考实际运行结果）。

图 7.13　程序运行结果

7.4　字体和图像处理

7.4.1　定义字体

要输出文本，需要先指定文本的字体，字体可以通过 Font 类的构造函数来设置。语法格式如下：

```
Font 字体对象名 = new Font ( 字体名称,大小,样式,量度)
```

其中：

- 字体对象名：要创建的字体对象名。
- 字体名称：字体的名称，String 类型值，如 Times New Roman、宋体、楷体等。
- 大小：Single 类型的值，指定字体的大小，默认单位为点。
- 样式：可选项。指定字体的样式，是 FontStyle 枚举类型的值，FontStyle 枚举类型的成员如表 7.10 所示。
- 量度：可选项。指定字体大小的单位，是 GraphicsUnit 枚举类型的值，GraphicsUnit 枚举类型的成员如表 7.11 所示。

表 7.10　FontStyle 枚举类型的成员

枚举成员	样式
Bold	粗体
Italic	斜体
Regular	常规
Strikeout	中画线
Underline	下画线

表 7.11　GraphicsUnit 枚举类型的成员

枚举成员	量度单位
Display	1/75 英寸
Document	文档单位（1/300 英寸）
Inch	英寸
Millimeter	毫米
Pixel	像素
Point	打印机点（1/72 英寸）
World	通用

例如，定义一个字体对象，其名称为“隶书”，大小为 14，样式为下画线，量度单位为点，代码如下：

```
Font myFont = new Font ("隶书", 14, FontStyle.Underline, GraphicsUnit.Point);
```

7.4.2　文本输出

可以使用任何图形对象作为呈现文本的表面。呈现文本需要一个 Brush 对象（由它指定使用什么图案填充文本）和一个 Font 对象（描述要填充的图案）。字体可以是系统上安装的任何已命名的字体，而画刷可以为任意类型。因此，可以使用纯色、图案甚至图像来绘制文本。

【例 7.10】 绘制字符串。

步骤如下。

（1）获取对将用于绘图的图形对象的引用。例如：

```
//获得一个图形对象的引用
Graphics g = this.CreateGraphics();
```

（2）创建绘制文本要使用的画刷实例。例如：

```
LinearGradientBrush myBrush = new LinearGradientBrush(ClientRectangle, Color.Red, Color.Yellow,
                                                       LinearGradientMode.Horizontal);
```

（3）创建显示文本要使用的字体。例如：

```
Font myFont = new Font("Times New Roman", 24);
```

（4）调用 Graphics 对象的 DrawString()方法来呈现文本。如果提供 RectangleF 对象，则文本将在矩形中换行。否则，文本将从提供的起始坐标处开始。例如：

```
FontFamily[] families = FontFamily.GetFamilies(e.Graphics);
Font font;
string familyString;
float spacing = 0f;
int top = families.Length > 10 ? 10 : families.Length;
for(int i=0; i<top; i++)
{
    font = new Font(families[i], 16, FontStyle.Bold);
    familyString = "This is the " + families[i].Name + "family.";
    e.Graphics.DrawString(familyString, font, Brushes.Black, new PointF(0, spacing));
    spacing += font.Height + 3;
}
```

程序运行结果如图 7.14 所示。

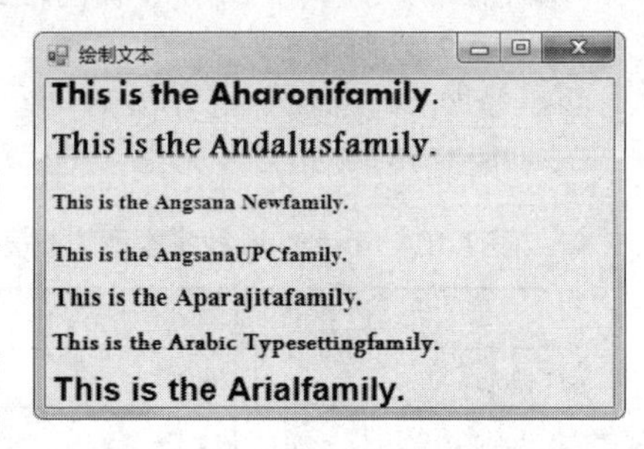

图 7.14　绘制文本

7.4.3　绘制图像

可以使用 GDI+在应用程序中呈现以文件形式存在的图像。实现此操作的方法是：创建 Image 类（如 Bitmap）的一个新对象，创建一个 Graphics 对象（它表示要使用的绘图表面），然后调用 Graphics 对象的 DrawImage()方法。在图形类所表示的绘图表面绘制图像。在设计时使用“图像编辑器”创建并编辑图像文件，而在运行时使用 GDI+呈现它们。

【例 7.11】 设计 WinForm 应用程序在 PictureBox 控件中绘制图像。

新建 WinForm 项目，在 Form1 的设计视图中将此窗体调整到适当的大小，并将 Text 属性设为“绘制图像”。添加一个 Button 控件，Text 属性设置为“绘制”，再添加一个 PictureBox 控件。在本机 C 盘中存放一幅命名为“boy.jpg”的图片。添加控件 button1 的 Click 事件，其事件代码如下：

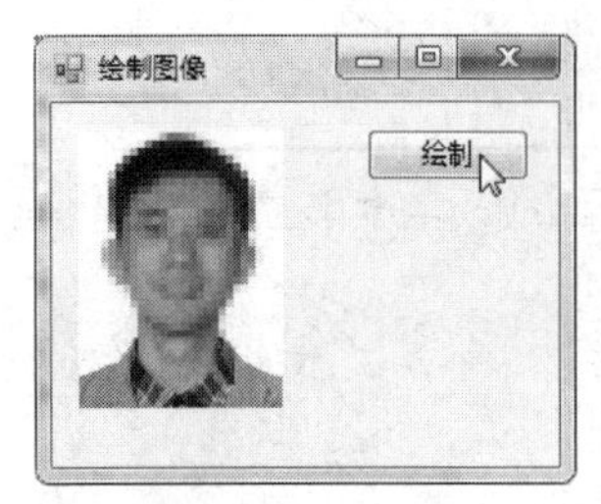

图 7.15　绘制图像

```
private void button1_Click(object sender, EventArgs e)
{
    Bitmap myBitmap = new Bitmap("C:\\boy.jpg");
    Graphics g = pictureBox1.CreateGraphics();
    g.DrawImage(myBitmap, 0, 0);
}
```

运行程序，单击“绘制”按钮，运行结果如图 7.15 所示。

7.4.4　图像刷新

前面介绍的用 Graphics 对象绘制图形的例子，都是把窗体或控件本身作为 Graphics 对象来画图的，画出的图像是暂时的，如果当前窗体被切换或被其他窗口覆盖，那么这些图像就会消失。为了使图像永久地显示，一种解决办法是把绘图工作放到 Paint 事件代码中，这样便可自动刷新图像。然而，这种方法只适合显示的图像是固定不变的情况，而在实际应用中，往往要求在不同情况下画出的图是不同的，使用 Paint 事件就不方便了。

要实现画出的图像能自动刷新，另一种解决方法是直接在窗体或控件的 Bitmap 对象上绘制图形，而不是在 Graphics 对象上画图。Bitmap 对象非常类似于 Image 对象，它包含的是组成图像的像素。建立一个 Bitmap 对象，并在其上绘制图像后，再将其赋给窗体或控件的 Bitmap 对象，这样绘出的图就能自动刷新，不需要用程序来重绘图像。

例如，定义一个 Bitmap 对象，将其赋给窗体的 BackgroundImage 属性，代码如下：

```
Bitmap bmp = new Bitmap(this.Width,this.Height);          //设置图像的尺寸，创建空的位图
this.BackgroundImage = bmp;
```

然后，在 Bitmap 对象上画图，需要借助 Graphics 对象提供的丰富的画图方法。因此，先从 Bitmap 对象创建一个 Graphics 对象，之后就可以在 Graphics 对象上画图，也就是在 Bitmap 对象上画图，代码如下：

```
Graphics g = Graphics.FromImage(bmp);               //从 Bitmap 对象创建一个 Graphics 对象
g.Clear(this.BackColor);                            //设置位图的背景色并清除原来的图像
Pen backpen = new Pen(Color.Black, 4);              //一个黑画笔
g.DrawLine(backpen, 0, 0, 300, 300);                //画一条线
```

使用上面的代码画出的图像，无论怎样切换窗口，图像始终不会消失。

7.5　综合应用实例

在应用程序开发过程中，图形、图像的应用非常广泛。本节将设计一个画图工具仿制 Windows 画图板程序。

【例 7.12】 仿制 Windows 画图板程序。

1．界面设计

新建一个 Windows 窗体应用程序，将窗体 Form1 调整到适当大小，在窗体 Form1 中分别添加 1 个 Panel 控件、1 个 PictureBox 控件和 1 个 StatusStrip 控件，在 Panel 控件中分别放入 3 个 GroupBox 控件，在 3 个 GroupBox 控件中再分别放入 9 个 Button 控件、5 个 Button 控件和 7 个 Button 控件，添加 1 个 ColorDialog 控件，在 StatusStrip 控件中添加 1 个 ToolStripStatusLabel，界面设计效果如图 7.16 所示。

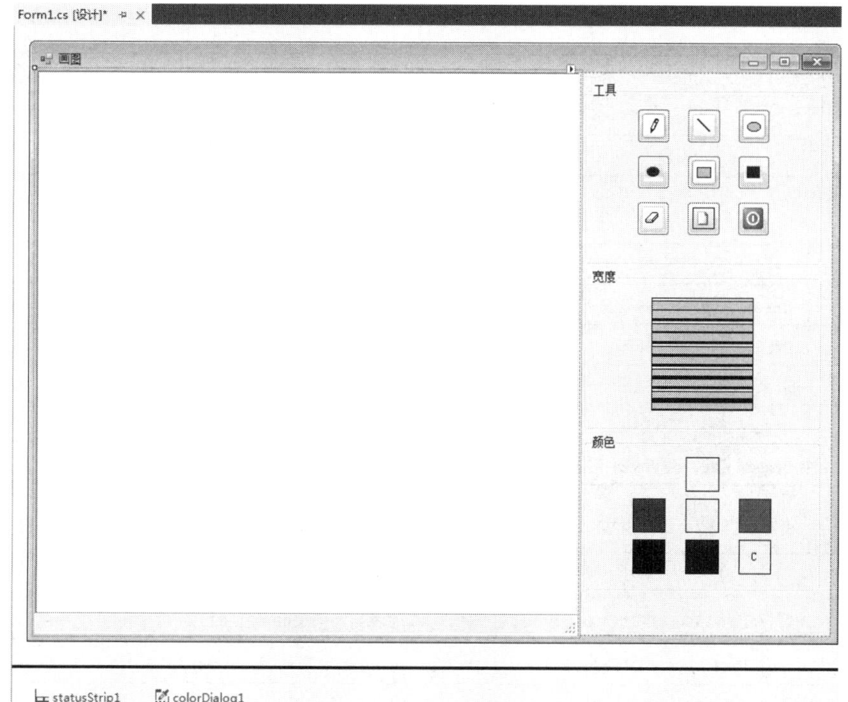

图 7.16　画图板界面设计效果

2. 属性设置

将 StatusStrip 控件中的 ToolStripStatusLabel 的 Text 属性设置为空值，画图板中的窗体和控件属性的设置如表 7.12 所示。“工具”分组框 GroupBox1、“宽度”分组框 GroupBox2 和“颜色”分组框 GroupBox3 中的按钮控件的属性设置分别如表 7.13、表 7.14 和表 7.15 所示。

表 7.12 画图板中的窗体和控件的属性设置

对　象	对 象 名	属 性 名	属 性 值
Form	Form1	Text	画图
PictureBox	pictureBox1	BackColor	White
		Dock	Fill
		BorderStyle	Fixed3D
GroupBox	groupBox1	Text	工具
	groupBox2	Text	宽度
	groupBox3	Text	颜色
Panel	panel1	Dock	Right

表 7.13 “工具”分组框中的按钮控件的属性设置

对 象 名	属 性 名	属 性 值
btnPencil	Image，Tag	表示铅笔的图片，0
btnLine	Image，Tag	表示直线的图片，1
btnEllipse	Image，Tag	表示空心椭圆的图片，2
btnFillEllipse	Image，Tag	表示填充椭圆的图片，3
btnRec	Image，Tag	表示空心矩形的图片，4
btnFillRec	Image，Tag	表示填充矩形的图片，5
btnEraser	Image，Tag	表示橡皮擦的图片，6
btnNew	Image	表示新建的图片
btnExit	Image	表示退出的图片

表 7.14 “宽度”分组框中的按钮控件的属性设置

对 象 名	属 性 名	属 性 值
btnLine1	Image，Tag，FlatStyle	表示宽度为 1 的直线图片，1，Flat
btnLine2	Image，Tag，FlatStyle	表示宽度为 2 的直线图片，2，Flat
btnLine3	Image，Tag，FlatStyle	表示宽度为 3 的直线图片，3，Flat
btnLine4	Image，Tag，FlatStyle	表示宽度为 4 的直线图片，4，Flat
btnLine5	Image，Tag，FlatStyle	表示宽度为 5 的直线图片，5，Flat

表 7.15 “颜色”分组框中的按钮控件的属性设置

对 象 名	属 性 名	属 性 值
btnControl	BackColor，FlatStyle	Control，Flat
btnRed	BackColor，FlatStyle	Red，Flat
btnYellow	BackColor，FlatStyle	Yellow，Flat
btnGreen	BackColor，FlatStyle	Green，Flat

续表

对 象 名	属 性 名	属 性 值
btnBlack	BackColor，FlatStyle	Black，Flat
btnBlue	BackColor，FlatStyle	Blue，Flat
btnColorDialog	BackColor，FlatStyle，Text	Control，Flat，C

3．程序代码设计

定义画图的起终点、选择画笔的宽度和图形枚举的代码如下：

```
Graphics g;
Point pStart, pEnd;                              //定义画图的起终点
int ChoiceGraph;                                 //选择图形枚举
int penWidth;                                    //画笔宽度
enum mySelected
{
    Pencil,                                      //铅笔
    Line,                                        //直线
    Ellipse,                                     //空心椭圆
    FillEllipse,                                 //填充椭圆
    Rec,                                         //空心矩形
    FillRec,                                     //填充矩形
    Eraser                                       //橡皮擦
};
```

窗体加载的事件代码：

```
private void Form1_Load(object sender, EventArgs e)
{
    g = this.pictureBox1.CreateGraphics();
    ChoiceGraph = (int)mySelected.Pencil;        //默认选择为铅笔工具
    penWidth = 3;                                //初始化画笔宽度
    btnControl.BackColor = btnBlack.BackColor;   //默认黑色笔
}
```

在选择“工具”分组框中的工具按钮时，将所选择按钮的 Tag 属性值作为所选择图形的枚举。添加的方法是在事件窗口中，分别选择除“新建”和“退出”按钮外的按钮的 Click 事件方法 btnTool_Click，事件代码如下：

```
private void btnTool_Click(object sender, EventArgs e)
{
    ChoiceGraph = Convert.ToInt32(((Button)sender).Tag);
}
```

在选择“宽度”分组框中的工具按钮时，将所选择宽度按钮的 Tag 值设为画笔宽度。添加的方法是在事件窗口中，分别将所选择的宽度按钮的 Click 事件方法设置为 btnLine_Click，事件代码如下：

```
private void btnLine1_Click(object sender, EventArgs e)
{
    //把所有按钮的背景色都设为 White
    btnLine1.BackColor = Color.White;
    btnLine2.BackColor = Color.White;
    btnLine3.BackColor = Color.White;
    btnLine4.BackColor = Color.White;
    btnLine5.BackColor = Color.White;
    ((Button)sender).BackColor = Color.Black;          //选中的按钮背景色为黑色
    penWidth = Convert.ToInt32(((Button)sender).Tag);  //将宽度按钮的 Tag 值设为画笔宽度
}
```

在选择“颜色”分组框中的工具按钮时，将所选择的颜色按钮的背景色设置为 btnControl 按钮的背景色，而 btnControl 按钮的背景色作为画笔的颜色，事件代码如下：

```
private void btnColor_Click(object sender, EventArgs e)
{
    if (((Button)sender).Text == "C")
    {
        if (colorDialog1.ShowDialog() == DialogResult.OK)
        {
            btnControl.BackColor = colorDialog1.Color;
        }
    }
    else
    {
        btnControl.BackColor = ((Button)sender).BackColor;
    }
}
```

添加一个方法，其功能是在画图过程中将终点设置在起点的右下方。方法代码如下：

```
private void Change_Point()
{
     Point pTemp = new Point();                   //定义临时点
     if (pStart.X < pEnd.X)
     {
          if (pStart.Y > pEnd.Y)
          {
               pTemp.Y = pStart.Y;
               pStart.Y = pEnd.Y;
               pEnd.Y = pTemp.Y;
          }
     }
     if (pStart.X > pEnd.X)
     {
          if (pStart.Y < pEnd.Y)
          {
               pTemp.X = pStart.X;
               pStart.X = pEnd.X;
               pEnd.X = pTemp.X;
          }
          if (pStart.Y > pEnd.Y)
          {
               pTemp = pStart;
               pStart = pEnd;
               pEnd = pTemp;
          }
     }
}
```

当单击鼠标左键时，记录起点坐标，其事件代码如下：

```
private void pictureBox1_MouseDown(object sender, MouseEventArgs e)
{
     if (e.Button == MouseButtons.Left)          //如果单击鼠标左键，则将当前点坐标赋给起始点
     {
          pStart.X = e.X;
```

```
                pStart.Y = e.Y;
            }
        }
```

当单击鼠标左键并移动时，如果选择的是铅笔，则画出鼠标移动的轨迹；如果选择的是橡皮擦，则擦除鼠标移动的轨迹。事件代码如下：

```
    private void pictureBox1_MouseMove(object sender, MouseEventArgs e)
    {
        toolStripStatusLabel1.Text = "X:" + e.X.ToString() + ",Y:" + e.Y.ToString();
        if (e.Button == MouseButtons.Left)
        {
            switch (ChoiceGraph)
            {
                case (int)mySelected.Pencil:                    //选择的是铅笔
                    Pen pen1 = new Pen(btnControl.BackColor, penWidth);
                    pEnd.X = e.X;
                    pEnd.Y = e.Y;
                    g.DrawLine(pen1, pStart, pEnd);
                    pStart = pEnd;                              //将已经绘制的终点作为下一次绘制的起点
                    break;
                case (int)mySelected.Eraser:
                    Pen pen2 = new Pen(Color.White, penWidth);      //定义白色画笔作为擦除效果
                    pEnd.X = e.X;
                    pEnd.Y = e.Y;
                    g.DrawLine(pen2, pStart, pEnd);
                    pStart = pEnd;                              //将已经绘制的终点作为下一次绘制的起点
                    break;
                default:
                    break;
            }
        }
    }
```

当松开鼠标左键时，根据所选择的画图工具画出图形，事件代码如下：

```
    private void pictureBox1_MouseUp(object sender, MouseEventArgs e)
    {
        if (e.Button == MouseButtons.Left)              //如果用户按下的是鼠标左键，记录终点坐标
        {
            pEnd.X = e.X;
            pEnd.Y = e.Y;
            switch (ChoiceGraph)
            {
                case (int)mySelected.Line:              //如果选择的是直线
                    Pen pen1 = new Pen(btnControl.BackColor, penWidth);
                    g.DrawLine(pen1, pStart, pEnd);
                    break;
                case (int)mySelected.Ellipse:           //如果选择的是空心椭圆
                    Change_Point();
                    Pen pen2 = new Pen(btnControl.BackColor, penWidth);
                    g.DrawEllipse(pen2, pStart.X, pStart.Y, pEnd.X - pStart.X, pEnd.Y - pStart.Y);
                    break;
                case (int)mySelected.FillEllipse:       //如果选择的是实心椭圆
                    Change_Point();
                    SolidBrush myBrush1 = new SolidBrush(btnControl.BackColor);
                    Rectangle rec1 = new Rectangle(pStart.X, pStart.Y, pEnd.X - pStart.X,
```

```
                                                              pEnd.Y − pStart.Y);
                g.FillEllipse(myBrush1, rec1);
                break;
            case (int)mySelected.Rec:               //如果选择的是矩形
                Change_Point();
                Pen pen3 = new Pen(btnControl.BackColor, penWidth);
                g.DrawRectangle(pen3, pStart.X, pStart.Y, pEnd.X − pStart.X, pEnd.Y − pStart.Y);
                break;
            case (int)mySelected.FillRec:           //如果选择的是实心矩形
                Change_Point();
                SolidBrush myBrush2 = new SolidBrush(btnControl.BackColor);
                Rectangle rec2 = new Rectangle(pStart.X, pStart.Y, pEnd.X − pStart.X,
                                                              pEnd.Y − pStart.Y);
                g.FillRectangle(myBrush2, rec2);
                break;
            default:
                break;
        }
    }
}
```

“新建”按钮事件代码为：

```
private void btnNew_Click(object sender, EventArgs e)
{
    pictureBox1.Refresh();              //刷新
}
```

“退出”按钮事件代码为：

```
private void btnExit_Click(object sender, EventArgs e)
{
    this.Close();                       //关闭
}
```

这样，一个功能类似于 Windows 画图板的程序就完成了，可以用该程序手工绘制简单的图画，效果如图 7.17 所示。

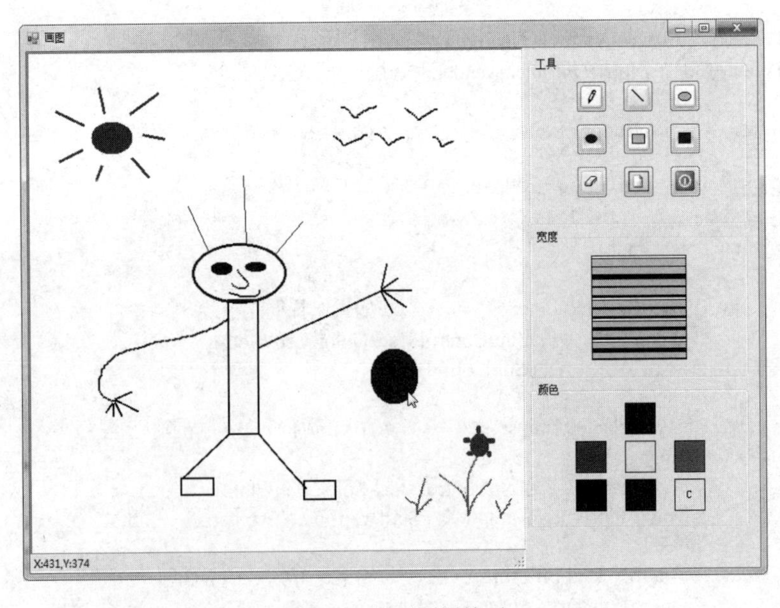

图 7.17 用画图板绘画

第8章　文件操作

在高级语言程序设计中，常用“文件”这个术语来表示输入/输出操作的对象。所谓“文件”，是指按一定的结构和形式存储在外部设备上的相关数据的集合。例如，用记事本编辑的文档是一个文件，用 Word 编辑的文档也是一个文件，将其保存到磁盘上就是一个磁盘文件，输出到打印机上就是一个打印机文件。文件操作是在程序设计中经常用到的，本章将介绍这部分内容。

8.1　.NET 的文件 I/O 模型

文件是存储在外存上数据的集合，操作系统是以文件形式对数据进行管理的。C#中对文件操作的类的结构如图 8.1 所示。

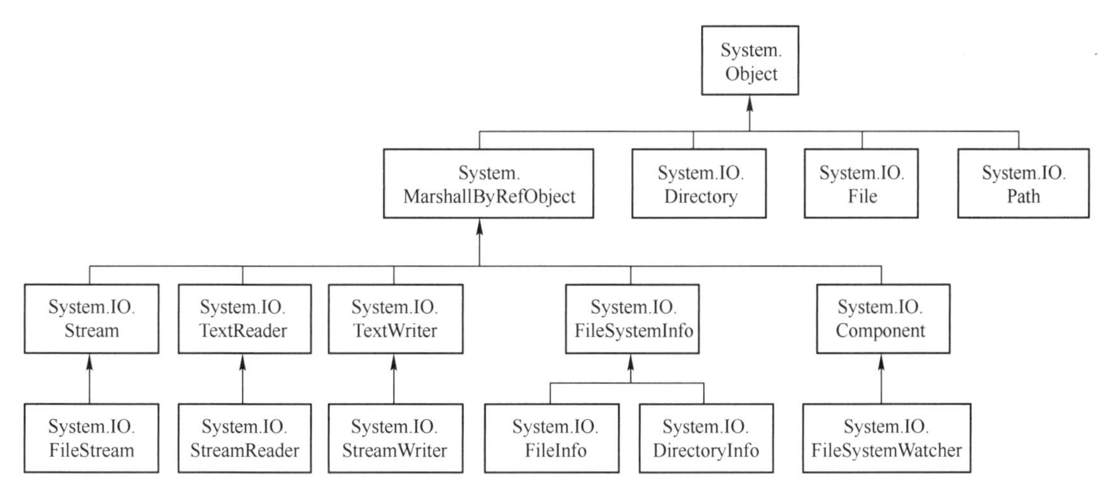

图 8.1　C#中对文件操作的类的结构

其中：

- File——提供创建、复制、删除、移动和打开文件的静态方法，并协助创建 FileStream 对象。
- Directory——提供创建、复制、删除、移动和打开目录的静态方法。
- Path——对包含文件或目录路径信息的字符串执行操作。
- FileInfo——提供创建、复制、删除、移动和打开文件的实例方法，并帮助创建 FileSystem 对象。
- DirectoryInfo——提供创建、移动和枚举目录和子目录的实例方法。
- FileStream——指向文件流，支持对文件的读/写，支持随机访问文件。
- StreamReader——从流中读取字符数据。
- StreamWriter——向流中写入字符数据。

8.2 管理文件夹和目录

Windows 系统下的文件都是以文件夹目录的形式管理的。

8.2.1 操作文件夹

对文件夹的操作可以使用 Directory 类或 DirectoryInfo 类。Directory 类中包含许多静态方法，可以直接使用这些方法创建、移动和删除文件夹。表 8.1 列出了 Directory 类的主要方法。

表 8.1 Directory 类的主要方法

方　法	说　明
CreateDirectory	创建指定路径中的所有文件夹
Delete	删除指定的文件夹
Move	将文件或文件夹及其内容移到新位置
Exists	确定给定路径是否引用磁盘上的现有文件夹
GetCreationTime	获取文件夹的创建日期和时间
GetCurrentDirectory	获取应用程序的当前工作文件夹
SetCurrentDirectory	将应用程序的当前工作文件夹设置为指定的文件夹
GetParent	检索指定路径的父文件夹，包括绝对路径和相对路径
GetDirectories	获取指定文件夹中子文件夹的名称
GetFiles	返回指定文件夹中的文件的名称

DirectoryInfo 类对象可以表示一个特定的文件夹，可以在该对象上执行与 Directory 类相同的操作，还可以使用它列举子文件夹和文件。DirectoryInfo 类的主要方法如表 8.2 所示。

表 8.2 DirectoryInfo 类的主要方法

方　法	说　明
Create	创建文件夹
CreateSubdirectory	在指定路径中创建一个或多个子文件夹
Delete	从路径中删除 DirectoryInfo 及其内容
MoveTo	将 DirectoryInfo 实例及其内容移动到新路径
GetDirectories	返回当前文件夹的子文件夹
GetFiles	返回当前文件夹的文件列表

【例 8.1】 利用 Directory 类和 DirectoryInfo 类读取 C 盘的文件夹及子文件夹，并以目录树和图标的方式显示。

（1）本例用到的新控件简介。

● ListView 控件（ ）

ListView 控件显示带图标的项列表，通过它可创建类似于 Windows 资源管理器中右边窗格的用户界面。该控件具有 4 种视图模式：LargeIcon、SmallIcon、List 和 Details，由 View 属性设置。

● TreeView 控件（ ）

TreeView 控件可以为用户显示节点层次结构，树视图（也称项目树）中的各个节点可能包含其他节点（子节点）。可以以展开或折叠的方式显示父节点或包含子节点的节点。通过将树视图的 CheckBoxes 属性设置为 true，还可以显示在节点旁边带有复选框的树视图。然后，通过将节点的 Checked 属性设置为 true 或 false，以编程方式来选中或清除节点。

● ImageList 组件（ ）

ImageList 组件用于存储图像，这些图像随后可由控件显示。图像列表能够为一致的单个图像目录编写代码，还可以使同一个图像列表与多个控件相关联。

本例程序将文件夹显示在 TreeView 控件中，当选择其中的文件夹后，将其子文件夹显示在 ListView 控件中。

（2）程序开发。

新建 WinForm 项目，在 Form1 的设计视图中将此窗体调整到适当的大小，并将 Text 属性设为“Directory 类和 DirectoryInfo 类”。从工具箱中分别拖曳 1 个 ImageList 控件、1 个 TreeView 控件和 1 个 ListView 控件到窗体中，在 imageList1 控件的 Image 属性中分别添加 2 个文件夹图片（事先准备）成员。将 treeView1 控件的 ImageList 属性值设置为 imageList1，将 listView1 控件的 LargeImageList 属性值设置为 imageList1。

所要添加的命名空间为：

```
using System.IO;
```

双击窗体添加 Form1 的 Load 事件，代码为：

```
private void Form1_Load(object sender, EventArgs e)
{
    foreach (string str in Directory.GetDirectories(@"C:\"))
    {
        TreeNode node = new TreeNode();
        node.Text = str;
        treeView1.Nodes.Add(node);
    }
}
```

上段代码将遍历 C 盘，将其中的文件夹显示在 treeView1 控件中。

添加 treeView1 控件的 AfterSelect 事件，代码为：

```
private void treeView1_AfterSelect(object sender, TreeViewEventArgs e)
{
    listView1.Clear();
    DirectoryInfo dirinfo = new DirectoryInfo(e.Node.Text);
    foreach (DirectoryInfo dir in dirinfo.GetDirectories())
    {
        listView1.Items.Add(dir.Name, 1);
    }
}
```

这段代码用于显示所选择的文件夹中的子文件夹。运行程序，选择左边的“C:\Program Files”文件夹，结果如图 8.2 所示。

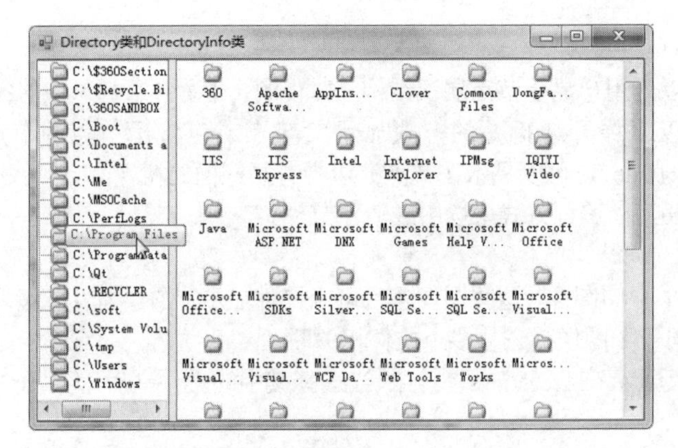

图 8.2　使用 Directory 类和 DirectoryInfo 类读取 C 盘目录

8.2.2　处理路径字符串

Path 类用来处理路径字符串，对包含文件或目录路径信息的 String 实例执行操作，这些操作是以跨平台的方式执行的。Path 类的方法也全部是静态的，其常用方法如表 8.3 所示。

表 8.3　Path 类的常用方法

方　法	含　义	示　例
ChangExtension	更改路径字符串的扩展名	string newPath = Path.ChangExtension("c:\\test.txt", "html");
Combine	合并两个路径的字符串	string newPath = Path.Combine ("c:\\ ", "mydir");
GetDirectoryName	返回指定路径字符串的目录信息	string dir = Path.GetDirectoryName ("c:\\mydir\\test.txt");
GetExtension	返回指定路径字符串的扩展名	string ext = Path.GetExtension ("c:\\mydir\\test.txt");
GetFileName	返回指定路径字符串的文件名和扩展名	string name = Path.GetFileName ("c:\\mydir\\test.txt");
GetFileNameWithoutExtension	返回不带扩展名的指定路径字符串的文件名	string name = Path.GetFileNameWithoutExtension("c:\\mydir\\test.txt");
GetFullPath	返回指定路径字符串的绝对路径	string fullpath = Path.GetFullPath ("test.txt");
GetTempPath	返回当前系统临时文件夹的路径	string tempPath = Path.GetTempPath();
GctTempFileName	创建磁盘上唯一命名的零字节的临时文件并返回该文件的完整路径	string tempFileName = Path.GetTempFileName();
HasExtension	确定路径是否包括文件扩展名	bool hasExt = HasExtension ("c:\\mydir\\test.txt");
IsPathRooted	获取一个值，该值指示指定的路径字符串是包含绝对路径信息还是包含相对路径信息	string path3 = @"temp"; bool isPathRooted = Path.IsPathRooted(path3);

【例 8.2】 演示 Path 类的主要方法。

新建控制台应用程序，代码如下：

```
using System;
…
using System.IO;
namespace Ex8_2
{
    class Program
```

```
    {
        static void Main(string[] args)
        {
            string path1 = @"c:\temp\MyTest.txt";
            string path2 = @"c:\temp\MyTest";
            string path3 = @"temp";
            if (Path.HasExtension(path1))
            {
                Console.WriteLine("{0} has an extension.", path1);
            }
            if (!Path.HasExtension(path2))
            {
                Console.WriteLine("{0} has no extension.", path2);
            }
            if (!Path.IsPathRooted(path3))
            {
                Console.WriteLine("The string {0} contains no root information.", path3);
            }
            Console.WriteLine("{0} is the location for temporary files.", Path.GetTempPath());
            Console.WriteLine("{0} is a file available for use.", Path.GetTempFileName());
            Console.Read();
        }
    }
}
```

程序运行结果如图 8.3 所示。

```
c:\temp\MyTest.txt has an extension.
c:\temp\MyTest has no extension.
The string temp contains no root information.
C:\Documents and Settings\Administrator\Local Settings\Temp\ is the location for
 temporary files.
C:\Documents and Settings\Administrator\Local Settings\Temp\tmp154.tmp is a file
 available for use.
```

图 8.3　Path 类的方法演示

8.2.3　读取驱动器信息

.NET 框架 2.0 版本及以上的类库中新增了 DriveInfo 类，该类增强了.NET 框架以前版本中 Directory 类的 GetLogicalDrivers()方法，使用该方法可以获得本地文件系统注册的信息，如每个驱动器的名称、类型、容量和状态等。DriveInfo 类的主要成员列于表 8.4 中。

表 8.4　DriveInfo 类的主要成员

成 员 名	说　明
AvailableFreeSpace	指示驱动器上的可用空闲空间量，以字节为单位
DriveFormat	获取文件系统的名称，例如 NTFS 或 FAT32
DriveType	获取驱动器类型，例如固定硬盘、CD-ROM、可移动硬盘或者未知类型
IsReady	指示驱动器是否已准备好
Name	获取分配给驱动器的名称，例如 C:\或 E:\
RootDirectory	获取驱动器的根文件夹
TotalFreeSpace	获取驱动器上可用的空闲空间总量，而不只是当前用户可用的空闲空间量

续表

成员名	说明
TotalSize	获取驱动器上存储空间的总大小
VolumeLabel	获取或设置驱动器的卷标
GetDrives	检索计算机上的所有逻辑驱动器的名称

【例 8.3】 利用 DriveInfo 类检索计算机上的所有驱动器名称并显示在下拉框中，当选择某个驱动器后，将其中的所有文件夹显示在树视图控件中。

新建 WinForm 项目，在 Form1 的设计视图中将此窗体调整到适当的大小并将 Text 属性设为“DriveInfo 类”。从工具箱中分别拖曳一个 TreeView 控件和一个 ComboBox 控件到窗体中，并调整到适当大小。添加命名空间为：

```
using System.IO;
```

双击窗体添加 Form1 的 Load 事件，代码为：

```
private void Form1_Load(object sender, EventArgs e)
{
    DriveInfo[] di = DriveInfo.GetDrives();             //获取驱动器
    foreach (DriveInfo d in di)
    {
        comboBox1.Items.Add(d.Name);                    //添加到 comboBox1 中
    }
}
```

同时添加控件 comboBox1 的 SelectedIndexChanged 事件，代码为：

```
private void comboBox1_SelectedIndexChanged(object sender, EventArgs e)
{
    treeView1.Nodes.Clear();                            //清空节点
    foreach (string str in Directory.GetDirectories(comboBox1.Text))
    {
        TreeNode node = new TreeNode();
        node.Text = str;
        treeView1.Nodes.Add(node);
    }
}
```

运行程序，在下拉框中选择 C 盘，运行结果如图 8.4 所示。

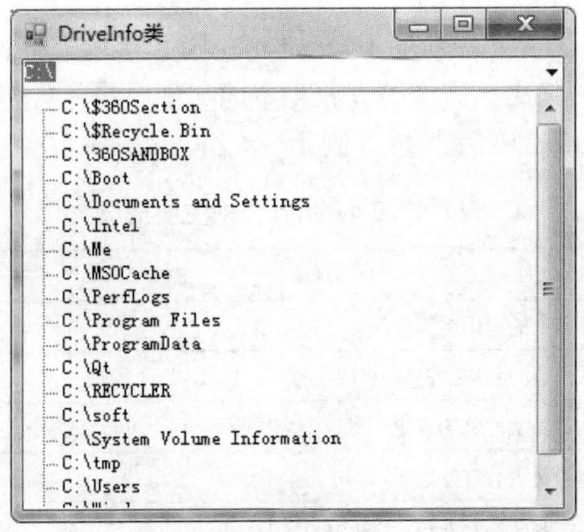

图 8.4 DriveInfo 类读取显示 C 盘目录信息

8.3　文件的基本操作

8.3.1　文件的种类

文件分类的标准有很多，根据文件的存储和访问方式，可以将文件分为顺序文件、随机文件和二进制文件三种。

1．顺序文件（Sequential File）

顺序文件是由一系列 ASCII 码格式的文本行组成的，每行的长度可以不同，文件中的每个字符都表示一个文本字符或文本格式设置序列（如换行符等）。顺序文件中的数据是按顺序排列的，数据的顺序与其在文件中出现的顺序相同。

顺序文件是最简单的文件结构，它实际上是普通的文本文件，任何文本编辑软件都可以访问这种文件。

早期的计算机存储介质都采用顺序访问文件的方式，如磁带，由于这种方式不能直接定位到需要的内容，而必须从头顺序读/写，因此顺序访问文件的读/写速度一般很慢，较适用于有一定规律且不经常修改的数据存储。顺序文件的主要优点是占用空间少，容易使用。

2．随机文件（Random Access File）

随机文件是以随机方式存取的文件，由一组长度相等的记录组成。在随机文件中，记录包含一个或多个字段（Field），字段类型可以不同，每个字段的长度也是固定的，使用前须事先设置好。此外，每个记录都有一个记录号，随机文件打开后，可以根据记录号访问文件中的任何记录，无须像顺序文件那样顺序进行。

随机文件的数据是以二进制方式存储在文件中的。随机文件的优点是数据的存取较为灵活、方便，访问速度快，文件中的数据容易修改。但是，随机文件占用的空间较大，数据组织较复杂。

3．二进制文件（Binary File）

二进制文件是以二进制方式保存的文件。二进制文件可以存储任意类型的数据，二进制访问类似于随机访问。但是，访问数据时必须准确地知道数据是如何写入文件的，才能正确地读取数据。例如，如果存储一系列姓名和分数，需要记住第一个字段（姓名）是文本，第二个字段（分数）是数值，否则读出的内容就会出错，因为不同的数据类型有不同的存储长度。

二进制文件占用的空间较小，并且二进制访问方式具有最大的灵活性。二进制文件存取时，可以定位到文件的任何字节位置，并可以获取任何一个文件的原始字节数据，任何类型的文件都可以以二进制的访问方式打开，但二进制文件不能用普通的文字编辑软件打开。

8.3.2　创建文件

1．File 类

File 类提供了用于创建、复制、移动、删除和打开文件的静态方法，并协助创建 FileStream 对象。表 8.5 列出了 File 类的主要方法。

表 8.5　File 类的主要方法

方　法	说　明
Create	在指定路径中创建文件
Copy	将现有文件复制到新文件
Move	将指定文件移到新位置，并提供指定新文件名的选项

续表

方　法	说　明
Delete	删除指定的文件，如果指定的文件不存在，则不引发异常
Exists	确定指定的文件是否存在
GetLastWriteTime	返回上次写入指定文件或文件夹的日期和时间
OpenWrite	打开现有文件以进行写入
ReadAllText	打开文本文件，将文件的所有行读入一个字符串，然后关闭该文件
AppendAllText	打开文件，向其中追加指定的字符串，然后关闭该文件。如果文件不存在，则创建一个文件
Open	在规定的路径上返回 FileStream 对象

用 File 类创建文件，代码如下：

```
using System.IO
string strTempPath = Path.GetTempPath();
string strFileName = Path.Combine(strTempPath, "test.txt");
FileStream aFile = File.Create(strfilename);
if (File.Exists(strFilename))
        Console.WriteLine("File '{0}' have created(use file) ",strFileName);
else
        Console.WriteLine("File '{0}' created FAILED(use file) ",strFileName);
aFile.Close();
File.Delete(strFileName);
```

2. FileInfo 类

FileInfo 类实现与 File 类相似的功能，但它提供的是实例方法，因此必须产生实例对象来调用指定的方法成员，才能进行特定文件的相关操作。

下面代码获得对文件的一个 FileInfo 类的引用实例：

```
FileInfo bFile = new FileInfo(StrFileName);
```

FileInfo 对象中记录了文件的文件名、大小、创建时间等属性，表 8.6 列出了 FileInfo 类的主要方法。

表 8.6　FileInfo 类的主要方法

方　法	说　明
Create	在指定路径中创建文件，返回 FileStream 对象用于写入
CreateText	在指定路径中创建写入新文本文件的 StreamWriter
Delete	永久删除文件
MoveTo	将指定文件移到新位置，并提供指定新文件名的选项
CopyTo	将现有文件复制到新文件
Open	用各种读/写访问权限和共享特权打开文件
OpenRead	创建只读的 FileStream
OpenText	创建只读的 StreamReader，用于文本文件的读取
OpenWrite	创建只写的 FileStream

使用 FileInfo 类的 Create()方法创建文件，返回一个 FileStream 对象。例如：

```
FileStream cFile = bFile.Create();
if (bFile.Exists)
      ConSole.WriteLine("File' (0) 'have Created(UseFileInfo)",strFileName);
else
      ConSole.WriteLine ("File ' (0) 'Create failed(UseFileInfo)",strFileName);
```

必须在关闭流对象后才能删除文件，例如：

```
cFile.Close();
bFile.Delete();
```

3．使用 FileStream 类创建文件

FileStream 类允许直接从文件创建对象、读/写文件数据。例如，创建二进制格式文件或其他类型的文件，支持异步文件读/写操作。

在使用 FileStream 类创建文件时，可以使用 CreateNew()方法，但如果被创建的文件已存在，则会引发异常：

```
Filestream dFile = new FileStream(strFileName,FileMode.create,FileAccess.ReadWrite, FileShare. Read);
dFile.Close();
//删除文件
File.Delete(strFileName);
```

【例 8.4】 用 File 类在项目文件夹中创建一个命名为 abc 的文本文件，再用 FileInfo 类读取项目文件夹中所有文件的信息（包括大小和创建时间），并显示在 ListView 控件中。

新建 WinForm 项目，在 Form1 的设计视图中将此窗体调整到适当的大小并将 Text 属性设为“File 类和 FileInfo 类”。从工具箱中拖曳一个 ListView 控件到窗体中并调整到适当大小。添加命名空间为：

```
using System.IO;
```

在窗体设计器中双击窗体添加 Form1 的 Load 事件，事件代码如下：

```
private void Form1_Load(object sender, EventArgs e)
{
    File.Create(@"..\..\abc.txt");              //在此项目目录下创建一个 abc.txt 文件
    listView1.GridLines = true;                 //显示各个记录的分隔线
    listView1.FullRowSelect = true;             //只能选择一行
    listView1.View = View.Details;              //定义列表显示的方式
    listView1.Scrollable = true;                //需要时显示滚动条
    listView1.MultiSelect = false;              //不可以选择多行
    DirectoryInfo directory = new DirectoryInfo(@"..\..\");
    listView1.Columns.Add("文件名", 120, HorizontalAlignment.Right);      //添加“文件”名列
    listView1.Columns.Add("大小", 40, HorizontalAlignment.Left);         //添加“大小”列
    listView1.Columns.Add("创建时间", 130, HorizontalAlignment.Left);    //添加“创建时间”列
    foreach (FileInfo finfo in directory.GetFiles())                   //遍历所有的文件
    {
        ListViewItem lvi = new ListViewItem();
        lvi.SubItems.Clear();

        lvi.SubItems[0].Text = finfo.Name;                             //文件名
        lvi.SubItems.Add(finfo.Length/1024 + "KB");                    //大小
        lvi.SubItems.Add(finfo.CreationTime.ToString());               //创建时间
        listView1.Items.Add(lvi);
    }
}
```

运行程序，结果如图 8.5 所示。

图 8.5　使用 File 类和 FileInfo 类创建并获取文件信息

8.3.3 读/写文件

1. 流

在现实世界中，“流”是气体或液体运动的一种状态。借用这个概念，.NET 框架用流（Stream）来表示数据的传输操作，将数据从内存传输到某个载体或设备中，称为输出流；反之，若将数据从某个载体或设备传输到内存中，则称为输入流。推而广之，可以把与数据传输有关的事物均称为流，例如，把文件称为文件流，此外，还有网络流、内存流和磁带流等。

Windows 和 UNIX 系统的文件系统都是流文件系统，简单地说，就是将文件处理为字符流或二进制流，所以对文件的读/写就是读取字符流或二进制流。在.NET 框架中，对文件的读/写操作非常简单，因为它使用读/写 I/O 数据的通用模型，无论数据源是什么，都可以使用相同的代码。该模型的核心是 Stream 类和 Reader/Writer 类。图 8.6 显示了.NET 框架中基本的 I/O 流模型。

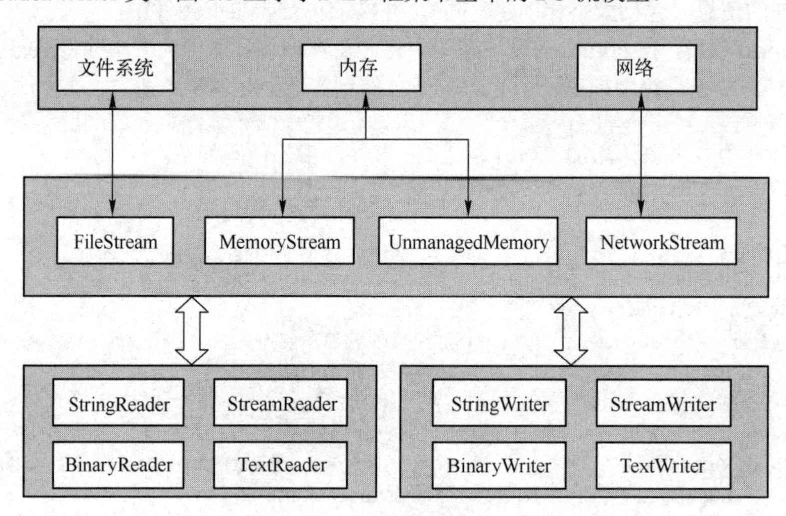

图 8.6 .NET 框架中基本的 I/O 流模型

Stream 类提供了读/写 I/O 数据的基本功能，因为它是一个抽象类，所以在使用时应使用它的派生类。表 8.7 列出了常用的 Stream 类的派生类。

表 8.7 常用的 Stream 类的派生类

类 名	说 明
FileStream	对文件系统上的文件进行读取、写入、打开和关闭操作，对其他与文件相关的操作系统句柄进行操作，如管道、标准输入和标准输出。读/写操作可以指定为同步或异步操作
MemoryStream	创建以内存而不是磁盘或网络连接作为支持存储区的流
BufferedStream	可以向另一个 Stream（如 NetworkStream）添加缓冲的 Stream。FileStream 内部已具有缓冲，MemoryStream 无须缓冲，流在缓冲区上执行操作，可以提高效率
NetWorkStream	提供用于网络访问的基础数据流
GZipStream	提供用于压缩和解压缩流的方法与属性
DeflateStream	提供用于使用 Deflate 算法压缩和解压缩流的方法与属性

虽然使用 Stream 类读/写文件非常简单，但它把所有数据都作为字节流看待，在程序开发过程中，开发人员更希望能够直接处理各种类型的数据。.NET 框架提供了许多 Reader 类和 Writer 类，它们都根据特定的规则进行设计，把对流的读/写操作封装起来，以便于开发人员集中精力处理数据。表 8.8

列出了常用的 Reader 类和 Writer 类。

表 8.8 常用的 Reader 类和 Writer 类

类 名	说 明
TextReader	StreamReader 类和 StringReader 类的抽象基类，用于读取 Unicode 字符
TextWriter	StreamWriter 类和 StringWriter 类的抽象基类，用于输出 Unicode 字符
StreamReader	TextReader 类的派生类，用于从字节流中读取字符
StreamWriter	TextWriter 类的派生类，用于把字符写入字节流中
StringReader	TextReader 类的派生类，用于从 String 中读取字符
StringWriter	TextWriter 类的派生类，用于向 String 中写入字符
BinaryReader	从流中把基本数据类型读取为二进制值
BinaryWriter	把二进制中的基本数据类型写入流

2. 读/写流文件

StreamReader 类可以从流或文件中读取字符。在创建 StreamReader 类的对象时，可以指定一个流对象，也可以指定一个文件路径，创建对象之后就可以调用它的方法，从流中读取数据。StreamReader 类读取数据的常用方法如表 8.9 所示。

表 8.9 StreamReader 类读取数据的常用方法

方 法	说 明
Peek	返回下一个可用的字符，但不使用它
Read	读取输入流中的下一个字符或下一组字符并移动流或文件指针
ReadBlock	从当前流中读取最大数量的字符并从 index 开始将该数据写入 buffer
ReadLine	从当前流中读取一行字符并将数据作为字符串返回
ReadToEnd	从流的当前位置到末尾读取流
Close	关闭打开的对象，释放资源

StreamWriter 类的方法可以实现向文件中写入内容的功能，StreamWriter 类以一种特定的编码向字节流中写入字符。表 8.10 列出了 StreamWriter 类写入流或文件的常用方法。

表 8.10 StreamWriter 类写入流或文件的常用方法

方 法	说 明
Write	写入流，向流对象中写入字符并移动流或文件指针
WriteLine	向流中写入一行，后跟行结束符
Close	关闭打开的对象，释放资源

在创建 StreamReader 类的对象时，必须以一个已有的流实例作为构造函数的参数。StreamReader 类就把这个流作为自己的数据源。同样，StreamWriter 类的对象的创建也需要一个已有流作为写入的目的流。另外，StreamReader 类无须处理字节数组，它提供了多种方法读取数据，例如使用 ReadToEnd()方法可以读取整个文件，使用 ReadLine()方法可以读取一行，使用 Read()方法可以读取一个字符。

3. 读/写二进制文件

在.NET 框架中，读/写二进制文件通常要使用 BinaryReader 类和 BinaryWriter 类。使用 BinaryReader 类要用特定的编码将基元数据类型读作二进制值；使用 BinaryWriter 类要以二进制形式将基元类型写入流，并支持用特定的编码写入字符串。

BinaryReader类和BinaryWriter类有很多方法。表8.11列出了BinaryReader类的常用方法。

表8.11 BinaryReader类的常用方法

方　法	说　明
Close	关闭打开的对象，释放资源
PeekChar	返回下一个可用字符，不提升字符或字节的位置
Read	从文件中读取字符并提升字符的位置
ReadBoolean	从文件中读取bool值并提升1字节的位置
ReadByte, ReadBytes	从当前文件中读取1或多字节，并使文件的位置提升1或多字节
ReadChar,ReadChars	从文件中读取一个或多个字符，并根据使用的编码和从文件中读取的特定字符来提升文件的当前位置
ReadDecimal	从文件中读取十进制数，并使文件的当前位置提升16字节
ReadDouble	从文件中读取8字节浮点值，并使文件的当前位置提升8字节
ReadSByte	从文件中读取一有符号字节，并使文件的当前位置提升1字节
ReadString	从当前流中读取一个字符串。字符串有长度限制，每次7位被编码为一个整数

表8.12列出了BinaryWriter类的常用方法。

表8.12 BinaryWriter类的常用方法

方　法	说　明
Close	关闭打开的对象和基础流
Write	将值写入当前流
Seek	设置当前流中的位置
Flush	清理当前编写器的所有缓冲区，使所有缓冲数据写入基础设备

【例8.5】 创建一个WinForm应用程序，读/写文本及二进制文件。

新建WinForm项目，在Form1的设计视图中将此窗体调整到适当的大小并将Text属性设为“读写文件”。从工具箱中拖曳1个TextBox和4个Button控件到窗体中并调整到适当大小。将textBox1控件的Multiline和ScrollBars的属性值分别设置为True与Both。添加命名空间为：

```
using System.IO;
```

切换到设计视图，分别双击4个按钮，添加代码。

“文本保存”按钮事件代码：

```
private void btnStreamWrite_Click(object sender, EventArgs e)
{
    SaveFileDialog sf = new SaveFileDialog();          //实例化一个“保存”对话框
    sf.Filter = "txt 文件|*.txt";                       //设置文件保存类型
    sf.AddExtension = true;                            //如果用户没有输入扩展名，则自动追加后缀
    sf.Title = "写文本文件";                            //设置标题
    if (sf.ShowDialog() == DialogResult.OK)            //如果用户单击了“保存”按钮
    {
        /*实例化一个文件流，FileMode.Create 表示如果有此文件则覆盖，没有就创建*/
        FileStream fs = new FileStream(sf.FileName, FileMode.Create);
        /*实例化一个 StreamWriter，Encoding.Default 表示使用系统当前的编码方式*/
        StreamWriter sw = new StreamWriter(fs, Encoding.Default);
        sw.Write(this.textBox1.Text);                  //开始写入
        sw.Close();                                    //关闭流
        fs.Close();                                    //关闭流
    }
```

```
}
```

“文本读取”按钮事件代码：

```
private void btnStreamRead_Click(object sender, EventArgs e)
{
    OpenFileDialog of = new OpenFileDialog();        //实例化一个“打开”对话框
    of.Filter = "txt 文件|*.txt";                    //设置打开文件类型
    of.Title = "读文本文件";                          //设置标题
    if (of.ShowDialog() == DialogResult.OK)          //如果用户单击了“打开”按钮
    {
        textBox1.BackColor = Control.DefaultBackColor;          //设置 textBox1 的背景色
        /*实例化一个 StreamReader，Encoding.Default 表示使用系统当前的编码方式*/
        StreamReader sr = new StreamReader(of.FileName, Encoding.Default);
        textBox1.Text = sr.ReadToEnd();                         //读取流并显示
        sr.Close();
    }
}
```

“二进制保存”按钮事件代码：

```
private void btnBinaryWrite_Click(object sender, EventArgs e)
{
    SaveFileDialog sf = new SaveFileDialog();
    sf.Filter = "bin 文件|*.bin";                    //设置文件保存类型，bin 为自定义的类型
    sf.AddExtension = true;
    sf.Title = "写二进制文件";
    if (sf.ShowDialog() == DialogResult.OK)
    {
        FileStream fs = new FileStream(sf.FileName, FileMode.Create);
        BinaryWriter bw = new BinaryWriter(fs);
        bw.Write(textBox1.Text);
        textBox1.Text = "";
        bw.Close();
        fs.Close();
    }
}
```

“二进制读取”按钮事件代码：

```
private void btnBinaryRead_Click(object sender, EventArgs e)
{
    OpenFileDialog of = new OpenFileDialog();
    of.Filter = "bin 文件|*.bin";                    //设置打开文件类型，bin 为自定义的类型
    of.Title = "读二进制文件";
    if (of.ShowDialog() == DialogResult.OK)
    {
        textBox1.BackColor = Control.DefaultBackColor;          //设置 textBox1 的背景色
        FileStream fs = new FileStream(of.FileName, FileMode.Open, FileAccess.Read);
        BinaryReader br = new BinaryReader(fs);
        textBox1.Text = br.ReadString();
        fs.Close();
        br.Close();
    }
}
```

运行程序，读者可按照如下操作指导分别测试程序的各项功能。

（1）保存文本文件。

在文本框中输入文字并单击“文本保存”按钮，在弹出的“写文本文件”对话框中输入文件名“青花瓷”，并单击“保存”按钮，则保存了一个命名为“青花瓷”的文本文件，到对应的目录下打开该文件可看到其内容，整个操作过程如图 8.7 所示。

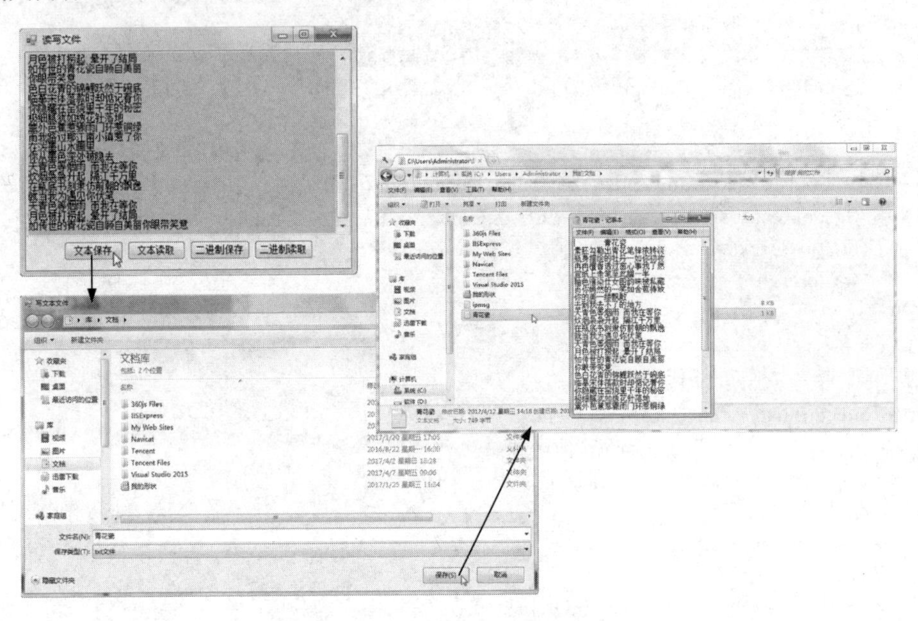

图 8.7　保存文本文件

（2）读取文件内容。

单击“文本读取”按钮，选择刚才保存的“青花瓷”文本文件，便可查看文件内容，操作如图 8.8 所示。

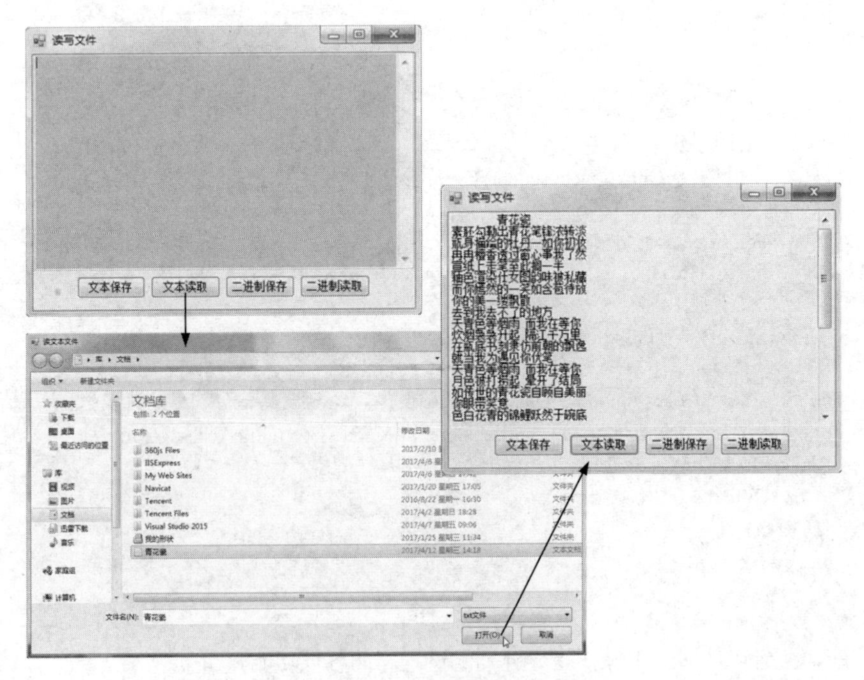

图 8.8　读取文件内容

（3）保存、读取二进制文件。

单击“二进制保存”按钮，把二进制文件命名为“青花瓷”，并单击“保存”按钮，则保存了一个命名为“青花瓷”的二进制文件，如图 8.9 所示。

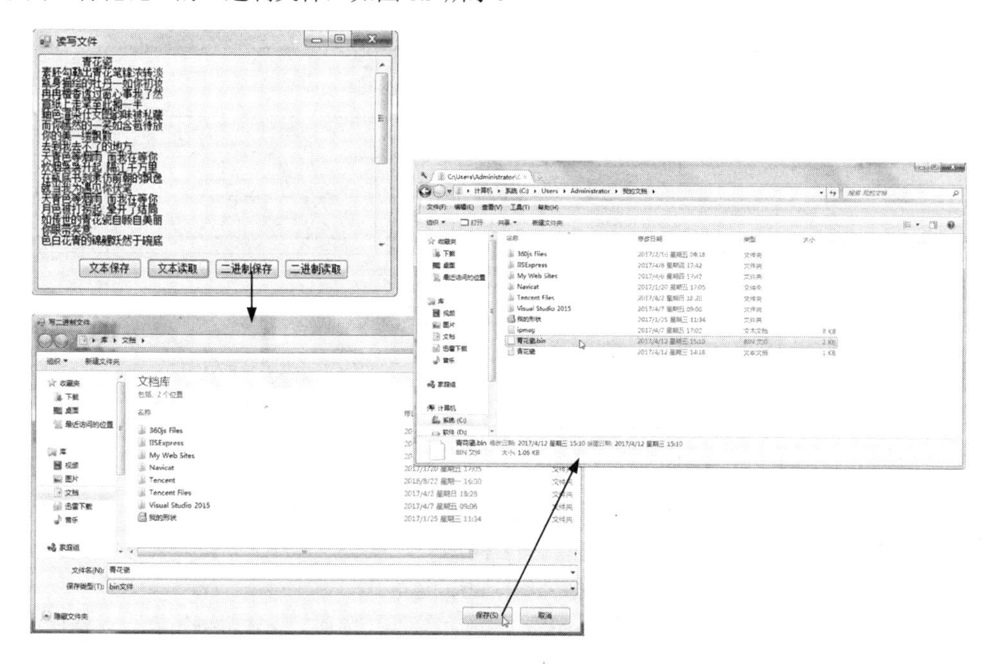

图 8.9　保存二进制文件

可以看到，相应目录下生成了一个名为“青花瓷.bin”的文件，即保存的二进制文件，这个文件无法被直接打开看其内容，只能使用程序打开和读取。再次运行本例程序，单击“二进制读取”按钮，从“读二进制文件”对话框中找到存盘目录，选中“青花瓷.bin”文件，可查看其内容，操作过程及显示效果与图 8.8 类同。

8.4　综合应用实例

【例 8.6】 仿制 Windows 资源管理器。

设计步骤如下。

（1）新建 WinForm 项目。

新建 WinForm 项目并命名为 Ex8_6。

（2）添加控件并设置属性。

在 Form1 的设计视图中将此窗体调整到适当的大小，并将 Text 属性设为“资源管理器”。

- 向主窗体中添加主菜单控件 MenuStrip，其名称为 maiMenu。它包含三个顶级菜单：“文件”菜单、“目录”菜单和“视图”菜单。表 8.13、表 8.14 和表 8.15 给出了这三个菜单的结构。

表 8.13　“文件”菜单的结构

菜 单 项	名　称	标　题
新建文件	miNewFile	新建（&N）
打开文件	miOpenFile	打开（&O）
删除文件	miDelFile	删除（&D）

续表

菜 单 项	名 称	标 题
分隔条	miSep	—
退出程序	miExit	退出（&X）

表 8.14 “目录”菜单的结构

菜 单 项	名 称	标 题
新建目录	miNewDir	新建（&N）
删除目录	miDelDir	删除（&D）

表 8.15 “视图”菜单的结构

菜 单 项	名 称	标 题
大图标视图	miLargeIcon	大图标（&L）
小图标视图	miSmallIcon	小图标（&S）
列表视图	miList	列表（&L）
详细资料视图	miDetail	详细资料（&D）

- 向主窗体中添加工具栏控件 ToolStrip，然后添加一个标签控件和一个文本框控件。标签控件的标题为“路径:”，文本框控件的名称为 txtPath。
- 添加一个 ImageList 控件，设置其 Images 属性，在弹出的“图像集合编辑器”对话框中添加如图 8.10 所示的成员。
- 向主窗体左侧添加一个树视图控件 TreeView，命名为 tvDir，将其 Anchor 属性设置为 Top、Bottom、Left，ImageList 属性选择为 imageList1。
- 向主窗体右侧添加一个列表视图控件 ListView，命名为 lvFiles，将其 Anchor 属性设置为 Top、Bottom、Left、Right，LargeImageList 属性选择为 imageList1，然后用列表视图的 Columns 属性打开“ColumnHeader 集合编辑器”对话框，添加 4 列（名称、大小、类型和修改时间），如图 8.11 所示。

图 8.10 “图像集合编辑器”对话框

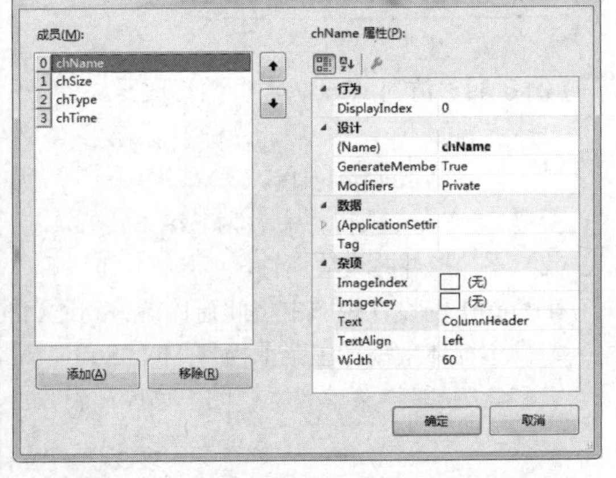

图 8.11 “ColumnHeader 集合编辑器”对话框

（3）添加命名空间。

所要添加的命名空间为“using System.IO;”。

（4）功能实现。

● 获取驱动盘符

这是程序启动时就要实现的功能，在窗体的 Load 事件过程中调用 ListDrives()方法：

```
private void Form1_Load(object sender, EventArgs e)
{
    ListDrives();
}
```

ListDrives()方法的代码如下：

```
public void ListDrives()
{
    TreeNode tn;
    //获取系统中的所有逻辑盘
    string[] drives = Directory.GetLogicalDrives();
    //向树视图中添加节点
    tvDir.BeginUpdate();
    for (int i = 0; i < drives.Length; i++)
    {
        tn = new TreeNode(drives[i], 0, 0);
        tvDir.Nodes.Add(tn);                    //把创建的节点添加到树视图中
    }
    tvDir.EndUpdate();
    //把 C 盘设为当前选择节点
    tvDir.SelectedNode = tvDir.Nodes[0];
}
```

运行程序，在左边树视图中列出了本地计算机上的所有逻辑盘符，如图 8.12 所示。

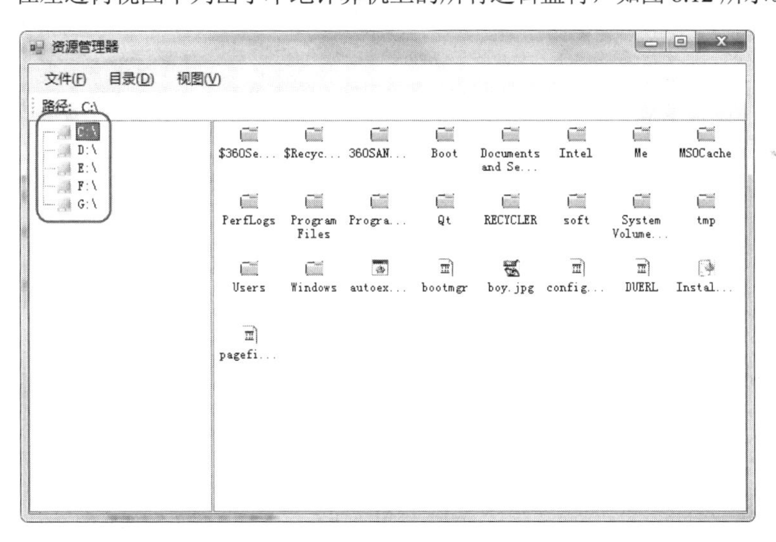

图 8.12　获取并显示本地计算机上的逻辑盘符

● 展开目录树

切换到设计视图，添加 tvDir 的 NodeMouseDoubleClick 事件：

```
private void tvDir_NodeMouseDoubleClick(object sender, TreeNodeMouseClickEventArgs e)
{
    ListDirs(e.Node, txtPath.Text.Trim());
}
```

其中，ListDirs()方法的代码如下：

```
//列出指定目录
private void ListDirs(TreeNode tn, string strDir)
{
    if (nDirLevel > 4)
    {
        nDirLevel = 0;
        return;
    }
    nDirLevel++;
    string[] arrDirs;
    TreeNode tmpNode;
    try
    { //获取指定目录下的所有目录
        arrDirs = Directory.GetDirectories(strDir);
        if (arrDirs.Length == 0) return;
        //把每个子目录添加到参数传递进来的树视图节点中
        for (int i = 0; i < arrDirs.Length; i++)
        {
            tmpNode = new TreeNode(Path.GetFileName(arrDirs[i]), 1, 2);
            //对每个子目录都进行递归列举
            ListDirs(tmpNode, arrDirs[i]);
            tn.Nodes.Add(tmpNode);
        }
    }
    catch
    {
        return;
    }
}
```

在上段代码中用到表示目录层级的变量 nDirLevel，需要在程序开头声明和初始化：

```
using System;
…
using System.IO;
namespace Ex8_6
{
    public partial class Form1 : Form
    {
        int nDirLevel = 0;
        public Form1()
        {
            InitializeComponent();
        }
        …
        //列出指定目录
        private void ListDirs(TreeNode tn, string strDir)
        {
            …
        }
        private void tvDir_NodeMouseDoubleClick(object sender, TreeNodeMouseClickEventArgs e)
        {
            ListDirs(e.Node, txtPath.Text.Trim());
        }
```

```
    }
}
```

完成之后，再次运行程序，双击某个盘符（如 C 盘），系统会自动加载其下的目录树，如图 8.13 所示。

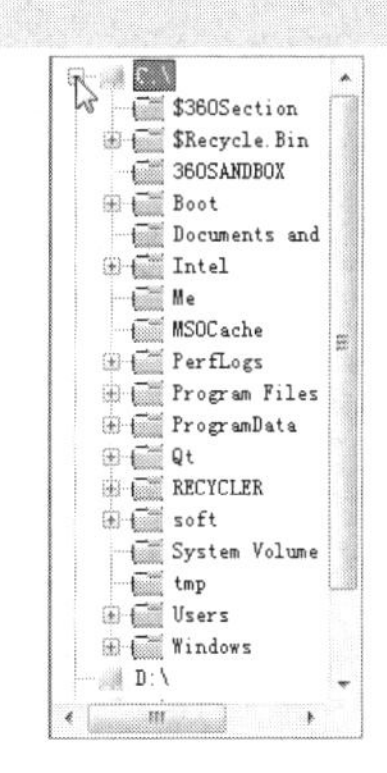

图 8.13　展开 C 盘的目录树

● 浏览指定目录下的内容

切换到设计视图，添加 tvDir 的 AfterSelect 事件：

```
private void tvDir_AfterSelect(object sender, TreeViewEventArgs e)
{
    txtPath.Text = tvDir.SelectedNode.FullPath;
    ListDirsAndFiles(tvDir.SelectedNode.FullPath);
}
```

其中，ListDirsAndFiles()方法用于在列表视图区显示用户选定目录下的内容（包括文件和子目录），代码如下：

```
//列出指定目录下的所有子目录和文件
private void ListDirsAndFiles(string strDir)
{
    ListViewItem lvi;
    int nImgIndex;
    string[] items = new string[4];
    string[] dirs;
    string[] files;
    try
    {
        //获取指定目录下的所有子目录
        dirs = Directory.GetDirectories(@strDir);
        //获取指定目录下的所有文件
        files = Directory.GetFiles(@strDir);
    }
    catch
    {
        return;
    }
    //把子目录和文件添加到文件列表视图中
    lvFiles.BeginUpdate();
    lvFiles.Clear();                    //清除列表视图中的所有内容
    //添加 4 个列表头
    lvFiles.Columns.AddRange(new ColumnHeader[] { chName, chSize, chType, chTime });
    //把子目录添加到列表视图中
    for (int i = 0; i < dirs.Length; i++)
    {
        items[0] = Path.GetFileName(dirs[i]);
        items[1] = "";
        items[2] = "文件夹";
        items[3] = Directory.GetLastWriteTime(dirs[i]).ToLongDateString() + "" +
                                    Directory.GetLastWriteTime(dirs[i]).ToLongTimeString();
        lvi = new ListViewItem(items, 1);
        lvFiles.Items.Add(lvi);
    }
    //把文件添加到列表视图中
    for (int i = 0; i < files.Length; i++)
```

```
        {
            string ext = (Path.GetExtension(files[i])).ToLower();
            //根据不同的扩展名，设定列表项的图标
            switch (ext)
            {
                case ".doc":
                    nImgIndex = 3;
                    break;
                case ".docx":
                    nImgIndex = 4;
                    break;
                case ".txt":
                    nImgIndex = 5;
                    break;
                case ".rar":
                    nImgIndex = 6;
                    break;
                case ".zip":
                    nImgIndex = 6;
                    break;
                case ".html":
                    nImgIndex = 7;
                    break;
                case ".htm":
                    nImgIndex = 7;
                    break;
                case ".ini":
                    nImgIndex = 8;
                    break;
                case ".dll":
                    nImgIndex = 9;
                    break;
                case ".bat":
                    nImgIndex = 10;
                    break;
                case ".exe":
                    nImgIndex = 11;
                    break;
                case ".jpg":
                    nImgIndex = 12;
                    break;
                case ".gif":
                    nImgIndex = 13;
                    break;
                default:
                    nImgIndex = 14;
                    break;
            }
            items[0] = Path.GetFileName(files[i]);
            FileInfo fi = new FileInfo(files[i]);
            items[1] = fi.Length.ToString();
            items[2] = ext + "文件";
```

```
            items[3] = fi.LastWriteTime.ToLongDateString() + " " +fi.LastWriteTime.ToLongTimeString();
            lvi = new ListViewItem(items, nImgIndex);
            lvFiles.Items.Add(lvi);
        }
        lvFiles.EndUpdate();
    }
```

从上面代码可见，本程序支持浏览的文件类型很丰富，不仅能识别普通的文本和 Word 文档，而且还有压缩包文件（.rar/.zip）、网页文件（.htm/.html）、程序文件（.dll/.exe/.bat/.ini）和图片文件（.jpg/.gif）。

● 双击打开文件夹

切换到设计视图，添加 lvFiles 的 DoubleClick 事件：

```
private void lvFiles_DoubleClick(object sender, EventArgs e)
{
    txtPath.Text = txtPath.Text.Trim() + "\\" + lvFiles.SelectedItems[0].Text;
    ListDirsAndFiles(txtPath.Text.Trim());
}
```

（5）运行程序。

运行程序，双击目录树中的某项，在右边列表视图中将显示其下的所有内容，双击某个文件夹则打开此文件夹，进入新一级的子目录，运行效果如图 8.14 所示。

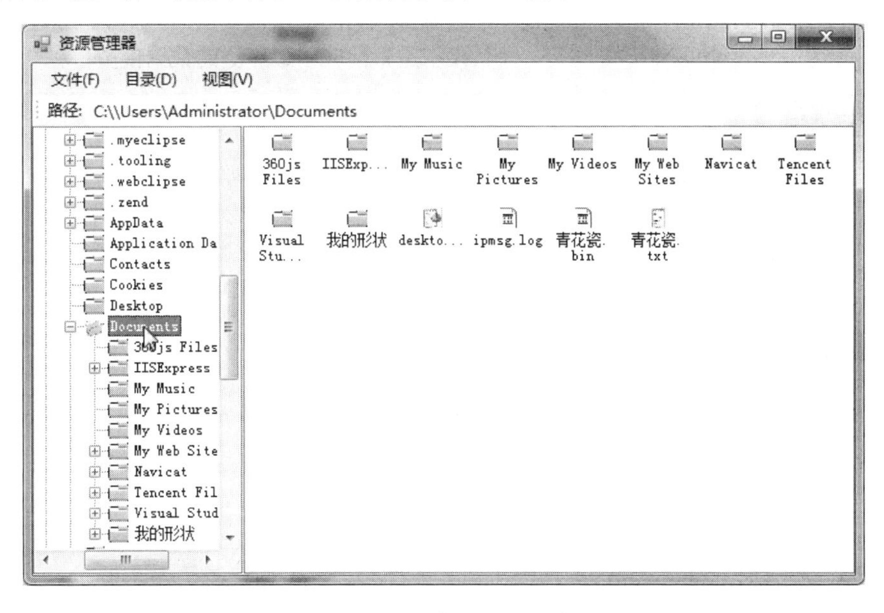

图 8.14　资源管理器运行效果

第9章 数据库应用基础

大多数应用程序都需要和数据库进行交互。同其他.NET 框架中的开发语言一样，C#对数据库的访问是通过.NET 框架中的 ADO.NET 实现的。ADO.NET 是重要的应用程序级接口，用于在 Microsoft.NET 平台上提供数据访问服务。本章将详细介绍 ADO.NET 的原理与结构，以及在 C#应用程序中如何使用它。

9.1 数据库基础

顾名思义，数据库（DataBase，DB）就是存放数据的仓库，其特点是数据按照一定的数据模型进行组织，是高度结构化的，可供众多用户共享，且具有很高的安全性。数据库用于组织数据的模型主要有关系模型、层次模型和网状模型，其中**关系模型**是目前应用最广泛的数据模型。

9.1.1 关系模型

关系模型以**二维表格**（关系表）的形式组织数据库中的数据。例如，学生成绩管理系统涉及学生表、课程表和成绩表。

学生表涉及的主要信息有学号、姓名、性别、出生日期、专业、总学分和备注，如表 9.1 所示。

表 9.1 学生表

学 号	姓 名	性别	出生日期	专 业	总 学 分	备 注
171101	王林	男	2000-02-10	计算机	50	
171102	程明	男	2001-02-01	计算机	50	
171103	王燕	女	1999-10-06	计算机	50	
171104	韦严平	男	2000-08-26	计算机	50	
171106	李方方	男	2000-11-20	计算机	50	
171107	李明	男	2000-05-01	计算机	54	提前修完“数据结构”课，并获学分
171108	林一帆	男	1999-08-05	计算机	52	提前修完一门课
171109	张强民	男	1998-08-11	计算机	50	
171110	张蔚	女	2001-07-22	计算机	50	三好生
171111	赵琳	女	2000-03-18	计算机	50	
171113	严红	女	1999-08-11	计算机	48	有一门课不及格，待补考
171201	王敏	男	1998-06-10	通信工程	42	
171202	王林	男	1999-01-29	通信工程	40	有一门课不及格，待补考
171203	王玉民	男	2000-03-26	通信工程	42	
171204	马琳琳	女	1998-02-10	通信工程	42	
171206	李计	男	1999-09-20	通信工程	42	

续表

学 号	姓 名	性别	出生日期	专 业	总 学 分	备 注
171210	李红庆	男	1999-05-01	通信工程	44	提前修完一门课，并获得学分
171216	孙祥欣	男	1998-03-09	通信工程	42	
171218	孙研	男	2000-10-09	通信工程	42	
171220	吴薇华	女	2000-03-18	通信工程	42	
171221	刘燕敏	女	1999-11-12	通信工程	42	
171241	罗林琳	女	2000-01-30	通信工程	50	转专业学习

课程表涉及的主要信息有课程号、课程名、学期、学时和学分，如表 9.2 所示。

表 9.2 课程表

课 程 号	课 程 名	学 期	学 时	学 分
101	计算机基础	1	64	3
102	C#程序设计	2	68	4
103	数据结构	3	68	5
104	计算机组成	3	96	4
105	操作系统	4	80	5
106	数据库原理	7	112	5
107	计算机网络	5	96	4
108	计算机新技术	1	32	2
201	高等数学	1	80	5
202	离散数学	3	68	4

成绩表涉及的主要信息有学号、课程号和成绩，如表 9.3 所示。

表 9.3 成绩表

学 号	课 程 号	成 绩	学 号	课 程 号	成 绩
171101	101	80	171107	102	65
171101	102	78	171108	101	71
171102	101	66	171108	102	80
171102	102	62	171109	101	78
171103	101	70	171109	102	80
171103	102	81	171110	101	68
171104	101	90	171110	102	85
171104	102	84	171111	101	64
171106	101	65	171111	102	87
171106	102	78	171113	101	66
171107	101	78	171113	102	83

在关系表中，表格中的一行称为一个**记录**，一列称为一个**字段**，每列的标题称为字段名。如果给每个关系表取一个名字，那么有 n 个字段的关系表的结构可表示为关系表名（字段名 1，字段名 2，…，字段名 n），通常把关系表的结构称为**关系模式**。

在关系表中，如果一个字段或几个字段组合的值可唯一标识其对应记录，则称该字段或字段组合为码。例如，表9.1中的“学号”可唯一标识每个学生；表9.2中的“课程号”可唯一标识每门课；表9.3中的“学号”和“课程号”可唯一标识某个学生某门课的成绩。

有时，一个表可能有多个码。例如，在表9.2中，如果课程不重名，则“课程号”与“课程名”均是课程表的码。对于每个关系表，通常可指定一个码为“主码”，在关系模式中，一般用下画线标出主码。

对于表9.1，关系模式①可表示为：

```
学生（学号，姓名，性别，出生日期，专业，总学分，备注）
```

对于表9.2，关系模式②可表示为：

```
课程（课程号，课程名，学期，学时，学分）
```

对于表9.3，关系模式③可表示为：

```
成绩（学号，课程号，成绩）
```

在数据库中，为了操作和编程方便，表名和字段名一般用大写的英文字母组合代号来表示。例如，对于上面的关系模式①，用XSB表示学生表名，用XH、XM、XB、CSRQ、ZY、ZXF和BZ分别表示各字段名：

```
XSB( XH ,XM ,XB ,CSRQ ,ZY ,ZXF ,BZ )
```

同样，对于关系模式②，课程表表名为KCB，课程号、课程名、学期、学时和学分对应的字段名分别为KCH、KCM、XQ、XS和XF：

```
KCB( KCH ,KCM ,XQ ,XS ,XF )
```

对于关系模式③，成绩表取名为CJB，学号、课程号和成绩对应的字段名分别为XH、KCH和CJ：

```
CJB( XH ,KCH ,CJ )
```

9.1.2 SQL（结构化查询语言）

SQL（Structured Query Language）是用于操作关系数据库的标准语言。SQL虽名为查询语言，但实际上具有数据定义、查询、更新和控制等多种功能，它使用方便、功能丰富、简洁易学。

SQL由三部分组成。

1．数据定义语言（Data Definition Language，DDL）

DDL用于执行数据库定义的任务，对数据库及其中的各种对象进行创建、删除、修改等操作。数据库对象主要包括表、默认约束、规则、视图、触发器、存储过程等。

下面是最常见的DDL。

（1）创建一个新数据库语句格式：

```
CREATE DATABASE 数据库名
```

（2）在数据库中创建一个表语句格式：

```
CREATE TABLE 表名
    表结构描述
```

（3）在数据库中创建一个存储过程语句格式：

```
CREATE PROCEDURE 存储过程名
    存储过程语句
```

详细的DDL语句及其格式请参考SQL文档（网上SQL官方公开的标准文档）。

2．数据操纵语言（Data Manipulation Language，DML）

DML用于操纵数据库中各种对象，最基本的就是操作数据库的表记录，包括插入记录、修改记录、删除记录和查询记录等。

下面介绍最常见的DML。

（1）插入记录，语句格式如下：

```
INSERT INTO 表名 [(字段名表)] VALUES (表值)
```

例如，向 XSB 中添加一条记录，并给所有字段赋值，语句如下：

```
INSERT INTO XSB VALUES('171241', '罗林琳', '女', '2000-01-30', '通信工程', 50, '转专业学习')
```

例如，如果向 XSB 添加的记录只给其中三个字段赋值，则语句如下：

```
INSERT INTO XSB (XH, XM, ZY) VALUES('171241', '罗林琳', '通信工程')
```

（2）修改记录，语句格式如下：

```
UPDATE 表名 SET 字段名 = 值, …  WHERE 条件
```

例如，将学号为“171115”的记录中的 XM 字段内容更新为“王保兵”，语句如下：

```
UPDATE XSB SET XM = '王保兵' WHERE XH = '171115'
```

（3）删除记录，语句格式如下：

```
DELETE  FROM 表名 WHERE 条件
```

例如，将 XSB 中学号为“171115”的记录删除，语句如下：

```
DELETE FROM XSB WHERE XH = '171115'
```

（4）查询记录，语句格式如下：

```
SELECT 字段名 | *
    FROM 表名
    [ WHERE 条件]
    [ GROUP BY 分组字段]
    [ ORDER BY 排序字段]
```

详细的 DML 语句及其格式请参考 SQL 文档。

例如：

- 若要查询 XSB 中的所有记录，显示所有字段，则可用如下语句：

```
SELECT * FROM XSB
```

其中，星号（*）表示所有字段。

- 指定查询结果显示的列标题，可使用[as 列标题]的形式：

```
SELECT XH as '学号',XM as '姓名',ZY as '专业',XB as '性别',CSRQ as '出生日期',ZXF as '总学分',
                                                            BZ as '备注' FROM XSB
```

这样显示的列由字段名变成了对应的中文，显示更直观。

WHERE 子句：

- 若将 XSB 中总学分（ZXF）在 50 分以上的记录查出来，则用下列语句：

```
SELECT XH, ZXF FROM XSB WHERE ZXF>=50
```

可用 LIKE 进行模糊条件的查询，可以使用星号（*）和问号（?）等通配符，星号（*）表示可以出现 0 个或多个字符，问号（?）表示该位置只能出现一个字符。例如：

```
SELECT * FROM XSB WHERE XH LIKE '1711*'
```

将 XSB 中所有学号以 1711 打头的记录查找出来。注意，LIKE 后面的字符串是以单引号（'）来标识的。再如：

```
SELECT * FROM XSB WHERE XH LIKE '1711??'
```

则将 XSB 中所有学号以 1711 打头的且字号为 6 位的记录查找出来。

- 查询 XSB 中总学分在 40 分到 50 分之间的记录，可用下列语句：

```
SELECT * FROM XSB WHERE ZXF<=50 AND Score>=40
```

AND（与）、OR（或）及 NOT（非）运算符用于构造复合条件查询。

3．数据控制语言（Data Control Language，DCL）

DCL 用于安全管理，确定哪些用户可以查看或修改数据库中的数据。这类 SQL 语句有 GRANT、REVOKE、COMMIT、ROLLBACK 等。

9.1.3　创建 SQL Server 数据库

在采用 Visual Studio（VS）进行程序开发时，微软的 SQL Server 数据库无疑是最好的选择。但 SQL

Server 是重量级的大型数据库，安装后占用的空间很大，对于小型测试项目或学习型项目的开发没有必要额外安装 SQL Server。微软自己也深知这点，因此，在推出 VS 2015 时就内置了 SQL Server 的一个简化版本，即 LocalDB，它在功能上对应于 SQL Server 2012（内部版本号是 SQL Server 12.0.2000）。同样，在 VS 2017 中内置了 SQL Server 13.0.4001，这个小型的数据库完全可以满足普通项目开发和调试的需要，而不需要专门安装 SQL Server 服务器。

从 Visual Studio 操作 SQL Server 数据库的功能看，利用“视图”菜单下的“SQL Server 对象资源管理器”选项可以完成对数据库和表等基本对象的操作。“工具”菜单包含若干个操作 SQL Server 数据库的菜单项，其中的“SQL Server”菜单项包含三个子菜单项。利用“New query”子菜单项可新建查询设计器，输入 SQL 命令，执行对 SQL Server 数据库的操作。

本节将简要介绍在 Visual Studio 2015 中用 LocalDB 创建数据库的方法。

1. 创建数据库

在安装 VS 2015 时会自动安装 LocalDB。在 VS 2015 中创建 SQL Server 数据库的步骤如下。

（1）启动 VS 2015，选择菜单“视图”→“SQL Server 对象资源管理器”选项，打开“SQL Server 对象资源管理器”窗口，如图 9.1 所示，在其中展开“SQL Server”→“(localdb)\MSSQLLocalDB (SQL Server 12.0.2000-主机名\Administrator)”→“数据库”→“系统数据库”节点，可看到已经默认存在的系统数据库。笔者在个人计算机上以超级管理员（Administrator）身份运行该数据库。

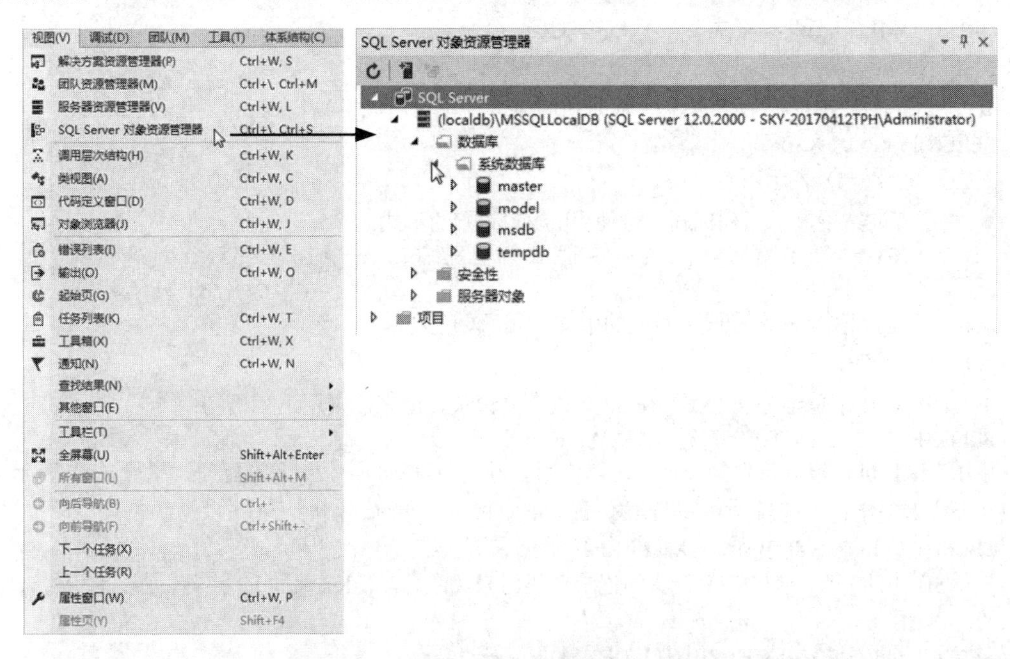

图 9.1 打开“SQL Server 对象资源管理器”窗口

在系统桌面上右键单击“计算机”图标，选择“属性”选项，在“计算机名称、域和工作组设置”下可看到自己使用的计算机的完整名称。

（2）右键单击“数据库”节点，选择“添加新数据库”选项，在弹出的“创建数据库”对话框的“数据库名称”栏中填写数据库名称“XSCJDB”，单击“确定”按钮，可看到在原“数据库”节点下多了“XSCJDB”项，如图 9.2 所示，表示数据库创建成功。

（3）右键单击数据库实例节点，选择“新建查询”选项，在查询语句编辑窗口中输入命令语句：

```
alter database XSCJDB collate Chinese_PRC_CI_AS;
```

然后单击编辑窗口左上角的 ▶ 按钮，执行该语句，如图 9.3 所示。这是为了将数据库编码格式设置为中文，以便稍后创建表时能正常录入中文数据。

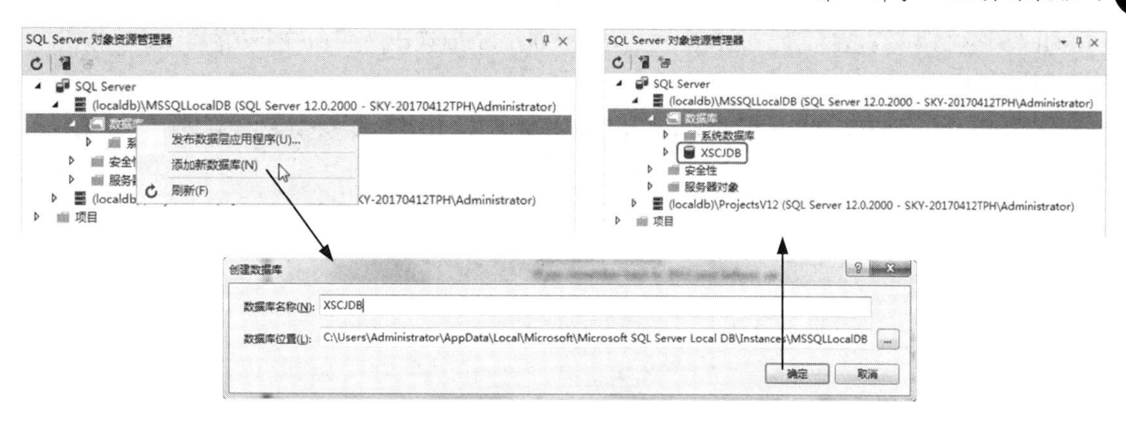

图 9.2　创建新数据库

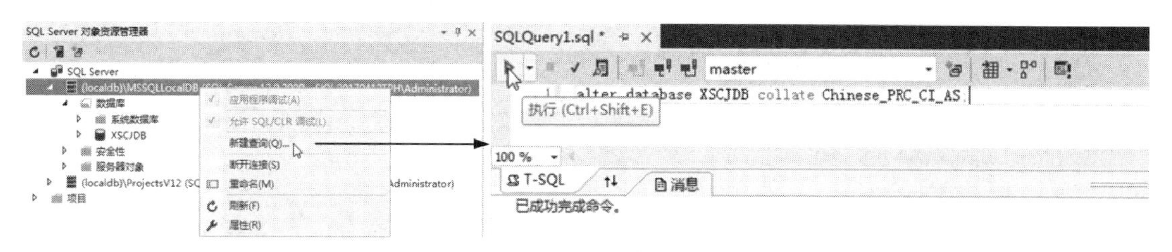

图 9.3　设置数据库支持中文

2. 创建表

用 VS 2015 创建表的步骤如下。

（1）在“SQL Server 对象资源管理器”窗口中可以通过界面创建表，展开刚才创建的数据库项，右键单击“表”节点，选择“添加新表”选项，在“dbo.Table[设计]”窗口中编辑设置表各列的名称、数据类型、是否允许空值及默认值等属性，在设置的过程中，在下方的“T-SQL”子窗口中自动生成创建表所对应的 SQL 语句，如图 9.4 所示，用户也可以通过直接修改下面的语句来修改表的设置。

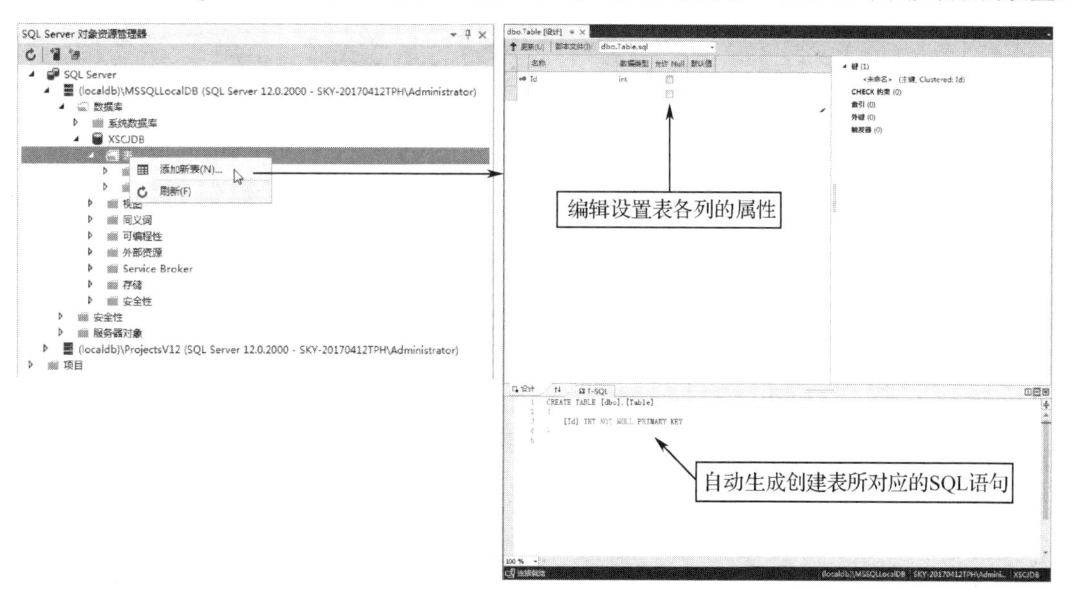

图 9.4　添加新表

（2）给新表设计字段和字段类型（参考表 9.1），设计完成后，在“dbo.Table[设计]”窗口下方的

“T-SQL”子窗口中修改表名为“XSB”，然后单击“dbo.Table[设计]”窗口左上方的 更新(U) 按钮，如图 9.5 所示。

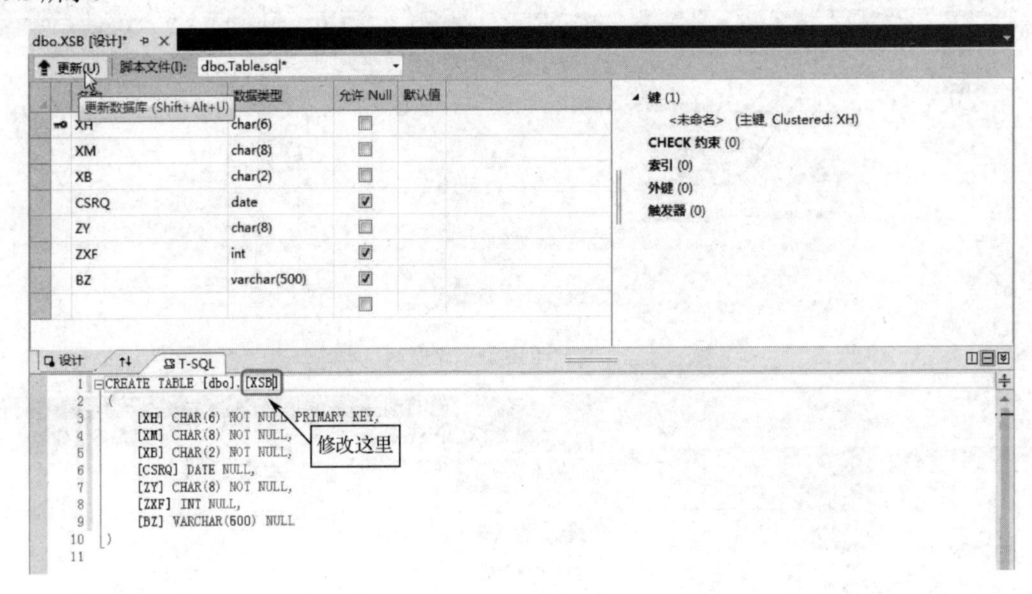

图 9.5 设计 XSB（学生表）的字段和类型

其中，XH、XM、XB、CSRQ、ZY、ZXF 和 BZ 分别表示“学号”、“姓名”、“性别”、“出生日期”、“专业”、“总学分”和“备注”。

（3）单击 更新(U) 按钮后，会弹出“预览数据库更新”对话框，单击“更新数据库”按钮，提交对数据库的更改，系统开始执行创建表的操作，稍等一会儿，在底部“数据工具操作”子窗口中显示已成功更新的提示信息，此时展开 XSCJDB 节点，可看到在“表”子节点下多了“dbo.XSB”项，表示 XSB 创建成功，如图 9.6 所示，进一步展开其下的“列”节点，可看到新建表的各列字段名及其数据类型等信息。

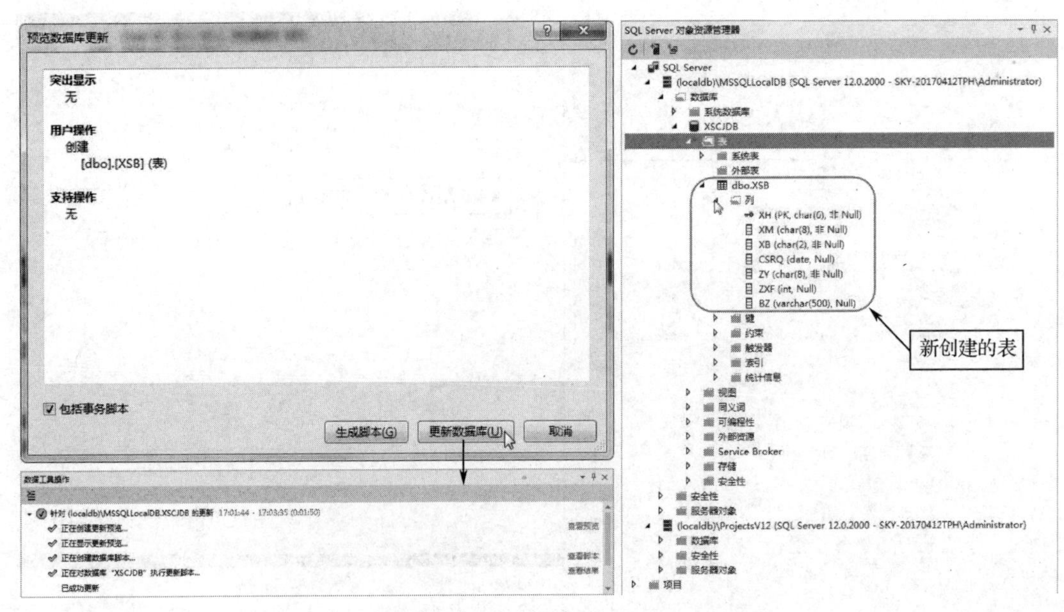

图 9.6 创建 XSB 的过程

（4）以同样的方法创建 KCB（课程表）和 CJB（成绩表），表的结构参考表 9.2 和表 9.3，设计界面分别如图 9.7 和图 9.8 所示。

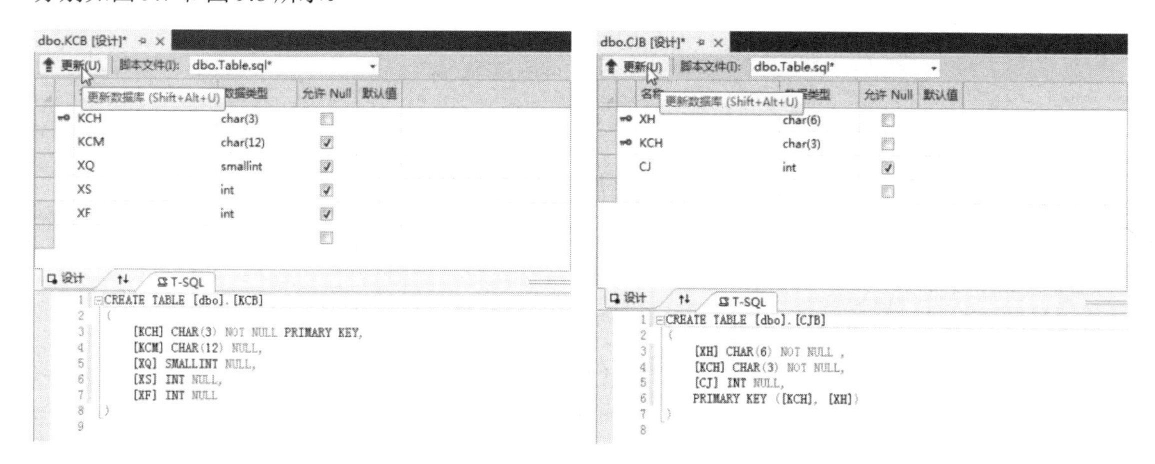

图 9.7　KCB 的设计界面　　　　图 9.8　CJB 的设计界面

3．录入数据

在“SQL Server 对象资源管理器”窗口中，展开树状目录，找到并右键单击“dbo.XSB”，选择“查看数据”选项，如图 9.9 所示。

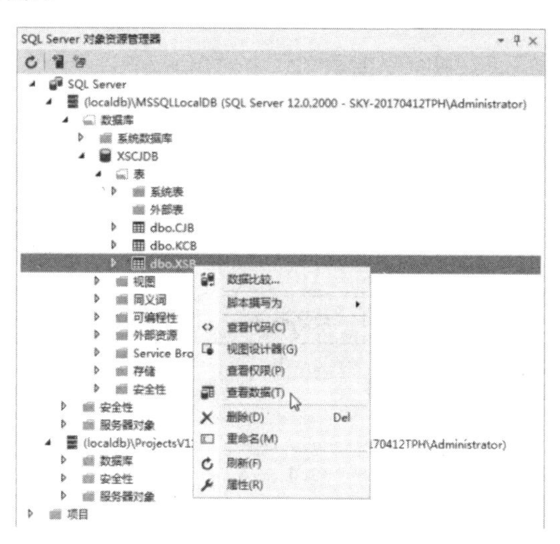

图 9.9　查看表数据

进入表内容编辑模式，如图 9.10 所示，在 XSB（学生表）中录入数据。

图 9.10　录入数据

用同样的方法为 KCB（课程表）和 CJB（成绩表）录入数据。

三个表需要录入的具体内容，请参见表 9.1～表 9.3。

9.2 ADO.NET 原理

9.2.1 ADO.NET 概述

ADO.NET 的名称起源于 ADO（ActiveX Data Objects，ActiveX 数据对象），这是一个 COM 组件库，用于借助以往的 Microsoft 技术访问数据。ADO.NET 数据模型从 ADO 发展而来，但它不只是对 ADO 的改进，而是采用了一种全新的技术，其特点主要表现在以下方面。

- 不再采用 ActiveX 技术，而是与.NET 框架紧密结合。
- 包含对 XML 标准的完全支持，旨在跨平台交换数据。
- 同时支持在线（与数据源连接）和离线（断开连接）两种工作方式。

ADO.NET 接口提供面向对象的数据库视图，在其对象中封装了许多数据库属性和关系，更重要的是，它通过多种方式封装和隐藏了很多数据库访问的细节。编程者可以完全不知道对象在与 ADO.NET 接口交互，也不用担心数据移动到另一个数据库或者从另一个数据库获得数据的细节问题。

图 9.11 展示了 ADO.NET 的架构总览。其中，数据存储区为各种类型的数据源（可以是各种数据库，如 SQL Server、Oracle）；数据提供器（程序）用于建立数据源与 ADO.NET 接口（数据层）之间的联系，它能连接各种类型的数据，并能按要求将数据源中的数据提供给 ADO.NET 接口或者向数据源返回编辑后的数据。

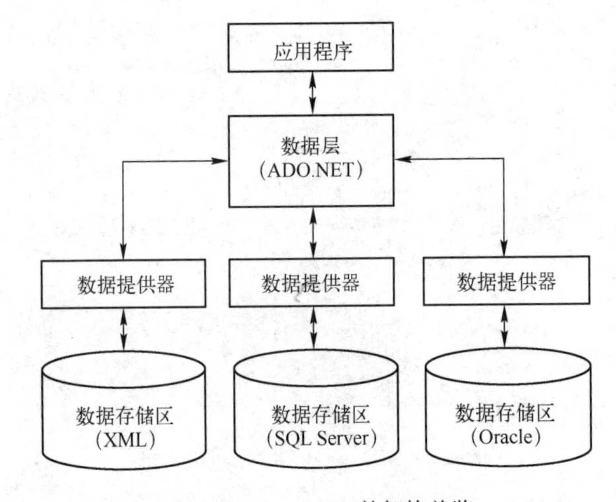

图 9.11 ADO.NET 的架构总览

9.2.2 ADO.NET 对象模型

图 9.12 展示了 ADO.NET 对象模型中的主要对象。当然，实际的 ADO.NET 类库是极其复杂的，但读者只需要了解图 9.12 中几个主要对象及它们间的交互原理。

从图 9.12 中可以很清楚地看出，ADO.NET 对象模型由两个主要部分组成：数据提供程序（Data Provider，也叫托管提供程序）和数据集（DataSet）。数据提供程序（对应图 9.11 中的数据提供器）负责与物理数据源的连接，数据集用于统一存放离线的数据。这两个部分都可以和右边的数据使用程序（如 WinForm 程序和 WebForm 程序）通信，若数据使用程序直接与数据提供程序交互则为在线方式，若经由数据集间接访问则为离线方式。

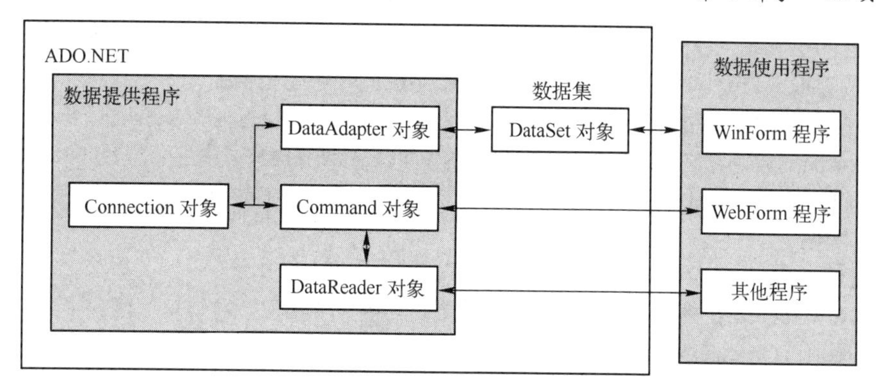

图 9.12　ADO.NET 对象模型中的主要对象

下面简单介绍几个主要对象。

- **Connection 对象**：表示与一个数据源的物理连接。它的属性决定了数据源类型、所连接到的数据库和连接字符串。
- **Command 对象**：代表在数据源上执行的一条 SQL 语句或一个存储过程。一个 Connection 对象可以独立地创建和执行很多不同的 Command 对象。
- **DataAdapter 对象**：又称“数据适配器”，是功能最复杂的对象，用作 Connection 对象和数据集之间的桥梁。它管理 4 个 Command 对象（SelectCommand 对象、UpdateCommand 对象、InsertCommand 对象和 DeleteCommand 对象），用来处理数据集和数据源的通信。其中，SelectCommand 对象用于填充数据集，而其他三个对象则在需要时用来更新、插入或删除数据源中的数据。
- **DataReader 对象**：是一种快速、低开销的对象，用于从数据源中获取仅转发的、只读的数据流，往往用来显示查询结果。它不能用代码直接创建，只能通过调用 Command 对象的 ExecuteReader()方法创建。

数据提供程序组件属于广义上的数据源（Data Source）。在.NET 框架下的数据提供程序一般都具有功能相同的对象，但它们的名称、部分属性和方法可能会不同：例如，SQL Server 对象名称以 Sql 为前缀（如 SqlConnection 对象），而 ODBC 对象则以 Odbc 为前缀（如 OdbcConnection）等。本章以 VS 2015 自带的 SQL Server 为例来介绍 C#的数据库应用。

9.2.3　数据集与离线访问

ADO.NET 既能在与数据源连接的环境下工作，又能在断开与数据源连接的条件下工作，后者即“离线访问”。在网络环境下，要做到时时刻刻保持与数据源相连接，不仅效率低、付出的代价高昂，还常常会引发由于多个用户同时访问而带来的冲突。于是，ADO.NET 主要解决在断开与数据源连接的条件下处理数据的问题，从而发展为基于数据集机制的离线访问方式。

1. 数据集

数据集（DataSet）是实现 ADO.NET 离线访问的核心，从数据源读取的数据先缓存到数据集中，然后才被程序或控件使用。

数据集实质上就是记录在内存中的数据的集合，其结构如图 9.13 所示。

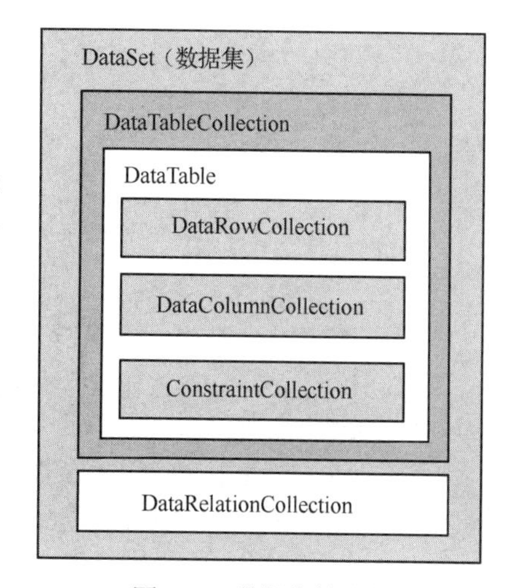

图 9.13　数据集的结构

它像是一个简化的关系数据库，包含表及表与表之间的关系。需要注意的是，在 ADO.NET 中，数据集并没有和数据源直接连接在一起，数据集“并不知道”自身所包含的数据来自哪里，实际上，它们可能来自多个异构的数据源。

由图 9.13 可见，数据集由两个基本对象即 DataTableCollection 对象和 DataRelationCollection 对象组成。DataTableCollection 对象包含零个或多个 DataTable 对象，而 DataTable 对象又由三个集合（DataRowCollection、DataColumnCollection 和 ConstraintCollection）组成。DataRelation Collection 对象则包含零个或多个 DataRelation 对象。

下面就 DataTable 对象包含的三个集合加以说明。

- **DataRowCollection 集合：** 包含的是实际数据，其中可能为空。对于每行而言，数据表都会保留其原始值（Original Value）、当前值（Current Value）和建议值（Proposed Value），这大大简化了编程任务。
- **DataColumnCollection 集合：** 定义了组成数据表的列。除了 ColumnName 和 DataType 属性，还可指定该列能否为空值（AllowDBNull）、限制其最大长度（MaxLength）或将它定义为可计算值的表达式（Expression）。
- **ConstraintCollection 集合：** 包含零个或多个约束。在关系数据库中，约束用来维护数据的完整性。ADO.NET 支持两种形式的约束：外键约束（Foreign Key Constraint）和唯一键约束（Unique Key Constraint）。其中，外键约束维护关系的完整性（确保子表的行数据不会成为孤行）；唯一键约束维护数据的完整性（确保表中不能有相同的行）。另外，数据表的 Primary Key 属性确保实体的完整性（每行数据的唯一性）。

数据集的 DataRelationCollection 对象包含零个或多个数据关系。它提供一个简单的可编程界面，以实现从一个表中的主行导航到另一表中相关的行。

2．离线访问原理

对离线访问的支持是 ADO.NET 的主要优势所在，它主要通过 DataSet 对象与 DataAdapter 对象、Connection 对象的密切配合、协同工作来实现，如图 9.14 所示，通过桥梁的物流运输过程来类比说明。

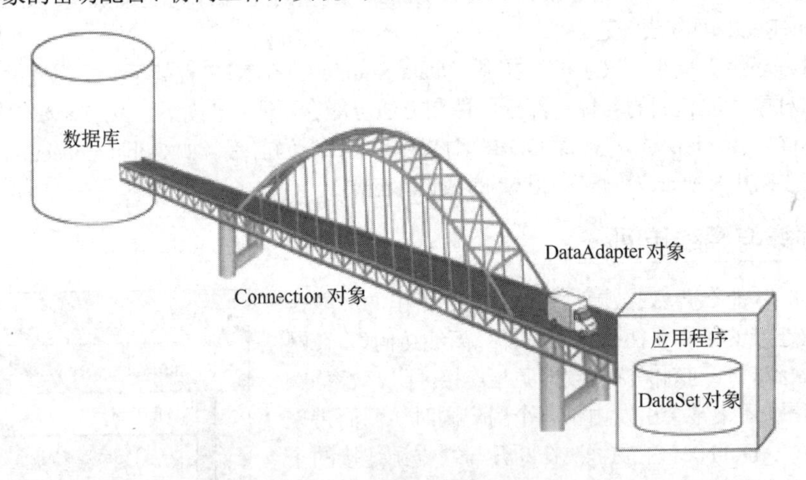

图 9.14　三个对象协同实现离线访问

现有一个工厂，厂房（应用程序）与仓库（数据库）隔江相望，需要从仓库运送原材料到厂房加工。

（1）用 Connection 对象建立数据库连接，相当于在仓库和厂房之间建起一座桥梁。

（2）创建 DataSet 对象，相当于在厂房里临时搭建一个小型储备库。

（3）用 DataAdapter 对象来填充 DataSet 对象。DataAdapter 对象相当于一辆运货的卡车，Command 就是卡车上的搬运工，一辆卡车上最多可以有四位搬运工，分别是 Select、Insert、Update 和 Delete，各司其职。

（4）程序直接对 DataSet 对象中的数据执行各种操作，正如工厂开工生产的原料是直接取自厂内的储备库一样。

这里，DataAdapter 对象用来传递各种 SQL 命令，将命令执行结果填入 DataSet 对象，并且它还可将 DataSet 对象更改过的数据写回数据源，是数据库与 DataSet 对象之间沟通的工具。现在，即使数据连接中断，依靠 DataSet 对象中储备的数据，应用程序照样可以持续运行，如同在大桥拥堵之时，可以用厂房内临时储备库的原料维持生产线不断一样。这就是用 ADO.NET 离线访问数据库的基本原理。

9.3　创建和测试连接

9.3.1　连接字符串

要开发数据库应用程序，首先需要建立与数据库的连接。在 ADO.NET 中，数据库连接是通过 Connection 对象管理的。Connection 对象最重要的属性是连接字符串 ConnectionString，这也是它唯一的非只读属性。

ConnectionString 是一个字符串，用于提供登录数据库和指向特定类型数据库所需的信息。

其语法形式为：

```
@"Data Source=???; User Id=???; Password=???; Initial Catalog=???; Integrated Security=???;
Connect Timeout=???";
```

可以看到，所有的 ConnectionString 都有相同的格式，它们由一组关键字和值构成，中间用英文分号隔开，两端加上单引号或双引号。关键字不区分大小写，但是值可能会根据数据源的情况区分大小写。

ConnectionString 的主要参数如下。

- Data Source：设置需连接的数据库服务器名。
- User Id：登录 SQL Server 的账号。
- Password：登录 SQL Server 的密码。
- Initial Catalog：设置连接的数据库名称。
- Integrated Security：服务器的安全性设置，确定是否使用信任连接。值有 True、False 和 SSPI 三种，True 和 SSPI 都表示使用信任连接。
- Connect Timeout：设置 SqlConnection 对象连接 SQL 数据库服务器的超时时间，单位为 s（秒），默认为 15s。若在所设置的时间内无法连接数据库，则返回失败信息。

在 9.1.3 节中，已经创建了一个名为 XSCJDB 的数据库，它位于数据库实例“(localdb)\MSSQLLocalDB”上，登录账号和密码均为空，于是参照上面的格式和参数，其连接字符串应写为：

```
@"Data Source=(localdb)\MSSQLLocalDB;Initial Catalog=XSCJDB;Integrated Security=True"
```

此处超时时间没有指明，取默认值 15s。

若是有现成的数据库.mdf 文件和.ldf 文件，也可采用在 VS 2015 环境中直接导入数据库文件的方式创建数据库。在这种情形下，ConnectionString 字符串的格式稍有变化：

```
@"Data Source=???; User Id=???; Password=???; AttachDbFilename='???..\*.mdf'; Integrated Security=???;
Connect Timeout=???; User Instance=True";
```

其中，AttachDbFilename 指明数据库文件所在的本地路径，User Instance 是用户实例，值为 True，表示使用用户实例。

在导入现成数据库文件的情况下，连接字符串应改写成：

```
@"Data Source=(localdb)\MSSQLLocalDB; AttachDbFilename='C:\Users\Administrator\Documents\
```

```
Visual Studio 2015\Projects\XSCJ.mdf'; Integrated Security=True; Connect Timeout=30; User Instance=True";
```

这里将数据库及其日志文件存放在“C:\Users\Administrator\Documents\Visual Studio 2015\Projects\”下。在设定连接字符串时，Connection 对象应该在非连接状态，因此，如果要在运行时通过代码来更改数据库的连接，则应断开已有的连接。

9.3.2 连接对象

1．创建 Connection 对象

Connection 对象的构造函数有如下两个版本。

（1）没有参数的版本，创建一个 ConnectionString 属性为空的新连接。

例如，先创建连接：

```
SqlConnection sqlcon = new SqlConnection();
```

然后，修改 ConnectionString 属性：

```
sqlcon.ConnectionString="Data Source=(localdb)\MSSQLLocalDB; Initial Catalog=XSCJDB;
Integrated  Security=True";
```

（2）带参数的版本，接收一个字符串作为 ConnectionString 属性的值。

```
string strcon = @"Data Source=(localdb)\MSSQLLocalDB; Initial Catalog=XSCJDB;
Integrated Security=True";
SqlConnection sqlcon = new SqlConnection(strcon)
```

2．Connection 对象的方法

表 9.4 列出了 Connection 对象的常用方法。

表 9.4 Connection 对象的常用方法

方　法	说　明
Open()	打开与数据库的连接
Close()	关闭数据库连接
ChangeDatabase()	在打开连接的状态下，更改当前数据库
CreateCommand()	创建并返回与 Connection 对象有关的 Command 对象
Dispose()	调用 Close()方法关闭与数据库的连接，并释放所占用的系统资源

Connection 对象的两个主要方法是 Open()和 Close()。Open()方法使用 ConnectionString 属性中的信息联系数据源，并建立一个打开的连接；而 Close()方法关闭已打开的连接。需要注意的是，ConnectionString 属性只对连接属性进行了设置，并不实际打开与数据库的连接，必须使用 Open()方法才能打开连接。

考虑到大多数数据源只支持有限数目的并发连接，过多的连接会消耗服务器资源，所以及时关闭连接是必要的，程序员应该养成这个习惯。

3．两种使用技术

为了有效地使用数据库连接，在实际的数据库应用程序中，打开和关闭数据库连接时一般都会使用以下两种技术。

（1）利用 try...catch...finally 语句块。

确保释放资源的第一种保险的方式，是在 finally 块中关闭任何已打开的连接。下面是一个小示例：

```
try
{
    //Open the connection
    sqlcon.Open();
    //Do something useful
}
```

```
catch ( Exception ex )
{
    //Do something about the exception
}
finally
{
    //Ensure that the connection is freed
    sqlcon.Close ( );
}
```

在 finally 块中，可以释放已经使用的任何资源。这种方式的唯一不足是必须确保关闭连接，而这是很容易忘记的，所以应在编码时添加一些不致出现异常情况的代码。

另外，在给定的方法中可能会打开许多资源（如两个数据库连接和一个文件），这样，try...catch...finally 块的层次可能不易看懂，但还有另一种方式可以确保资源的关闭，即使用 using 语句块。

（2）使用 using 语句块。

在 C# 语言中，程序员已经从释放资源的工作中解脱出来，垃圾收集器替代了显式的对象清理。然而对于程序员来说，对象的析构函数的执行变得不再可控，对象在什么时候被销毁是由垃圾收集器实时决定的。对于数据库连接这样的稀缺资源来说，程序员希望在不使用时尽快关闭，在 C++中使用析构函数来释放资源的技术在 C# 中也一样可以使用，前提是被释放的对象实现了 IDisposable 接口，这就是 using 语句块的用法，而 Connection 正是这种对象。using 语句块保证在退出语句块时实现 IDisposable 接口的对象能立即释放，在 Connection 对象的 Dispose 方法中会检查对象的状态，在打开状态时则调用 Close()方法，这就保证了资源被及时释放。

```
string strcon = @"Data Source=(localdb)\MSSQLLocalDB; Initial Catalog=XSCJDB; Integrated Security=True";
using (SqlConnection sqlcon = new SqlConnection(strcon))
{
    //Open the connection
    sqlcon.Open();
    //Do something useful
}
```

在这个示例中，无论语句块是如何退出的，using 子句都会确保关闭数据库连接。

9.3.3　连接数据库测试

【例 9.1】 在 using 语句块中打开数据库连接，并显示连接状态。

新建 WinForm 项目，在 Form1 的设计视图中将此窗体调整到适当的大小，并将 Text 属性设为“数据库连接”。从工具箱中拖曳一个 Button 控件到此窗体中，其 Text 属性设置为“测试”。

引用命名空间为：

```
using System.Data.SqlClient;
```

切换到窗体设计视图，双击 button1 按钮，添加 Click 事件，代码如下：

```
private void button1_Click(object sender, EventArgs e)
{
    string strcon = @"Data Source=(localdb)\MSSQLLocalDB;Initial Catalog=XSCJDB;
Integrated Security=True";
    SqlConnection sqlcon;
    using (sqlcon = new SqlConnection(strcon))
    {
        sqlcon.Open();
        MessageBox.Show("数据库连接状态：" + sqlcon.State.ToString(), "第一个对话框");
```

```
        }
        MessageBox.Show("数据库连接状态：" + sqlcon.State.ToString(), "第二个对话框");
    }
```

运行程序，单击“测试”按钮，连接测试结果如图9.15所示。

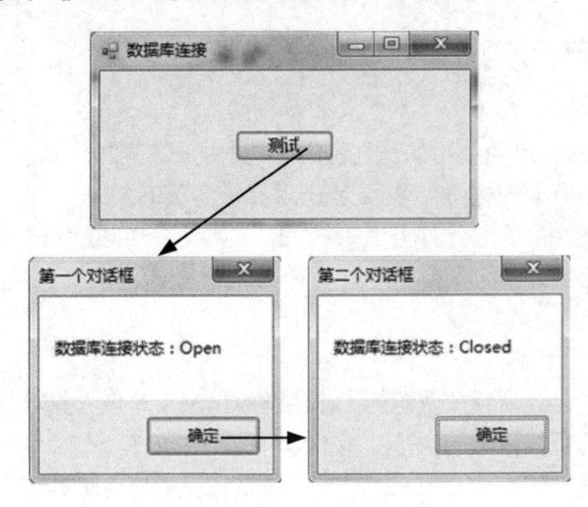

图9.15 连接测试结果

从测试结果可见，一旦程序退出using语句块，数据连接就自动关闭。说明using语句块能够达到及时关闭连接的效果，这一机制为程序员减少了不少麻烦。

9.4 在线操作数据库

在成功创建连接后，就可以对数据库进行各种操作，这些操作是通过已经建立好的连接实时地在线进行的，故称为“在线访问”。在ADO.NET中，在线访问数据库主要依靠Command与DataReader两个对象的配合。

数据库在线访问的工作原理如图9.16所示。

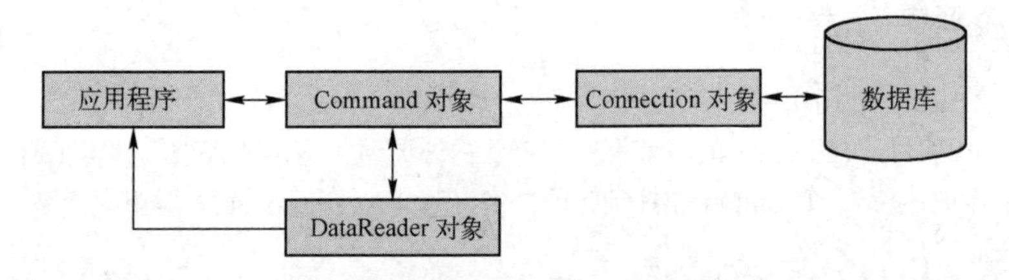

图9.16 数据库在线访问的工作原理

期间，要求Connection对象始终保持连接不掉线，Command对象将SQL命令封装后提供给应用程序使用，DataReader对象则实时地在线读取数据源的数据，并呈现给应用程序。

9.4.1 SQL命令的封装

应用程序并非直接向数据库发出SQL命令，而是间接地使用Command对象封装好的命令，这些命令既可以是内联的SQL语句，也可以是存储过程。由Command生成的对象建立在连接的基础上，对连接的数据源指定相应的操作。

每个.NET数据提供程序都包括一个Command对象，在SQL Server中的Command对象是

SqlCommand。

以下两行代码演示了如何创建一个 SqlCommand 对象：

```
string sql = "SELECT * FROM XSB";
SqlCommand command = new SqlCommand(sql, sqlcon);
```

参数 sql 为需执行的 SQL 命令，上述语句将生成一个命令对象 command，对由 sqlcon 连接的数据源指定检索（SELECT）操作。

另一种创建 SqlCommand 的方法，是通过设置其属性值来指定需要封装的命令及连接。Command 对象的常用属性列于表 9.5 中。

表 9.5　Command 对象的常用属性

属　性	说　明
CommandText	取得或设置要对数据源执行的 SQL 命令、存储过程或数据表名
CommandTimeout	获取或设置 Command 对象的超时时间，单位为 s，为 0 表示不限制。默认为 30s，即若在这个时间之内，Command 对象无法执行 SQL 命令，则返回失败
CommandType	获取或设置命令类别，可取的值有 StoredProcedure、TableDirect、Text，代表的含义分别为存储过程、数据表名和 SQL 语句，默认值为 Text。数字、属性的值为 CommandType.StoredProcedure、CommandType.Text 等
Connection	获取或设置 Command 对象所使用的数据连接属性
Parameters	SQL 命令参数集合

例如，在创建 SqlCommand 对象时，参数先省略不写，创建后再通过设置 Command 对象的 CommandText、CommandType 和 Connection 等属性来指定：

```
SqlCommand command = new SqlCommand();
command.CommandText = "INSERT INTO XSB(XH,XM,XB,CSRQ,ZY,ZXF)VALUES('" + stuID + "','" +
                stuName + "','" + stuXB + "','" + stuBirthday + "','" + stuMajor + "','" + stuCredit + "')";
command.CommandType = CommandType.Text;
command.Connection = sqlcon;
```

Command 对象提供 4 个执行 SQL 命令的常用方法，如表 9.6 所示。

表 9.6　Command 对象的常用方法

方　法	说　明
ExecuteNonQuery()	执行 CommandText 属性指定的内容，返回数据表被影响的行数。只有 Update、Insert 和 Delete 命令会影响行数。该方法用于执行对数据库的更新操作
ExecuteReader()	执行 CommandText 属性指定的内容，返回 DataReader 对象
ExecuteScalar()	执行 CommandText 属性指定的内容，返回结果表第一行第一列的值。该方法只能执行 Select 命令
ExecuteXmlReader()	执行 CommandText 属性指定的内容，返回 XmlReader 对象。只有 SQL Server 才能用此方法

要注意每个方法的特点，ExecuteNonQuery()方法用于数据库的更新（包括修改、插入和删除）操作，它不返回结果集而仅返回受影响的行数，例如：

```
if (command.ExecuteNonQuery() == 1)
{
    MessageBox.Show("插入成功！");
    …
}
```

ExecuteReader()方法用于在线的查询操作，返回 DataReader 对象，以便即时呈现数据库中的最新信息。

9.4.2 信息的即时呈现

用户在操作数据库时，总希望自己操作的结果能够马上执行并呈现在界面上，以此随时跟踪数据库中信息的动态，来指导下一步的操作。除了 Command 对象，这一功能还要依靠 DataReader 对象的配合才能实现。

使用 DataReader 对象可以实现对特定数据源中的数据进行高速、只读、只向前的访问。DataReader 是一个依赖于连接的对象，也就是说，它只能在与数据源保持连接的状态下才能工作。

与 Command 对象类似，每个.NET 数据提供程序也包括一个 DataReader 对象，SQL Server 中的版本是 SqlDataReader 对象。

使用 DataReader 对象检索数据，必须首先创建 Command 对象的实例，然后再通过调用 Command 对象的 ExecuteReader()方法返回一个 DataReader 对象。

以下示例创建 SqlDataReader 对象 reader，其中 command 代表有效的 SqlCommand 对象。

```
SqlDataReader reader = command.ExecuteReader();
```

在创建了 DataReader 对象后，就可以使用其 Read()方法从查询结果中获取行。通过传递列的名称或序号引用，可以访问到返回行的每列。为了实现最佳性能，DataReader 对象提供了一系列方法，如表 9.7 所示。

表 9.7 DataReader 对象的常用方法

方 法	说 明
Close()	关闭 DataReader 对象
GetBoolean(Col)	获取序号为 Col 的列的值，所获取列的数据类型必须为 Boolean 类型；其他类似的方法还有 GetByte、GetChar、GetDateTime、GetDecimal、GetDouble、GetFloat、GetInt16、GetInt32、GetInt64、GetString 等
GetDataTypeName(Col)	获取序号为 Col 的列的来源数据类型名
GetFieldType(Col)	获取序号为 Col 的列的数据类型
GetName(Col)	获取序号为 Col 的列的字段名
GetOrdinal(Name)	获取字段名为 Name 的列的序号
GetValue(Col)	获取序号为 Col 的列的值
GetValues(values)	获取所有字段的值，并将字段值存放在 values 数组中
IsDBNull(Col)	若序号为 Col 的列为空值，则返回 True，否则返回 False
Read()	读取下一条记录，返回布尔值。返回 True 表示有下一条记录，返回 False 表示没有下一条记录

以下代码示例循环访问一个 DataReader 对象，并从每行中返回两个列：

```
if (reader.HasRows)                    //判断是否有结果返回
{
    while (reader.Read())              //依次读取行
    Console.WriteLine("\t{0}\t{1}", reader.GetInt32(0), reader.GetString(1));
}
else
    Console.WriteLine("No rows returned.");
reader.Close();
```

每次使用完 DataReader 对象后都应调用 Close()方法显式关闭。

9.4.3 数据库在线访问实例

【例 9.2】 利用 Command 对象和 DataReader 对象相互配合的方式，在线访问在 9.1.3 节中建好的

XSCJDB 数据库。要求：能实现学生记录的添加和实时查看功能。

新建 WinForm 项目，分别进行下列操作：

（1）在 Form1 的设计视图中将此窗体调整到适当的大小并将 Text 属性设为“在线访问数据源”。

（2）从工具箱中拖曳 6 个 Label 控件，放到窗体中合适位置，设置其 Text 属性分别为“学号：”、“姓名：”、“性别：”、“生日：”、“专业：” 和 “学分：”。

（3）从工具箱中拖曳 1 个 GroupBox 控件、2 个 Button 控件、5 个 TextBox 控件、2 个 RadioButton 控件和 1 个 DateTimePicker 控件到窗体合适位置，窗体和控件属性的设置如表 9.8 所示。

表 9.8　窗体和控件属性的设置

类　型	对 象 名	属 性 名	属 性 值
Form	Form1	Text	在线访问数据源
TextBox	txtAllStu	Multiline	True
		ScrollBars	Vertical
	txtStuID	—	—
	txtName	—	—
	txtMajor	—	—
	txtCredit	—	—
RadioButton	RbtnMale	Text	男
	RbtnFamale	Text	女
GroupBox	groupBox1	Text	输入学生信息
Button	btnSeach	Text	刷新
	btnInsert	Text	添加

设计后的在线访问程序界面如图 9.17 所示。

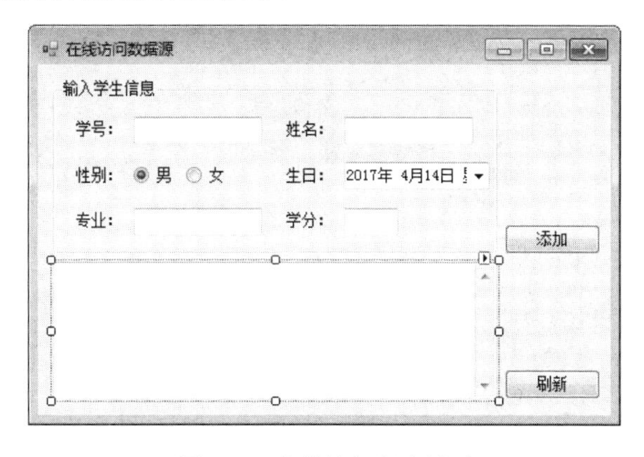

图 9.17　在线访问程序界面

程序的完整源代码如下：

```
using System;
…
using System.Data.SqlClient;
namespace Ex9_2
{
    public partial class Form1 : Form
    {
        string strcon = @"Data Source=(localdb)\MSSQLLocalDB;Initial Catalog=XSCJDB;
```

```
Integrated Security=True";

            public Form1()
            {
                InitializeComponent();
                btnSearch_Click(null, null);
            }
            private void btnSearch_Click(object sender, EventArgs e)
            {
                txtAllStu.Clear();
                using (SqlConnection sqlcon = new SqlConnection(strcon))
                {
                    sqlcon.Open();
                    string sql = "SELECT * FROM XSB";
                    SqlCommand command = new SqlCommand(sql, sqlcon);
                    SqlDataReader reader = command.ExecuteReader();
                    if (reader.HasRows)
                    {
                        while (reader.Read())
                        {
                            txtAllStu.Text += reader[0].ToString() + reader[1].ToString()+
    reader[2].ToString() + reader[3].ToString() + reader[4].ToString() + reader[5].ToString() + "\r\n";
                        }
                    }
                    reader.Close();
                }
            }
            private void btnInsert_Click(object sender, EventArgs e)
            {
                SqlConnection sqlcon = new SqlConnection(strcon);
                try
                {
                    string stuID = txtStuID.Text.Trim();
                    string stuName = txtName.Text.Trim();
                    string stuXB;
                    if (RbtnMale.Checked)
                    {
                        stuXB = "男";
                    }
                    else
                    {
                        stuXB = "女";
                    }
                    string stuBirthday = dateTimePicker1.Value.ToShortDateString().Split(' ')[0];
                    string stuMajor = txtMajor.Text.Trim();
                    string stuCredit = txtCredit.Text.Trim();
                    SqlCommand command = new SqlCommand();
                    command.CommandText = "INSERT INTO XSB(XH,XM,XB,CSRQ,ZY,ZXF)
VALUES('" + stuID + "','" + stuName + "','" + stuXB + "','" + stuBirthday + "','" + stuMajor + "','" +
                                                                                stuCredit + "')";
                    command.CommandType = CommandType.Text;
                    command.Connection = sqlcon;
```

```
                    sqlcon.Open();
                    if (command.ExecuteNonQuery() == 1)
                    {
                        MessageBox.Show("插入成功！ ", "消息", MessageBoxButtons.OK);
                        btnSearch_Click(null, null);
                    }
                }
                catch (Exception ex)
                {
                    MessageBox.Show(ex.Message);
                }
                finally
                {
                    sqlcon.Close();
                }
            }
        }
    }
```

运行程序，在“输入学生信息”部分填写一条新的学生记录，单击“添加”按钮，如图 9.18 所示，将新记录添加到 XSCJDB 数据库 XSB 中，下部显示出所有学生信息的列表。

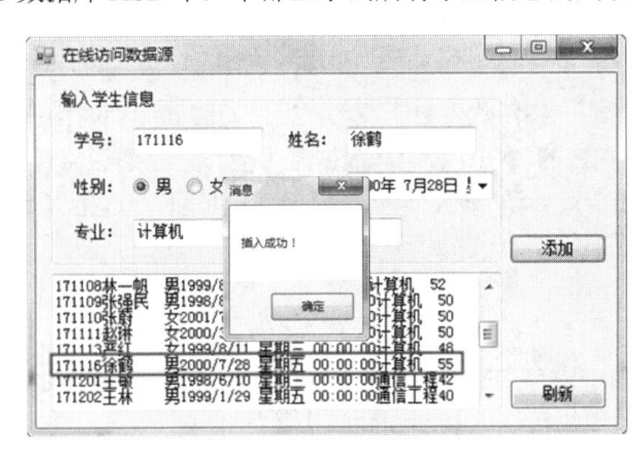

图 9.18　学生信息添加与显示

此时，界面上的学生信息列表自动刷新，显示出刚刚添加的那条新记录（如图 9.19 中框出部分），用户也可在任何时候单击“刷新”按钮，即时查看数据库中记录的动态。

9.5　数据库的离线访问

ADO.NET 的特色是：不仅能够实时在线操作数据库，还能同时支持对数据源的离线访问。相比前者而言，后者的应用更为广泛，尤其是在并发用户数很多且无法保证持续连接的网络环境下。

9.5.1　数据适配

数据库离线访问的工作原理如图 9.19 所示。

其中，DataAdapter 对象又叫“数据适配器”，它利用连接对象（Connection 对象）连接数据源，使用命令对象（Command 对象）规定的操作，从数据源中检索出数据送往数据集，或者将数据集中经过编辑后的数据送回数据源。

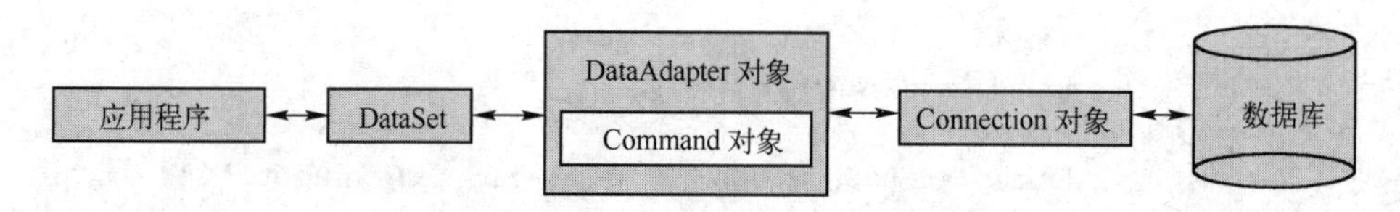

图 9.19 数据库离线访问的工作原理

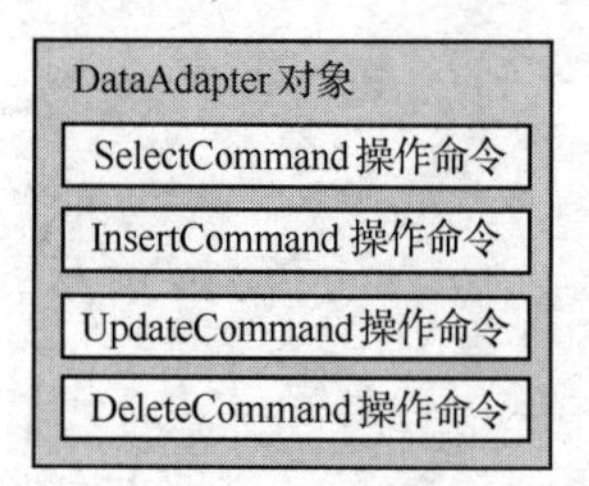

图 9.20 数据适配器对操作命令的封装

DataAdapter 对象作为 DataSet 和数据源之间的桥接器，通过 Fill()方法向 DataSet 填充数据，通过 Update 向数据库更新 DataSet 中的变化，这些操作实际上是由 DataAdapter 对象内部封装的 SelectCommand、UpdateCommand、InsertCommand 和 DeleteCommand 这 4 个命令对象实现的，如图 9.20 所示。

在 SQL Server 数据库中，数据适配器对象名为 SqlDataAdapter，可以通过将它与关联的 SqlCommand 和 SqlConnection 对象一起使用，从而提高总体性能。典型的创建 SqlDataAdapter 对象的语法格式为：

```
SqlDataAdapter myda;
SqlCommand command = new SqlCommand(sql, sqlcon);
myda = new SqlDataAdapter(command);
```

这样，就将特定的 Command 对象命令与适配器绑定在一起了。

DataAdapter 对象还有一个重要的 Fill()方法，此方法将数据填入数据集，语句如下：

```
myda.Fill(myst, "XSB");
```

其中，myst 代表数据集名，XSB 代表数据表名。当适配器 myda 调用 Fill()方法时，将使用与之相关联的命令组件 command 所指定的 SQL 语句从数据源中操作行，然后将行中的数据添加到 DataSet 的 DataTable 对象中。当执行上述 SQL 语句时，与数据库的连接必须有效，但不需要用语句将连接对象打开。一个数据集中可以放置多张数据表，但是每个数据适配器只能对应一张表。

9.5.2 数据集机制

数据集（DataSet）相当于内存中暂存的数据库，不仅可以包括多张数据表，还可以包括表之间的关系和约束。允许将不同类型的数据表复制到同一个数据集中（对其中某些表的数据类型可能需要做一些调整），甚至还允许将数据表与 XML 文档组合到一起协同操作。

数据集从数据源中获取数据后就断开了与数据源之间的连接。允许在数据集中定义数据约束和表关系，增添、删除和编辑记录，还可以对其中的数据进行查询、统计等。当完成了各项操作以后，可将数据集中的最新数据更新到数据源。

数据集的这些特点为满足多层分布式应用的需要跨进了一大步。因为编辑和检索数据都是一些比较繁重的工作，需要跟踪列模式、存储关系数据模型等。如果在连接数据源的条件下完成这些工作，不仅会使总体性能下降，还会降低可扩展性。

创建数据集对象的语句格式如下：

```
DataSet myst = new DataSet();
```

该语句中的 myst 代表数据集对象。

DataSet 对象的常用属性列于表 9.9 中。

表 9.9 DataSet 对象的常用属性

属 性	说 明
CaseSensitive	获取或设置在 DataTable 对象中字符串比较时是否区分字母的大小写。默认为 False
DataSetName	获取或设置 DataSet 对象的名称

续表

属　性	说　明
EnforceConstraints	获取或设置执行数据更新操作时是否遵循约束。默认为 True
HasErrors	DataSet 对象内的数据表是否存在错误行
Tables	获取数据集的数据表集合（DataTableCollection），DataSet 对象的所有 DataTable 对象都属于 DataTableCollection

DataSet 对象最常用的属性是 Tables，通过该属性，可以获取或设置数据表行、列的值。例如，表达式：

```
myst.Tables["XSB"].Rows[i][j]
```

表示访问 XSB 的第 *i* 行第 *j* 列。

在数据集中包括以下几种子类。

1．数据表集合 DataTableCollection 和数据表 DataTable

DataSet 的所有数据表包含在数据表集合 DataTableCollection 中，通过 DataSet 的 Tables 属性访问 DataTableCollection。DataTableCollection 有以下两个属性。

- Count：DataSet 对象所包含的 DataTable 个数。
- Tables[index,name]：获取 DataTableCollection 中下标为 index 或名称为 name 的数据表。如 myst.Tables[0]表示数据集对象 myst 中的第一个表，myst.Tables[1]表示第二个表，以此类推。myst.Tables["XSB"]表示数据集对象 myst 中名称为 XSB 的数据表。

DataTableCollection 有以下常用方法。

- Add({table,name})：向 DataTableCollection 中添加数据表。
- Clear()：清除 DataTableCollection 中的所有数据表。
- CanRemove(table)：判断参数 table 指定的数据表能否从 DataTableCollection 中删除。
- Contains(name)：判断名为 name 的数据表是否被包含在 DataTableCollection 中。
- IndexOf({table,name})：获取数据表的序号。
- Remove({table,name})：删除指定的数据表。
- RemoveAt(index)：删除下标为 index 的数据表。

DataTableCollection 中的每个数据表都是一个 DataTable 对象，可以独立创建和使用，也可以由其他.NET 对象使用，最常见的情况是作为 DataSet 的成员使用。可以使用相应的构造函数创建 DataTable 对象，然后使用 Add 方法将其加入 Tables 集合中，即添加到 DataSet 中。

创建 DataTable 时，不需要为 TableName 属性提供值，可以在适当时候再指定该属性，或保留为空。但是，将一个没有 TableName 值的表添加到 DataSet 中时，该表会得到一个从 Table0 开始递增的默认名称 TableN。

例如，以下示例为创建 DataTable 对象的实例，并为其指定名称 Customers。

```
DataTable workTable = new DataTable("Customers");
```

以下示例为创建 DataTable 实例，方法是直接将其添加到 DataSet 的 Tables 集合中。

```
DataSet customers = new DataSet();
DataTable customersTable = customers.Tables.Add("CustomersTable");
```

表 9.10～表 9.12 分别列出了 DataTable 对象的常用属性、常用方法和事件。

表 9.10　DataTable 对象的常用属性

属　性	说　明
Columns	获取数据表的所有字段，即 DataColumnCollection 集合
DataSet	获取 DataTable 对象所属的 DataSet 对象
DefaultView	获取与数据表相关的 DataView 对象。DataView 对象可用来显示 DataTable 对象的部分数据。可通过对数据表选择、排序等操作获得 DataView（相当于数据库中的视图）

续表

属　性	说　明
PrimaryKey	获取或设置数据表的主键
Rows	获取数据表的所有行，即 DataRowCollection 集合
TableName	获取或设置数据表名

表 9.11　DataTable 对象的常用方法

方　法	说　明
Copy()	复制 DataTable 对象的结构和数据，返回与本 DataTable 对象具有同样结构和数据的 DataTable 对象
NewRow()	创建一个与当前数据表有相同字段结构的数据行
GetErrors()	获取包含错误的 DataRow 对象数组

表 9.12　DataTable 对象的事件

事　件	说　明
ColumnChanged	当数据行中某字段值发生变化时将触发该事件。该事件参数为 DataColumnChangeEventArgs，可以取的值为：Column（值被改变的字段）；Row（字段值被改变的数据行）
RowChanged	当数据行更新成功时将触发该事件。该事件参数为 DataRowChangeEventArgs，可以取的值为：Action（对数据行进行的更新操作名，包括 Add——加入数据表；Change——修改数据行内容；Commit——数据行的修改已提交；Delete——数据行已被删除；RollBack——数据行的更改被取消）；Row（发生更新操作的数据行）
RowDeleted	数据行被成功删除后将触发该事件。该事件参数为 DataRowDeleteEventArgs，可以取的值与 RowChanged 事件的 DataRowChangeEventArgs 参数相同

2．数据列集合 DataColumnCollection 和数据列 DataColumn

数据表中的所有字段都被存放在数据列集合 DataColumnCollection 中，通过 DataTable 的 Columns 属性访问 DataColumnCollection。例如，XSB.Columns[i].Caption 代表数据表 XSB 的第 *i* 个字段的标题。

DataCollumnCollection 有以下两个属性。

- Count：数据表所包含的字段个数。
- Columns[index,name]：获取下标为 index 或名称为 name 的字段。例如，myst.Tables[0]. Columns[0] 表示数据表 myst.Tables[0]中的第一个字段；myst.Tables[0].Columns["XH"]表示数据表 myst.Tables[0]的字段名为 XH 的字段。

DataColumnCollection 的方法与 DataTableCollection 的类似。因为数据表中的每个字段都是一个 DataColumn 对象，所以 DataColumn 定义了表的数据结构，可以用它确定列中的数据类型和大小，并对属性进行设置。例如，确定列中的数据是否只读、是否主键、是否允许空值等；还可以让列在一个初值的基础上自增，也可以自定义增值的步长。

获取某列的值需要在数据行的基础上进行，语句如下：

```
string dc = dr["字段名"].ToString();
```

或者：

```
string dc = dr.Column[index].ToString();
```

上面两条语句具有同样的作用，其中的 dr 代表引用的数据行，dc 是该行某列的值（字符串表示），index 代表列（字段）对应的索引值（从 0 开始）。

综合前面的语句，要取出 XSB 中第三条记录中的 XM 字段，并将该字段的值放入一文本框（textBox1）中，语句可写成：

```
DataTable dt = myst.Tables["XSB"]                    //从数据集中提取表 XSB
DataRow dr = dt.Rows[2];                             //从表中提取第三行记录
```

```
textBox1.Text = dr["XM"].ToString();                    //从行中取出名为 XM 字段的值
```

语句执行的结果是：数据表从 XSB 的第三条记录中取出字段名为 XM 的值，并赋给 textBox1.Text。

表 9.13 列出了 DataColumn 对象的常用属性。

表 9.13　DataColumn 对象的常用属性

属　性	说　明
AllowDBNull	设置该字段可否为空值。默认值为 true
Caption	获取或设置字段标题。若未指定字段标题，则字段标题为字段名。该属性常与 DataGrid 配合使用
ColumnName	获取或设置字段名
DataType	获取或设置字段的数据类型
DefaultValue	获取或设置新增数据行时，字段的默认值
ReadOnly	获取或设置新增数据行时，字段的值是否可修改。默认值为 False
Table	获取包含该字段的 DataTable 对象

通过 DataColumn 对象的 DataType 属性设置字段数据类型时，不可直接设置，而要按照以下格式：

```
DataColumn 对象名.DataType = typeof（类型）
```

其中的“类型”取值为.NET 数据类型，常用的值如下：

System.Boolean——布尔类型　　System.Char——字符类型

System.DateTime——日期类型　　System.Decimal——数值类型

System.Double——双精度数据类型　　System.Int16——短整数类型

System.Int32——整数类型　　System.Int64——长整数类型

System.Single——单精度数据类型　　System.String——字符串类型

3. 数据行集合 DataRowCollection 和数据行 DataRow

数据表的所有行都被存放在数据行集合 DataRowCollection 中，通过 DataTable 的 Rows 属性访问 DataRowCollection。例如，XSB.Rows[i][j]表示访问表 XSB 的第 *i* 行、第 *j* 列数据。DataRowCollection 的属性和方法与 DataColumnCollection 的类似，不再赘述。

表中的每个数据行都是一个 DataRow 对象，因此它代表了一行数据或者说是一条记录。DataRow 对象的方法提供了对表中记录的插入、删除、更新和查询等功能。提取数据表中的行的语句如下：

```
DataRow dr = dt.Rows[i];
```

其中，DataRow 代表数据行类；dr 代表数据行对象；dt 代表数据表对象；i 代表行号（从 0 开始）。

DataRow 对象的主要属性如下。

- Rows[index,columnName]：获取或设置指定字段的值。
- Table：获取包含该数据行的 DataTable 对象。

主要方法如下。

- AcceptChanges()：将所有变动过的数据行更新到 DataRowCollection。
- Delete()：删除数据行。
- IsNull({colName,index,Column 对象名})：判断指定列或 Column 对象是否为空值。

9.5.3　数据库离线访问实例

【例 9.3】利用数据集机制，使用 DataAdapter 对象填充 DataSet 的方法，离线访问 XSCJDB 数据库。离线访问程序界面如图 9.21 所示，其中显示所有学生信息采用数据网格（DataGridView）控件。窗体标题（Text 属性）改为“离线访问数据源”。DataGridView 控件在工具箱中的图标为 ，在本程序中的对象名（Name 属性）为 dgvAllStu。

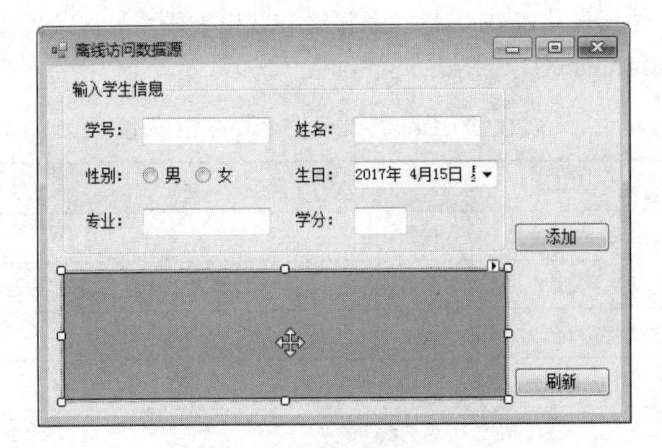

图 9.21　离线访问程序界面

程序的完整源代码如下：

```
using System;
…
using System.Data.SqlClient;
namespace Ex9_3
{
    public partial class Form1 : Form
    {
        string strcon = @"Data Source=(localdb)\MSSQLLocalDB;Initial Catalog=XSCJDB;Integrated
                                                                    Security=True";
        DataSet myst = new DataSet();
        SqlDataAdapter myda;
        public Form1()
        {
            InitializeComponent();
            btnSearch_Click(null, null);
        }
        private void btnInsert_Click(object sender, EventArgs e)
        {
            SqlConnection sqlcon = new SqlConnection(strcon);
            try
            {
                string stuID = txtStuID.Text.Trim();
                string stuName = txtName.Text.Trim();
                string stuXB;
                if (RbtnMale.Checked)
                {
                    stuXB = "男";
                }
                else
                {
                    stuXB = "女";
                }
                string stuBirthday = dateTimePicker1.Value.ToShortDateString().Split(' ')[0];
                string stuMajor = txtMajor.Text.Trim();
                string stuCredit = txtCredit.Text.Trim();
```

```
                SqlCommand command = new SqlCommand();
                command.CommandText = "INSERT INTO XSB(XH,XM,XB,CSRQ,ZY,ZXF)
            VALUES('" + stuID + "','" + stuName + "','" + stuXB + "','" + stuBirthday + "','" + stuMajor +
                                                                                  "','" + stuCredit + "')";
                command.CommandType = CommandType.Text;
                command.Connection = sqlcon;
                sqlcon.Open();
                myda = new SqlDataAdapter(command);
                myda.Fill(myst, "XSB");
                MessageBox.Show("插入成功！", "消息", MessageBoxButtons.OK);
            }
            catch (Exception ex)
            {
                MessageBox.Show(ex.Message);
            }
            finally
            {
                sqlcon.Close();
            }
        }
        private void btnSearch_Click(object sender, EventArgs e)
        {
            using (SqlConnection sqlcon = new SqlConnection(strcon))
            {
                sqlcon.Open();
                string sql = "SELECT * FROM XSB";
                SqlCommand command = new SqlCommand(sql, sqlcon);
                myda = new SqlDataAdapter(command);
                myst.Tables.Clear();
                myda.Fill(myst, "XSB");
                dgvAllStu.DataSource = myst.Tables["XSB"];
            }
        }
    }
}
```

这里，以数据集填充法载入学生信息：

```
myst.Tables.Clear();
myda.Fill(myst, "XSB");
```

然后将 DataGridView 控件的数据源设为数据集 myst 中的数据表 XSB：

```
dgvAllStu.DataSource = myst.Tables["XSB"];
```

运行程序，在“输入学生信息”部分填写一条新的学生记录，单击“添加”按钮，消息框提示“插入成功!”，如图 9.22 所示。

但此时 DataGridView 控件表中的记录并没有任何变化，原因在于 DataGridView 控件显示的是已经离线存储在数据集 DataSet 中的数据，虽然数据库的记录又增加了一条，但数据集并没有立即与之同步更新。

欲在 DataGridView 控件中看到刚才添加的新记录，需要连接数据库，并通过适配器重新载入 XSB 数据：

```
sqlcon.Open();
string sql = "SELECT * FROM XSB";
```

```
SqlCommand command = new SqlCommand(sql, sqlcon);
myda = new SqlDataAdapter(command);
myst.Tables.Clear();
myda.Fill(myst, "XSB");
```

单击“刷新”按钮，在事件过程中执行上段代码，执行完毕后才能在DataGridView控件中看到刚才添加的新记录，如图9.23所示。

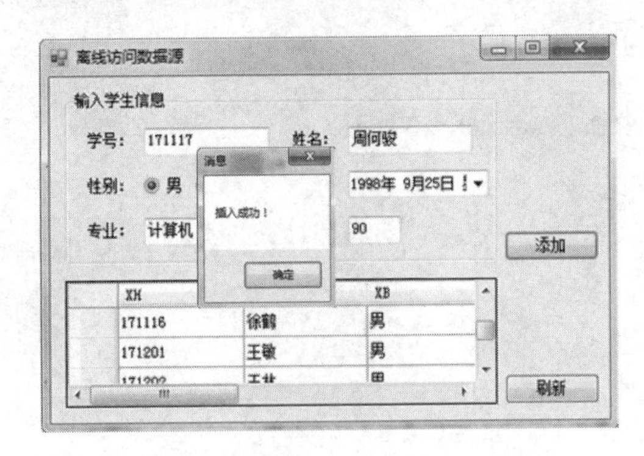

图9.22 学生信息添加与显示

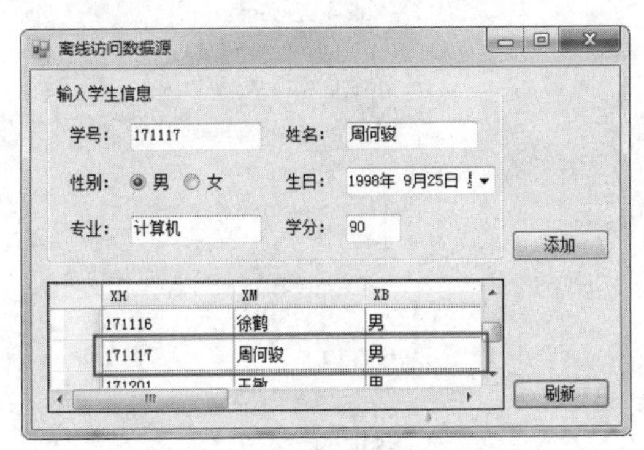

图9.23 刷新后看到添加的新记录

9.6 访问MySQL数据库

MySQL是一个关系型数据库管理系统（Relational Database Management System，RDBMS），由瑞典MySQL AB公司开发，目前属于Oracle旗下产品。MySQL软件采用了双授权政策，分为社区版和商业版，由于其体积小、速度快、总体拥有成本低，尤其是开放源码这一特点，一般中小型网站的开发都选择MySQL作为网站数据库。

9.6.1 C#引用MySQL数据库

C#及VS 2015环境本身并不包含MySQL组件，为使C#程序能够访问到MySQL数据库，需要在项目工程中以引用的形式添加MySQL的驱动DLL，步骤如下。

（1）安装MySQL数据库，本书选用当前的最新版本MySQL 5.7，从官网下载安装包文件，名为mysql-installer-community-5.7.17.0，双击启动安装向导，在向导的“Select Products and Features”页的“Available Products”树状列表中依次展开“MySQL Connectors”→“Connector/NET”→“Connector/NET 6.9”，选中“Connector/NET 6.9.9-X86”项，单击 ➡ 按钮，将该项移至右边的“Products/Features To Be Installed（将要安装的组件）”树状列表中，如图9.24所示。

说明：

第（1）步实质上就是在安装MySQL时选择安装其附带的专门针对.NET平台的驱动包组件（是.dll文件形式），目前这套组件也有第三方提供的安装程序包，既可从网上免费下载，也可以在安装完MySQL后再单独安装。因篇幅所限，有关MySQL数据库的具体安装、配置过程，以及基本的操作使用入门，请读者参看提供的文档，书中不再展开。

（2）在“解决方案资源管理器”窗口中展开项目树视图，右击“引用”节点，从弹出菜单中选择“添加引用”选项，打开“引用管理器”对话框，如图9.25所示。

（3）在“引用管理器”对话框中，单击底部的“浏览”按钮，弹出“选择要引用的文件”对话框，定位到MySQL的安装目录“C:\Program Files\MySQL\Connector.NET 6.9\Assemblies\v4.5”下，选中其中的MySql.Data.dll文件，单击“添加”按钮，回到“引用管理器”对话框，勾选刚才添加的MySql.Data.dll

条目，单击“确定”按钮，此时可以看到项目树视图的“引用”节点下多了 MySql.Data 一项，如图 9.26 所示，这表示 MySQL 驱动库添加成功。

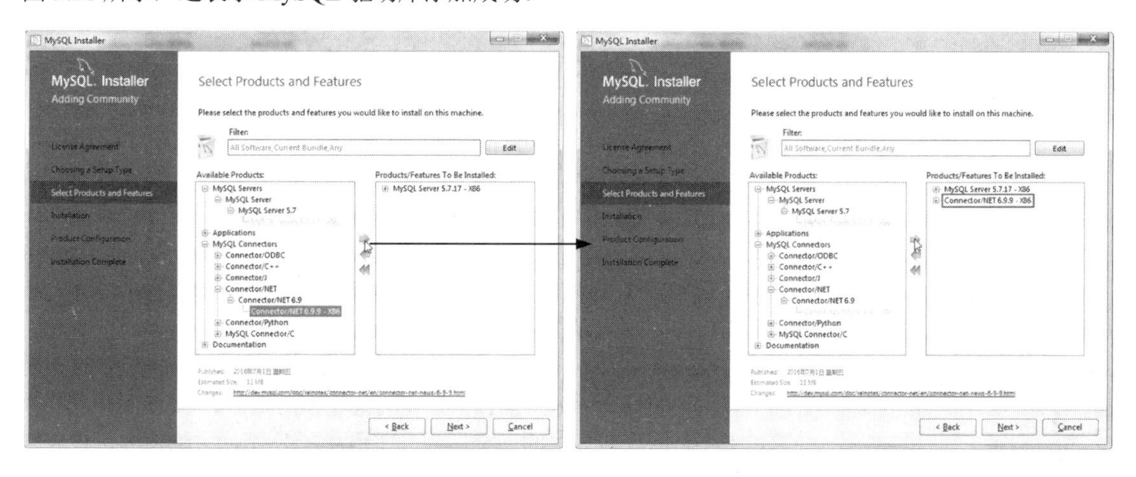

图 9.24　选择安装.NET 平台的 MySQL 驱动

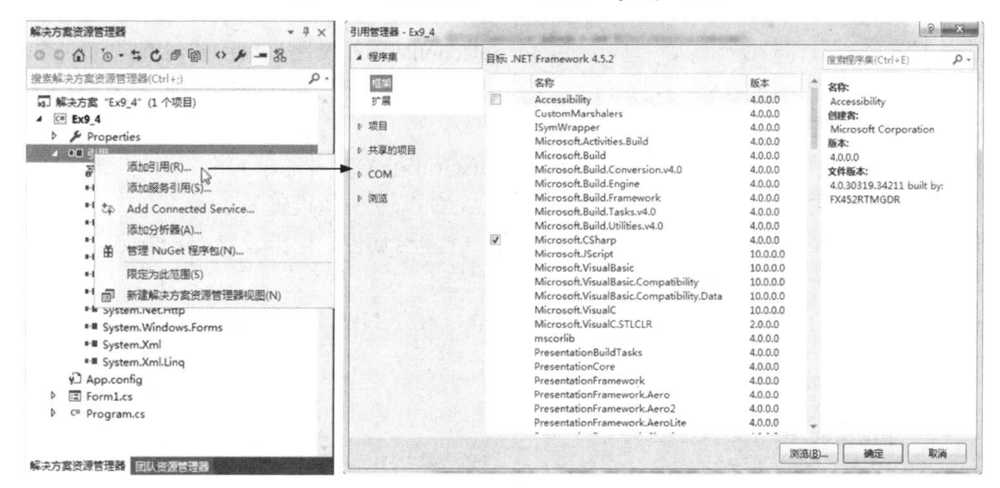

图 9.25　添加引用

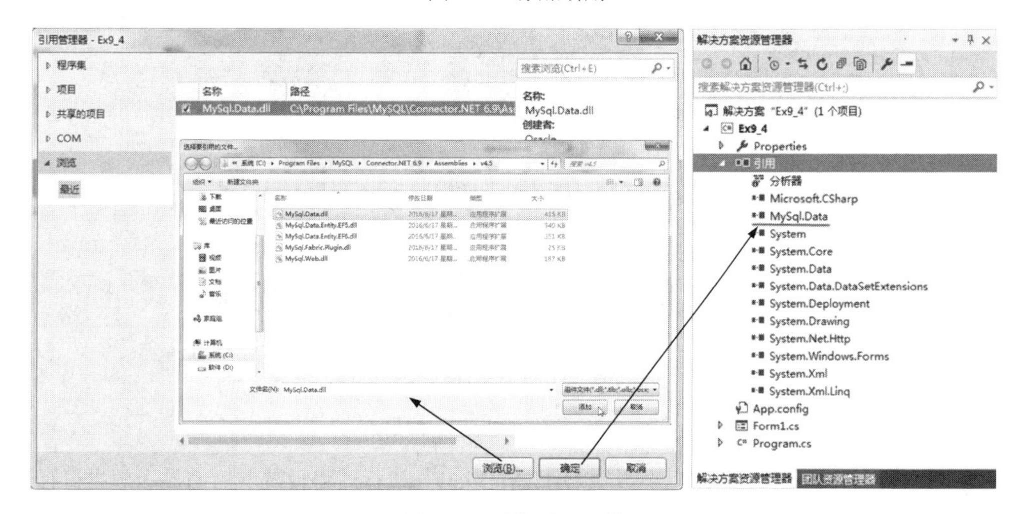

图 9.26　选择引用文件

此后，只需在项目中源文件的开头声明中引入 MySQL 驱动的命名空间：

```
using MySql.Data.MySqlClient;
```

就可以编写访问 MySQL 数据库的代码了。

9.6.2 DataGridView 设置

DataGridView 是 C#提供的专用于显示数据视图的高级控件，在【例 9.3】中已经用到了这个控件，但只是直接引用，并未对它进行任何设置。而在实际应用中，通常都会对 DataGridView 的属性进行各种设置，以期达到满意的显示效果。下面简单介绍 DataGridView 最常用的一些属性，通过设置这些属性，可以大大改善数据显示的外观。

（1）AutoSizeColumnsMode 属性：确定可见列的自动调整大小模式。这个属性的作用是，让表格每列的宽度能自动适应单元格的数据内容。一般设置为 DisplayedCells。

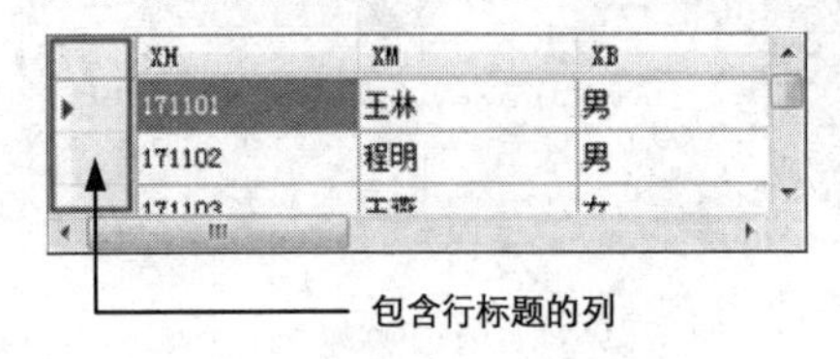

图 9.27 包含行标题的列

（2）RowHeadersVisible 属性：指示是否显示包含行标题的列。所谓"包含行标题的列"指的是 DataGridView 表格数据列前多出的一空白列，如图 9.27 所示，去除该列可使表格的数据内容显得更加充实，故一般都设为 False，将该列隐藏起来。

（3）SelectionMode 属性：指示如何选择 DataGridView 的单元格。通常，设定选择表格内容的方式为整行选择，这样更便于用户选中、查看表格数据，故一般设置为 FullRowSelect。

（4）ReadOnly 属性：指示用户是否可以编辑 DataGridView 控件的单元格。为防止用户恶意篡改数据，通常设置表格内容为只读，不可更改，即将 ReadOnly 属性值设置为 True。

（5）ColumnHeadersDefaultCellStyle 属性：这是一个复合属性，用于设置 DataGridView 默认列标题样式。最常用的功能是设定表格的列标题文字居中显示，操作方法为：在"属性"窗口中单击该属性右侧的…按钮，弹出"CellStyle 生成器"对话框，在下拉列表中将布局 Alignment 值设置为 MiddleCenter，如图 9.28 所示。

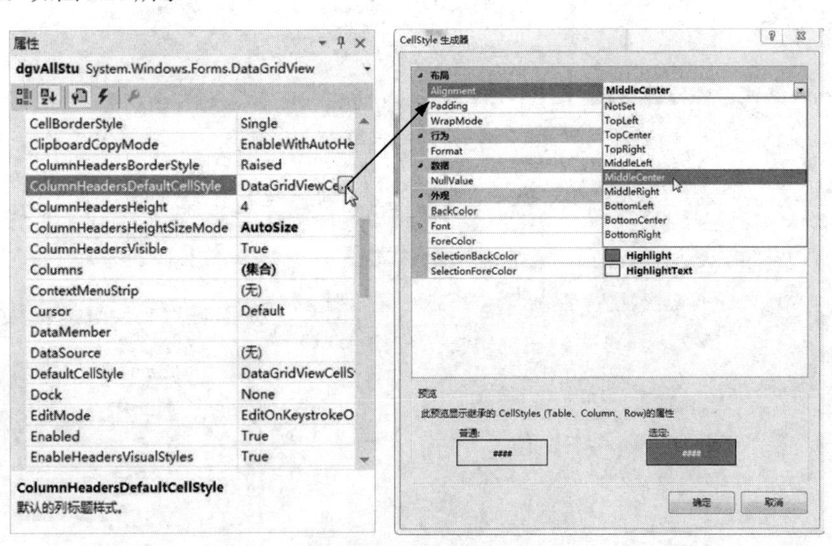

图 9.28 设定列标题文字居中

按照上述各属性所给出的建议重新设置 DataGridView，执行后将设置前后的显示效果进行比较，如图 9.29 所示，可见经过这样简单设置后的显示效果的确要美观些。

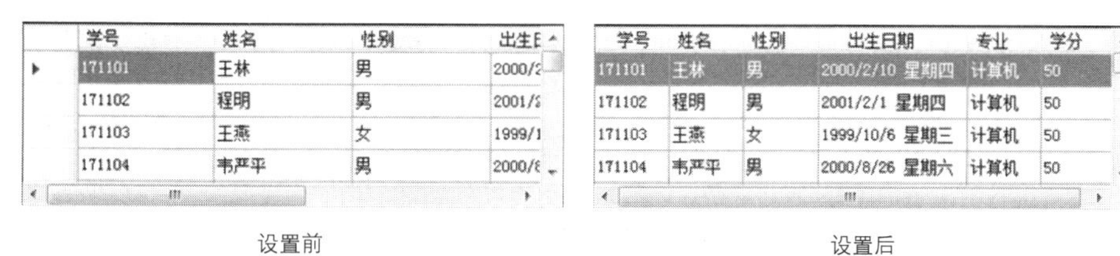

图 9.29　DataGridView 设置前后的显示效果对比

9.6.3　MySQL 数据库访问实例

下面通过一个实例来演示 C#访问 MySQL 数据库的过程。

【例 9.4】 参考表 9.1～表 9.3，在 MySQL 数据库中创建 XSCJDB 数据库并创建学生表（XSB）、课程表（KCB）和成绩表（CJB），设计界面功能与【例 9.3】相同。

开发步骤如下。

（1）引用 MySQL 数据库。新建 C#项目工程，安装 MySQL 5.7 及其驱动库，并在项目中添加引用该库。

（2）设计程序界面。访问 MySQL 数据库的程序界面如图 9.30 所示，窗体标题为“访问 MySQL 数据库”，设置 DataGridView 控件显示的行、列标题。

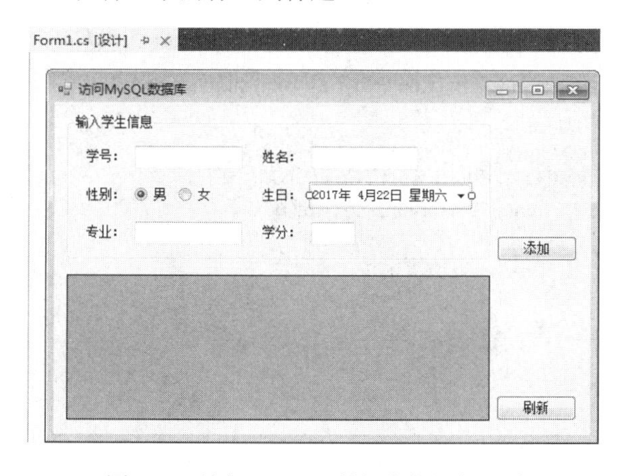

图 9.30　访问 MySQL 数据库的程序界面

（3）编写代码。

程序的完整源代码如下：

```
using System;
…
using MySql.Data.MySqlClient;                                    //引入 MySQL 驱动的命名空间
namespace Ex9_4
{
    public partial class Form1 : Form
    {
        string strcon = @"server=localhost;User Id=root;password=njnu123456;database=XSCJDB;
Character Set=utf8";                                             //MySQL 数据库的连接字符串
        DataSet myst = new DataSet();
        MySqlDataAdapter myda;                                   //声明 MySQL 数据适配器对象

        public Form1()
        {
```

```
            InitializeComponent();
            btnSearch_Click(null, null);
        }
        private void btnSearch_Click(object sender, EventArgs e)
        {
            using (MySqlConnection sqlcon = new MySqlConnection(strcon))
                                                                    //创建 MySQL 连接
            {
                sqlcon.Open();
                string sql = "SELECT XH As 学号, XM As 姓名, XB As 性别, CSRQ As 出生日期, ZY As
专业, ZXF As 学分 FROM XSB";          //这里为了在数据表格中显示中文列标题，在 SQL 语句中使用 As 关
键字
                MySqlCommand command = new MySqlCommand(sql, sqlcon);
                                                                    //创建 MySQL 命令
                myda = new MySqlDataAdapter(command);
                                                                    //以命令作为参数创建 MySQL 数据适配器
                myst.Tables.Clear();
                myda.Fill(myst, "XSB");
                dgvAllStu.DataSource = myst.Tables["XSB"];
            }
        }

        private void btnInsert_Click(object sender, EventArgs e)
        {
            MySqlConnection sqlcon = new MySqlConnection(strcon);          //创建 MySQL 连接
            try
            {
                string stuID = txtStuID.Text.Trim();
                string stuName = txtName.Text.Trim();
                string stuXB;
                if (RbtnMale.Checked)
                {
                    stuXB = "男";
                }
                else
                {
                    stuXB = "女";
                }
                string stuBirthday = dateTimePicker1.Value.ToShortDateString().Split(' ')[0];
                string stuMajor = txtMajor.Text.Trim();
                string stuCredit = txtCredit.Text.Trim();
                MySqlCommand command = new MySqlCommand();          //创建 MySQL 命令
                command.CommandText = "INSERT INTO XSB(XH,XM,XB,CSRQ,ZY,ZXF) VALUES('"
+stuID + "','" + stuName + "','" + stuXB + "','" + stuBirthday + "','" + stuMajor + "','" + stuCredit + "')";
                command.CommandType = CommandType.Text;
                command.Connection = sqlcon;
                sqlcon.Open();
                myda = new MySqlDataAdapter(command);
                myda.Fill(myst, "XSB");
                MessageBox.Show("插入成功！", "消息", MessageBoxButtons.OK);
            }
            catch (Exception ex)
            {
                MessageBox.Show(ex.Message);
            }
            finally
```

```
                {
                    sqlcon.Close();
                }
            }
        }
    }
```

其中，访问 MySQL 与访问 SQL Server 的程序之间的差别主要体现在以下两点。

① 连接字符串不同。

```
//SQL Server 连接字符串
string strcon = @"Data Source=(localdb)\MSSQLLocalDB;Initial Catalog=XSCJDB;Integrated Security=True";
//MySQL 连接字符串
string strcon = @"server=localhost;User Id=root;password=njnu123456;database=XSCJDB;Character Set=utf8";
```

② 所用的数据库访问类不同（上一页的完整源代码中的加粗处）。MySQL 与 SQL Server 的数据库访问类的功能如表 9.14 所示。

表 9.14　MySQL 与 SQL Server 的数据库访问类的功能

功　能	MySQL 类	SQL Server 类
数据适配器	MySqlDataAdapter	SqlDataAdapter
数据库连接	MySqlConnection	SqlConnection
数据操作命令	MySqlCommand	SqlCommand

程序运行结果如图 9.31 所示。单击“刷新”按钮，可在 DataGridView 控件中看到刚才添加的新记录，如图 9.32 所示。

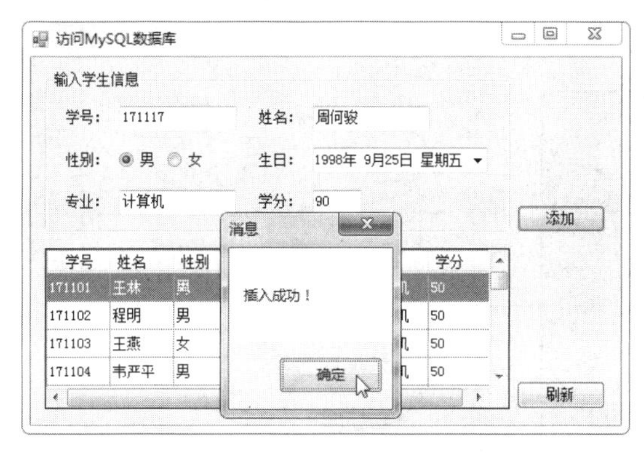

图 9.31　学生信息添加与显示

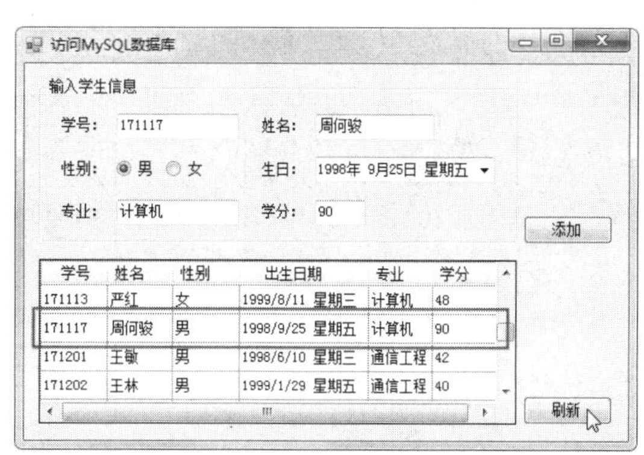

图 9.32　刷新后看到添加的新记录

第10章　类与DLL开发

前面各章内容讲述了C#程序设计方方面面的知识。但在实际的企业级软件项目开发中，由于程序规模较大、功能繁多，为了保证系统运行效率、可扩展性和易维护性，通常不会将所有的程序代码写在一个源文件或窗体模块中，而是按照需求差异，采用面向对象的技术，先将各功能分别封装成一个个对象类或独立组件，在运行时再由主程序根据需要调用不同的类（组件）来执行相应功能的操作。

10.1　类对象操作功能

作为一款优秀的面向对象程序设计语言，C#提供了完备的对象编程支持，而之前章节的程序实例大多没有考虑对象编程模式，本章完全采用对象思维来编写程序。

10.1.1　对象类设计

【例 10.1】 开发一个学生信息检索及成绩录入的程序，后台使用 MySQL 数据库存储学生、课程及成绩数据。要求：将各功能模块封装成类，在主程序中生成并调用类的对象来实现所需操作。

本例中的类及其相互关系如图 10.1 所示。

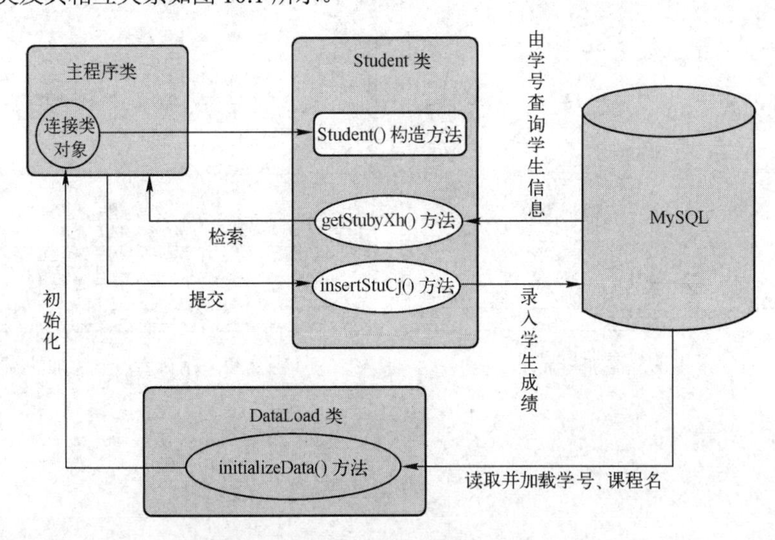

图 10.1　本例中的类及其相互关系

从图 10.1 中可见，本例除主程序类外，还引入了另外两个类：DataLoad 类和 Student 类。DataLoad 类负责在程序初始化时载入数据，同时返回给主程序一个数据库连接类对象，主程序接收到后就用这个数据库连接对象来创建 Student 类对象。主程序使用新建的 Student 类对象操作后台数据库，完成学生信息检索及成绩录入的功能。

这里，将学生相关的信息数据（属性）连同操作功能（方法）一同封装在 Student 类中，说明了数据及其上的操作是一个密不可分的整体，将它们放在同一个类中，这正是面向对象程序设计的通用思路，集中体现了对象编程的思想。

本例使用【例 9.4】已经建立的 MySQL 数据库及其中的表数据。创建并实现类的步骤如下。

（1）新建 WinForm 项目，项目名为 Ex10_1，在“解决方案资源管理器”窗口中右击项目名，选择“添加”→“类”选项，弹出如图 10.2 所示的“添加新项”对话框，选中“类”模板，在底部“名称”栏中填写类的源文件名为“DataLoad.cs”。

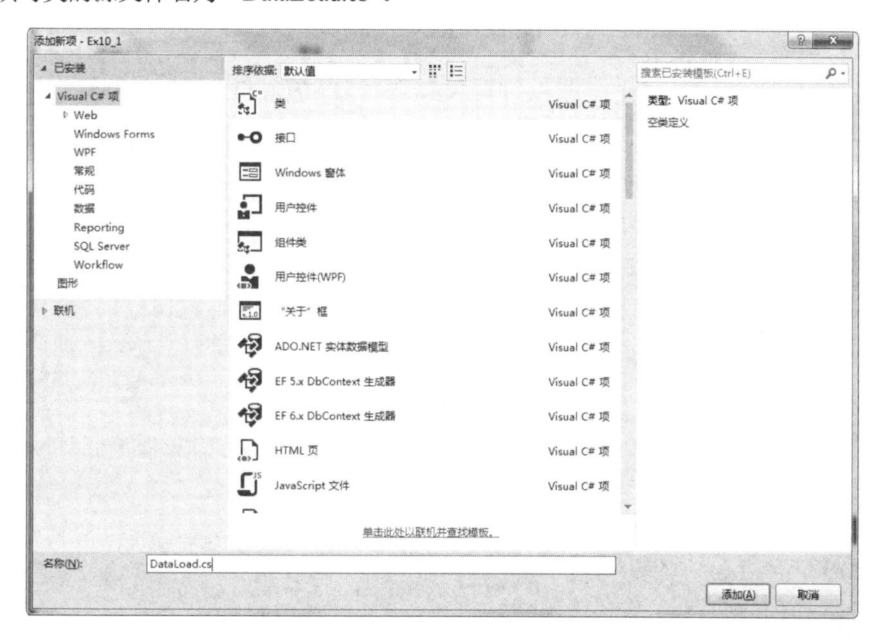

图 10.2　往项目中添加类

（2）在项目工程中添加 MySQL 驱动库的引用（操作见 9.6.1 节），然后编写 DataLoad 类，源文件 DataLoad.cs 代码如下：

```
using System;
...
using System.Windows.Forms;                    //为使 DataLoad 类能直接操作窗体组件 ComboBox
using MySql.Data.MySqlClient;                  //添加 MySQL 驱动库引用

namespace Ex10_1
{
    class DataLoad
    {
        private static string strcon = @"server=localhost;User Id=root;password=njnu123456;database=XS
                CJDB;Character Set=utf8";                          //数据库连接字符串
        private MySqlConnection sqlcon = new MySqlConnection(strcon);    //创建数据库连接对象
        //方法：实现程序初始化时载入数据
        public MySqlConnection initializeData(ComboBox cbx_xh, ComboBox cbx_kcm)
        {
            try
            {
                sqlcon.Open();                                     //打开连接
                string sql = "SELECT DISTINCT XH FROM XSB";
                MySqlCommand cmd = new MySqlCommand(sql, sqlcon);
                MySqlDataReader mdr = cmd.ExecuteReader();
                //读取并加载学号
```

```
                    while (mdr.Read()) { cbx_xh.Items.Add(mdr[0]); }
                    mdr.Close();
                    sql = "SELECT DISTINCT KCM FROM KCB";
                    cmd = new MySqlCommand(sql, sqlcon);
                    mdr = cmd.ExecuteReader();
                    //读取并加载课程
                    while (mdr.Read()) { cbx_kcm.Items.Add(mdr[0]); }
                    mdr.Close();
                    return sqlcon;          //返回数据库连接对象（提供给主程序构造 Student 类对象）
                }
                catch (Exception e)
                {
                    MessageBox.Show("初始化失败！错误信息为：\r\n" + e.ToString(),"异常",
                                                    MessageBoxButtons.OK, MessageBoxIcon.Warning);
                    return null;
                }
            }
        }
}
```

可见，连接数据库的工作被封装于 DataLoad 类中，主程序只需调用一次该类的 initializeData()方法就可以连接数据库，并完成初始化工作，之后无须再多次重复连接。

（3）在项目中添加 Student 类，编写源文件 Student.cs，代码如下：

```
using System;
...
using System.Data;                                  //为在程序中使用 DataSet 数据集
using MySql.Data.MySqlClient;                       //添加 MySQL 驱动库引用

namespace Ex10_1
{
    class Student
    {
        private string xh;                          //学号
        private string xm;                          //姓名
        private bool xb;                            //性别
        private DateTime csrq;                      //生日
        private string zy;                          //专业
        private int xf;                             //学分
        private string bz;                          //备注
        private DataSet kccj;                       //课程-成绩
        private MySqlConnection mycon;              //数据库连接

        //构造方法
        public Student(MySqlConnection con)
        {
            xh = "";
            xm = "";
            xb = false;
            csrq = DateTime.Now;
            zy = "";
            xf = 0;
            bz = "";
```

```
        kccj = new DataSet();
        mycon = con;                                                    //获取连接对象
    }

    //方法：实现由学号查询学生信息
    public void getStubyXh(string xh)
    {
        string sql = "select * from XSB where XH = '" + xh + "'";
        MySqlDataAdapter mda = new MySqlDataAdapter(sql, mycon);
        DataSet ds = new DataSet();
        mda.Fill(ds, "STU");
        if (ds.Tables["STU"].Rows.Count != 1) return;
        //给学生类的各属性赋值
        xh = ds.Tables["STU"].Rows[0]["XH"].ToString();                     //获取学号
        xm = ds.Tables["STU"].Rows[0]["XM"].ToString();                     //获取姓名
        xb = (ds.Tables["STU"].Rows[0]["XB"].ToString() == "男") ? true : false;   //获取性别
        csrq = DateTime.Parse(ds.Tables["STU"].Rows[0]["CSRQ"].ToString());    //获取生日
        zy = ds.Tables["STU"].Rows[0]["ZY"].ToString();                     //获取专业
        xf = int.Parse(ds.Tables["STU"].Rows[0]["ZXF"].ToString());             //获取学分
        bz = ds.Tables["STU"].Rows[0]["BZ"].ToString();                     //获取备注
        sql = "select KCM As 已修课程, CJ As 成绩 from KCB join CJB on KCB.KCH = CJB.
                                                    KCH where XH = '" + xh + "'";
        mda = new MySqlDataAdapter(sql, mycon);
        mda.Fill(kccj, "KCJ");                                              //获取课程-成绩数据
    }

    //方法：实现录入学生成绩
    public void insertStuCj(string xh, string kcm, int cj)
    {
        //先由课程名查到对应的课程号
        string sql = "select KCH from KCB where KCM = '" + kcm + "'";
        MySqlDataAdapter mda = new MySqlDataAdapter(sql, mycon);
        DataSet ds = new DataSet();
        mda.Fill(ds, "KCH");
        if (ds.Tables["KCH"].Rows.Count != 1) return;
        //再向数据库中插入对应学生该门课的成绩记录
        sql = "insert into CJB values('" + xh + "', '" + ds.Tables["KCH"].Rows[0]["KCH"].
                                                          ToStrin g() + "', " + cj + ")";
        MySqlCommand cmd = new MySqlCommand(sql, mycon);
        cmd.ExecuteNonQuery();
        //查询当前最新的已修课程成绩记录，用于刷新
        sql = "select KCM As 已修课程, CJ As 成绩 from KCB join CJB on KCB.KCH = CJB.
                                                    KCH where XH = '" + xh + "'";
        mda = new MySqlDataAdapter(sql, mycon);
        kccj.Tables.Clear();                                                //清除旧数据
        mda.Fill(kccj, "KCJ");                                              //载入新数据
    }

    //get 方法：提供给外部程序获取本类的各个属性值
    public string getXh() { return xh; }
    public string getXm() { return xm; }
    public bool getXb() { return xb; }
    public DateTime getCsrq() { return csrq; }
```

```
            public string getZy() { return zy; }
            public int getXf() { return xf; }
            public string getBz() { return bz; }
            public DataSet getKccj() { return kccj; }
        }
    }
```

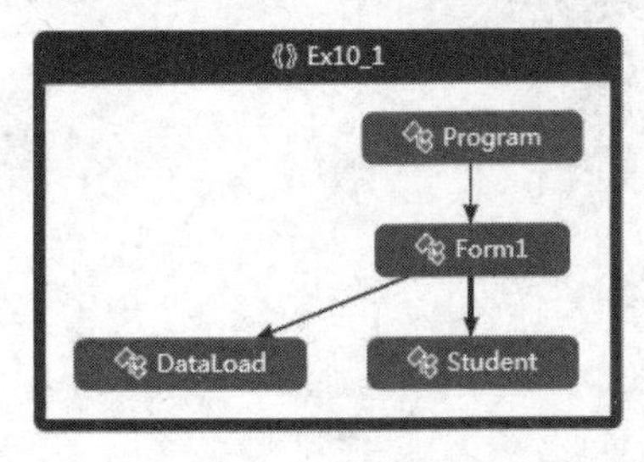

图 10.3　项目的类视图

Student 类实现了两种方法（功能）：getStubyXh()方法用于检索学生信息，insertStuCj()方法用于录入学生成绩。学生信息的各个字段及该生的“课程-成绩”数据皆被定义为私有（private）属性封装于 Student 类的内部，外部程序无法直接访问，只能通过 Student 类对外提供的一组 get 方法间接地获取其值，这就有效地实现了数据封装与隔离，使代码变得更易于维护。

这样就完成了本例的对象类设计，选择菜单“视图”→“类视图”选项，可打开项目的类视图查看各个类之间的调用关系，如图 10.3 所示。

10.1.2　界面主程序设计

在 Form1 的设计视图中将窗体调整到适当的大小并将 Text 属性设置为“学生类对象操作数据库”。从工具箱中拖曳 2 个 ComboBox、2 个 RadioButton、5 个 TextBox、1 个 RichTextBox、1 个 DataGridView、2 个 Button、1 个 GroupBox 和 9 个 Label 控件到此窗体中。窗体和控件属性设置如表 10.1 所示。

表 10.1　窗体和控件属性设置

类　型	对 象 名	属 性 名	属 性 值
Form	Form1	Text	学生类对象操作数据库
ComboBox	comboBox_xh	FlatStyle	Flat
	comboBox_kcm	FlatStyle	Flat
RadioButton	radioButton_male	BackColor	Control
		Enable	False
		FlatStyle	Flat
		Text	男
	radioButton_female	BackColor	Control
		Enable	False
		FlatStyle	Flat
		Text	女
TextBox	textBox_xm	BackColor	Control
		Enable	False
		ReadOnly	True
	textBox_csrq	BackColor	Control
		Enable	False
		ReadOnly	True
	textBox_zy	BackColor	Control
		Enable	False
		ReadOnly	True

续表

类　型	对 象 名	属 性 名	属 性 值
TextBox	textBox_xf	BackColor	Control
		Enable	False
		ReadOnly	True
	textBox_cj	BorderStyle	None
RichTextBox	richTextBox_bz	BackColor	ControlLight
		BorderStyle	FixedSingle
		Enable	False
DataGridView	dataGridView_kccj	AllowUserToAddRows	False
		AllowUserToDeleteRows	False
		AllowUserToResizeColumns	False
		AllowUserToResizeRows	False
		AutoSizeColumnsMode	Fill
		BackgroundColor	ControlLight
		BorderStyle	None
		ColumnHeadersDefaultCellStyle/Alignment	MiddleCenter
		ReadOnly	True
		RowHeadersVisible	False
		SelectionMode	FullRowSelect
Button	button_search	BackColor	DeepSkyBlue
		FlatStyle	Flat
		Font	幼圆, 9pt
		Text	检索
	button_submit	Font	幼圆, 10.5pt
		Text	提交
GroupBox	groupBox1	Text	录入

设计后的程序界面如图 10.4 所示。

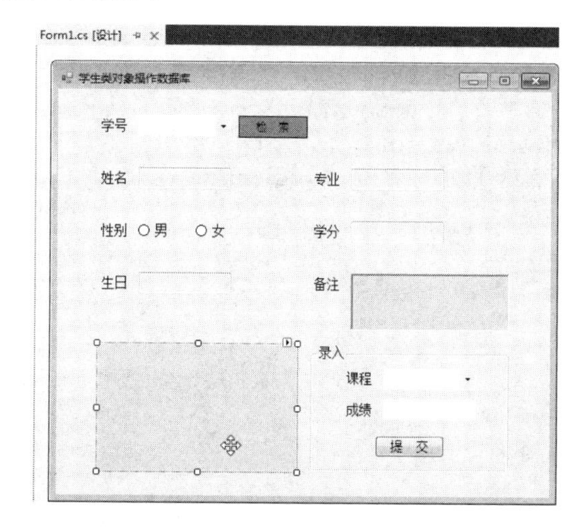

图 10.4　设计后的程序界面

打开 Form1.cs 源文件，编写主程序代码如下：

```
using System;
...
using MySql.Data.MySqlClient;                                    //添加 MySQL 驱动库引用

namespace Ex10_1
{
    public partial class Form1 : Form
    {
        Student student;                                         //声明学生类对象
        MySqlConnection con;                                     //声明数据库连接对象
        public Form1()
        {
            InitializeComponent();
        }

        private void Form1_Load(object sender, EventArgs e)
        {
            DataLoad dl = new DataLoad();                        //创建 DataLoad 类对象
            con = dl.initializeData(comboBox_xh, comboBox_kcm);
                                                                 //初始化并返回连接对象
        }

        private void button_search_Click(object sender, EventArgs e)
        {
            try
            {
                student = new Student(con);                      //创建学生类对象
                if (comboBox_xh.Text == "") return;
                student.getStubyXh(comboBox_xh.Text);            //由对象执行按学号检索操作
                //通过学生类对外提供的 get 方法获取检索到的学生各项信息
                textBox_xm.Text = student.getXm();               //获取姓名
                radioButton_male.Checked = student.getXb() ? true : false;
                radioButton_female.Checked = student.getXb() ? false : true;
                                                                 //获取性别
                textBox_csrq.Text = student.getCsrq().ToString("yyyy-MM-dd");
                                                                 //获取生日
                textBox_zy.Text = student.getZy();               //获取专业
                textBox_xf.Text = student.getXf().ToString();    //获取学分
                richTextBox_bz.Text = student.getBz();           //获取备注
                dataGridView_kccj.DataSource = student.getKccj().Tables["KCJ"];
                                                                 //获取该学生的"课程-成绩"数据
            }
            catch(Exception ex)
            {
                MessageBox.Show("检索失败！错误信息为：\r\n" + ex.ToString(), "异常",
                                MessageBoxButtons.OK, MessageBoxIcon.Warning);
            }
        }

        private void button_submit_Click(object sender, EventArgs e)
        {
```

```
            try
            {
                if (student == null) student = new Student(con);           //创建学生类对象
                if (comboBox_xh.Text == "" || comboBox_kcm.Text == "" || textBox_cj.Text == "") return;
                student.insertStuCj(comboBox_xh.Text, comboBox_kcm.Text, int.Parse(textBox_cj.Text));
                                                                            //由对象执行录入成绩操作
                dataGridView_kccj.DataSource = student.getKccj().Tables["KCJ"];
                                                                            //获取并刷新显示"课程-成绩"
            }
            catch(Exception ex)
            {
                MessageBox.Show("录入失败！错误信息为：\r\n" + ex.ToString(), "异常",
                                MessageBoxButtons.OK, MessageBoxIcon.Warning);
            }
        }
    }
}
```

在以上代码中，主程序在初始加载窗体时创建了 DataLoad 类对象，并执行其 initializeData()方法，将界面上两个 ComboBox 控件作为参数传递给此方法，由 DataLoad 类来执行实际的初始化工作。同样，在执行检索、录入功能时，也是由主程序创建的学生类（Student）对象代替，这就大大减少了主程序自身的代码量，同时也使主体代码的结构更为清晰易读，便于维护。

10.1.3　测试运行程序

按 F5 键或单击▶启动按钮运行本例程序，出现如图 10.5 所示的界面，可以看到界面上的两个下拉列表中已分别预加载了数据库中已有的学生学号及课程名信息。

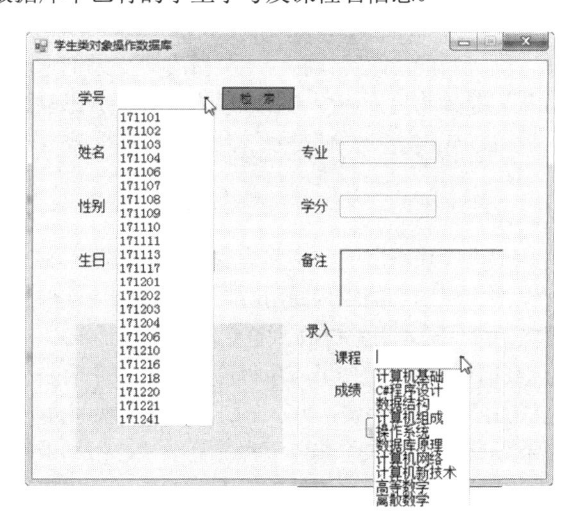

图 10.5　初始运行程序界面

（1）检索学生。

从“学号”下拉列表中选取要检索的学生学号，单击“检索”按钮，该生的各项信息显示在界面上（信息皆只读，不可改），如图 10.6 所示。

（2）录入成绩。

从“录入”组框的“课程”下拉列表中选择课程名，在“成绩”栏中填写分数，单击“提交”按钮，将该生本课程的成绩写入数据库，界面左下方的成绩表格同步刷新，显示新录入的成绩记录，如

图10.7所示。

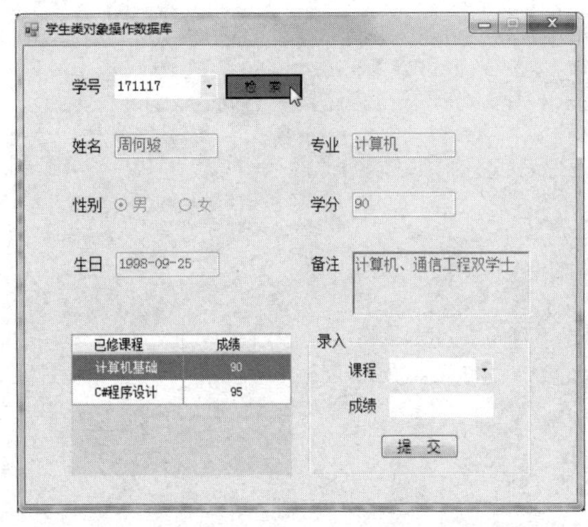

图10.6　检索学生信息

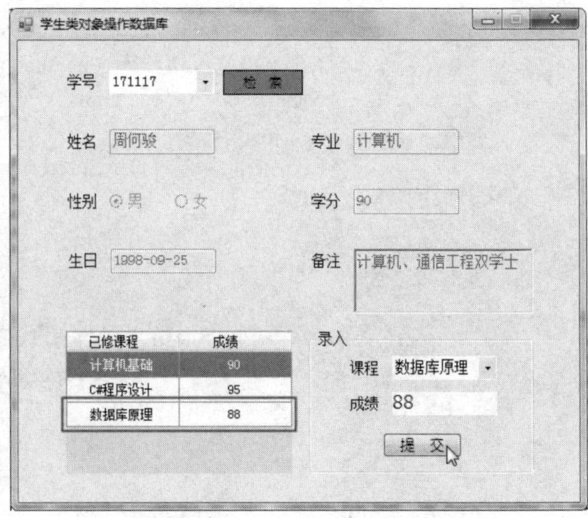

图10.7　录入学生成绩

10.2　DLL的开发与应用

DLL（Dynamic Link Library，动态链接库），是一种包含可由多个程序同时使用的代码和数据的库。DLL不是可执行文件，但它提供了一种方法，使进程可以调用不属于其可执行代码的函数，且多个应用程序可同时访问内存中单个DLL的副本。DLL在大型软件系统的开发中十分有用，例如，当【例10.1】程序的功能无限制地扩展、系统规模变得很庞大时，如果仍然把整个数百MB甚至数GB的程序代码都放在一个项目里，则日后的修改工作将会十分费时；如果把不同功能的代码分别存放在数个DLL中，由于DLL可以很容易地将更新应用于各个模块，而不会影响该程序的其他部分，故无须重新生成或安装整个项目，就可以应用更新，使得系统升级变得非常容易。

10.2.1　DLL的优点

比较大的应用程序都是由很多模块组成的，这些模块分别完成相对独立的功能，并且彼此协作完成整个软件系统的工作。当某些模块的功能较为通用时，在构造其他软件系统时仍会被使用。在构造软件系统时，如果将所有模块的源代码都静态编译到整个应用程序的EXE文件或项目工程中，则会产生一些问题。例如，一个显著的缺点是，增加了应用程序的大小，它会占用更多的磁盘空间，程序运行时会消耗较大的内存，造成系统资源的浪费；另一个缺点是，在编写大的EXE程序或项目时，在每次修改后都必须调整编译所有源代码，增加了编译过程的复杂性，不利于阶段性的单元测试。

为此，Windows系统平台提供了一种完全不同的、有效的编程和运行环境，可以将独立的程序模块创建为较小的DLL文件，并可对其单独编译和测试。在运行时，只有在EXE程序或项目确实需要调用某个DLL模块的情况下，系统才会将它装载到内存。这种方式不仅减少了运行时程序的大小和对内存空间的需求，而且使这些DLL模块可以同时被多个应用程序使用。事实上，Windows系统本身的很多主要功能都是以DLL模块的形式实现的。

综上所述，DLL具有以下优点。

- 扩展了应用程序的特性。
- 可以用多种编程语言编写同一个程序。
- 简化了软件项目的管理。

- 有助于节省内存。
- 有助于资源共享。
- 有助于应用程序的本地化。
- 有助于解决平台差异。
- 可以达到一些特殊的目的，如 Windows 使某些特性只能为 DLL 所用。

DLL 是面向对象程序设计中类与对象概念的发展，它使得程序设计技术由对象编程进一步转变为面向组件的开发，是软件开发史上的一个重大革新，在实际软件产品的生产中得到了广泛的应用。

【例 10.2】 用 DLL 技术实现【例 10.1】的学生信息检索及成绩录入程序，后台仍使用相同的数据库。要求：将各功能模块封装成 DLL 并编译成.dll 文件，在主程序项目中添加引用.dll 文件并调用其中的方法来实现所需操作。

10.2.2　开发数据库表操作 DLL

将【例 10.1】中的 Student 类放在 DLL 中，开发 DLL 的步骤如下。

（1）新建"类库"类型的项目，项目名为 Student，如图 10.8 所示。

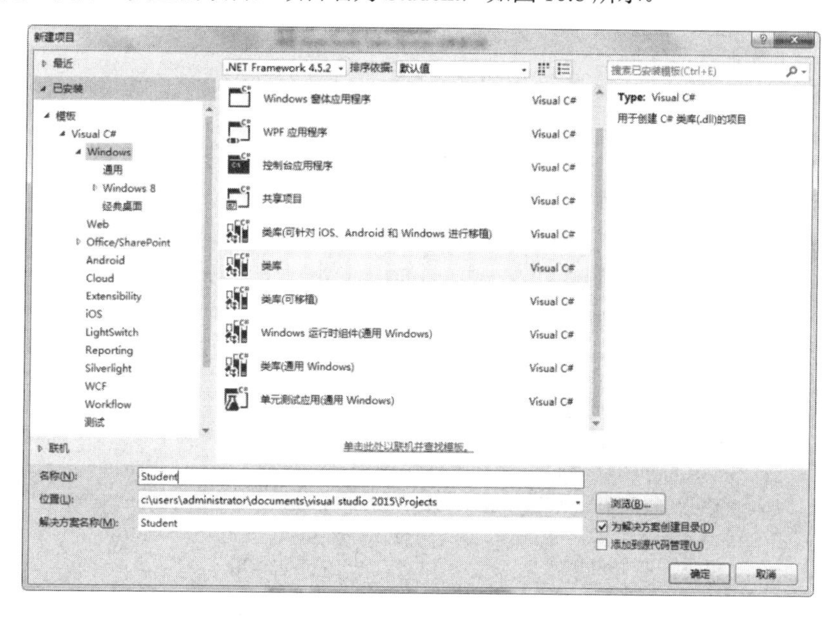

图 10.8　新建"类库"项目

（2）在项目工程中添加 MySQL 驱动库的引用（操作见 9.6.1 节）。

（3）在项目中添加一个 Student 类，编写的源文件 Student.cs 代码如下：

```
using System;
…
using MySql.Data.MySqlClient;
using System.Data;

namespace Student
{
    public class Student
    {
        private string xh;
        private string xm;
        private bool xb;
```

```
private DateTime csrq;
private string zy;
private int xf;
private string bz;
private DataSet kccj;
private MySqlConnection mycon;

//构造方法
public Student(MySqlConnection con)
{
    xh = "";
    xm = "";
    xb = false;
    csrq = DateTime.Now;
    zy = "";
    xf = 0;
    bz = "";
    kccj = new DataSet();
    mycon = con;
}

//方法：实现由“学号”检索学生信息
public void getStubyXh(string xh)
{
    string sql = "select * from XSB where XH = '" + xh + "'";
    MySqlDataAdapter mda = new MySqlDataAdapter(sql, mycon);
    DataSet ds = new DataSet();
    mda.Fill(ds, "STU");
    if (ds.Tables["STU"].Rows.Count != 1) return;
    xh = ds.Tables["STU"].Rows[0]["XH"].ToString();
    xm = ds.Tables["STU"].Rows[0]["XM"].ToString();
    xb = (ds.Tables["STU"].Rows[0]["XB"].ToString() == "男") ? true : false;
    csrq = DateTime.Parse(ds.Tables["STU"].Rows[0]["CSRQ"].ToString());
    zy = ds.Tables["STU"].Rows[0]["ZY"].ToString();
    xf = int.Parse(ds.Tables["STU"].Rows[0]["ZXF"].ToString());
    bz = ds.Tables["STU"].Rows[0]["BZ"].ToString();
    sql = "select KCM As 已修课程, CJ As 成绩 from KCB join CJB on KCB.KCH = CJB.
                                                    KCH where XH = '" + xh + "'";
    mda = new MySqlDataAdapter(sql, mycon);
    mda.Fill(kccj, "KCJ");
}

//方法：实现录入学生成绩
public void insertStuCj(string xh, string kcm, int cj)
{
    //先由课程名查到对应的课程号
    string sql = "select KCH from KCB where KCM = '" + kcm + "'";
    MySqlDataAdapter mda = new MySqlDataAdapter(sql, mycon);
    DataSet ds = new DataSet();
    mda.Fill(ds, "KCH");
    if (ds.Tables["KCH"].Rows.Count != 1) return;
    //再向数据库中插入对应学生该门课的成绩记录
```

```
            sql = "insert into CJB values('" + xh + "', '" + ds.Tables["KCH"].Rows[0]["KCH"].
                                                                        ToString()+ "', " + cj + ")";
            MySqlCommand cmd = new MySqlCommand(sql, mycon);
            cmd.ExecuteNonQuery();
            //查询当前最新的已修课程成绩记录，用于刷新
            sql = "select KCM As  已修课程, CJ As  成绩  from KCB join CJB on KCB.KCH = CJB.
                                                              KCH where XH = '" + xh + "'";
            mda = new MySqlDataAdapter(sql, mycon);
            kccj.Tables.Clear();            //清除旧数据
            mda.Fill(kccj, "KCJ");          //载入新数据
        }

        //get 方法：提供给外部程序获取本类的各个属性值
        public string getXh() { return xh; }
        public string getXm() { return xm; }
        public bool getXb() { return xb; }
        public DateTime getCsrq() { return csrq; }
        public string getZy() { return zy; }
        public int getXf() { return xf; }
        public string getBz() { return bz; }
        public DataSet getKccj() { return kccj; }
    }
}
```

注意，这里的 getStubyXh()、insertStuCj()方法，以及所有的 get()方法必须全部声明为 public，才能从 DLL 外部调用。

（4）右击“Student”项目，选择“生成”选项开始编译学生类库，如图 10.9 所示。

图 10.9　编译学生类库

（5）编译成功后，在项目的“\Student\bin\Debug”目录下会生成一个 Student.dll 文件，如图 10.10 所示。

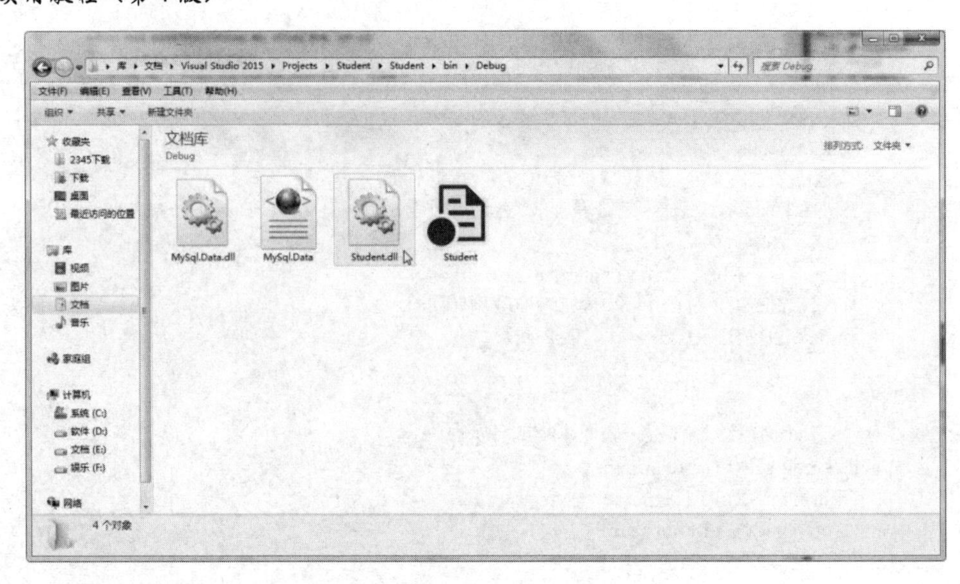

图 10.10 生成 Student.dll 文件

将这个文件复制出来存盘，以备后用。

10.2.3 开发加载数据的 DLL

用同样的方法开发加载数据的 DLL，其功能等同于【例 10.1】的 DataLoad 类。

新建“类库”类型的项目，项目名为 DataLoad，添加 MySQL 驱动库引用，在项目中添加一个类 DataLoad 类，编写源文件 DataLoad.cs，代码如下：

```
using System;
using System.Collections.Generic;
…
using MySql.Data.MySqlClient;
using System.Data;

namespace DataLoad
{
    public class DataLoad
    {
        private static string strcon = @"server=localhost;User Id=root;password=njnu123456;database=
                                                XSCJDB;Character Set=utf8";
        private MySqlConnection sqlcon = new MySqlConnection(strcon);
        private List<string> cbx_xh = new List<string>();          //暂存学号列表数据
        private List<string> cbx_kcm = new List<string>();         //暂存课程名列表数据

        public MySqlConnection initializeData()
        {
            try
            {
                sqlcon.Open();
                string sql = "SELECT DISTINCT XH FROM XSB";
                MySqlCommand cmd = new MySqlCommand(sql, sqlcon);
                MySqlDataReader mdr = cmd.ExecuteReader();
                //读取并保存学号
                while (mdr.Read()) { cbx_xh.Add(mdr[0].ToString()); }
                mdr.Close();
                sql = "SELECT DISTINCT KCM FROM KCB";
```

```
                cmd = new MySqlCommand(sql, sqlcon);
                mdr = cmd.ExecuteReader();
                //读取并保存课程
                while (mdr.Read()) { cbx_kcm.Add(mdr[0].ToString()); }
                mdr.Close();
                return sqlcon;
            }
            catch
            {
                return null;
            }
        }

        //get 方法：提供给外部程序获取本类内部保存的学号和课程名列表
        public List<string> getCbx_xh() { return cbx_xh; }
        public List<string> getCbx_kcm() { return cbx_kcm; }
    }
}
```

由于 C#类库项目不能直接引用 System.Windows.Forms 命名空间，因此不能在类库中操作主程序界面上的控件（如本例界面上的 ComboBox 下拉列表）。为此，这里采用了 C#的泛型 List 对象来暂存类内部获得的数据，又通过 get()方法对外提供给主程序使用，见上段代码中加粗的部分。

然后用同样的方式对以上代码进行编译，生成 DataLoad.dll 文件。

10.2.4　程序界面设计

本例的程序界面与【例 10.1】的完全相同，界面上各控件的属性也完全一样（参见表 10.1），由于之前已经开发好界面，所以这里可以直接使用，以避免重复开发。在新的项目中复用现成项目资源的操作步骤如下。

（1）新建 Windows 窗体应用程序项目，项目名为 Ex10_2。在“解决方案资源管理器”窗口中右击该项目，在弹出的菜单中选择“添加”→“现有项”选项，如图 10.11 所示。

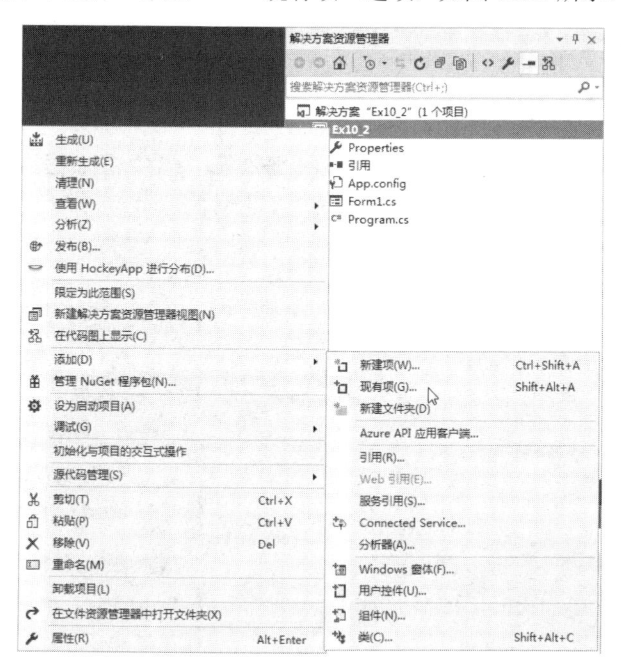

图 10.11　添加现有项

（2）在弹出的“添加现有项”对话框中，找到【例 10.1】项目 Ex10_1 所在的工程目录，进入、选中其中的主窗体源文件 Form1.cs，单击“添加”按钮，如图 10.12 所示。

图 10.12　添加主窗体文件

（3）在先后出现的两个对话框中都单击“是”按钮，分别替换当前项目中默认的主窗体源文件和设计资源文件，如图 10.13 所示。

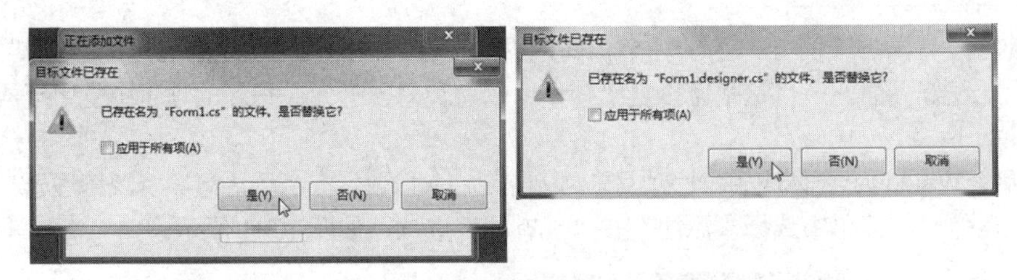

图 10.13　替换默认的主窗体源文件和设计资源文件

（4）最后将引入的主窗体标题文字改为“DLL 库操作数据库”，如图 10.14 所示。

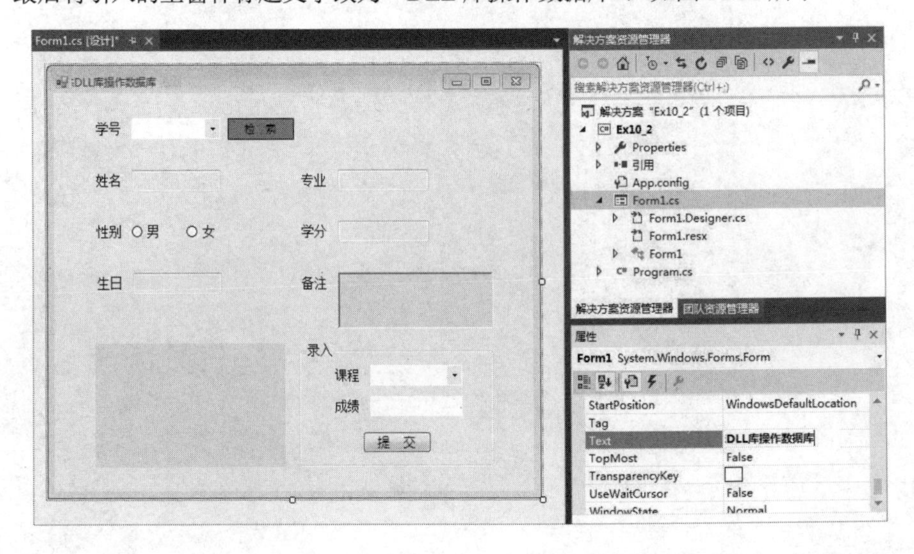

图 10.14　修改主窗体标题

完成以上步骤后，就可以在新的项目中使用这个窗体了。

10.2.5　主程序使用 DLL

在当前项目中添加对前面已经开发好的 DLL 的 Student.dll 和 DataLoad.dll 的引用，如图 10.15 所示。

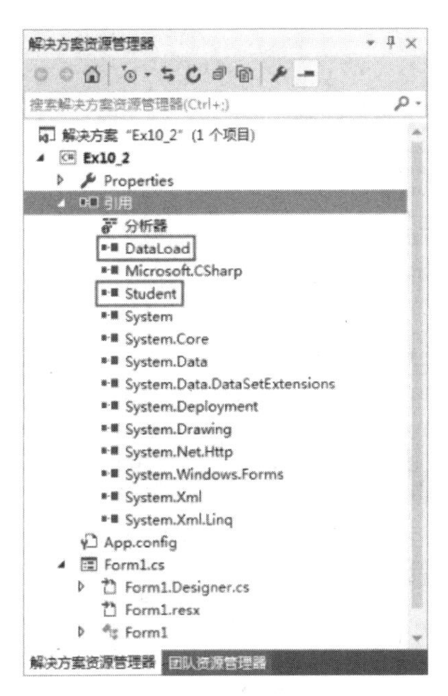

图 10.15　添加 DLL 引用

这样添加之后，在主窗体程序中就可以直接使用 DLL 的功能了。

主程序 Form1.cs 代码如下：

```
using System;
using System.Collections.Generic;
…
using DataLoad;                              //使用加载数据 DLL
using Student;                               //使用学生 DLL
using MySql.Data.MySqlClient;

namespace Ex10_2
{
    public partial class Form1 : Form
    {
        Student.Student student;
        MySqlConnection con;
        List<string> cbx_xh;
        List<string> cbx_kcm;
        public Form1()
        {
            InitializeComponent();
        }

        private void Form1_Load(object sender, EventArgs e)
```

```
        {
            DataLoad.DataLoad dl = new DataLoad.DataLoad();
            con = dl.initializeData();
            cbx_xh = dl.getCbx_xh();
            foreach(string xh in cbx_xh) { comboBox_xh.Items.Add(xh); }
            cbx_kcm = dl.getCbx_kcm();
            for(int i = 0; i < cbx_kcm.Count; i++) { comboBox_kcm.Items.Add(cbx_kcm[i]); }
        }

        private void button_search_Click(object sender, EventArgs e)
        {
            try
            {
                student =new Student.Student(con);
                if (comboBox_xh.Text == "") return;
                student.getStubyXh(comboBox_xh.Text);
                textBox_xm.Text = student.getXm();
                radioButton_male.Checked = student.getXb() ? true : false;
                radioButton_female.Checked = student.getXb() ? false : true;
                textBox_csrq.Text = student.getCsrq().ToString("yyyy-MM-dd");
                textBox_zy.Text = student.getZy();
                textBox_xf.Text = student.getXf().ToString();
                richTextBox_bz.Text = student.getBz();
                dataGridView_kccj.DataSource = student.getKccj().Tables["KCJ"];
            }
            catch(Exception ex)
            {
                MessageBox.Show("检索失败！错误信息为：\r\n" + ex.ToString(), "异常",
                                MessageBoxButtons.OK, MessageBoxIcon.Warning);
            }
        }

        private void button_submit_Click(object sender, EventArgs e)
        {
            try
            {
                if (student == null) student = new Student.Student(con);
                if (comboBox_xh.Text == "" || comboBox_kcm.Text == "" || textBox_cj.Text == "")
                                                                                    return;
                student.insertStuCj(comboBox_xh.Text, comboBox_kcm.Text, int.Parse(textBox_cj.Text));
                dataGridView_kccj.DataSource = student.getKccj().Tables["KCJ"];
            }
            catch(Exception ex)
            {
                MessageBox.Show("录入失败！错误信息为：\r\n" + ex.ToString(), "异常",
                                        MessageBoxButtons.OK, MessageBoxIcon.Warning);
            }
        }
    }
}
```

这里在声明和创建 DLL 对象时，必须带上其命名空间的前缀（如以上代码加粗处）。运行主程序，结果同前，参见图 10.5～图 10.7。

第 2 部分　C#习题

第 1 章　Visual C#开发环境

习题 1 参考答案

一、选择题

1. CLR 是一种______。
   A．程序设计语言　　B．运行环境
   C．开发环境　　D．API 编程接口
2. C# 语言源代码文件的后缀名为______。
   A．.C#　　B．.CC　　C．.CSP　　D．.CS
3. 构建桌面应用程序需要.NET 提供的类库是______。
   A．ADO.NET　　B．Windows Form
   C．XML　　D．ASP.NET
4. 与 C++等语言相比，C# 的简单性主要体现在______。
   A．没有孤立的全局函数　　B．没有指针
   C．不能使用未初始化的变量　　D．解决了“DLL 地狱”
5. C#中导入某一命名空间的关键字是______。
   A．using　　B．use
   C．import　　D．include
6. C#中程序的入口方法名是______。
   A．Main　　B．main
   C．Begin　　D．using

二、简答题

1. C#的主要优势有哪些？
2. 如何看待 C#、CLR 和.NET 之间的关系？
3. VS 2015 平台如何有效地实现各类应用程序的管理？
4. 最常见的 C#项目有哪几类？简述创建它们的基本操作步骤。

第 2 章　C#基础

习题 2 参考答案

一、选择题

1. C#中的值类型包括三种，它们是______。

A．整型、浮点型、基本类型

B．数值类型、字符类型、字符串类型

C．简单类型、枚举类型、结构类型

D．数值类型、字符类型、枚举类型

2．C#的引用类型包括类、接口、数组、委托、object和string。其中，object______根类。

A．只是引用类型的　　B．只是值类型的

C．只是string类型的　　D．是所有值类型和引用类型的

3．浮点常量有三种格式，下面______组的浮点常量都属于double类型。

A．0.618034，　0.618034D，　6.18034E–1

B．0.618034，　0.618034F，　0.0618034e1

C．0.618034，　0.618034f，　0.618034M

D．0.618034F，　0.618034D，　0.618034M

4．下面字符常量表示有错的一组是______。

A．'\\',　'\u0027',　'\x0027'　　B．'\n',　'\t',　'\037'

C．'a',　'\u0061',　(char)97　　D．'\x0030',　'\0',　'0'

5．下列标识符命名正确的是______。

A．_int,　Int,　@int　　B．using,　_using,　@using

C．NO1,　NO_1,　NO.1　　D．A3,　_A3,　@A3

6．当表达式中混合了几种不同的数据类型时，C# 会基于运算的顺序将它们自动转换成同一类型。但下面______类型和decimal类型混合在一个表达式中，不能自动提升为decimal。

A．float　　B．int　　C．uint　　D．byte

7．设有说明语句 int x=8;　则下列表达式中，值为2的是______。

A．x += x –= x;　　B．x %= x–2;

C．x > 8 ? x=0: x++;　　D．x/=x+x;

8．C#数组主要有三种形式，它们是______。

A．一维数组、二维数组、三维数组

B．整型数组、浮点型数组、字符型数组

C．一维数组、多维数组、不规则数组

D．一维数组、二维数组、多维数组

9．设有说明语句double [, ,] tab = new double [2, 3, 4]；下面叙述中正确的是______。

A．tab是一个三维数组，它的元素共有24个

B．tab是一个有三个元素的一维数组，它的元素初值分别是2、3、4

C．tab是一个维数不确定的数组，使用时可以任意调整

D．tab是一个不规则数组，数组元素的个数可以变化

10．C#的构造函数分为实例构造函数和静态构造函数，实例构造函数可以对______进行初始化，静态构造函数只能对______进行初始化。

A．静态成员　　B．非静态成员

C．静态成员或非静态成员　　D．静态成员和非静态成员

11．因为C#实现了完全意义上的面向对象，所以它没有______，任何数据域和方法都必须封装在类体中。

A．全局变量　　B．全局常数

C．全局方法　　D．全局变量、全局常数和全局方法

12．方法中的值参数是______的参数。

A．按值传递　　　　　　　　B．按引用传递
C．按地址传递　　　　　　　D．不传递任何值

13．下面对方法中的 ref 和 out 参数说明错误的是______。
A．ref 和 out 参数的传递方法相同，都是把实参的内存地址传递给方法，实参与形参指向同一个内存存储区域，但 ref 要求实参必须在调用之前明确赋过值
B．ref 是将实参传入形参，out 只能用于从方法中传出值，而不能从方法调用处接收实参数据
C．因为 ref 和 out 参数传递的是实参的地址，所以要求实参和形参的数据类型必须一致
D．ref 和 out 参数要求实参与形参的数据类型或者一致，或者实参能被隐式地转化为形参的类型

14．下列叙述中，正确的是______。
A．接口中可以有虚方法　　　　B．一个类可以实现多个接口
C．接口能被实例化　　　　　　D．接口中可以包含已实现的方法

二、简答题

1．判断下列标识符的合法性。

X.25　　4foots　　exam–1　　using　　main
Who_am_I　　Large&Small　　_Years　　val(7)　　2xy

2．下列常量是否合法？若不合法，指出原因；若合法，指出它的数据类型。

32767　　35u　　1.25e3.4　　3L　　0.0086e–32　　'\87'
true　　"a"　　'a'　　'\96\45'　　.5　　5UL

3．指出下列各项中哪些表示字符？哪些表示字符串？哪些既不表示字符也不表示字符串？

'0x66'　　China　　"中国"　　"8.42"　　'\0x33'　　56.34
"\n\t0x34"　　'\r'　　'\\'　　'8.34'　　"\0x33"　　'\0'
"Computer System!\n"　　"\\\\doc\\share\\my1.doc"　　@"\\doc\share\my1.doc"
@"Joe said" "Hello" "to me"　　"Joe said\"Hello\"to me "

4．将下列代数式写成 C#的表达式。

（1）ax^2+bx+c　　（2）$(x+y)^3$　　（3）$(a+b)/(a-b)$

5．计算下列表达式的值。

（1）x+y%4*(int)(x+z)%3/2　　其中，x=3.5，y=13，z=2.5
（2）(int)x%(int)y+(float)(z*w)　　其中，x=2.5，y=3.5，z=3，w=4

6．写出下列表达式运算后 a 的值，设原来的 a 都是 10。

（1）a+=a;　　（2）a%=(7%2);　　（3）a*=3+4;
（4）a/=a+a;　　（5）a–=a;　　（6）a+=a–=a*=a;

三、填空题

1．在 C#中可以把任何类型的值赋给 object 类型变量，当值类型赋给 object 类型变量时，系统要进行______操作；而将 object 类型变量赋给一个值类型变量，系统要进行______操作，并且必须加上______类型转换。

2．C#特有的不规则数组是数组的数组，也就是说它的数组元素是______，并且它的内部每个数组的长度______。

3．数组在创建时可根据需要进行初始化，需要注意的是，初始化时，不论数组的维数是多少，都必须显式地初始化数组的______元素。

四、程序分析题

1．程序运行结果是______。

```
class Exe1
{
        static void Main(string[] args)
        {
            int x, y, z;
            bool s;
            x = y = z = 0;
            s = x++ != 0 || ++y != 0 && ++y != 0;
            Console.WriteLine("x={0}, y={1}, z={2}, s={3}", x, y, z, s);
            Console.Read();
        }
}
```

2．程序运行结果是______。

```
class Exe2
{
        static void Main(string[] args)
        {
            int a, b;
            a = b = 1;
            b += a / b++;
            Console.Write("a={0}, b={1}, ", a, b);
            b += --a + (++b);
            Console.WriteLine("a={0}, b={1}", a, b);
            Console.Read();
        }
}
```

3．程序运行结果是______。

```
class Exe3
{
        static void Main(string[] args)
        {
            int Hb, Lb, x;
            x = 0x1af034;
            Hb = (x >> 16) & 0xFFFF;
            Lb = x & 0x00ff;
            Console.Write("Hb is {0}\t ", Hb);
            Console.WriteLine("Lb is {0}", Lb);
            Console.Read();
        }
}
```

4．程序运行结果是______。

```
class Exe4
{
        static void Main(string[] args)
        {
            int a = 2, b = 7, c = 5;
```

```
            switch (a > 0)
            {
                case true:
                    switch (b < 10)
                    {
                        case true: Console.Write("^"); break;
                        case false: Console.Write("!"); break;
                    }
                    break;
                case false:
                    switch (c == 5)
                    {
                        case false: Console.Write("*"); break;
                        case true: Console.Write("#"); break;
                    }
                    break;
            }
            Console.WriteLine();
            Console.Read();
        }
    }
```

5．程序运行结果是______。

```
class Exe5
{
    static void Main(string[] args)
    {
        int[] x;
        x = new int[10];
        int[] y = { 1, 2, 3, 4, 5, 6, 7, 8, 9, 10 };
        const int SIZE = 10;
        int[] z;
        z = new int[SIZE];
        for (int i = 0; i < z.Length; i++)
        {
            z[i] = i * 2 + 1;
            Console.Write("{0,4}", z[i]);
        }
        Console.Read();
    }
}
```

6．下面程序的功能是：输出 100 以内能被 3 整除且个位数为 6 的所有整数，请填空。

```
class Exe6
{
    static void Main(string[] args)
    {
        int i, j;
        for (i = 0;__(1)__;i++)
        {
            j = i * 10 + 6;
            if (__(2)__)
            {
```

```
                continue;
            }
            Console.WriteLine("{0} ", j);
        }
        Console.Read();
    }
}
```

7．程序运行结果是______。

```
public class Test
{
    public void change1(string s)
    {
        s = s + "Change1";
    }
    public void change2(ref string s)
    {
        s = s + "Change2";
    }
    public void change3(string s1, out string s2)
    {
        s1 = s1 + "Change3";
        s2 = s1;
    }
}
class Exe7
{
    static void Main(string[] args)
    {
        string s1, s2;
        s1 = "Hello, ";
        Test t1 = new Test();
        t1.change1(s1);
        Console.WriteLine("s1 after call to change1 is {0}", s1);
        t1.change2(ref   s1);
        Console.WriteLine("s1 after call to change2 is {0}", s1);
        t1.change3(s1, out s2);
        Console.WriteLine("s1 after call to change3 is {0}", s1);
        Console.WriteLine("s2 after call to change3 is {0}", s2);
        Console.Read();
    }
}
```

五、编程题

1．斐波那契数列中的前 2 个数是 1 和 1，从第 3 个数开始，每个数等于前 2 个数的和。编程计算此数列的前 30 个数，且每行输出 5 个数。

2．从键盘上输入一个整数 n 的值，按下式求出 y，并输出 n 和 y 的值（y 用浮点数表示）：

$$y = 1! + 2! + 3! + \cdots + n!$$

3．设计一个程序，输出所有的水仙花数。水仙花数是一个 3 位整数，其各位数字的立方和等于该数的本身。例如，$153 = 1^3 + 5^3 + 3^3$。

4. 设计一个程序，输入一个 4 位整数，将各位数字分开，并按其反序输出。例如，若输入 1234，则输出 4321。要求必须用循环语句实现。

5. 求π/2 的近似值的公式为：

$$\frac{\pi}{2}=\frac{2}{1}\times\frac{2}{3}\times\frac{4}{3}\times\frac{4}{5}\times\cdots\times\frac{2n}{2n-1}\times\frac{2n}{2n+1}\times\cdots$$

其中，$n=1$，2，3，…。设计一个程序，求出当 $n=1000$ 时π的近似值。

6. 设计一个程序，输入一个十进制数，输出相应的十六进制数。

7. 当 $x>1$ 时，Hermite 多项式定义为：

$$H_n(x)=\begin{cases}1 & n=0\\ 2x & n=1\\ 2xH_{n-1}-2(n-1)H_{n-2}(x) & n>1\end{cases}$$

当输入浮点数 x 和整数 n 后，求出 Hermite 多项式前 n 项的值。

8. 找出数组 a 中最大值的下标，输出下标及最大值。

9. 判断 s 所指的字符串是否为“回文”（顺读和逆读是相同的字符）。

10. 输入一组非 0 整数（以 0 作为结束标志）到一维数组中，求出这一组数的平均值，并统计出正数和负数的个数。

11. 设计一个程序，求一个 4×4 矩阵两对角线元素之和。

12. 输入一个字符串，串内有数字和非数字字符，如 abc2345 345fdf678 jdhfg945。将其中连续的数字作为一个整数，依次存放到另一个整型数组 b 中。如将 2345 存放到 $b[0]$，345 放入 $b[1]$，678 放入 $b[2]$，…统计出字符串中的整数个数，并输出这些整数。

第 3 章　C#面向对象编程

习题 3 参考答案

一、选择题

1. C# 语言的核心是面向对象编程（OOP），所有 OOP 语言都应至少具有______这三个特性。
   A．封装、继承和多态　　B．类、对象和方法
   C．封装、继承和派生　　D．封装、继承和接口

2. 以下有关属性的叙述中正确的是______。
   A．要求与字段域一一对应　　B．只包含 get 访问器的属性是只写属性
   C．不能把它当变量使用　　D．在静态属性访问器中可访问静态数据

3. 假设 class Mclass 类的一个方法的签名为 public void Max (out int max, params int [ ] a)，m1 是 Mclass 类的一个对象，maxval 是一个 int 型的值类型变量，arrayA 是一个 int 型的数组对象，则下列调用该方法有错的是______。
   A．m1.Max (out maxval)　　B．m1.Max (out maxval, 4, 5, 3)
   C．m1.Max (out maxval, ref arrayA)　　D．m1.Max (out maxval, 3, 3.5)

4. 枚举类型是一组命名的常量集合，所有整型都可以作为枚举类型的基本类型，如果类型省略，则约定为______。
   A．uint　　B．sbyte　　C．int　　D．ulong

二、简答题

1. 列举一个现实世界中继承的例子，用类的层次图表示出来。

2．什么是抽象类和密封类？它们有什么不同？

3．分别在什么情况下使用隐式数值类型转换和显式数值类型转换？

三、填空题

1．析构函数不能由程序显式地调用，而是由系统在______时自动调用。如果这个对象是一个派生类对象，那么在调用析构函数时，除了执行派生类的析构函数，也会执行基类的析构函数，其执行顺序与构造函数______。

2．因C#实现了完全意义上的面向对象，故它没有______，任何数据域、方法都必须封装在类中。

3．在类中，如果一个数据成员被声明为static的，则说明这个类的所有实例都共享这个static数据成员。在类体外，static成员不能通过______访问，它必须通过______访问。

四、程序分析题

1．下面的程序，输入不同参数，如5、hello、0、1212121212121212等，观察并分析运行结果。

```
class Test
{
    static void Main(string[] args)
    {
        while(true)
        {
            String s = Console.ReadLine();
            if (s == "exit") break;
            try
            {
                int i = 10 / Int32.Parse(s);
                Console.WriteLine("结果是" + i);
            }
            catch (IndexOutOfRangeException e)
            {
                Console.WriteLine(e.Message);
            }
            catch (FormatException e)
            {
                Console.WriteLine(e.Message);
            }
            catch (DivideByZeroException e)
            {
                Console.WriteLine(e.Message);
            }
            catch (OverflowException e)
            {
                Console.WriteLine(e.Message);
            }
        }
        Console.Read();
    }
}
```

2．指出下面代码中错误的地方，并进行修改。

```
using System;
```

```
…
namespace PavelTsekov
{
    interface I1
    {
        void MyFunction1();
    }
    interface I2
    {
        void MyFunction2();
    }
    class Test : I1, I2
    {
        public void I1.MyFunction1()
        {
            Console.WriteLine("Now I can say this here is I1 implemented!");
        }
        public void I2.MyFunction2()
        {
            Console.WriteLine("Now I can say this here is I2 implemented!");
        }
    }
    class AppClass
    {
        static void Main(string[] args)
        {
            Test t = new Test();
            t.MyFunction1();
            t.MyFunction2();
            Console.Read();
        }
    }
}
```

3．分析下面的代码，指出 Digit 和 byte 之间的转换方式，并说明原因。

```
using System;
…
namespace Digit
{
    public class Digit
    {
        byte value;
        public Digit(byte value)
        {
            if (value < 0 || value > 9)
                throw new ArgumentException();
            this.value = value;
        }
        public static implicit operator byte(Digit d)
        {
            return d.value;
        }
```

```
    }
    class Program
    {
        static void Main(string[] args)
        {
            Digit dig = new Digit(7);
            byte num = dig;
            Console.WriteLine("num={0}", num);
            Console.ReadLine();
        }
    }
}
```

五、编程题

1．定义描述复数的类，并实现复数的输入和输出。设计三个方法分别完成复数的加、减和乘法运算。

2．定义全班学生成绩类，包括姓名、学号、C++成绩、英语成绩、数学成绩和平均成绩。设计下列方法：

（1）全班成绩的输入。

（2）求出每个学生的平均成绩。

（3）按平均成绩的升序排列。

（4）输出全班成绩。

3．定义一个描述学生基本情况的类，数据成员包括姓名、学号以及 C++、英语和数学成绩，成员函数包括输出数据、设置姓名和学号、设置三门课的成绩，求出总成绩和平均成绩。

4．设有一个描述坐标点的 CPoint 类，其私有变量 x 和 y 代表一个点的 x、y 坐标值。编写程序实现以下功能：利用构造函数传递参数，并设其默认参数值为 60 和 75，利用成员函数 display()输出该默认值；利用公有成员函数 setpoint()将坐标值修改为(80, 150)，并利用成员函数输出修改后的坐标值。

5．定义一个人员类 CPerson，包括数据成员：姓名、编号、性别和用于输入/输出的成员函数。在此基础上派生出学生类 CStudent（增加成绩）和教师类 CTeacher（增加教龄），并实现对学生和教师信息的输入/输出。

6．把定义平面直角坐标系上的一个点的类 CPoint 作为基类，派生出描述一条直线的类 CLine，再派生出一个矩形类 CRect。要求成员函数能求出两点间的距离、矩形的周长和面积等。设计一个测试程序，并构造完整的程序。

7．定义一个字符串类 CStrOne，它包含一个存放字符串的数据成员，能够通过构造函数初始化字符串，通过成员函数显示字符串的内容。在此基础上派生出 CStrTwo 类，增加一个存放字符串的数据成员，并能通过派生类的构造函数传递参数，初始化两个字符串，通过成员函数进行两个字符串的合并及输出。

第 4 章　Windows 应用程序开发基础

习题 4 参考答案

一、选择题

1．通过更改______属性值，可控制和调整窗体的外观。

A．Visible　　B．Opacity　　C．FormBorderStyle　　D．StartPosition

2. .NET 框架中的大多数控件都派生于______类。

A. System　　B. System.Data.Odbc
C. System.Data　　D. System.Windows.Forms.Control

3. 文本框的______属性可指定是否用密码字符替换控件中的输入字符。

A. Text　　B. Caption　　C. PasswordChar　　D. TextAlign

4. 所有控件都有的属性是______。

A. Text　　B. BackColor　　C. Item　　D. Name

5. 对于每个控件而言，______属性是区别控件类不同对象的唯一标志。

A. Caption　　B. Name　　C. Top　　D. Left

6. ______在响应之前不允许用户与程序中的其他窗体进行交互。

A. 对话框　　B. 模态窗体　　C. 非模态窗体　　D. 主窗体

7. 在使用 PictureBox 显示图片时，若使图片调整到 PictureBox 控件大小，则将 SizeMode 属性设置为______。

A. StretchImage B. Normal　　C. CenterImage　　D. AutoSize

8. 定时器的______事件在每个时间间隔内被重复激发。

A. Click　　B. Tick　　C. ServerClick　　D. ServerTick

9. 如果将窗体设置为透明的，则______。

A. 将 FormBorderStyle 属性设置为 None
B. 将 Locked 属性设置为 True
C. 将 Opacity 属性设置为小于 100%的值
D. 将 Enabled 属性设置为 True

10. 若“颜色”对话框禁用“规定自定义颜色”按钮，则应该对______属性进行设置。

A. AllowFullOpen　　B. FullOpen
C. AnyColor　　D. CustomColors

二、填空题

1. 窗体的______属性控制窗体是否为顶端的窗体。
2. 窗体的______属性用于设置窗体标题栏右侧“最大化”按钮是否可用。
3. 对于 ListBox 控件，使用______属性可增加或删除列表框中的项。
4. 常用的 C#通用对话框有______、______、______和______等。
5. 用鼠标右键单击一个控件时，出现的菜单一般称为______。

三、简答题

1. 开发一个 Windows 应用程序一般包括哪几个步骤？试简要说明。
2. 如何才能让主窗体在应用程序启动时就不可见？
3. 常用控件的共有属性有哪些？有哪些控件同时是容器？
4. LinkLabel 控件的主要作用是什么？
5. TextBox 控件的主要作用是什么？多行 TextBox 控件的主要作用是什么？
6. RadioButton 控件的作用和 CheckBox 的有什么不同？为什么一般它们都要和 GroupBox 或 Panel 控件组合使用？
7. ListBox 控件的主要作用是什么？怎样进行项目多选？
8. ComboBox 控件的主要作用是什么？它有哪三种不同的样式？
9. 菜单的作用是什么？怎样实现上下文菜单？

10．StatusStrip 控件的作用是什么？怎样实现状态栏的功能？状态栏的内容如何设置？又如何改变？

11．对话框与窗体有什么不同？什么时候使用对话框？

12．MDI 有什么作用？如何设置？

第 5 章　C#高级特性

习题 5 参考答案

一、选择题

1．委托声明的关键字是______。

A．delegate　　B．sealed　　C．operator　　D．event

2．声明一个委托“public delegate int myCallBack(string s);”，则用该委托产生的回调方法的原型应该是______。

A．void myCallBack(string s)　　B．int receive(string str)

C．string receive(string s);　　D．不确定

3．在 C#中，有关事件的定义中正确的是______。

A．public delegate void Click;
public event Click OnClick;

B．public delegate void Click();
public event Click OnClick();

C．public delegate Click;
public event Click OnClick;

D．public delegate void Click();
public event Click OnClick;

4．接口可以包含一个和多个成员，以下选项______不能包含在接口中。

A．方法、属性　　B．索引指示器　　C．事件　　D．常量

二、简答题

1．集合的使用有哪两种方式？举例说明。

2．C#引入委托机制的目的是什么？为什么说委托是“C#比别的 OO 语言更加彻底地贯彻面向对象思想的体现之一”？

3．试列举几种常用的预处理命令及其用法。

4．什么是程序集？它的作用有哪些？

5．泛型是什么？有何作用？

第 6 章　C#线程技术

习题 6 参考答案

一、选择题

1．关于进程与线程的关系，以下说法中正确的是______。

A．一个线程对应一个进程　　B．一个线程可以包含多个进程

C．一个进程可以包含多个线程　　D．线程与进程是同一个概念

2．关于线程的优先级，以下说法中正确的是______。

A．经过设置，用户线程的优先级可以高于系统内任何其他的线程

B．优先级高的线程执行后可能导致优先级低的线程无法执行

C．只要把优先级设为最高，线程就可以独占系统 CPU 时间

D．只有一个线程的进程没有优先级

3．关于线程的终止，以下说法中正确的是______。

A．线程终止是显式调用线程对象的 Abort 方法完成的

B．线程终止是显式调用线程对象的 Suspend 方法完成的

C．调用线程对象的 Abort 方法后，该线程中会发生 ThreadAbortException 异常

D．调用线程对象的 Abort 方法后，线程立即结束

二、简答题

1．今天的计算机程序普遍都使用线程（不一定是多线程），这样做的根本动机是什么？

2．一个线程在其生命周期中有哪几种状态？控制线程状态转换的常用方法有哪些？各起什么作用？

3．是不是多线程应用程序就一定比单线程程序好？在什么情况下考虑使用多线程？

4．开发多线程应用程序时需要考虑哪些因素？

第 7 章　C#图形、图像编程

习题 7 参考答案

一、简答题

1．什么是 GDI+？为什么称之为 GDI+？它有何作用？

2．“笔”和“画刷”的功能有什么区别？

3．为什么说 Graphics 类代表了所有输出显示的绘图环境？创建 Graphics 对象的几种方法分别适用于什么场合？

4．能否不借助“画刷”而仅用“笔”绘制出实心的形状？

5．GDI+编程中的文本输出与 C#基础编程（如本书第 2 章和第 3 章中）文本字符串输出本质上一样吗？有什么不同？

二、编程题

在【例 7.12】画图板程序中的画笔的宽度是可选择的，试改写程序，使用 TrackBar 控件（ TrackBar ），当调节此控件时，根据滑条的数值画出相应宽度的线条。

第 8 章　文件操作

习题 8 参考答案

一、选择题

1．______类用于进行目录管理。

A．System.IO　　B．File　　C．Stream　　D．Directory

2．______类提供用于创建、复制、删除和打开文件的静态方法。

A．Path　　B．File　　C．Stream　　D．Directory

3．File 类的______方法用于创建指定的文件并返回一个 FileStream 对象。如果指定文件已经存在，则将其覆盖。

A．Write()　　B．New()　　C．Create()　　D．Open()

4．StreamReader类的______方法用于从流中读取一行字符。如果到达流的末尾，则返回null。

A．ReadLine()　　B．Read()　　C．WriteLine()　　D．Write()

5．Directory类的______方法用于创建指定路径中包含的所有目录和子目录并返回一个Directorylnfo对象，通过该对象操作相应的目录。

A．CreateDirectory()　　B．Path()　　C．Create()　　D．Directory()

二、填空题

1．在.NET框架中，与基本输入/输出操作相关的类都位于______命名空间中，所以用户要在代码中使用______语句来导入这个命名空间。

2．在读取数据之前，可以使用StreamReader类的______方法来检测是否到达了流的末尾。该函数返回流的当前位置上的字符，但不移动指针，如果到达末尾，则返回______。

3．File类的Open.Text()方法和Append.Text()方法都可以用来打开文件，但打开文件后，文件指针所处的位置是不同的，______在文件开头的位置，而______处于文件末尾。

4．Path类中的______方法用于返回指定文件路径字符串的目录部分。

5．流是______，C#定义了流有______几种，它们的共同抽象基类是______。

三、简答题

1．创建文件有哪几种方法？各有什么特点？

2．使用FileStream对象对文件进行读/写，和使用File或者Fileinfo类的OpenRead和OpenWrite方法返回的FileStream对象进行读/写有什么不同？

四、编程题

1．重载提取（>>）和插入（<<）运算符，使其可以实现“点”对象的输入和输出，并利用重载后的运算符，从键盘读入点坐标，写到磁盘文件point.txt中。

2．建立一个二进制文件，用来存放自然数1～20及其平方根。输入1～20之内的任意一个自然数，查找出其平方根显示在屏幕上。

3．设计两个类：一个是学生类CStudent，另一个是用来操作文件的CStuFile类。其中，CStudent类应包含数据成员：姓名、学号、三门课的成绩及总平均分等，并有相关成员函数，如用于数据校验的Validate()、输出Print()等。CStuFile类包含实现学生数据的添加AddTo()、输出List()、按平均分从高到低排序的Sort()、按学号查找数据Seek()，以及删除某个学号的数据Delete()等。编写一个完整的程序。

第9章　数据库应用基础

习题9参考答案

一、选择题

1．DataReader对象的______方法用于从查询结果中读取行。

A．Next　　B．Read　　C．NextResult　　D．Write

2．.NET框架中的SqlCommand对象的ExecuteReader()方法返回一个______。

A．XmlReader　　B．SqlDataReader　　C．SqlDataAdapter　　D．DataSet

3．在对SQL Server数据库操作时应选用______。

A．SQL Server .NET Framework 数据提供程序
B．ODBC .NET Framework 数据提供程序
C．OLE DB .NET Framework 数据提供程序
D．Oracle .NET Framework 数据提供程序

4．Connection 对象的______方法用于打开与数据库的连接。
A．Close　　B．Open　　C．ConnectionString　　D．DataBase

5．Command 对象的______方法用于返回受 SQL 语句影响或检索的行数。
A．ExecuteNonQuery　　B．ExecuteReader
C．ExecuteScalar　　D．ExecuteQuery

6．某公司有一个数据库服务器，名为 DianZi，其上装了 SQL Server 2012，现在需要写一个数据库连接字符串，用以连接 AllWin 上 SQL Server 中的一个名为 PubBase 实例的 client 库。那么，应该选择的字符串是______。
A．"Server=DianZi;Data Source=PubBase;Initial Catalog=client;Integrated Security=SSPI"
B．"Server= DianZi;Data Source=PubBase;Database=client;Integrated Security= SSPI"
C．"Data Source= DianZi\PubBase;Initial Category=PubBase;Integrated Security= SSPI"
D．"Data Source= DianZi\PubBase;Database=client;Integrated Security= SSPI"

7．下列中的_______类型的对象是 ADO.NET 在非连接模式下处理数据内容的主要对象。
A．Command　　B．Connection　　C．Adapter　　D．DataSet

二、填空题

1．创建数据库连接使用的对象是______。
2．DataReader 对象是通过 Command 对象的______方法生成的。
3．DataSet 可以看成一个______中的数据库。
4．从数据源向 DataSet 中填充数据使用 DataAdapter 对象的______方法，从 DataSet 向数据源更新数据使用 DataAdapter 对象的______方法。需要显式地通过调用来实现数据的获取与更新，这是由 ADO.NET 的______特性决定的。
5．已知表 t_student(xh, name, class, sex)，结构如下：

字 段 名	数 据 类 型	长　度	是否为主键
xh	int	6	是
name	varchar	10	
class	varchar	15	
sex	char	2	

用 Command 对象给表 t_student 插入一条记录（0001, "张三", "信息 32", '男'），请把程序补充完整。

```
using System.Data.SqlClient;
string myConnectionString;
myConnectionString = "Initial Catalog=Northwind;Data Source=(localdb)\MSSQLLocalDB;Integrated
                                                                    Security=SSPI;"
___(1)___myConnection = new___(2)___(___(3)___);          //定义连接对象
string myInsertQuery = "____(4)____";                       //定义插入数据的字符串
___(5)___myCommand = new___(6)___(____(7)____);           //定义查询命令对象
myCommand.Connection = myConnection;
________(8)__________ ;                                    //打开连接
```

```
myCommand.____(9)______;                                    //执行操作
myConnection.Close();
```

三、简答题

1．DataAdapter 在 ADO.NET 对象体系中起什么作用？

2．对于一个上千人同时访问的网站，如果要设计一个对数据库进行数据读/写的操作，应该用 DataSet 还是 DataReader？说明理由。

3．C#操作 SQL Server 和 MySQL 的相同点和不同点是什么？

第 10 章　类与 DLL 开发

习题 10 参考答案

一、填空题

1．采用多个代码文件组织一个应用，______必须相同。

2．给类属性赋初值采用______方法，______方法对外提供类的属性值。

3．被外面调用的类的方法必须声明为______。

二、简答题

1．完全采用对象类编程的优点和缺点是什么？

2．什么时候用户编写的代码需要分成多个文件？它有什么好处？

3．什么时候需要采用 DLL？如何调用 DLL？

第 3 部分　C#实训

实训 1　Visual C#开发环境

实训目的

熟悉开发环境，编写控制台、Windows 窗体两个版本的 Hello World 范例程序。

实训内容

【实训 1-1】

根据个人习惯配置开发环境，设置键盘方案、窗口的布局、帮助的显示方式。

【实训 1-2】

1．新建一个 C# 的控制台程序，输入代码加粗的一句：

```
using System;
…
namespace Ex1_1
{
    class Program
    {
        static void Main(string[] args)
        {
            Console.WriteLine("Hello World!");
        }
    }
}
```

2．按 F5 键运行程序，观察运行结果。

【实训 1-3】

A．跟着学习

1．新建一个 C# 的 Windows 窗体应用程序，输入代码加粗的一句：

```
using System;
…
using System.Windows.Forms;                                  //注释（1）
namespace Ex1_2
{
    public partial class Form1 : Form
    {
        public Form1()
        {
            InitializeComponent();
        }
```

```
            private void button1_Click(object sender, EventArgs e)
            {
                MessageBox.Show("Hello World!");        //注释（2）
            }
        }
    }
```

2．按F5键运行程序，观察运行结果。

B．自己思考

1．省略注释（1）所在的行，重新编译，观察运行情况，分析原因。

2．将注释（2）所在行的代码改为：

```
MessageBox.Show("Hello World", "Message from C#");
```

编译运行程序，观察运行结果。

实训2　C#基础

实训目的

1．熟练掌握C#的各种数据类型，以及常量、变量的表达形式。

2．熟练掌握C#的运算符和表达式。

3．熟练掌握C#的语句，会使用顺序、选择、循环等语句结构编写程序。

4．熟练掌握C#的数组，学会数组的定义、初始化，以及数组的应用。

5．初步了解类、对象、方法、接口等最基本的面向对象语言的要素。

实训内容

【实训2-1】

有红、黄、黑、白4色球各一个，放置在编号为1、2、3、4的4个盒子中，每个盒子放一个球，其顺序不知。

甲、乙、丙三人猜测放置顺序如下。

甲：黑球在1号盒子中，黄球在2号盒子中。

乙：黑球在2号盒子中，白球在3号盒子中。

丙：红球在2号盒子中，白球在4号盒子中。

结果证明，甲、乙、丙三人各猜中了一半，下面给出的程序就是找出4色球在盒子中的放置情况。

A．跟着学习

1．完善下列程序：

```
using System;
…
namespace TestNumSort
{
    class TestNumSort
    {
        static void Main(string[] args)
        {
            int a, b, c, d;                         //a、b、c、d分别代表红、黄、黑、白
            for (a = 1; a <= 4; a++)
                for (b = 1; b <= 4; b++)
```

```
                for (c = 1; c <= 4; c++)
                    if (a != b && ___(1)___ )              //注释(1)
                    {
                        d = 10 - a - b - c;               //盒子编号之和为 10
                          if ((c == 1 ^ b == 2) && ___(2)___ )   //注释(2)
                        {
                            Console.Write("红球放置在{0}号,黄球放置在{1}号,", a, b);
                            Console.WriteLine("黑球放置在{0}号,白球放置在{1}号", c, d);
                        }
                    }
            Console.Read();
        }
    }
}
```

2．编辑、编译和运行程序，观察运行结果。程序运行结果如图 T2.1 所示。

```
红球放置在2号,黄球放置在4号,黑球放置在1号,白球放置在3号
```

图 T2.1　程序运行结果

B：自己练习

1．用其他语句分别表达注释（1）和注释（2）的含义。

2．把 for 循环换成 while 循环，实现同样的功能。

3．把 Console.Write 和 Console.WriteLine 语句合并成一条语句，实现同样的功能。

【实训 2-2】

根据给出的公式编程计算 π 的值，直到所加项小于 1e−10 为止。

$$\frac{\pi}{6}=\frac{1}{2}+\left(\frac{1}{2}\right)\frac{1}{3}\left(\frac{1}{2}\right)^{3}+\left(\frac{1}{2}\times\frac{3}{4}\right)\frac{1}{5}\left(\frac{1}{2}\right)^{5}+\left(\frac{1}{2}\times\frac{3}{4}\times\frac{5}{6}\right)\frac{1}{7}\left(\frac{1}{2}\right)^{7}+\cdots$$

A．跟着学习

1．完善下列程序：

```
using System;
…
namespace TestPi
{
    class TestPi
    {
        static void Main(string[] args)
        {
            double sum = 0.5, t, t1, t2, t3, p = 0.5 * 0.5;
            int odd = 1, even = 2;
            t = t1 = t2 = 1.0; t3 = ___(1)___;
            while (t > 1e-10)
            {
                t1 = t1 * odd / even;
                odd += 2; even += 2;
                t2 = 1.0 / odd;
                t3 = t3 * ___(2)___;
                t = ___(3)___;
                sum += t;
```

```
                }
                Console.WriteLine("\nPI={0,10:f8}",sum*6);
                Console.Read ();
            }
        }
    }
```

2．编辑、编译和运行程序，观察运行结果。程序运行结果如图 T2.2 所示。

PI=3.14159265

图 T2.2 程序运行结果

B．自己练习

1．把 while 循环换成 do while 循环，实现同样的功能。

2．修改程序，计算圆的面积。其中，圆的半径从键盘输入，圆的面积输出显示。π 的值通过上述程序计算得到。

【实训 2-3】

编程进行卡布列克运算。所谓卡布列克运算，是指任意一个 4 位数，只要它们各个位上的数字不全相同，就有如下规律。

（1）把组成这个 4 位数的 4 个数字由大到小排列，形成由这 4 个数字构成的最大的 4 位数。

（2）把组成这个 4 位数的 4 个数字由小到大排列，形成由这 4 个数字构成的最小的 4 位数（如果 4 个数字中含有 0，则此数不足 4 位）。

（3）求出以上两数之差，得到一个新的 4 位数。

重复以上过程，最后的结果总是 6174。

例如：当 n=2456 时，程序运行结果如图 T2.3 所示。

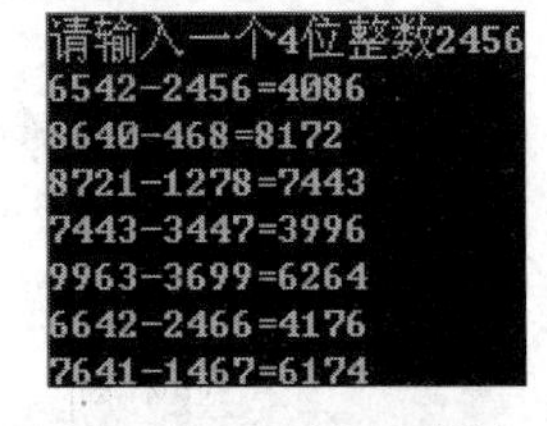

请输入一个4位整数2456
6542-2456=4086
8640-468=8172
8721-1278=7443
7443-3447=3996
9963-3699=6264
6642-2466=4176
7641-1467=6174

图 T2.3 程序运行结果

A．跟着学习

1．完善下列程序：

```
using System;
…
namespace Test6174
{
    class Test6174
    {
        static void Main(string[] args)
        {
            Console.Write ("请输入一个 4 位整数");
            string s=Console.ReadLine();
            int num=Convert.ToInt32(s);
            int [] each = new int [4];
            int max,min,i,j,temp;
            while (num != 6174 && num != 0)
            {
                i = 0;
                while (num != 0)
                {
                    each[i++] = __(1)__;
                    num = num / 10;
                }
                for (i = 0; i < 3; i++)
                {
                    for (j = 0; j < 3 - i; j++)
                    {
```

```
                    if (each[j] > each[j + 1])
                    {
                        temp = each[j];
                        each[j] = each[j + 1];
                        each[j + 1] = temp;
                    }
                }
            }
            min = __(2)__;
            max = __(3)__;
            num = __(4)__;
            Console.WriteLine("{0}-{1}={2}", max, min, num);
        }
        Console.Read ();
    }
  }
}
```

2．编辑、编译和运行程序，观察运行结果。

B．自己练习

1．修改程序，对输入字符串中的每个字符进行判断，只有输入的 4 个字符全为数字，方可继续执行。

2．修改程序，把输入字符串中的 4 个数字直接保存到数组中。

【实训 2-4】

A．跟着学习

1．阅读下列程序：

```
using System;
…
namespace Test2_4
{
    class CRect
    {
        private int top, bottom, left, right;
        public static int total_rects = 0;
        public static long total_rect_area = 0;
        public CRect()
        {
            left = top = right = bottom = 0;
            total_rects++;
            total_rect_area += getHeight() * getWidth();
            Console.WriteLine("CRect() Constructing rectangle number {0} ", total_rects);
            Console.WriteLine("Total rectangle areas is: {0}", total_rect_area);
        }
        public CRect(int x1, int y1, int x2, int y2)
        {
            left = x1; top = y1;
            right = x2; bottom = y2;
            total_rects++;
            total_rect_area += getHeight() * getWidth();
            Console.WriteLine("CRect(int,int,int,int) Constructing rectangle number {0} ", total_rects);
```

```
            Console.WriteLine("Total rectangle areas is: {0}", total_rect_area);
        }
        public CRect(CRect r)
        {
            left = r.left; right = r.right;
            top = r.top; bottom = r.bottom;
            total_rects++;
            total_rect_area += getHeight() * getWidth();
            Console.WriteLine("CRect(CRect&) Constructing rectangle number {0}", total_rects);
            Console.WriteLine("Total rectangle areas is: {0}", total_rect_area);
        }
        public int getHeight()
        { return top > bottom ? top - bottom : bottom - top; }
        public int getWidth()
        { return right > left ? right - left : left - right; }
        public static int getTotalRects()
        { return total_rects; }
        public static long getTotalRectArea()
        { return total_rect_area; }
    }
    class Test2_4

    {
        static void Main(string[] args)
        {
            CRect rect1 = new CRect(1, 3, 6, 4), rect2 = new CRect(rect1);
            Console.Write("Rectangle 2: Height: {0}", rect2.getHeight());
            Console.WriteLine(", Width: {0}", rect2.getWidth());
            {                //注释（1）
                CRect rect3 = new CRect();
                Console.Write("Rectangle 3: Height: {0}", rect3.getHeight());
                Console.WriteLine(", Width: {0}", rect3.getWidth());
            }                //注释（2）
            Console.Write("total_rects={0},", CRect.total_rects);
            Console.WriteLine(" total_rect_area={0}", CRect.total_rect_area);
            Console.Read();
        }
    }
}
```

2．编译和运行程序，程序运行结果如图T2.4所示。

```
CRect(int,int,int,int) Constructing rectangle number 1
Total rectangle areas is: 5
CRect(CRect&) Constructing rectangle number 2
Total rectangle areas is: 10
Rectangle 2: Height: 1, Width: 5
CRect() Constructing rectangle number 3
Total rectangle areas is: 10
Rectangle 3: Height: 0, Width: 0
total_rects=3, total_rect_area=10
```

图T2.4　程序运行结果

B．自己思考

1．分析静态成员 total_rects 和 total_rect_area 的值及构造函数的调用次序。

2．将注释（1）和注释（2）处的花括号去掉，运行结果将发生什么变化？为什么？

【实训 2-5】

编写 IEnglishDimensions 和 IMetricDimensions 两个接口，同时分别以公制单位和英制单位显示框的尺寸。Box 类继承 IEnglishDimensions 和 IMetricDimensions 两个接口，它们表示不同的度量衡系统。两个接口有相同的成员名（Length 和 Width）。

A．跟着学习

1．阅读下列程序：

```
using System;
…
namespace Test2_5
{
    //定义 IEnglishDimensions 和 IMetricDimensions 接口
    interface IEnglishDimensions
    {
        float Length();
        float Width();
    }
    interface IMetricDimensions
    {
        float Length();
        float Width();
    }
    //从 IEnglishDimensions 和 IMetricDimensions 接口派生类 Box
    class Box:IEnglishDimensions,IMetricDimensions
    {
        float lengthInches;
        float widthInches;
        public Box(float length, float width)
        {
            lengthInches = length;
            widthInches = width;
        }
        float IEnglishDimensions.Length()
        {
            return lengthInches;
        }
        float IEnglishDimensions.Width()
        {
            return widthInches;
        }
        float IMetricDimensions.Length()
        {
            return lengthInches * 2.54f;
        }
        float IMetricDimensions.Width()
        {
            return widthInches * 2.54f;
        }
```

```
        //主程序
        static void Main(string[] args)
        {
            //定义一个实类对象 "myBox":
            Box myBox = new Box(30.0f, 20.0f);
            //定义一个接口"eDimensions"
            IEnglishDimensions eDimensions = (IEnglishDimensions)myBox;
            //定义一个接口"mDimensions"
            IMetricDimensions mDimensions = (IMetricDimensions)myBox;
            //输出
            Console.WriteLine(" Length(in): {0}", eDimensions.Length());
            Console.WriteLine(" Width (in): {0}", eDimensions.Width());
            Console.WriteLine(" Length(cm): {0}", mDimensions.Length());
            Console.WriteLine(" Width (cm): {0}", mDimensions.Width());
            Console.Read();
        }
    }
}
```

```
Length(in): 30
Width (in): 20
Length(cm): 76.2
Width (cm): 50.8
```

图 T2.5　程序运行结果

2．编译和运行程序，观察运行结果。程序运行结果如图 T2.5 所示。

B．自己思考

1．用隐式接口实现方法重新实现 Box 类。

2．比较显式接口实现和隐式接口实现的异同。

实训 3　C#面向对象编程

实训目的

1．加深理解面向对象编程的概念，如类、对象、实例化等。

2．熟练掌握类的封装、继承和多态机制。

3．掌握编程常用的几种排序算法。

4．理解异常的产生过程和异常处理的概念，掌握 C#异常处理的方法。

5．能够将面向对象思想应用于编程实践，开发出规模稍大的应用，如图书管理、银行卡存取款业务等。

实训内容

【实训 3-1】 图书管理应用。

设计一个图书卡片类 Card，用来保存图书馆卡片分类记录。这个类的成员包括书名、作者、馆藏数量。至少提供以下两个方法。

（1）store——书的入库处理。

（2）show——显示图书信息。

程序运行时，可以从控制台上输入需要入库图书的总数，根据这个总数创建 Card 对象数组，然后输入数据，最后可以选择按书名、作者或入库量排序。

A．跟着学习

1．阅读下列程序：

```
using System;
…
namespace Test3_1
```

```
{
    class Card
    {
        private string title, author;
        private int total;
        public Card()
        {
            title = ""; author = "";
            total = 0;
        }
        public Card(string title, string author, int total)
        {
            this.title = title;
            this.author = author;
            this.total = total;
        }
        public void store(ref Card card)
        {
            title = card.title; author = card.author; total = card.total;

        }
        public void show()
        {
            Console.WriteLine("Title: {0},   Author: {1} ,   Total: {2} ", title, author, total);
        }
        public string Title            //Title 属性可读可写
        {
            get { return title; }
            set { title = value; }
        }
        public string Author           //Author 属性可读可写
        {
            get { return author; }
            set { author = value; }
        }
        public int Total               //Total 属性可读可写
        {
            get { return total; }
            set { total = value; }
        }
    }
    class Test3_1
    {
        static void Main(string[] args)
        {
            Test3_1 T = new Test3_1();
            Card[] books;
            int[] index;
            int i, k;
            Card card = new Card();
            Console.Write("请输入需要入库图书的总数： ");
            string sline = Console.ReadLine();
            int num = int.Parse(sline);
            books = new Card[num];
            for (i = 0; i < num; i++)
                books[i] = new Card();
```

```
        index = new int[num];
        for (i = 0; i < num; i++)
        {
            Console.Write("请输入书名：  ");
            card.Title = Console.ReadLine();
            Console.Write("请输入作者：  ");
            card.Author = Console.ReadLine();
            Console.Write("请输入入库量：");
            sline = Console.ReadLine();
            card.Total = int.Parse(sline);
            books[i].store(ref card);
            index[i] = i;
        }
        Console.Write("请选择按什么关键字排序(1.按书名, 2.按作者, 3.按入库量)");
        sline = Console.ReadLine();
        int choice = int.Parse(sline);

        switch (choice)
        {
            case 1:
                T.sortTitle(books, index);
                break;
            case 2:
                T.sortAuthor(books, index);
                break;
            case 3:
                T.sortTotal(books, index);
                break;
        }
        for (i = 0; i < num; i++)
        {
            k = index[i];
            (books[k]).show();
        }
        Console.Read();
    }
    void sortTitle(Card[] book, int[] index)
    {
        int i, j, m, n, temp;
        for (m = 0; m < index.Length - 1; m++)
            for (n = 0; n < index.Length - m - 1; n++)
            {
                i = index[n]; j = index[n + 1];
                if (string.Compare(book[i].Title, book[j].Title) > 0)
                {
                    temp = index[n]; index[n] = index[n + 1]; index[n + 1] = temp;
                }
            }
    }
    void sortAuthor(Card[] book, int[] index)
    {
        int i, j, m, n, temp;
        for (m = 0; m < index.Length - 1; m++)
            for (n = 0; n < index.Length - m - 1; n++)
            {
                i = index[n]; j = index[n + 1];
```

```
                if (string.Compare(book[i].Author, book[j].Author) > 0)
                {
                    temp = index[n]; index[n] = index[n + 1]; index[n + 1] = temp;
                }
            }
        }
        void sortTotal(Card[] book, int[] index)
        {
            int i, j, m, n, temp;
            for (m = 0; m < index.Length - 1; m++)
                for (n = 0; n < index.Length - m - 1; n++)
                {
                    i = index[n]; j = index[n + 1];

                    if (book[i].Total > book[j].Total)
                    {
                        temp = index[n]; index[n] = index[n + 1]; index[n + 1] = temp;
                    }
                }
        }
    }
}
```

2．编辑、编译和运行程序，程序运行结果如图 T3.1 所示。

```
请输入需要入库图书的总数： 5
请输入书名： Qt 5开发及实例（第3版）
请输入作者： 陆文周
请输入入库量：10
请输入书名： 施耐德PLC开发及实例（第2版）
请输入作者： 郑阿奇 徐斌
请输入入库量：5
请输入书名： Visual C++教程（第3版）
请输入作者： 郑阿奇 丁有和
请输入入库量：8
请输入书名： C#程序设计教程（第3版）
请输入作者： 郑阿奇 梁敬东
请输入入库量：10
请输入书名： C#实用教程（第3版）
请输入作者： 郑阿奇
请输入入库量：20
请选择按什么关键字排序(1.按书名，2.按作者，3.按入库量)1
Title: C#程序设计教程（第3版）， Author: 郑阿奇 梁敬东 ， Total: 10
Title: C#实用教程（第3版）， Author: 郑阿奇 ， Total: 20
Title: Qt 5开发及实例（第3版）， Author: 陆文周 ， Total: 10
Title: Visual C++教程（第3版）， Author: 郑阿奇 丁有和 ， Total: 8
Title: 施耐德PLC开发及实例（第2版）， Author: 郑阿奇 徐斌 ， Total: 5
```

图 T3.1　程序运行结果

B．自己思考

将上述程序中 class Test3_1 中的三个方法：

```
void sortTitle(Card[] book, int[] index)
void sortAuthor(Card[] book, int[] index)
void sortTotal(Card[] book, int[] index)
```

改写成一个方法 sort (Card[ ] book, int [ ] index, int method)，其中增加的参数 method 指示按什么字段排序。

重新修改、编译和运行程序，观察运行结果。

【实训 3-2】 银行卡存取款业务。

假设某银行共发出 *M* 张储蓄卡，每张储蓄卡拥有唯一的卡号，每天每张储蓄卡至多支持持卡者的 *N* 笔“存款”或“取款”业务。根据实际发生的业务，实时处理数据，以反映最新情况。

设储蓄卡包含的数据域有卡号、当前余额、允许当日发生的业务次数（定义成静态变量，为所有

Card 类所共享）、当日实际发生的业务数，以及一个数组记录发生的具体业务。它提供的主要方法有 store()，处理判断是否超过当日允许发生的最大笔数、当前余额是否足以取款，以及实时修改当前数据等。

当持卡者输入正确的卡号、存款或取款金额后，程序进行相应的处理；若输入了不正确的数据，程序会提示持卡者重新输入；若输入的卡号为负数，银行终止当日业务。

A．跟着学习

阅读下列程序：

```
using System;
…
namespace Test3_2
{
    class Card
    {
        long cardNo;                        //卡号
        decimal balance;                    //余额
        int currentNum;                     //当日业务实际发生笔数
        static int number;                  //每张卡允许当日存款或取款的总次数
        decimal[] currentMoney;             //存放当日存取款金额，正值代表存款，负值代表取款
        public Card()
        {
            currentMoney = new decimal[number];
        }
        public Card(long No, decimal Balance)
        {
            cardNo = No;
            balance = Balance;
            currentMoney = new decimal[number];
        }
        public void store(decimal Money,out int status)
        {
            if (currentNum == number)               //本卡已达当日允许的业务次数
            {
                status = 0;
                return;
            }
            if (balance + Money < 0)
            {
                status = -1;                        //存款余额不足，不能完成本次的取款业务
                return;
            }
            currentMoney[currentNum] = Money;       //记录当日存取款金额
            balance += Money;                       //更新当前余额
            currentNum++;                           //当日业务次数加 1
            status = 1;                             //成功处理完当前业务
        }
        public void show()
        {
            Console.WriteLine("卡号：{0}， 当前余额：{1}，当日发生业务的次数：{2}"
                                                    , cardNo, balance, currentNum);
            for (int i = 0; i < currentNum; i++)
            {
                Console.WriteLine("当日存款/取款的情况：{0}", currentMoney[i]);
            }
```

```
        }
        static public int Number                          //设置允许当日存款或取款的总次数
        {

            set
            {
                number = value;
            }
        }
        public long CardNo                                //设置 CardNo 属性是为了查看卡号
        {
            get
            {
                return cardNo;
            }
        }
    }
    class Test3_2
    {
        static void Main(string[] args)
        {
            Test3_2 T = new Test3_2();
            Card[] person;
            int Num, status, k;
            long CardNo;
            decimal Balance, Money;
            Console.Write("请输入允许当日存款或取款的总次数：  ");
            string sline = Console.ReadLine();
            Card.Number = int.Parse(sline);
            Console.Write("请输入某银行发出的储蓄卡总数：  ");
            sline = Console.ReadLine();
            Num = int.Parse(sline);
            person = new Card[Num];
            for (int i = 0; i < Num; i++)
            {
                Console.Write("请输入卡号：  ");
                sline = Console.ReadLine();
                CardNo = long.Parse(sline);
                Console.Write("请输入{0} 账户余额：  ", CardNo);
                sline = Console.ReadLine();
                Balance = decimal.Parse(sline);
                person[i] = new Card(CardNo, Balance);
            }
            while(true)
            {
                Console.WriteLine("现在正进行存款取款的业务处理，如果输入的卡号<0,
                                                                则结束业务处理");
                Console.Write("请输入卡号：  ");
                sline = Console.ReadLine();
                CardNo = long.Parse(sline);
                if (CardNo < 0)
                    break;
                k = T.Locate(person, CardNo);
                if (k == -1)
                {
                    Console.WriteLine("对不起，不存在{0}号的储蓄卡", CardNo);
```

```
                    continue;
                }
                Console.WriteLine("请输入卡金额（正值代表存款，负值代表取款）：");
                sline = Console.ReadLine();
                Money = decimal.Parse(sline);
                person[k].store(Money, out status);
                switch(status)
                {
                    case -1:
                        Console.WriteLine("存款余额不足，不能完成本次的取款业务");
                        break;
                    case 0:
                        Console.WriteLine("本卡已达当日允许的业务次数");
                        break;
                    case 1:
                        Console.WriteLine("成功处理完当前业务");
                        person[k].show();
                        break;
                }
            }
        }
        int Locate(Card[] person, long cardNo)
        {
                //此处请补充完整
        }
    }
}
```

根据上面的程序代码和图 T3.2 所示的运行结果，补充 Locate()方法的实现，用顺序查找法查找当前银行有没有该卡号，如果没有，则返回–1；否则，返回对象数组的下标。

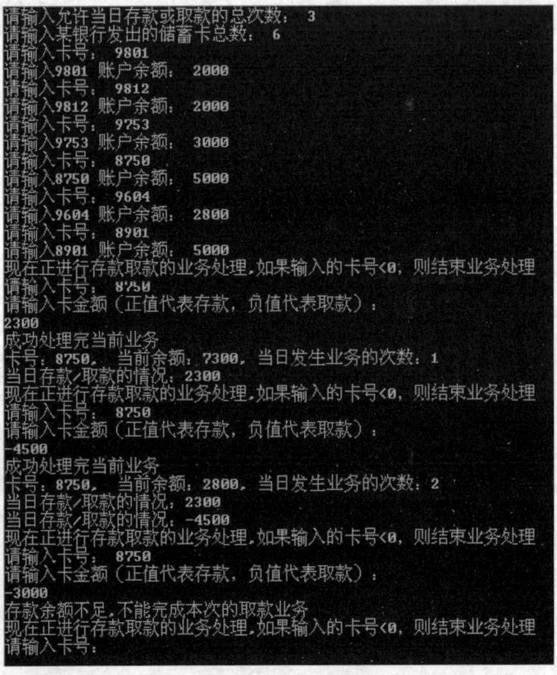

```
请输入允许当日存款或取款的总次数： 3
请输入某银行发出的储蓄卡总数： 6
请输入卡号： 9801
请输入9801 账户余额： 2000
请输入卡号： 9812
请输入9812 账户余额： 2000
请输入卡号： 9753
请输入9753 账户余额： 3000
请输入卡号： 8750
请输入8750 账户余额： 5000
请输入卡号： 9604
请输入9604 账户余额： 2800
请输入卡号： 8901
请输入8901 账户余额： 5000
现在正进行存款取款的业务处理.如果输入的卡号<0, 则结束业务处理
请输入卡号： 8750
请输入卡金额（正值代表存款，负值代表取款）：
2300
成功处理完当前业务
卡号：8750， 当前余额：7300，当日发生业务的次数：1
当日存款/取款的情况：2300
现在正进行存款取款的业务处理.如果输入的卡号<0, 则结束业务处理
请输入卡号： 8750
请输入卡金额（正值代表存款，负值代表取款）：
-4500
成功处理完当前业务
卡号：8750， 当前余额：2800，当日发生业务的次数：2
当日存款/取款的情况：2300
当日存款/取款的情况：-4500
现在正进行存款取款的业务处理.如果输入的卡号<0, 则结束业务处理
请输入卡号： 8750
请输入卡金额（正值代表存款，负值代表取款）：
-3000
存款余额不足.不能完成本次的取款业务
现在正进行存款取款的业务处理.如果输入的卡号<0, 则结束业务处理
请输入卡号：
```

图 T3.2　程序运行结果

B．自己思考

1．修改 Card 类，增加每日使用金额额度不超过 5000 元的限制功能。

2．再次修改 Card 类，要求对银行卡进行操作前必须验证用户密码，并且在输入密码时屏幕上用"*"显示。为简单起见，初始密码均设为 123456。

【实训 3-3】

输入 1～365 之间的数字，判断它是一年中的几月几日。

A．跟着学习

1．阅读下列程序：

```
using System;
…
namespace Test3_3
{
    enum MonthName
    {
        January, February, March, April, May, June, July, August, September, October, November, December
    }
    class WhatDay
    {
        static System.Collections.ICollection DaysInMonths = new int[12] { 31, 28, 31, 30, 31, 30, 31,
                                                                            31, 30, 31, 30, 31 };
        static void Main(string[] args)
        {
            try
            {
                Console.Write("Please input a day number between 1 and 365: ");
                string line = Console.ReadLine();
                int dayNum = int.Parse(line);
                if (dayNum < 1 || dayNum > 365)
                {
                    throw new ArgumentOutOfRangeException("Day out of Range!");
                }
                int monthNum = 0;
                foreach (int daysInMonth in DaysInMonths)
                {
                    if (dayNum <= daysInMonth)
                    {
                        break;
                    }
                    else
                    {
                        dayNum -= daysInMonth;
                        monthNum++;
                    }
                }
                MonthName temp = (MonthName)monthNum;
                string monthName = Enum.Format(typeof(MonthName), temp, "g");
                Console.WriteLine("{0} {1}", dayNum, monthName);
                Console.Read();
            }
```

```
                catch (Exception caught)
                {
                    Console.WriteLine(caught);
                }
            }
        }
    }
```

程序说明：

（1）由于实训没有要求考虑闰年情况，所以一年按365天计算。

（2）如果输入的数字大于365，则使用throw语句，主动抛出异常，程序结束。

（3）Foreach语句遍历集合DaysInMonths。

（4）Enum.Format(typeof(MonthName),temp, "g")语句将指定枚举类型的指定值转换为与其等效的字符串表示形式。

2．编辑、编译和运行程序，观察运行结果。程序运行结果如图T3.3所示。

```
Please input a day number between 1 and 365: 55
24 February
```

图T3.3 程序运行结果

B．自己思考

考虑闰年（闰年是指能够被4、100或400整除的年份）的情况，完善上述程序。编辑、编译和运行程序。先输入年份，然后再根据提示输入一个数值，观察运行结果。

参考代码：

```
bool isLeapYear = yearNum % 4 == 0&& yearNum % 100 != 0 || yearNum % 400 == 0;
int maxDayNum = isLeapYear ? 366 : 365;
Console.Write("Please input a day number between 1 and {0}: ", maxDayNum);
```

实训4 Windows应用程序开发基础

实训目的

1．掌握建立Windows应用程序的步骤和方法。

2．掌握窗体、菜单和对话框的使用。

3．掌握控件及其使用方法。

实训内容

【实训4-1】

A．跟着学习

创建窗体与菜单练习。

1．创建窗体与菜单。

新建一个Windows应用程序，在工具箱里拖曳MenuStrip菜单组件，添加到当前窗口，即可进行菜单编辑。工具箱如图T4.1所示，窗体如图T4.2所示，菜单如图T4.3所示。

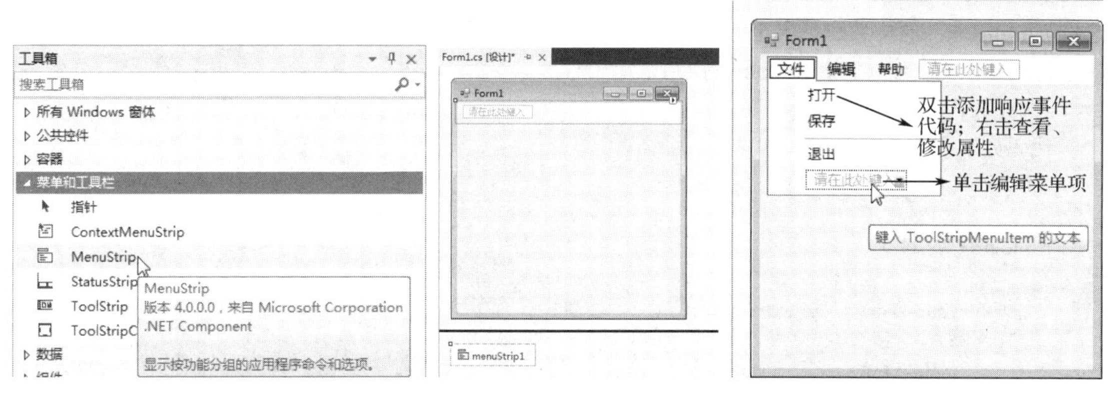

图 T4.1　工具箱　　　图 T4.2　窗体　　　图 T4.3　菜单

以简单的“退出”为例编写代码。双击“退出”按钮，添加代码如下：

```
private void MenuStrip_Close_Click(object sender, EventArgs e)
{
    this.Close();
}
```

2．按 F5 键进行调试。

因为只有“退出”可以产生响应事件，故单击“退出”按钮，关闭当前程序。

B．自己思考

1．以编程方式实现上述菜单结构。

2．自己新建窗体。在“解决方案资源管理器”窗口中右键单击项目名称，选择“添加”→“Windows 窗体”选项，在弹出的“添加新项”对话框中选择需要的模板即可，这里选择“Windows 窗体”，重命名为 MyForm.cs，单击“添加”按钮，一个新的窗体创建完成。

【实训 4-2】

A．跟着学习

命令按钮、单选按钮和复选框等窗体控件练习。

1．设置界面。

在新建的窗体 MyForm 中添加命令按钮、单选按钮和复选框等控件，窗体界面如图 T4.4 所示。

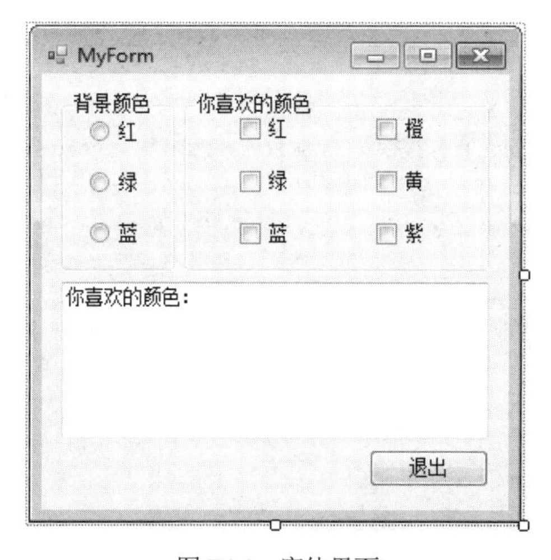

图 T4.4　窗体界面

添加3个单选按钮 RadioButton，放在1个 GroupBox 控件中，用来设置程序的背景颜色；6个复选框 ChechBox，同样放在另一个 GroupBox 控件中，用来选择喜欢的颜色；1个 TextBox 控件，用来显示喜欢颜色的文字；1个 Button 按钮用来退出程序。

2．添加代码。

代码如下：

```
using System;
…
namespace Test4_1
{
    public partial class MyForm : Form
    {
        public MyForm()
        {
            InitializeComponent();
        }
        private void button1_Click(object sender, EventArgs e)
        {
            this.Close();
        }
        private void radioButton_Hong_CheckedChanged(object sender, EventArgs e)
        {
            if (this.radioButton_Hong.Checked == true)
                this.BackColor = Color.Red;
        }
        private void radioButton_lv_CheckedChanged(object sender, EventArgs e)
        {
            if (this.radioButton_lv.Checked == true)
                this.BackColor = Color.Green;
        }
        private void radioButton_lan_CheckedChanged(object sender, EventArgs e)
        {
            if (this.radioButton_lan.Checked == true)
                this.BackColor = Color.Blue;
        }
        private void checkBox_hong_CheckedChanged(object sender, EventArgs e)
        {
            if (this.checkBox_hong.Checked == true)
                this.YourColor.Text = YourColor.Text + checkBox_hong.Text + "、";
        }
        private void checkBox_lv_CheckedChanged(object sender, EventArgs e)
        {
            if (this.checkBox_lv.Checked == true)
                this.YourColor.Text = YourColor.Text + checkBox_lv.Text + "、";
        }
        private void checkBox_lan_CheckedChanged(object sender, EventArgs e)
        {
            if (checkBox_lan.Checked)

                YourColor.Text = YourColor.Text + checkBox_lan.Text + "、";
        }
```

```
        private void checkBox_cheng_CheckedChanged(object sender, EventArgs e)
        {
            if (checkBox_cheng.Checked)
                YourColor.Text = YourColor.Text + checkBox_cheng.Text + "、";
        }
        private void checkBox__huang_CheckedChanged(object sender, EventArgs e)
        {
            if (checkBox__huang.Checked)
                YourColor.Text = YourColor.Text + checkBox__huang.Text + "、";
        }
        private void checkBox_zi_CheckedChanged(object sender, EventArgs e)
        {
            if (checkBox_zi.Checked)
                YourColor.Text = YourColor.Text + checkBox_zi.Text + "、";
        }
    }
}
```

3．运行程序。

为主窗体的“打开”菜单中添加一个事件过程，用于启动“MyForm”窗口：

```
private void MenuStrip_Open_Click(object sender, EventArgs e)
{
    MyForm myForm = new MyForm();
    myForm.Show();
}
```

按 F5 键编译运行，选择“文件”→“打开”选项，弹出“MyForm”窗口，在其中可以设置窗口背景色和选择自己喜欢的颜色，程序运行结果如图 T4.5 所示。

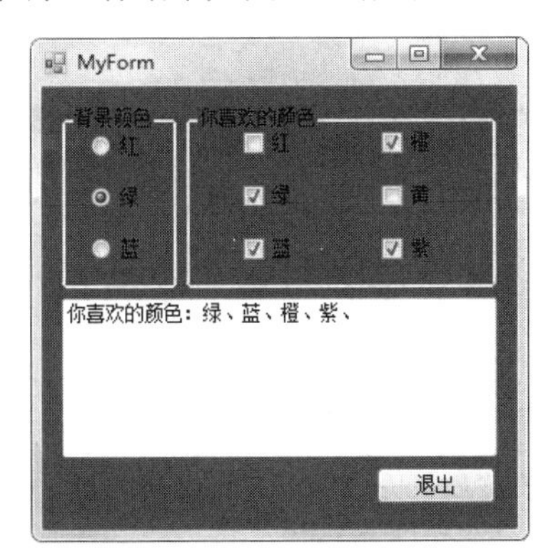

图 T4.5　程序运行结果

B．自己思考

1．删除两个 GroupBox 控件，要求保持原来的功能，修改程序，编译运行，观察运行结果。

2．增加一个“确定”按钮，要求按下该按钮后遍历 checkbox 控件，将选中的颜色显示在文本框内。

【实训 4-3】

A．跟着学习

标签控件、文本框控件、列表框控件和组合框控件等窗体控件练习。

1．设计窗体。

新建项目，在窗体上添加 2 个标签即 label1、label2，再添加 1 个文本框 textBox_Bookname、1 个组合框 comboBox_Publishing，并用 1 个 GroupBox 控件组合起来。添加 2 个按钮即 Button_Add 和 Button_Remove，用 1 个 GroupBox 控件组合起来，用来添加和移出数据项。最后添加 1 个 listBox_Book 控件，窗体界面如图 T4.6 所示。

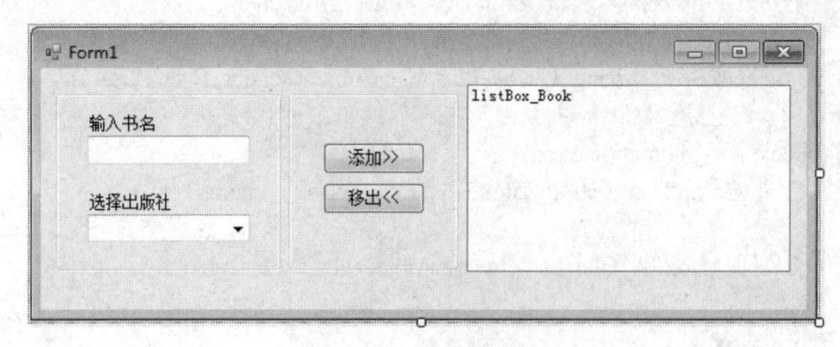

图 T4.6　窗体界面

2．添加代码。

分别加入下列代码：

```
using System;
…
namespace Test4_2
{
    public partial class Form1 : Form
    {
        public Form1()
        {
            InitializeComponent();
        }
        private void Button_Add_Click(object sender, EventArgs e)
        {
            listBox_Book.Items.Add("书名:" + textBox_Bookname.Text + ",出版社:" + comboBox_
                                                                Publishing.Text);
            textBox_Bookname.Text = "";
        }
        private void Button_Remove_Click(object sender, EventArgs e)
        {
            if (listBox_Book.SelectedIndex != -1)
            {
                listBox_Book.Items.Remove(this.listBox_Book.SelectedItem);
            }
        }
    }
}
```

3．按 F5 键编译运行，用户操作界面如图 T4.7 和图 T4.8 所示。

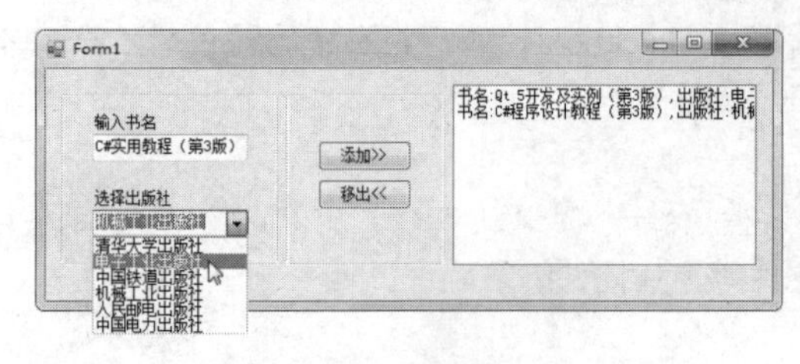

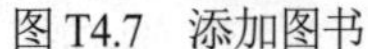
图 T4.7　添加图书

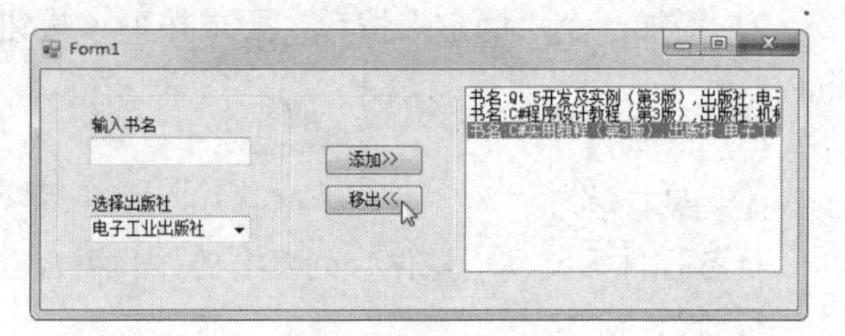

图 T4.8　移出图书

B．自己思考

在描述书的数据项中增加“单价”和“是否有光盘”等项目，重新完善上述程序。编译运行，观察运行结果。

实训 5　C#高级特性

实训目的

熟悉集合接口的使用，学会通过遍历来访问集合中的每个元素。

实训内容

【实训 5-1】

有一个水果篮（FruitBasket），里面最多可以装 10 个苹果（Apple）和香蕉（Banana），它们都派生自一个叫作水果（Fruit）的基类。使用集合接口 IEnumerable 和 IEnumerator 实现装入水果及遍历水果的过程。

A．跟着学习

1．阅读下列程序：

```
using System;
using System.Collections;
…
namespace CollectionsExample
{
    public class Fruit
    {
        public virtual string Name
        {
            get
            {
                return( "Fruit" );
            }
        }
    }
    public class Apple : Fruit
    {
        public override string Name
        {
            get
            {
                return( "Apple" );
            }
        }
    }
    public class Banana : Fruit
    {
        public override string Name
        {
            get
```

```
            {
                return( "Banana" );
            }
        }
    }
    public class FruitBasket : IEnumerable
    {
        static int Max = 10;
        Fruit[] basket = new Fruit[Max];
        int count = 0;
        internal Fruit this[int index]
        {
            get
            {
                return( basket[index] );
            }
            set
            {
                basket[index] = value;
            }
        }
        internal int Count
        {
            get
            {
                return(count);
            }
        }
        public void Add( Fruit fruit )
        {
            if( count > Max)
            {
                Console.WriteLine("超出水果篮容量!");
            }
            basket[count++] = fruit;
        }
        public IEnumerator GetEnumerator()
        {
            return( new FruitBasketEnumerator(this));
        }
    }
    public class FruitBasketEnumerator : IEnumerator
    {
        FruitBasket fruitBasket;
        int index;
        public void Reset()
        {
            index = -1;
        }
        public object Current
        {
            get
```

```
                {
                    return(fruitBasket[index]);
                }
            }
            public bool MoveNext()
            {
                if (++index >= fruitBasket.Count)
                    return (false);
                else
                    return (true);
            }
            internal FruitBasketEnumerator(FruitBasket fruitBasket)
            {
                this.fruitBasket = fruitBasket;
                Reset();
            }
        }
        class CollectionsExample
        {
            static void Main(string[] args)
            {
                FruitBasket fruitBasket = new FruitBasket();
                Console.WriteLine("Adding a Banana");
                fruitBasket.Add(new Banana());
                Console.WriteLine("Adding an Apple");
                fruitBasket.Add(new Apple());
                Console.WriteLine("");
                Console.WriteLine("The basket is holding:");
                foreach (Fruit fruit in fruitBasket)
                {
                    Console.WriteLine("    a(n) " + fruit.Name);
                }
                Console.Read();
            }
        }
    }
```

2．编辑、编译和运行程序，观察运行结果。程序运行结果如图 T5.1 所示。

```
Adding a Banana
Adding an Apple

The basket is holding:
  a(n) Banana
  a(n) Apple
```

图 T5.1　程序运行结果

B．自己思考

1．当装入水果超出 10 个时，程序运行会发生什么情况？如何解决？

2．如果在水果篮中再装入橘子（Orange），如何修改程序？

实训 6　C#线程技术

实训目的

初步掌握多线程应用程序的编写方法。

实训内容

【实训 6-1】

编写一个多线程程序，完成两种数组排序的算法（如冒泡排序算法与插入排序算法），并通过同时启动两个线程比较两种算法在速度上的差异。

A．跟着学习

插入排序的算法思想：

每次将一个待排序的记录，按其关键字大小，插入到前面已经排好序的子文件中的适当位置，直到全部记录插入完成为止。有两种插入排序方法：直接插入排序和希尔排序。这里仅介绍**直接插入排序**，其基本思想是：假设待排序的记录存放在数组 R[1..*n*]中。初始时，R[1]自成 1 个有序区，无序区为 R[2..*n*]。从 *i*=2 至 *i*=*n*，依次将 R[*i*]插入当前的有序区 R[1..*i*−1]中，生成含 *n* 个记录的有序区。

冒泡排序的算法思想：

将被排序的记录数组 R[1..*n*]垂直排列，每个记录 R[*i*]看成质量为 R[*i*].key 的气泡。根据轻气泡不能在重气泡之下的原则，从下往上扫描数组 R：凡扫描到违反本原则的轻气泡，就使其向上“飘浮”。如此反复进行，直到最后任何两个气泡都是轻者在上，重者在下为止。

根据上述算法思想完成以下练习。

1．完善下列程序：

```
using System;
…
using System.Threading;
namespace Sort
{
    //插入排序
    public class InsertionSorter
    {
        public int[] list;
        public void Sort()
        {
            for (int i = 1; i < list.Length; i++)
            {
                int t = list[i];
                int j = i;
                while ((j > 0) && (list[j - 1] > t))
                {
                    list[j] = list[j - 1];
                    ____(1)____
                }
                list[j] = t;
            }
            Console.Write("Insertion done.");
        }
    }
    //冒泡排序
    public class BubbleSorter
    {
        public int[] list;
        public void Sort()
        {
```

```
            int i, j, temp;
            bool done = false;
            j = 1;
            while((j<list.Length)&&(!done))
            {
                done = true;
                for (i = 0; i < list.Length - j; i++)
                {
                    if (list[i] > list[i + 1])
                    {
                        done = false;
                        temp = list[i];
                        list[i] = list[i + 1];
                        list[i + 1] = ___(2)___;
                    }
                }
                j++;
            }
            Console.Write("Bubble done.");
        }
    }
    class MainClass
    {
        static void Main(string[] args)
        {
            InsertionSorter Sorter1=new InsertionSorter();
            BubbleSorter Sorter2=new BubbleSorter();
            //生成随机元素的数组
            int iCount=10000;
            Random random = new Random();
            Sorter1.list=new int[iCount];
            Sorter2.list=new int[iCount];
            for(int i=0; i< iCount; ++i)
            {
                Sorter1.list[i]=Sorter2.list[i]=random.Next();
            }
            Thread sortThread1 = new Thread(new ThreadStart(___(3)___));
            Thread sortThread2 = new Thread(new ThreadStart(___(4)___));
            sortThread1.___(5)___;
            sortThread2.___(6)___;
            Console.Read();
        }
    }
}
```

2．程序运行结果如图 T6.1 所示。

运行后可以看出，插入排序的效率高于冒泡排序。

```
Insertion done.Bubble done.
```

图 T6.1　程序运行结果

B．自己思考

参照 3.5.2 节自行编写选择排序算法的代码，并采用多线程方法与以上插入、冒泡两种方法比较效率。

实训7　C#图形、图像编程

实训目的

1．创建 Graphics 对象，并练习用它绘制线条和基本形状。

2．使用 Graphics 对象呈现文本、显示与操作图像。

实训内容

创建一个 Graphics 类的实例对象，引用其提供的方法与属性成员，新增事件处理程序，完成各种不同的绘图功能。

【实训 7-1】

A．跟着学习

创建 Graphics 对象，使用 Graphics 对象绘制线条和形状。

1．新建 Windows 应用程序。

2．添加一个按钮，双击按钮，添加绘图程序，代码如下：

```
using System;
…
namespace MyGraphics
{
    public partial class Form1 : Form
    {
        public Form1()
        {
            InitializeComponent();
        }
        private void button1_Click(object sender, EventArgs e)
        {
            //创建  Graphics  对象
            Graphics myGra = this.CreateGraphics();
            //画直线
            Pen myPen1 = new Pen(Color.Red, 2);
            myGra.DrawLine(myPen1, 100, 0, 300, 500);
            //画圆及椭圆
            Pen myPen2 = new Pen(Color.Orange, 2);
            myGra.DrawEllipse(myPen2, 100, 100, 60, 60);                //圆形
            myGra.DrawEllipse(myPen2, 200, 100, 60, 120);               //椭圆形
            //画矩形
            Pen myPen3 = new Pen(Color.Yellow, 3);
            myGra.DrawRectangle(myPen3, 123, 234, 60, 60);              //正方形
            myGra.DrawRectangle(myPen3, 223, 234, 60, 120);             //任意矩形
            //画自定义多边形
            Point[] myPoint = new Point[4];                             //自定义点
            myPoint[0].Y = 100;
            myPoint[1].X = 200;
            myPoint[1].Y = 20;
            myPoint[2].X = 300;
```

```
                myPoint[2].Y = 100;
                myPoint[3].X = 123;
                myPoint[3].Y = 234;
                Pen myPen20 = new Pen(Color.Aqua);
                myGra.DrawPolygon(myPen20, myPoint);
            }
        }
    }
```

3．运行程序，观察运行结果。程序运行结果如图 T7.1 所示。

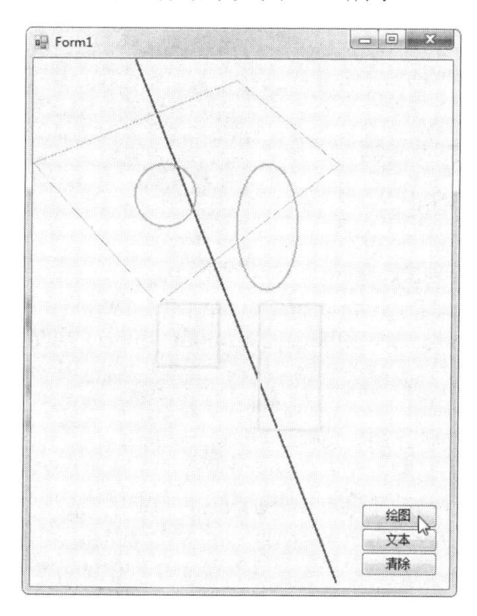

图 T7.1　程序运行结果

B．自己思考

1．怎样让圆在屏幕上随机移动，当触到边缘后就改变方向？

2．添加两个按钮，实现清除和文本测试功能。

参考代码如下：

```
private void button2_Click(object sender, EventArgs e)
{
        Graphics fontGra = this.CreateGraphics();
        Font myFont = new Font("楷体_GB2312", 24);
        Brush myBr = new SolidBrush(Color.Red);
        fontGra.DrawString(button2.Text, myFont, myBr, new Point(200, 200));
}
private void button3_Click(object sender, EventArgs e)
{
      Graphics clearG = this.CreateGraphics();
      clearG.Clear(Color.White);
}
```

运行程序，观察运行结果。

【实训 7-2】

操作图像，实现图片的打开、保存等功能。

A．跟着学习

1．编写代码如下：

```
using System;
…
using System.Drawing.Imaging;
namespace Image
{
    public partial class Form1 : Form
    {
        private Bitmap m_Bitmap = null;

        public Form1()
        {
            InitializeComponent();
        }
        private void Form1_Paint(object sender, PaintEventArgs e)
        {
            if (m_Bitmap != null)
            {
                Graphics gra = e.Graphics;
                gra.DrawImage(m_Bitmap, new Rectangle(this.AutoScrollPosition.X,
                        this.AutoScroll Position.Y, (int)(m_Bitmap.Width), (int)(m_Bitmap.Height)));
            }
        }
        private void menuItemOpen_Click(object sender, EventArgs e)
        {
            OpenFileDialog openFileDialog = new OpenFileDialog();
            openFileDialog.Filter = "Bitmap 文件(*.bmp)|*.bmp|Jpeg 文件(*.jpg)|*.jpg|所有合适文件
                                                        (*.bmp/*.jpg)|*.bmp/*.jpg";
            openFileDialog.FilterIndex = 2;
            openFileDialog.RestoreDirectory = true;
            if (DialogResult.OK == openFileDialog.ShowDialog())
            {
                m_Bitmap = (Bitmap)Bitmap.FromFile(openFileDialog.FileName, false);
                this.AutoScroll = true;
                this.AutoScrollMinSize = new Size((int)(m_Bitmap.Width), (int)m_Bitmap.Height);
                this.Invalidate();
            }
        }
        private void menuItemSave_Click(object sender, EventArgs e)
        {
            SaveFileDialog saveFileDialog = new SaveFileDialog();
            saveFileDialog.Filter = "Bitmap 文件(*.bmp)|*.bmp|Jpeg 文件(*.jpg)|*.jpg|所有合适文件
                                                        (*.bmp/*.jpg)|*.bmp/*.jpg";
            saveFileDialog.FilterIndex = 1 ;
            saveFileDialog.RestoreDirectory = true ;
            if(DialogResult.OK == saveFileDialog.ShowDialog())
            {
                m_Bitmap.Save(saveFileDialog.FileName);
            }
        }
        private void menuItemExit_Click(object sender, EventArgs e)
        {
            this.Close();
```

```
            }
        }
    }
```

2. 运行程序，打开一张照片，如图 T7.2 所示，选择“保存”选项，将其存盘。

图 T7.2 程序运行界面

B. 自己思考

请以编程方式在“操作”菜单下增加“放大”和“缩小”子菜单项，以当前图像 10%的比例实现图片的缩放功能。

实训 8 文件操作

实训目的

熟悉文件的基本功能和综合应用方法。

实训内容

【实训 8-1】

A. 跟着学习

试做【例 8.6】，仿制 Windows 资源管理器。

B. 自己练习

完善这个程序，试着添加功能。例如，选择“视图”→“详细资料”选项，以详细信息列表的方式显示目录下的内容，效果如图 T8.1 所示。

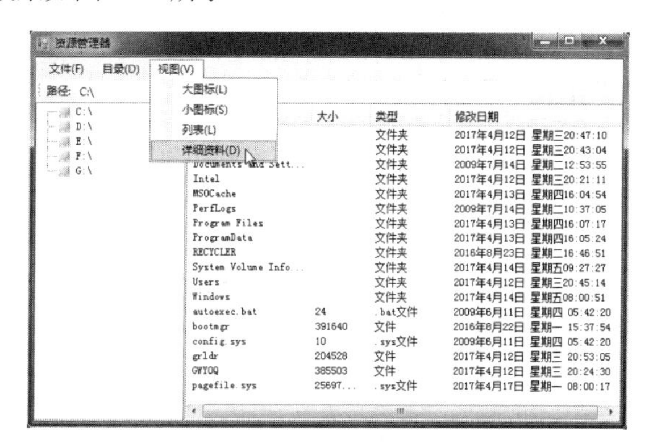

图 T8.1 详细信息列表显示效果

参考代码如下：

```
private void miDetail_Click(object sender, EventArgs e)
{
    lvFiles.View = View.Details;
    lvFiles.Columns[0].Text = "名称";
    lvFiles.Columns[1].Text = "大小";

    lvFiles.Columns[2].Text = "类型";
    lvFiles.Columns[3].Text = "修改日期";
}
```

实训9　数据库应用基础

实训目的

1．熟悉数据库的基本功能与SQL的使用，掌握数据库应用的基本方法。
2．掌握将查询结果表与数据集绑定，并在相应控件上同步显示查询结果的方法。
3．掌握C#操作SQL Server和MySQL相同点与不同点。

实训内容

【实训9-1】

A．跟着学习

参考表9.1～表9.3，创建XSCJDB数据库及其学生表（XSB）、课程表（KCB）和成绩表（CJB），完成【例9.3】。

B．自己思考

1. 模仿界面，设计课程表（KCB）信息的添加和显示界面，实现其功能。
2. 设计界面，显示指定学生所有成绩记录。
3．修改【例9.3】程序，当双击DataGrid控件的指定行记录时，弹出显示学生所有成绩记录窗口。

【实训9-2】

A．跟着学习

按照【例9.4】创建MySQL数据库，然后完成【例9.4】功能。

B．自己思考

修改程序，以编程方式实现DataSet和DataAdapter等数据控件的创建。

实训10　类与DLL开发

实训目的

1．熟悉将功能分别封装成对象类或独立组件方法。
2．掌握将功能封装DLL，然后调用DLL的方法。

实训内容

【实训 10-1】

A．跟着学习

按照【例 10.1】说明完成功能。

B．自己思考

1. 设计课程类，编写其方法对课程表记录进行维护。
2. 设计界面，通过课程输入学生成绩。

【实训 10-2】

A．跟着学习

按照【例 10.2】说明完成功能。

B．自己思考

创建 DLL，通过 DLL 对课程表记录进行维护。

第 4 部分　C#综合应用实习

实习 1　C#桌面应用开发：学生成绩管理系统

本部分将引导读者开发一个完整的学生成绩管理系统，通过这一案例，让读者对 C# 的应用有一个较为全面、系统的了解，并在实践中提高综合运用所学知识开发实用软件的能力。

开发一个 Windows 窗体界面的学生成绩管理系统，功能包括学生信息的查询；学生信息的修改（包括插入、更新和删除）；学生成绩的录入和修改。要求每项功能都是一个相对独立的模块，用单独的窗体实现。

在开始本实习前，需要按照第 9 章介绍的内容创建 SQL Server 学生成绩管理数据库 XSCJDB，并在该数据库中创建学生表（XSB）、课程表（KCB）和成绩表（CJB）。

P1.1　主界面及功能导航

新建 WinForm 项目，工程名为 ScoreManagement，设计学生成绩管理系统主界面（如图 P1.1 所示），它的功能就是为系统导航，选择菜单项或单击工具栏上对应的功能按钮可进入相应的操作界面。

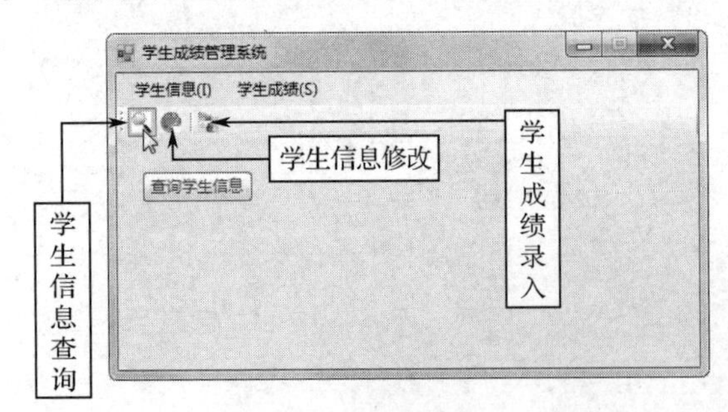

图 P1.1　学生成绩管理系统主界面

在项目中添加三个窗体（操作方法：在“解决方案资源管理器”窗口中右键单击项目名称，在弹出的菜单中选择“添加”→“Windows 窗体”选项，在“添加新项”对话框中输入窗体名），分别命名为 SearchForm（学生信息查询窗体）、ModifyForm（学生信息修改窗体）和 ScoreForm（学生成绩录入窗体）。

设计主界面的菜单系统及工具栏，步骤如下。

1．准备图片资源

预先准备工具栏及菜单中要显示的图标图片，可以上网下载，以.ico 图片格式保存，置于项目工程根目录下，如图 P1.2 所示。

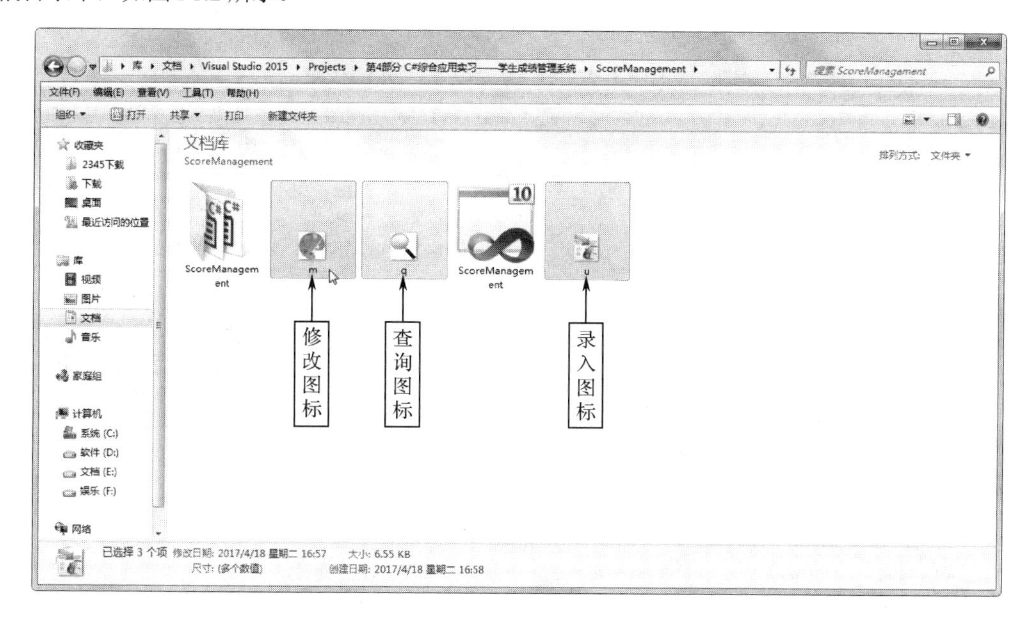

图 P1.2　准备图片资源

2. 设计菜单系统

本实习程序有“学生信息”和“学生成绩”两个菜单，“学生信息”菜单下有“查询”和“修改”两个子菜单项；“学生成绩”菜单下只有“录入”一个子菜单项，如图 P1.3 所示。

有关菜单设计的具体操作，请参见 4.5.1 节，本例还为每个子菜单项添加了图标（通过设置其 Image 属性）。

3. 设计工具栏

双击工具箱中的 ToolStrip 组件（图标为 ）或将其拖至主界面窗体，在设计区下方会立刻出现如图 P1.4 所示的组件栏，显示该控件的图标（图中用椭圆圈出），主窗体界面上出现工具栏的设置条，可向其中添加控件，添加方法与状态栏类同，请参见 4.3.7 节。本例往工具栏上添加了三个按钮控件，其中前两个与第三个按钮之间加了一分隔条（Separator）。

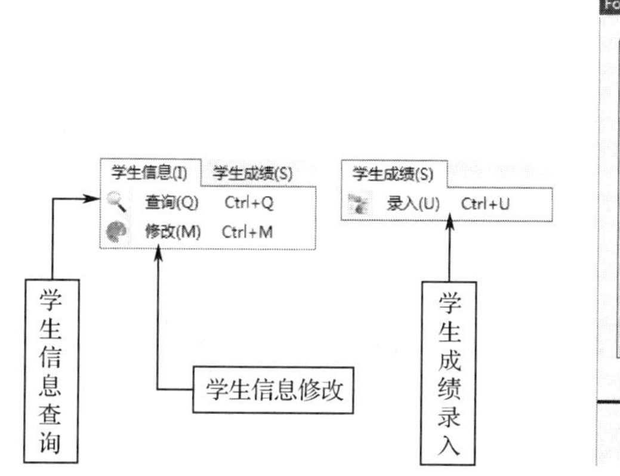

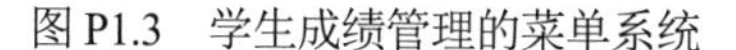

图 P1.3　学生成绩管理的菜单系统

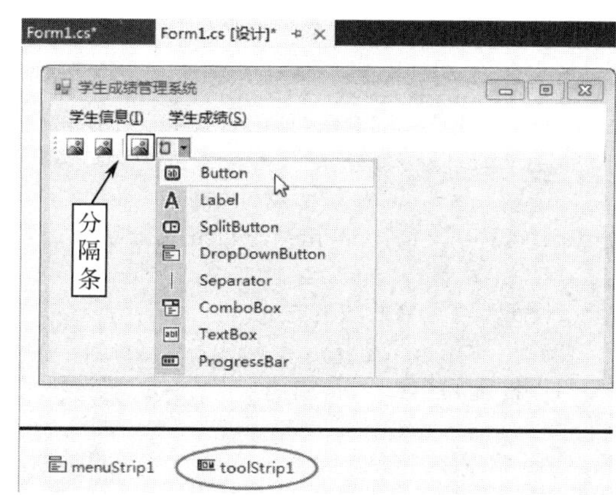

图 P1.4　添加工具栏

选中工具栏上的第一个按钮，在其“属性”窗口中设置其 Image 属性，从弹出的“选择资源”对话框中选中“本地资源”单选按钮，单击“导入”按钮，从弹出的“打开”对话框中选择预先保存在项目工程根目录下的图标 q.ico 并打开，单击“确定”按钮，就设置了该按钮的显示图标。用同样的方法为余下两个按钮设置各自的显示图标。整个操作过程如图 P1.5 所示。

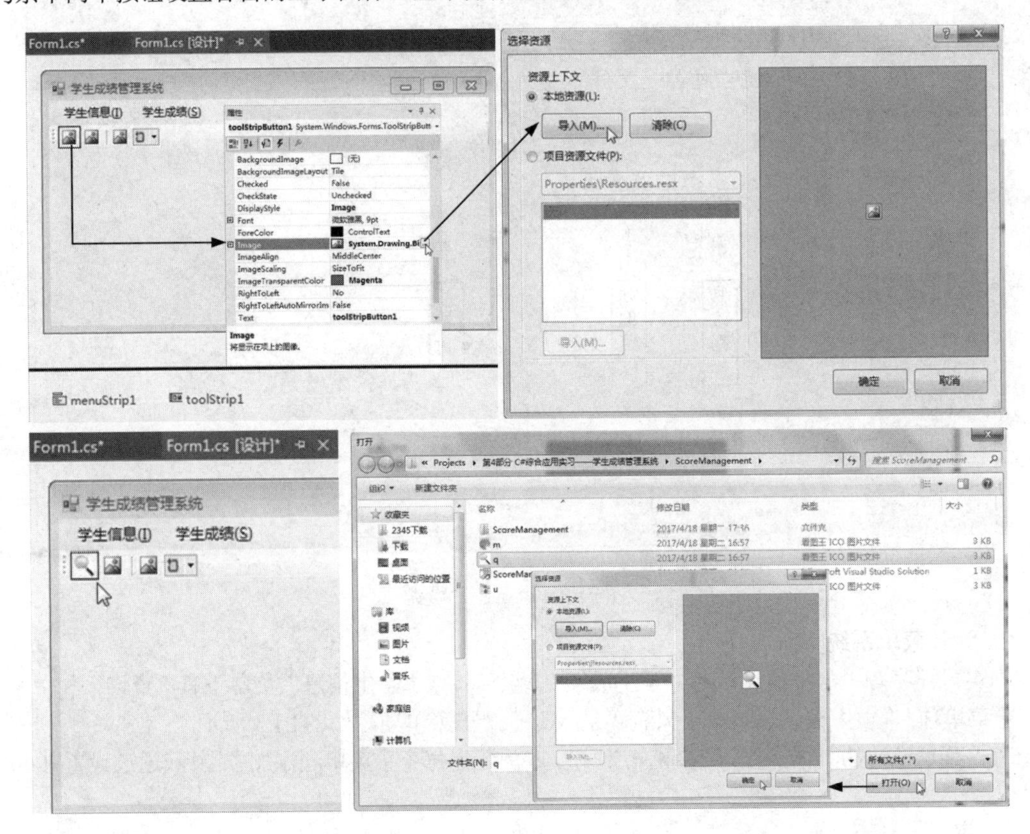

图 P1.5　设置工具按钮的图标

4．编写菜单事件代码

在窗体设计器中分别双击菜单栏中“学生信息”和“学生成绩”菜单中的各子菜单按钮，在代码编辑窗口中为它们编写事件过程代码如下：

```
private void 查询QToolStripMenuItem_Click(object sender, EventArgs e)
{
    //创建学生信息查询窗体
    SearchForm searchfrm = new SearchForm();
    searchfrm.ShowDialog();
}
private void 修改MToolStripMenuItem_Click(object sender, EventArgs e)
{
    //创建学生信息修改窗体
    ModifyForm modifyfrm = new ModifyForm();
    modifyfrm.ShowDialog();
}
private void 录入UToolStripMenuItem_Click(object sender, EventArgs e)
{
    //创建学生成绩录入窗体
    ScoreForm scorefrm = new ScoreForm();
    scorefrm.ShowDialog();
}
```

5. 将事件代码关联到工具栏按钮

选中工具栏上的第一个按钮，在其“属性”窗口中单击⚡切换到事件设置模式，单击 Click 事件右边的▾图标，可以看到下拉列表中已自动载入了上面编写的各菜单事件的过程名，如图 P1.6 所示。

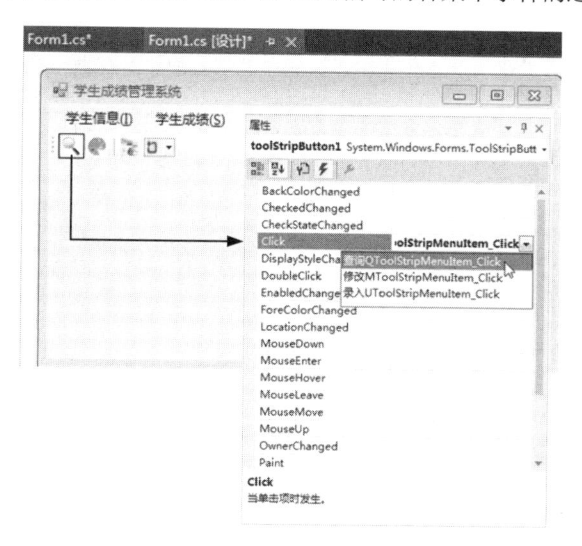

图 P1.6　为工具按钮关联事件代码

选择事件过程“查询 QToolStripMenuItem_ Click”将其关联到🔍按钮，同理，将另外两个事件过程也关联到各自对应的按钮上。

这样关联好之后，单击工具栏上的按钮与选择相关联的菜单项就是等效的，都能启动并打开对应功能模块的窗体，接下来，分别设计各个模块窗体的界面及实现其功能。

P1.2　学生信息查询

功能要求：

打开窗体时，显示出所有学生记录的列表。输入查询条件，可以进行简单的模糊查询，各条件之间为“与”的关系。在查询结果中选中一行，双击可以查看这个学生的具体选课信息。

界面设计：

学生信息查询界面的设计如图 P2.1 所示，窗体名称为 SearchForm，“学生信息查询”窗体的控件名如表 P2.1 所示。

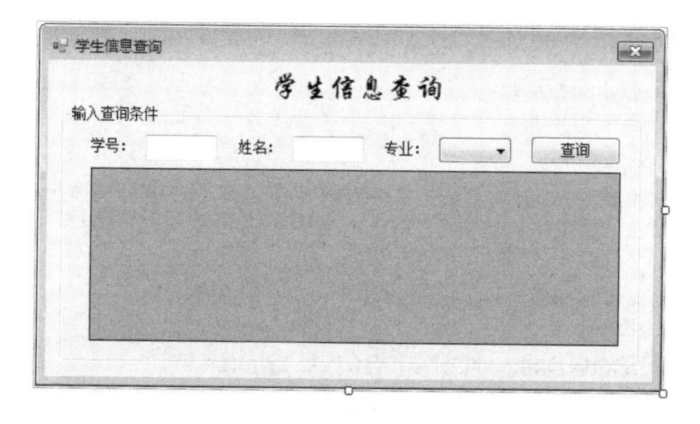

图 P2.1　学生信息查询界面的设计

表 P2.1 “学生信息查询”窗体的控件名

控　　件	Name 属性值	控　　件	Name 属性值
“学号：”文本框	stuXH	“查询”按钮	search_btn
“姓名：”文本框	stuXM	DataGridView 控件	StuDGV
“专业：”组合框	stuZY		

其中，“专业：”组合框的 DropDownStyle 属性设置为 DropDownList（以下拉列表样式呈现），在其 Items 属性集合中编辑列表项：

```
所有专业
计算机
通信工程
```

功能实现：

1．学生信息查询

程序代码如下：

```
using System;
…
using System.Data.SqlClient;
namespace ScoreManagement
{
    public partial class SearchForm : Form
    {
        //保存查询字符串
        private string sql = "";
        private string connStr = @"Data Source=(localdb)\MSSQLLocalDB;Initial Catalog=XSCJDB;
                                                                    IntegratedSecurity=True";

        public SearchForm()
        {
            InitializeComponent();
        }
        private void SearchForm_Load(object sender, EventArgs e)
        {
            string _sql = "select XH as '学号',XM as '姓名',ZY as '专业',XB as '性别'," +
                          "CSRQ as '出生日期',ZXF as '总学分',BZ as '备注' from XSB";
            SqlConnection conn = new SqlConnection(connStr);        //根据 connStr 创建连接 conn 对象
            SqlDataAdapter sda = new SqlDataAdapter(_sql, conn);    //创建 conn 获取_sql 数据对象 sda
            DataSet ds = new DataSet();                             //创建数据集对象 ds
            sda.Fill(ds);                                           //采用 sda 数据填充 ds
            StuDGV.DataSource = ds.Tables[0].DefaultView;           //采用 ds 填充表格对象 StuDGV
            stuZY.SelectedIndex = 0;
        }
        private void MakeSqlStr()
        {
            //清空上次的查询字符串
            sql = "";
            if (stuXH.Text.Trim() != string.Empty)
            {
                sql = " and XH like '%" + stuXH.Text.Trim() + "%'";
            }
            if (stuXM.Text.Trim() != string.Empty)
```

```
            {
                sql += " and XM like '%" + stuXM.Text.Trim() + "%'";
            }
            if (stuZY.Text != "所有专业")
            {
                sql += " and ZY='" + stuZY.Text + "'";
            }
        }
        private void search_btn_Click(object sender, EventArgs e)
        {
            //获取查询字符串
            MakeSqlStr();
            string _sql = "select XH as '学号',XM as '姓名',ZY as '专业',XB as '性别'," +
                          "CSRQ as '出生日期',ZXF as '总学分',BZ as '备注' from XSB where 1=1"+ sql;
            SqlConnection conn = new SqlConnection(connStr);
            SqlDataAdapter sda = new SqlDataAdapter(_sql, conn);
            DataSet ds = new DataSet();
            sda.Fill(ds);
            StuDGV.DataSource = ds.Tables[0].DefaultView;
        }
    }
}
```

说明：

（1）在 SearchForm 启动时执行 SearchForm 事件功能：查询表 XSB 所有记录显示在 StuDGV 表对象中。

（2）MakeSqlStr()函数功能：根据界面学号、姓名和专业控件对象中信息组合成查询条件。

（3）单击“查询”按钮，执行 search_btn_Click 事件功能：根据 MakeSqlStr()组合条件查询表 XSB 符合条件记录显示在 StuDGV 表对象中。

启动程序，选择菜单“学生信息”→“查询”选项，弹出“学生信息查询”窗口，如图 P2.2 所示，可以看出，查询的结果记录集合（简称为“结果集”）中的字段顺序取决于 SELECT 语句中的字段顺序。

输入查询条件（如学号 171117）后，单击“查询”按钮，则调用 MakeSqlStr 函数产生查询字符串，然后检索记录，DataGridView 控件中显示出查询的结果，如图 P2.3 所示。

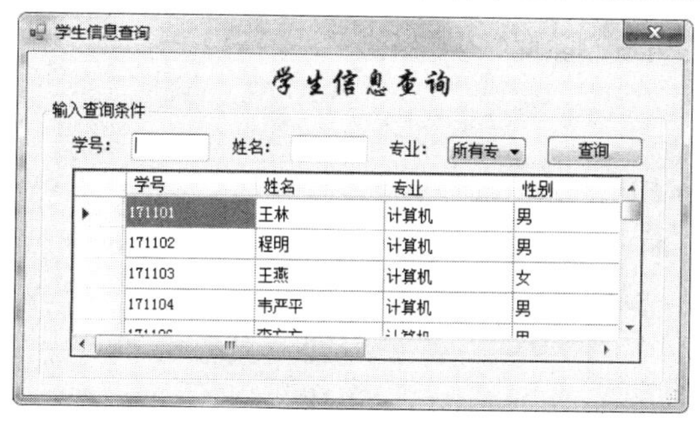

图 P2.2　初始查询结果记录集

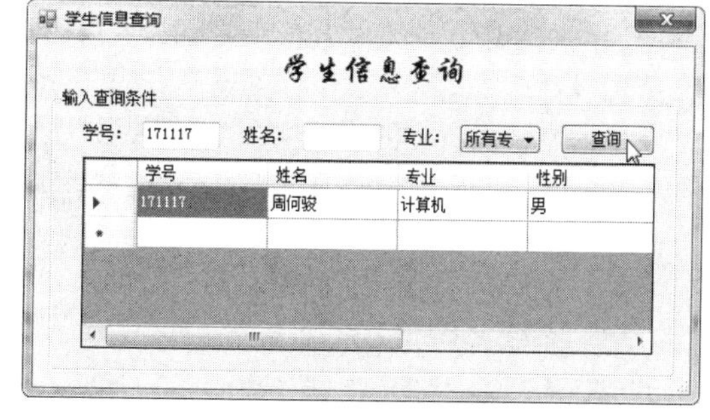

图 P2.3　根据学号查询学生信息

2．学生选课信息

在项目中添加新窗体 CourseForm，将窗体 Text 属性设为“学生选课信息”，在窗体上放入一个 DataGridView 控件并命名为 stuKCDGV。

返回到“学生信息查询”窗体 SearchForm 的设计界面，为 StuDGV 控件编写事件过程 RowHeaderMouseDoubleClick（此事件在用户双击记录的行标题位置时发生），代码如下：

```
private void StuDGV_RowHeaderMouseDoubleClick(object sender, DataGridViewCellMouseEventArgs e)
{
        string _sql = "select XSB.XM as '姓名',KCB.KCM as '课程',CJB.CJ as '成绩', KCB.XF as '学分'
from XSB,KCB,CJB" + " where XSB.XH=CJB.XH and KCB.KCH=CJB.KCH" + " and XSB.XH ='" +
                                                  StuDGV.Rows[e.RowIndex].Cells[0].Value + "'";
        SqlConnection conn = new SqlConnection(connStr);
        SqlDataAdapter sda = new SqlDataAdapter(_sql, conn);
        DataSet ds = new DataSet();
        sda.Fill(ds);
        CourseForm courseFrm = new CourseForm();
        courseFrm.stuKCDGV.DataSource = ds.Tables[0].DefaultView;
        courseFrm.ShowDialog();
}
```

程序运行后，在学生信息列表中双击某个学生记录之前的网格，弹出“学生选课信息”窗口，显示该学生所选的课程成绩，如图 P2.4 所示。

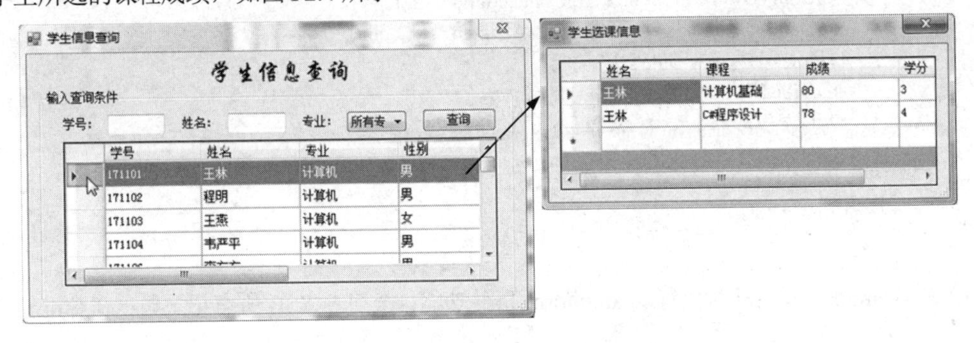

图 P2.4　显示学生所选的课程成绩

P1.3　学生信息修改

功能要求：

当用户单击学生信息列表的某一行的记录时，该学生的资料便显示在表单控件中。这时可以修改表单中的信息，单击“更新”按钮实现修改。例如输入一个新的学号，单击“更新”按钮便可实现记录的添加。当选中当前记录并单击“删除”按钮时，可以删除此学生的记录。

界面设计：

学生信息修改界面的设计如图 P3.1 所示。

图 P3.1　学生信息修改界面的设计

其中，窗体名为 ModifyForm，“学生信息修改”窗体的控件名如表 P3.1 所示。

表 P3.1　“学生信息修改”窗体的控件名

控　件	Name 属性值	控　件	Name 属性值
“学号*”文本框	stuXH	“男”单选按钮	male
“姓名*”文本框	stuXM	“女”单选按钮	female
“出生日期*”文本框	stuCS	“更新”按钮	stuUpdate
“专业”文本框	stuZY	“删除”按钮	stuDelete
“总学分”文本框	stuZXF	“取消”按钮	stuCancel
“备注”文本框	stuBZ	DataGridView 控件	StuDGV

其中，“男”单选按钮的 Checked 属性设为 True（默认选中），“备注”文本框的 Multiline 属性设为 True（多行），ScrollBars 属性设为 Vertical（垂直滚动条）。

功能实现：

1．显示表格选中学生的信息

在初始打开“学生信息修改”窗口时，用 SELECT 查询语句向 DataGridView 控件中载入学生信息记录：

```
using System;
…
using System.Data.SqlClient;
namespace ScoreManagement
{
    public partial class ModifyForm : Form
    {
        private string connStr = @"Data Source= (localdb)\MSSQLLocalDB;Initial Catalog=XSCJDB;
                                                    IntegratedSecurity=True";
        public ModifyForm()
        {
            InitializeComponent();
        }
        private void ModifyForm_Load(object sender, EventArgs e)
        {
            string _sql = "select XH as '学号',XM as '姓名',ZY as '专业',XB as '性别'," +
                          "CSRQ as '出生日期',ZXF as '总学分',BZ as '备注' from XSB";
            SqlConnection conn = new SqlConnection(connStr);
            SqlDataAdapter sda = new SqlDataAdapter(_sql, conn);
            DataSet ds = new DataSet();
            sda.Fill(ds);
            StuDGV.DataSource = ds.Tables[0].DefaultView;
        }
        …
    }
}
```

当单击 DataGridView 控件中的记录时，在其 RowHeaderMouseClick 事件中取出当前记录数据，并显示在表格上方“学生信息”组框对应的控件中。

RowHeaderMouseClick 事件代码如下：

```
private void StuDGV_RowHeaderMouseClick(object sender, DataGridViewCellMouseEventArgs e)
{
```

```
    //获得选中的记录行
    DataGridViewRow dgvRow = StuDGV.Rows[e.RowIndex];
    //获得行单元格集合
    DataGridViewCellCollection dgvCC = dgvRow.Cells;
    //获得单元格数据
    stuXH.Text = dgvCC[0].Value.ToString();
    stuXM.Text = dgvCC[1].Value.ToString();
    stuZY.Text = dgvCC[2].Value.ToString();
    if (dgvCC[3].Value.ToString() == "男")
    {
        male.Checked = true;
    }
    else
    {
        female.Checked = true;
    }
    stuCS.Text = Convert.ToDateTime(dgvCC[4].Value).ToShortDateString();
    stuZXF.Text = dgvCC[5].Value.ToString();
    stuBZ.Text = dgvCC[6].Value.ToString();
}
```

运行程序，单击某条学生记录将选中的学生信息显示在表单中，如图 P3.2 所示。

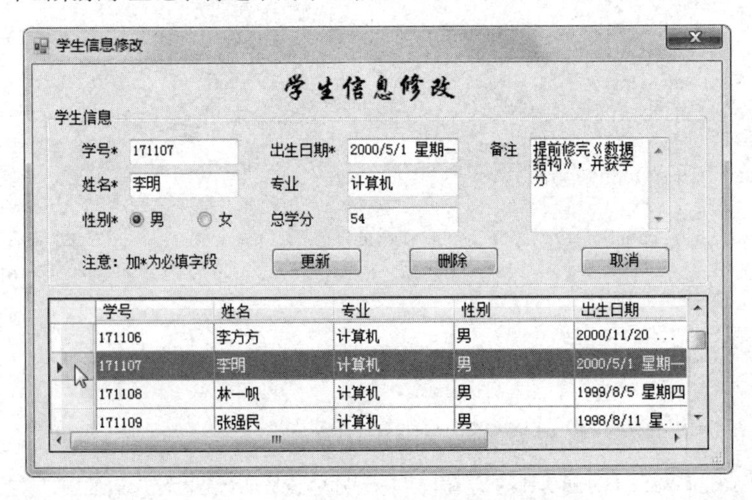

图 P3.2　将选中的学生信息显示在表单中

2．添加和修改学生信息

“更新”按钮的事件过程：

```
private void stuUpdate_Click(object sender, EventArgs e)
{
    string _sql = "select count(*) from XSB where XH='" + stuXH.Text + "'";
    SqlConnection conn = new SqlConnection(connStr);
    SqlCommand cmd = new SqlCommand(_sql, conn);
    //检查是否有此学生记录，有则修改，无则添加
    try
    {
        conn.Open();
        int cnt = (int)cmd.ExecuteScalar();
        string sex = male.Checked ? "男" : "女";
```

```
            //修改记录
            if (cnt == 1)
            {
                _sql = "update XSB set XM ='" + stuXM.Text + "',XB='" + sex + "',CSRQ='"
  + stuCS.Text + "',ZY='" + stuZY.Text + "',ZXF=" + int.Parse(stuZXF.Text) + ",BZ='" + stuBZ.Text
      + "'where XH='" + stuXH.Text + "'";
            }
            //添加新记录
            else
            {
                _sql = "insert into XSB values('" + stuXH.Text + "','" + stuXM.Text + "','" + sex + "','" +
              stuCS.Text + "','" + stuZY.Text + "'," + int.Parse(stuZXF.Text) + ",'" + stuBZ.Text + "')";
            }
             cmd = new SqlCommand(_sql, conn);
             cmd.ExecuteNonQuery();
             ModifyForm_Load(null, null);
        }
        finally
        {
             conn.Close();
        }
    }
```

从上面代码可以看到，录入学生记录，单击“更新”按钮，先查询“学号”文本框对应的记录，如果存在就修改该记录，否则添加新记录，如图 P3.3 所示。

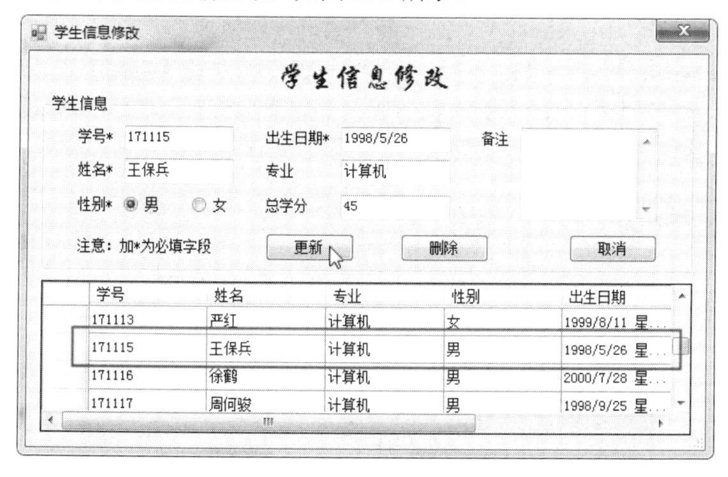

图 P3.3　添加新记录

3．删除记录

也可以单击“删除”按钮，删除记录。

删除记录的代码如下：

```
private void stuDelete_Click(object sender, EventArgs e)
{
    DialogResult ret = MessageBox.Show("确定要删除记录吗？","删除"
                                ,MessageBoxButtons.OKCancel,MessageBoxIcon.Question);
    if (ret == DialogResult.Cancel)
    {
        return;
```

```
    }
    string _sql = "delete from XSB where XH='" + stuXH.Text + "'";
    SqlConnection conn = new SqlConnection(connStr);
    SqlCommand cmd = new SqlCommand(_sql, conn);
    try
    {
        conn.Open();
        int rows = cmd.ExecuteNonQuery();
        ModifyForm_Load(null, null);
        if (rows == 1)
        {
            MessageBox.Show("删除成功！ ","提示", MessageBoxButtons.OK,MessageBoxIcon.Information);
        }
    }
    finally
    {
        conn.Close();
    }
}
```

P1.4 学生成绩录入

功能要求：

用户选择专业，系统列出本专业所有学生的学号；选择课程名，在表格中显示此课程的成绩、学分。通过单击表格中的某行，把某学生该门课的成绩反映到表单控件中，并可以修改表单中的信息。用户还可以添加新课程，录入新课程的成绩，并把当前录入的成绩添加到数据库中。选中某条记录的学号和课程名，单击“删除”按钮，可以删除该学生原课程的成绩。

界面设计：

学生成绩录入界面的设计如图 P4.1 所示。

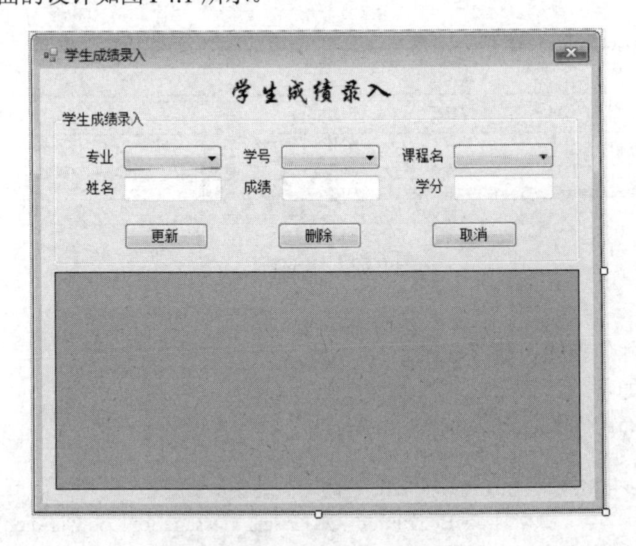

图 P4.1　学生成绩录入界面的设计

“学生成绩录入”窗体的控件名如表 P4.1 所示。

表 P4.1　“学生成绩录入”窗体的控件名

控　　件	Name 属性值	控　　件	Name 属性值
“专业”组合框	stuZY	“学分”文本框	stuXF
“学号”组合框	stuXH	“更新”按钮	update_btn
“课程名”组合框	stuKCM	“删除”按钮	delete_btn
“姓名”文本框	stuXM	“取消”按钮	cancel_btn
“成绩”文本框	stuCJ	DataGridView 控件	scoreDGV

其中，三个组合框控件的 DropDownStyle 属性均设为 DropDownList。

1．专业、课程名列表选项加载

为方便用户使用，程序启动时需要预加载专业和课程名的列表。在窗体的 Load 事件中编写添加专业、课程列表项的代码，代码如下：

```
using System;
…
using System.Data.SqlClient;
namespace ScoreManagement
{
    public partial class ScoreForm : Form
    {
        private string connStr = @"Data Source= (localdb)\MSSQLLocalDB;Initial Catalog=XSCJDB;
                                                                IntegratedSecurity=True";
        public ScoreForm()
        {
            InitializeComponent();
        }
        private void ScoreForm_Load(object sender, EventArgs e)
        {
            string _sql = "select distinct ZY from XSB";
            SqlConnection conn = new SqlConnection(connStr);
            SqlCommand cmd = new SqlCommand(_sql, conn);
            try
            {
                conn.Open();
                SqlDataReader dr = cmd.ExecuteReader();
                //读取专业名
                while (dr.Read())
                {
                    stuZY.Items.Add(dr[0]);
                }
                stuZY.SelectedIndex = 0;
                dr.Close();
                _sql = "select KCM from KCB";
                cmd = new SqlCommand(_sql, conn);
                dr = cmd.ExecuteReader();
                //读取课程名
                while (dr.Read())
                {
                    stuKCM.Items.Add(dr[0]);
```

```
                }
                dr.Close();
            }
            finally
            {
                conn.Close();
            }
        }
    }
}
```

这样，在程序初始运行时就已加载了现有的专业和课程的列表（如图 P4.2 所示）供用户选择。

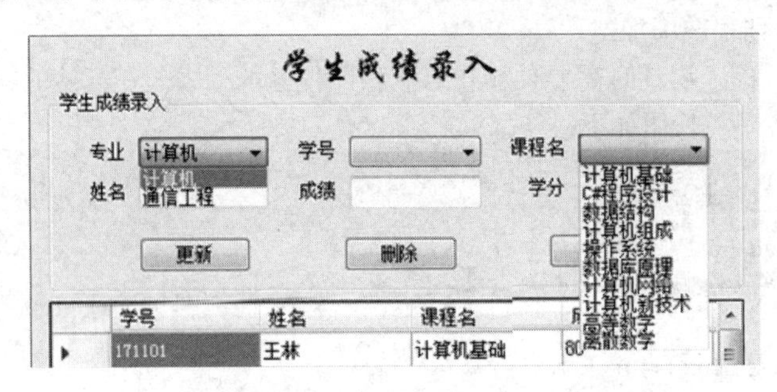

图 P4.2　专业和课程名列表

2. 专业和学号列表联动

选择的专业改变时，实现学号列表的联动，并显示此专业所有学生的成绩，代码如下：

```
private void stuZY_SelectedIndexChanged(object sender, EventArgs e)
{
    string _sql = "select XH from XSB where ZY='" + stuZY.Text + "'";
    //清空现有的学号
    stuXH.Items.Clear();
    SqlConnection conn = new SqlConnection(connStr);
    SqlCommand cmd = new SqlCommand(_sql, conn);
    try
    {
        conn.Open();
        SqlDataReader dr = cmd.ExecuteReader();
        //读取相应的学号
        while (dr.Read())
        {
            stuXH.Items.Add(dr[0]);
        }
        dr.Close();
        _sql = "select XSB.XH as '学号',XSB.XM as '姓名',KCB.KCM as '课程名',CJB.CJ as '成绩',
      " + "KCB.XF as '学分',KCB.XS as '学时',KCB.XQ as '开课学期'" + " from XSB,KCB,
  CJB"+ " where XSB.XH=CJB.XH and KCB.KCH=CJB.KCH and XSB.ZY='" + stuZY.Text + "'";
            SqlDataAdapter sda = new SqlDataAdapter(_sql, conn);
            DataSet ds = new DataSet();
            sda.Fill(ds);
            scoreDGV.DataSource = ds.Tables[0].DefaultView;
    }
    finally
    {
```

```
            conn.Close();
        }
    }
```

如选择“计算机”专业，“学号”下拉列表中自动载入计算机专业所有学生的学号，网格中同步列出这些学生的成绩，如图 P4.3 所示。

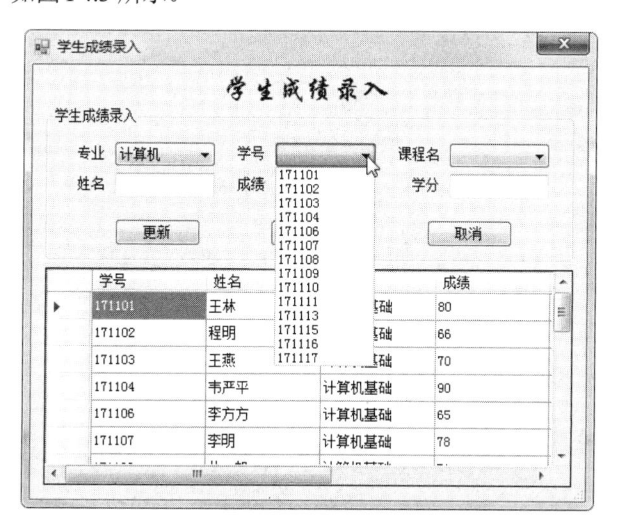

图 P4.3　专业和学号列表联动

3．显示指定学生课程成绩

当所选学号改变时，显示此学生当前课程的成绩信息，代码如下：

```
private void stuXH_SelectedIndexChanged(object sender, EventArgs e)
{
    string _sql = "select XSB.XH as '学号',XSB.XM as '姓名',KCB.KCM as '课程名',CJB.CJ as '成绩',
    " + "KCB.XF as '学分',KCB.XS as '学时',KCB.XQ as '开课学期'" + " from XSB,KCB,CJB"
    + " where CJB.XH='" + stuXH.Text + "'and CJB.XH=XSB.XH and CJB.KCH= KCB.KCH";
        if (stuKCM.Text.Trim() != string.Empty)
        {
            _sql += " and KCB.KCM='" + stuKCM.Text + "'";
        }
    SqlConnection conn = new SqlConnection(connStr);
    SqlDataAdapter sda = new SqlDataAdapter(_sql, conn);
    DataSet ds = new DataSet();
    sda.Fill(ds);
    scoreDGV.DataSource = ds.Tables[0].DefaultView;
}
```

同理，在学号选择不变的情况下，改变所选课程名，对应显示此学生这门课的成绩信息，显示效果如图 P4.4 所示。

代码如下：

```
private void stuKCM_SelectedIndexChanged(object sender, EventArgs e)
{
    string _sql = "select XSB.XH as '学号',XSB.XM as '姓名',KCB.KCM as '课程名',CJB.CJ as '成绩',
" + "KCB.XF as '学分',KCB.XS as '学时',KCB.XQ as '开课学期'"+ " from XSB,KCB,CJB"
    + " where KCB.KCM='" + stuKCM.Text + "'and CJB.XH=XSB.XH and CJB.KCH= KCB.KCH";
    if (stuXH.Text.Trim() != string.Empty)
    {
```

```
            _sql += " and XSB.XH='" + stuXH.Text + "'";
        }
        SqlConnection conn = new SqlConnection(connStr);
        SqlDataAdapter sda = new SqlDataAdapter(_sql, conn);
        DataSet ds = new DataSet();
        sda.Fill(ds);
        scoreDGV.DataSource = ds.Tables[0].DefaultView;
    }
```

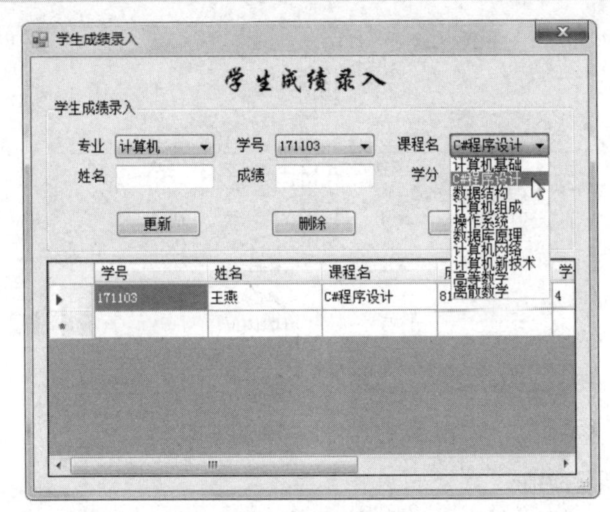

图 P4.4 显示某学生某门课的成绩

4．学生成绩显示到表单

当单击 DataGridView 控件中的某条记录时，将数据读出，代码如下：

```
private void scoreDGV_RowHeaderMouseClick(object sender, DataGridViewCellMouseEventArgs e)
{
    //获得选中的记录行
    DataGridViewRow dgvRow = scoreDGV.Rows[e.RowIndex];
    //获得行单元格集合
    DataGridViewCellCollection dgvCC = dgvRow.Cells;
    //获得单元格数据
    stuXM.Text = dgvCC[1].Value.ToString();
    stuCJ.Text = dgvCC[3].Value.ToString();
    stuXF.Text = dgvCC[4].Value.ToString();
    stuKCM.SelectedItem = dgvCC[2].Value;
}
```

读出的数据显示到表单，以便修改。

5．录入学生成绩

“更新”按钮用以完成录入（包括修改）操作，代码如下：

```
private void update_btn_Click(object sender, EventArgs e)
{
    string _sql = "select count(*) from CJB where CJB.XH='" + stuXH.Text + "' and
                    CJB.KCH=(select KCH from KCB where KCM='" + stuKCM.Text + "')";
    SqlConnection conn = new SqlConnection(connStr);
    SqlCommand cmd = new SqlCommand(_sql, conn);
```

```
        //检查是否有此学生记录，有则修改，无则添加
        try
        {
            conn.Open();
            int cnt = (int)cmd.ExecuteScalar();
            //修改记录
            if (cnt == 1)
            {
                _sql = "update CJB set CJB.CJ ='" + stuCJ.Text + "' where CJB.XH='" +
        stuXH.Text + "' and CJB.KCH=(select KCH from KCB where KCM='" + stuKCM.Text + "')";
            }
            //添加新记录
            else
            {
                string _sql2 = "select KCH from KCB where KCM='" + stuKCM.Text + "'";
                SqlCommand cmd2 = new SqlCommand(_sql2, conn);
                _sql = "insert into CJB values('" + stuXH.Text.Trim() + "','" + cmd2.ExecuteScalar()
                            + "'," + int.Parse(stuCJ.Text.Trim()) + ")";
            }
            cmd = new SqlCommand(_sql, conn);
            cmd.ExecuteNonQuery();
            stuXH_SelectedIndexChanged(null, null);
            MessageBox.Show("更新成功！","提示", MessageBoxButtons.OK,MessageBoxIcon.Information);
        }
        finally
        {
            conn.Close();
        }
    }
```

图 P4.5 演示了录入一个学生 C#程序设计课的成绩。

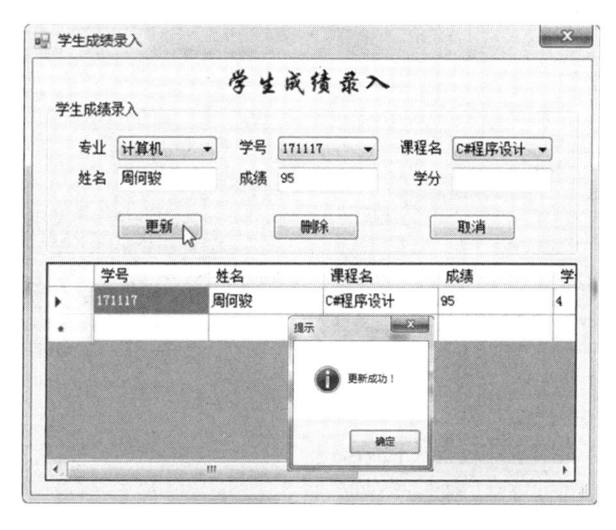

图 P4.5　录入学生成绩

也可以单击“删除”按钮删除原先录入的成绩，代码如下：

```
private void delete_btn_Click(object sender, EventArgs e)
{
    DialogResult ret = MessageBox.Show("确定要删除记录吗？","删除"
                       ,MessageBoxButtons.OKCancel,MessageBoxIcon.Question);
    if (ret == DialogResult.Cancel)
    {
        return;
    }
    string _sql = "delete from CJB where XH='" + stuXH.Text + "' and KCH=(select KCH from
                                    KCB where KCM='" + stuKCM.Text + "')";
     SqlConnection conn = new SqlConnection(connStr);
     SqlCommand cmd = new SqlCommand(_sql, conn);
     try
     {
         conn.Open();
         int rows = cmd.ExecuteNonQuery();
         stuXH_SelectedIndexChanged(null, null);
         if (rows == 1)
         {
             MessageBox.Show("删除成功！","提示", MessageBoxButtons.OK,MessageBoxIcon.Information);
         }
    }
    finally
    {
        conn.Close();
    }
}
```

删除记录前需要用户确认，如图P4.6所示。

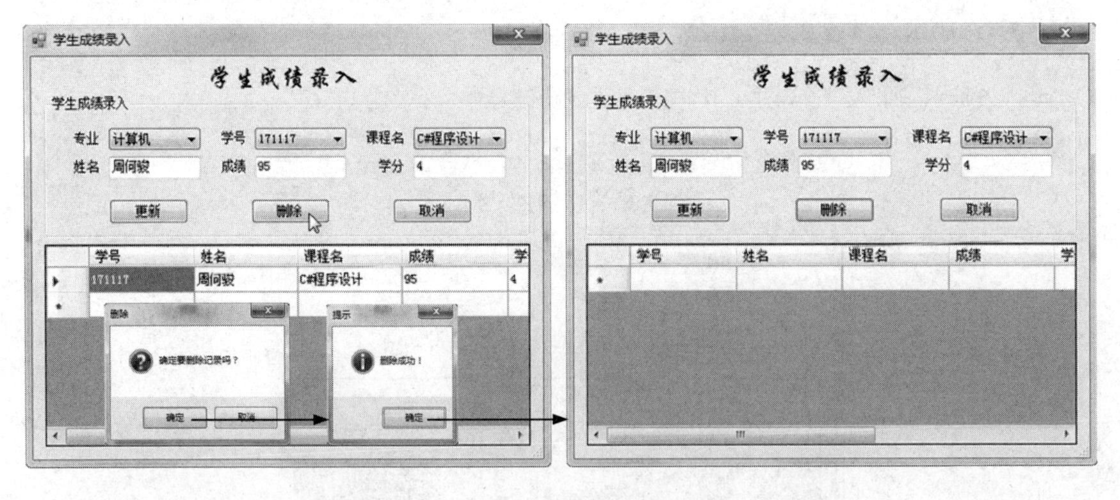

图P4.6　删除学生成绩

最后完成“取消”按钮的事件过程，代码如下：

```
private void cancel_btn_Click(object sender, EventArgs e)
{
    this.Close();
}
```

在学生成绩录入这个模块的实现中，已经涉及 SQL 语句多表的查询及复合查询，本例用到的只是最基本的 SQL 语句。

若想真正从事大型应用软件系统的开发，熟悉各种控件的使用，精通 SQL 语句，则必须了解各类数据库产品的功能，并掌握其各种复杂操作。有关这些进阶的内容请参考企业级软件开发方面的专业书籍，本章仅是带领读者入门而已。

P1.5　自己动手扩展系统功能

1．创建课程信息表单，包含课程信息录入、修改和删除功能。

2．为以上新增功能添加对应的菜单及子菜单项，并在工具栏上增加相应的功能按钮。

3．为系统设计登录界面，添加一张登录表，包括用户名、密码等信息，输入若干个记录。登录成功，进入学生成绩管理系统主界面。

实习 2 WebService（基于 C#网络文档）——课程均分和人数统计

本实习用 C#开发一个 WebService（运行于 IIS），实现学生成绩管理系统“课程管理”模块的“计算统计”功能，通过.NET 驱动操作 SQL Server，对每门课的考试人数和平均成绩进行统计计算（调用存储过程），并且返回用户所查询课程的平均成绩。在编程时，导入命名空间 System.Data.SqlClient 就可编写连接、访问 SQL Server 数据库的代码。

以下内容详见 C#网络文档，可在华信教育资源网（http://www.hxedu.com.cn）搜索本书获取。

P2.0　数据库创建

P2.1　配置 IIS 服务器

　　P2.1.1 添加安装 IIS

　　P2.1.2 创建网站

P2.2　创建 WebService 项目

P2.3　编写 WebService 方法

P2.4　发布 WebService

　　P2.4.1　发布

　　P2.4.2　测试